Roger AUBERT

Pierre JONVILLE

LE TOUR DE LA PLONGÉE

en 80 problèmes

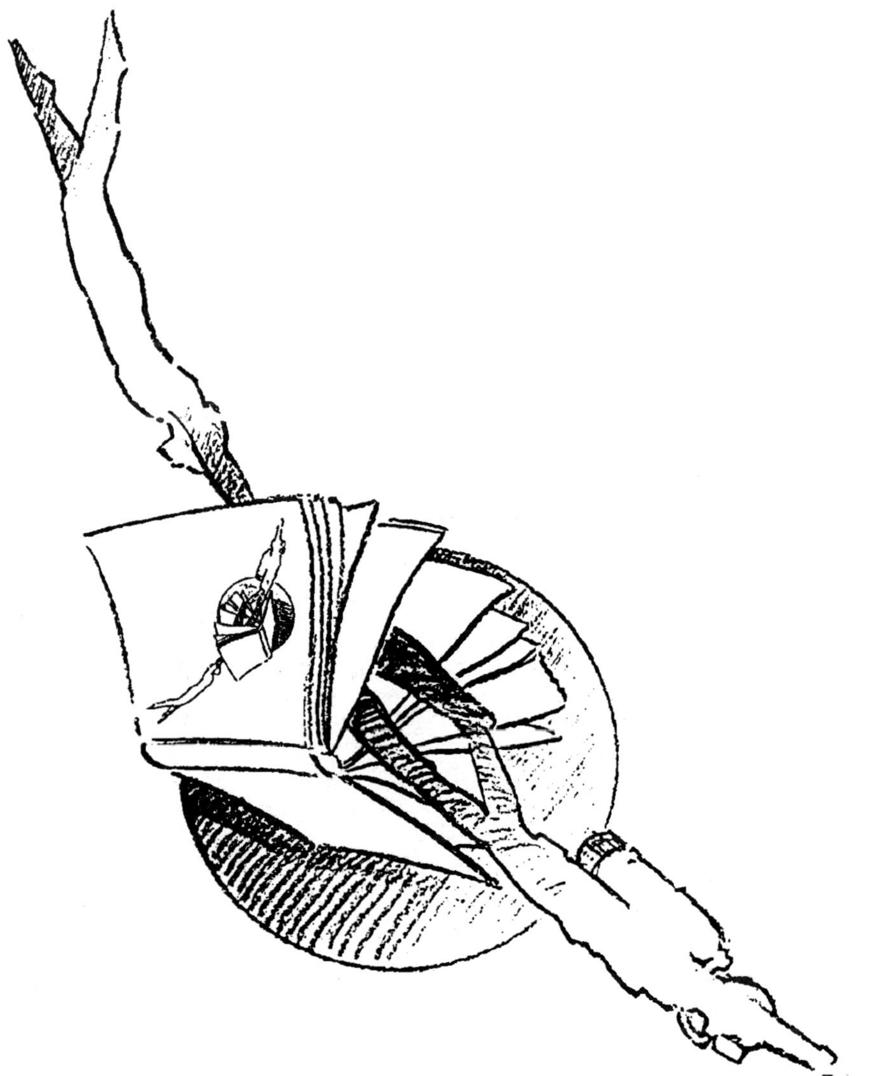

Édition 2004

Passeport pour plonger

Par les mêmes auteurs

Spécialement destiné aux plongeurs candidats
aux épreuves théoriques des examens fédéraux

Plongeur niveau 1 - Plongeur niveau 2

Plus de 400 questions et problèmes corrigés. Un ouvrage en totale conformité avec les textes fédéraux rédigés par la Commission Technique de la FFESSM, qui définissent les compétences théoriques dont les plongeurs niveau 1 et niveau 2 doivent faire preuve pour que leurs prérogatives soient validées.

préface de Jean-Louis BLANCHARD
Président de la Commission Technique de la FFESSM

à notre ami **Jean GAILLE**

homme de cœur

homme de parole

homme d'esprit

Table des matières

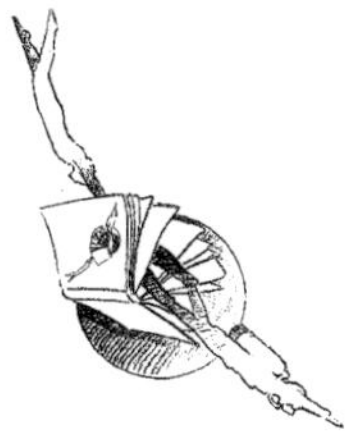

Le tour de la plongée...

Table des matières

Préface

Tout examen nécessite du candidat à la fois l'appropriation de connaissances spécifiques à la discipline et la maîtrise de leurs applications dans le domaine spécifié. Certaines épreuves ne sont cependant qu'un pur exercice de style dont l'objectif est essentiellement, à partir d'un questionnement théorique, de vérifier, à un instant donné, la capacité d'un candidat à confronter ses savoirs à ceux nécessaires à assurer les prérogatives que lui conférera le diplôme désiré. C'est pourquoi l'entraînement personnel à la résolution de problèmes ou au traitement de questions de cours et de synthèse est une méthode qui a fait son chemin dans bon nombre d'examens et elle reste vraie pour ceux de la FFESSM. Encore eût-il fallu qu'il existât un ouvrage de référence, exprimé clairement, sans ambiguïté sémantique, proposant une variété de sujets simples ou complexes, faciles ou difficiles.

Je crois pouvoir affirmer que cet outil vient de voir le jour avec la publication du livre :

"LE TOUR DE LA PLONGÉE EN 80 PROBLÈMES"

Outil de préparation depuis l'examen de capacitaire jusqu'au monitorat fédéral 2e degré de la FFESSM, recueil de questions variées auquel pourra se référer le candidat au MF1 aussi bien qu'au MF2, mine de questionnaires répertoriés permettant à tout moniteur d'y puiser des éléments de construction d'un examen théorique avec de surcroît des exigences minimales attendues dans les réponses, voilà le travail réalisé par **Roger AUBERT** et **Pierre JONVILLE**.

Roger AUBERT – instructeur régional au comité Rhône-Alpes, Bourgogne, Auvergne – a assuré la présidence de la Ligue d'Auvergne d'Études et de Sports Sous-Marins, de vice-président de la commission technique régionale et a assumé la responsabilité des week-ends de formation technique et pédagogique organisés pour les plongeurs de notre comité. Il s'implique en outre dans la formation des futurs MF2, qui se déroule sous l'égide du comité RABA et dont il fut le promoteur au sein de la Ligue d'Auvergne.

Pierre JONVILLE est moniteur fédéral 1er degré. Il a été responsable pendant plusieurs années de la formation théorique des plongeurs niveau IV et des futurs MF1 à la Ligue d'Auvergne d'Études et de Sports Sous-Marins.

Ils avaient donc tous les atouts pour prétendre proposer un ouvrage pertinent.

Cette publication va encore plus loin, car son utilisation peut être un moyen de formation supplémentaire permettant de dépasser le simple contrôle de connaissances. En effet, confronté à des énoncés difficiles, le candidat peut à partir des solutions proposées reconstruire ses savoirs et faire émerger des procédures cognitives qui lui seront utiles en d'autres circonstances.

C'est dans cette complémentarité d'objectifs que réside la richesse de l'ouvrage qui vient à point pour compléter la liste de ceux déjà disponibles dans le monde de la plongée.

Daniel COURTEIX
BEES 3
Instructeur National FFESSM

Avant-propos

C'est à l'attention des plongeurs qui se préparent aux épreuves théoriques des brevets fédéraux de plongeur autonome, et plus particulièrement à ceux qui se destinent à devenir **CAPACITAIRES**, puis **MONITEURS FÉDÉRAUX 1er DEGRÉ et 2e DEGRÉ** que nous avons composé cet ouvrage.

En même temps que des questions de cours, ils y trouveront matière à mettre leurs connaissances à l'épreuve au moyen d'exercices et de problèmes dont le niveau de difficulté est graduel. A la fin de chaque chapitre, les problèmes et les questions correspondant au monitorat fédéral 2e degré sont rassemblés dans un groupe spécifique.

En combinant les questions et les problèmes, dont les données pourront être modifiées à volonté, les moniteurs y puiseront des exercices d'application pour illustrer leurs cours, ainsi que des thèmes pour composer un sujet d'examen.

Y sont abordés les cinq chapitres sur lesquels portent les épreuves écrites des examens théoriques du capacitaire et du monitorat fédéral 2e degré : problèmes de plongée, accidents, physiologie, physique et réglementation.

S'il est certes nécessaire d'acquérir un minimum de connaissances théoriques pour accéder à un niveau donné en plongée, il est tout aussi indispensable que ces acquis soient en permanence reliés à la pratique de la plongée. En d'autres termes, les acquis pratiques d'un plongeur ne sauraient être mis en œuvre efficacement s'ils n'étaient complétés par des connaissances plus fondamentales.

C'est justement le but de cet ouvrage que d'aider les candidats aux examens à consolider ces connaissances et à acquérir une démarche rigoureuse. En aucun cas, il ne vous fournira une quelconque “recette de cuisine”, dont la seule vertu est de laisser le plongeur dérouté face à toute situation nouvelle non apprise.
Ce livre ne constitue donc pas un simple recueil de sujets d'examens, dont nous pensons qu'un usage exclusif se réduit à une forme de “bachotage”, avec les résultats aléatoires et décevants que l'on connaît.

En raison des prérogatives qui lui seront conférées et sachant qu'il se prépare potentiellement à accéder au monitorat, le futur capacitaire devra en effet travailler sur des **MÉTHODES**, au moins autant que sur des **CONTENUS**.

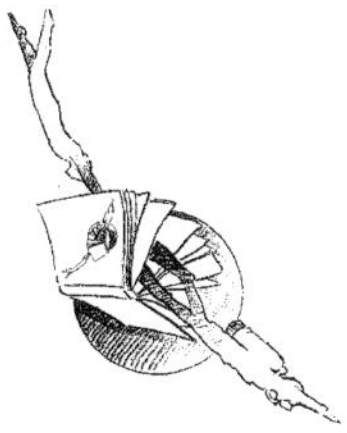

Notre objectif est que, placé devant toute situation requérant un calcul, voire la prise d'une décision face à un accidenté, les futurs plongeurs capacitaires ou moniteurs soient capables d'élaborer la réponse juste ou d'intervenir avec efficacité dans un délai minimal, cela avec méthode. Cet objectif répond à un impératif de **SÉCURITÉ**.

Les sources que nous avons utilisées sont les plus diverses : sujets d'examens fédéraux, sujets composés par nous-mêmes voire suggérés par d'autres moniteurs.

Qu'un problème de plongée comporte des plongées simples, consécutives, successives, en altitude, ou au mélange (nitrox), sa résolution ne doit présenter aucune difficulté véritable pour les plongeurs auxquels nous nous adressons. Par la variété des cas de figure qui y sont traités, les problèmes que nous avons choisis à leur intention les aideront dans leur progression.

A la fin du chapitre qui traite des procédures de décompression, nous avons inclus en annexe la table fédérale de plongée à l'air ainsi que les tables fédérales de plongée au nitrox.

La prévention des accidents constitue le fondement de la sécurité en plongée, mais comment imaginer que l'on puisse prévenir un accident avec toutes les chances de succès, si l'on n'a pas assimilé son mécanisme ainsi que les lois physiques qui gouvernent celui-ci ?

Il est vrai que c'est dans l'eau que l'on voit le “bon plongeur”. Mais le serait-il véritablement, privé de toute connaissance théorique ?

Nous trouvons une analogie très étroite avec l'intervention du secouriste, qui est essentiellement gestuelle. Sa formation passe pourtant par une étude attentive de l'anatomie et de la physiologie du corps humain. On pourrait dire de même que le dépannage d'un détendeur se transformerait vite en une séance de... roulette russe, si le réparateur n'avait de son fonctionnement aucune connaissance de base.

La physique de la plongée constitue la “bête noire” de bien des candidats aux divers brevets, notamment celui qui conduit au capacitaire. Par ailleurs, la maîtrise de cette matière manque encore à bon nombre de candidats au monitorat pour qu'ils soient en mesure de l'enseigner avec toute la clarté nécessaire.

Outre la connaissance des lois et la compréhension des phénomènes physiques qu'elles décrivent, il est indispensable au plongeur de savoir résoudre les problèmes qui correspondent à des situations pratiques telles que :

- ☞ le calcul d'une flottabilité pour corriger un lestage,
- ☞ la prévision de consommation pour déterminer à l'avance la durée d'une plongée profonde,
- ☞ la détermination des limites de toxicité d'un mélange suroxygéné.

Bien en-deçà du problème plus ou moins “tortueux”, avec lequel il est permis de s'amuser à titre d'exercice de style, se trouve la réalité des choses. La résolution de la plus grande partie des problèmes concrets relève en général d'un calcul simple. Heureusement du reste.

Avant-propos

Certains problèmes de physique présentent un aspect académique, sans relation directe avec la plongée. C'est particulièrement le cas de la plupart de ceux qui concernent la préparation au MF2. Leur résolution n'est pourtant pas sans intérêt, car elle permet au lecteur de mesurer la maîtrise qu'il possède de l'usage des lois physiques qui régissent la plongée sous-marine.

Les puristes ne seront pas choqués, nous l'espérons, par l'emploi de certaines unités inappropriées, telles que le **kilogramme** (au lieu du **newton**) pour exprimer une force ou le **bar** (au lieu du **pascal**) pour exprimer une pression. Si l'utilisation de ces unités frise le scandale pour les inconditionnels du système international d'unités **S I**, nous serons certainement pardonnés par les plongeurs, pour qui elles sont une grande commodité. Mais n'est-ce pas la démarche d'un calcul qui importe, davantage que l'exactitude absolue de son résultat ?

Il est vrai qu'il est parfois difficile pour tout un chacun de retrouver son chemin dans le dédale des systèmes d'unités, lesquels ont parfois été nombreux à cohabiter dans la maison de la physique.

Difficile aussi d'identifier la formule qui permet de passer d'une unité à l'autre. La distinction entre les grandeurs de base – masse, poids, densité, etc. – n'est pas évidente à saisir si on ne prend pas la peine de les définir avec la rigueur nécessaire.
C'est pourquoi nous avons tenu à compléter cet ouvrage par une brève mise au point dont le but est de clarifier les choses, tant en ce qui concerne la définition des grandeurs physiques que le plongeur est appelé à manipuler, que les correspondances que l'on peut établir entre les unités utilisées en plongée.

Aborder un problème de plongée et utiliser les tables fédérales, comme résoudre un exercice de physique, requiert de procéder méthodiquement. En effet, on y rencontre de nombreuses variantes et des niveaux de difficulté très différents. A l'attention des plongeurs quelque peu déroutés face à la résolution de ces problèmes, nous avons inclus un chapitre portant sur leurs méthodes de résolution.

Bien que ne faisant pas partie des épreuves écrites de l'examen capacitaire, l'interrogation concernant le matelotage nous a paru un sujet suffisamment important pour faire l'objet de questions et de réponses, ainsi que de quelques mises au point. Les épreuves de ce chapitre ont été corrigées par **Gilles FOUBERT**, capitaine au long cours et instructeur régional au comité RABA.

Outre sa compétence technique et ses savoirs théoriques, le plongeur assure aussi sa sécurité par la connaissance du droit qui régit la pratique de la plongée sportive. L'exercice de cette activité s'inscrit dans le cadre d'une structure fédérative dont tout plongeur se doit de connaître les fondements. C'est pourquoi notre fédération a jugé utile d'inclure aux épreuves écrites des examens capacitaire, MF1 et MF2, une interrogation qui porte sur les règlements fédéraux. En une série de questions et de réponses, nous avons tenté de cerner l'essentiel de ce qu'un plongeur capacitaire ou un moniteur fédéral doivent savoir.

Deux chapitres totalement inédits ont été introduits dans cette nouvelle édition. Le premier, destiné principalement aux plongeurs se préparant au capacitaire, concerne la conduite de palanquée. Le second, essentiellement établi pour les moniteurs préparant le MF2, rassemble des sujets dits “transverses” qui correspondent au nouveau questionnement appliqué par la Fédération aux épreuves théoriques du MF2, en conformité avec les contenus de formation correspondants.

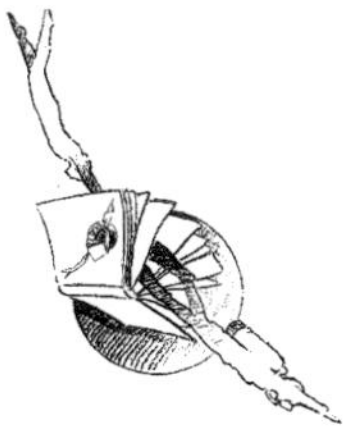

Le tour de la plongée...

Toutes les questions de cours relatives aux accidents, à la physiologie, à la physique, à la réglementation, au matelotage et à la conduite de palanquée sont accompagnées de leurs réponses. Celles-ci ne doivent pas être considérées comme un corrigé-type exhaustif. Elles ne font que synthétiser les éléments de connaissance qu'un capacitaire ou un moniteur fédéral nous paraît devoir posséder. La simple restitution de ces connaissances ne saurait en aucun cas suffire lors d'un examen capacitaire, et *a fortiori* MF1 et MF2. La rédaction et l'organisation de l'exposé sont importantes aussi, à tous ces niveaux.

Les énoncés et les solutions – des problèmes de plongée et des exercices de physique – qui figurent dans le présent ouvrage sont proposés à titre illustratif d'une démarche générale. Ne constituant que des exemples à caractère théorique, ils ne sauraient en aucun cas être utilisés à titre de modèles pour établir un quelconque protocole de décompression, qu'il s'agisse de plongées à l'air ou de plongées aux mélanges suroxygénés du type Nitrox.

Si nous avons pu élaborer cet ouvrage sous sa forme présente, nous le devons également à Daniel COURTEIX, qui nous a fait l'amitié d'en relire les épreuves et dont les suggestions nous ont permis d'aller très au-delà des objectifs que nous nous étions initialement fixés.

Pour l'aide et les conseils qu'il nous a apportés, tant dans l'organisation de ce recueil que dans la précision même de son contenu, nous tenons à lui exprimer nos sincères remerciements.

Des unités sur mesure

La matière dans tous ses états

La matière qui nous entoure, et dont nous sommes faits, peut se présenter sous trois états, à savoir :

- **Solide**
- **Liquide**
- **Gazeux**

et elle peut passer alternativement de l'un à l'autre en fonction de variations de température, de volume ou de pression. Dans certaines conditions de pression et de température, ces états peuvent coexister.

Quel que soit son état, toute matière est pesante, mais elle peut aussi, dans certaines circonstances, ne pas l'être. Cette apparente contradiction va nous conduire à établir la distinction entre les notions fondamentales de masse et de poids.

La masse

La **masse** d'un corps est une grandeur qui caractérise la quantité de matière qui constitue ce corps. Elle ne dépend, ni de la température, ni de la pression, ni du lieu où se trouve le corps.

L'unité légale de masse est le **kilogramme** (symbole **kg**), qui correspond à la quantité d'eau pure contenue dans un volume de 1 dm^3, à la température de 4 °C.

La comparaison des masses se fait à l'aide d'une balance, au moyen de masses-étalons.

La masse spécifique

La notion de masse ne donne aucune idée quant au volume occupé par la matière. D'une substance à l'autre, la même masse de matière peut occuper des volumes très différents. Cela nous conduit à définir la notion de **masse spécifique**, ou **masse volumique**. Elle exprime la quantité de matière qui est contenue dans un volume donné.

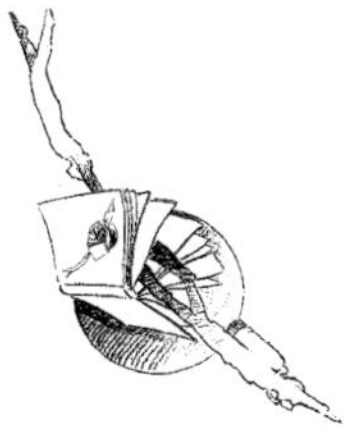

Exemples :

- la masse d'eau contenue dans un volume de 1 dm^3 est égale à 1 kg, la masse spécifique de l'eau est égale à **1 kg/dm^3** ;
- la masse de plomb contenue dans un volume de 1 dm^3 est égale à 11,3 kg, la masse spécifique du plomb est égale à **11,3 kg/dm^3** ;
- mercure : **13,6 kg/dm^3** ;
- air : **1,29 g/dm^3** (à 0°C et sous 1 bar).

Faisant intervenir la notion de volume, la masse spécifique est dépendante de la température et de la pression. En effet, les corps se dilatent quand on les chauffe et aucune substance n'est rigoureusement incompressible. On l'exprimera donc en précisant à quelle température et sous quelle pression elle a été déterminée, surtout en ce qui concerne les gaz.

Pour les calculs effectués dans le cadre de la plongée, on pourra négliger la dilatation et la compressibilité des solides et des liquides.

Par commodité, on exprimera la masse spécifique d'un solide ou d'un liquide en **kg/dm^3**, ou en **g/cm^3**, sachant que dans les deux cas le résultat s'écrira avec le même nombre.

Pour les gaz, l'unité la plus pratique est le g/dm^3 (ou g/litre).

La densité

La **densité** d'un corps est le rapport entre sa masse et celle d'un autre corps choisi comme référence, occupant le même volume.

La densité s'exprime **sans unité**, c'est une grandeur sans dimension.

Dans le cas des solides et des liquides, la référence est l'eau.

Exemple :

la masse de 1 dm^3 de plomb est égale à 11,3 kg
la masse de 1 dm^3 d'eau est égale à 1 kg
la densité du plomb (par rapport à l'eau) est égale à

$$\frac{11{,}3}{1} = 11{,}3$$

Dans le cas des gaz, le corps de référence est l'air.

Exemple :

la masse de 1 dm^3 de gaz carbonique est égale à 1,96 g (à 0°C et sous 1 bar)
la masse de 1 dm^3 d'air est égale à 1,29 g (à 0°C et sous 1 bar)
la densité du gaz carbonique (par rapport à l'air) est égale à

$$\frac{1{,}96}{1{,}29} = 1{,}52$$

Il faut toujours préciser le corps de référence quand on exprime la densité d'une substance. En pratique et sans indication particulière, il est sous-entendu que c'est par rapport à l'eau que la densité des solides et des liquides est indiquée. Dans le cas des gaz, c'est l'air qui est choisi comme référence (à la même température et sous la même pression).

Le poids

Le **poids** d'un corps est une force qui s'exerce sur lui, dirigée de haut en bas suivant la verticale du lieu où il se trouve. Cette force est la cause capable de provoquer sa chute si on supprime les appuis qui le maintiennent en position.

Un corps posé sur un support exerce sur celui-ci une force égale à son poids, laquelle résulte de l'attraction terrestre, appelée aussi pesanteur. C'est cette force qu'il nous faut vaincre pour soulever nos bouteilles.

Au contraire de la masse, le poids d'un corps n'est pas constant et il varie selon le lieu où on le mesure. Il est un peu plus grand aux pôles qu'à l'équateur, il ne vaut sur la Lune qu'un sixième de sa valeur terrestre, il est nul dans l'espace interplanétaire.
L'unité légale de poids est le **newton** (symbole **N**), qui est la force capable de communiquer à une masse de un kilogramme une accélération de un mètre par seconde par seconde (1 m/s/s, ou 1 m/s^2).

Cette unité est peu parlante pour les plongeurs, qui préféreront exprimer le poids en kilogrammes avec la correspondance approximative suivante :

$$1 \text{ kg} \sim 10 \text{ N}$$

C'est totalement illégal et n'a aucun sens sur le plan physique mais... c'est tellement plus commode ! Cela contribue par contre à entretenir la confusion entre les notions de masse et de poids.

La mesure des poids se fait à l'aide d'un dynamomètre, dont le principe repose sur le fait que l'allongement d'un ressort est proportionnel à la force de traction qu'il subit.

Le poids volumique

Comme pour la masse, on peut caractériser un corps par son **poids volumique**, qui est le poids d'une unité de volume de ce corps. Il est (à tort) souvent confondu avec la masse volumique. Il s'exprime en **N/m^3**, unité il est vrai peu parlante.

On remarquera que la densité d'un corps peut aussi se définir comme étant son poids comparé à celui d'une substance de référence, occupant le même volume et située en un même lieu. Elle s'exprime bien entendu sans unité.

Relation entre la masse et le poids

En un lieu donné, il faut déployer un effort deux fois plus important pour soulever un bloc bi-bouteilles qu'un bloc monobouteille.

L'intensité de la force de pesanteur qui s'exerce sur un objet est proportionnelle à la quantité de matière qu'il renferme, c'est-à-dire à sa masse. Nous dirons donc qu'en un lieu donné le poids d'un corps est proportionnel à sa masse, ce qui s'écrit :

$$\mathbf{P = M \times g}$$

relation dans laquelle :

- P est le poids, exprimé en newtons,
- M est la masse, exprimée en kilogrammes,
- g est une constante, exprimée en **N/kg**, qui rend compte de l'intensité de la pesanteur en ce lieu.

A Paris, **g = 9,81 N/kg**, c'est-à-dire que le poids qui correspond à une masse de 1 kilogramme est égal à :

$$\mathbf{1 \times 9{,}81 = 9{,}81\ N = 0{,}981\ daN}$$

En pratique, on confond cette dernière valeur avec un kilogramme. C'est bien entendu faux, mais cela nous simplifie la vie.

La valeur de g diminue lorsque la latitude et l'altitude du lieu augmentent. Lorsque g est égal à zéro (état d'apesanteur), le poids devient aussi égal à zéro. La masse est bien entendu conservée.

Correspondance entre les unités de base

LONGUEUR	VOLUME	SURFACE	MASSE
mm	mm^2	mm^3	mg
× 10	× 100	× 1 000	× 1 000
cm	cm^2	cm^3	g
× 10	× 100	× 1 000	× 1 000
dm	dm^2	dm^3	kg
× 10	× 100	× 1 000	× 1 000
m	m^2	m^3	t (tonne)
× 10	× 100	× 1 000	
dam	dam^2	dam^3	
× 10	× 100	× 1 000	
hm	hm^2	hm^3	
× 10	× 100	× 1 000	
km	km^2	km^3	

La notion de force

Nous avons rattaché la notion de poids à l'effort musculaire qu'il faut accomplir pour soulever une charge, ou pour la maintenir à une certaine hauteur au-dessus de son support. Le même effort musculaire peut aussi servir à faire glisser un objet posé sur un support, à lui imprimer une certaine vitesse ou à le déformer.

Cet effort se manifeste par l'application sur l'objet en question d'une force, qui sera donc à l'origine d'un mouvement ou d'une déformation.

Selon qu'elle s'appliquera sur un corps immobile ou sur un corps en mouvement, nous pouvons donner deux définitions d'une force :

- **Statique** : cause capable de maintenir un corps au repos, ou de le déformer,
- **Dynamique** : cause capable de créer ou de modifier le mouvement d'un corps (accélération, décélération).

A l'instar du poids, puisque ces deux grandeurs physiques sont de même nature, l'unité légale de force est le **newton**.

En pratique et en dehors de toute légalité (mais c'est plus commode pour les plongeurs), nous utilisons le kilogramme comme unité de force, souvent appelé **"kilogramme-force"**.

Pour simplifier, nous admettons alors que :

$$1 \text{ kgf} \sim 10 \text{ N}$$

On ne peut représenter une force que par l'observation de ses effets. C'est pourquoi il nous est nécessaire de disposer d'une représentation symbolique des forces, afin de pouvoir les comparer et les composer entre elles.

Quatre éléments sont nécessaires et suffisants pour représenter une force :
- sa **direction**, ou **ligne d'action**,
- son **point d'application**,
- son **sens**,
- son **intensité**.

Il est commode de représenter une force par une flèche, appelée aussi vecteur

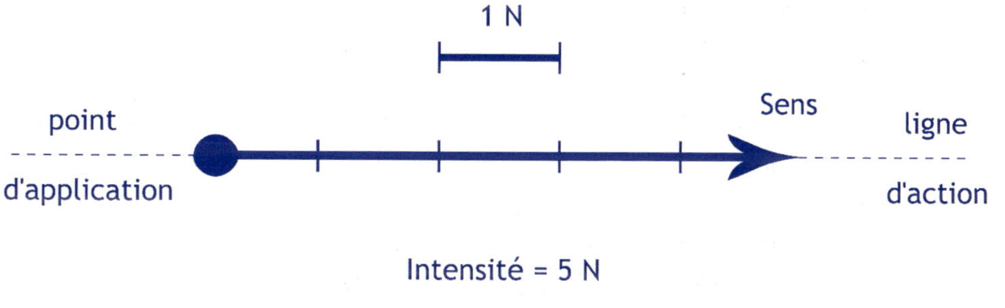

dont la longueur est proportionnelle à l'intensité de la force.

Des forces qui possèdent la même ligne d'action sont dites **colinéaires**. Selon qu'elles sont de même sens ou de sens contraires, elles s'ajoutent les unes aux autres, ou se retranchent, pour se réduire en une force unique, appelée **résultante**. Celle-ci peut être nulle, on dit dans ce cas que les forces s'équilibrent.

On se reportera aux questions n°1 et 2 du chapitre "Questions de physique".

Autres unités

L'unité légale de temps

L'unité légale de temps est la **seconde** (symbole **s**). Elle est définie sur la base de la fréquence d'une vibration particulière, émise par l'atome de césium.

L'unité légale de longueur

Il en découle la définition actuelle du mètre, qui est la longueur du trajet parcouru dans le vide par la lumière pendant une durée de 1/299 792 458e de seconde.

Le mille marin

Du fait de la rotondité de la Terre, deux lignes verticales ne sont considérées comme parallèles que si elles sont suffisamment proches l'une de l'autre.

Le **mille marin** (1 852 m) est la distance entre deux points de la surface du globe situés sur un même méridien, tels que leurs verticales respectives forment un angle de 1 minute (60 minutes = 1 degré).

Les unités de température

La température d'un corps est liée à l'état d'agitation des atomes ou des molécules dont il est constitué. Elle s'exprime en degrés, en utilisant diverses échelles :

CELSIUS (ou centigrade)
température de congélation de l'eau pure = 0°C
température d'ébullition de l'eau pure = 100°C (sous 1 bar)

FARENHEIT (unité anglo-saxonne)
température (°F) = 1,8 × température (°C) + 32
Par exemple, 20°C = 68°F

KELVIN (température absolue, unité le kelvin K)
T (K) = température (°C) + 273,15
Par exemple, 20°C = 293,15 K

A noter qu'il n'est pas possible d'atteindre une température inférieure au zéro absolu (-273,15°C), température à laquelle l'agitation moléculaire devient nulle.

Les unités de pression

L'unité légale de pression est le **pascal** (symbole **Pa**), avec :

$$1 \text{ Pa} = 1 \text{ N/m}^2$$

L'usage nous autorise à utiliser le **bar** (symbole **b**), avec :

$$1 \text{ bar} = 100\,000 \text{ Pa} = 10^5 \text{ Pa}$$

$$1 \text{ millibar} = 100 \text{ Pa} = 1 \text{ hectopascal (1 hPa)}$$

Illégales mais plus ou moins tolérées, d'autres unités de pression sont encore utilisées, telles que par exemple :
- l'atmosphère,
- le kilogramme par centimètre carré,
- le millimètre de mercure (ou torr),
- le centimètre de mercure,
- le mètre d'eau à 4°C.

La correspondance entre les unités que nous utilisons le plus fréquemment est résumée dans le schéma ci-après.

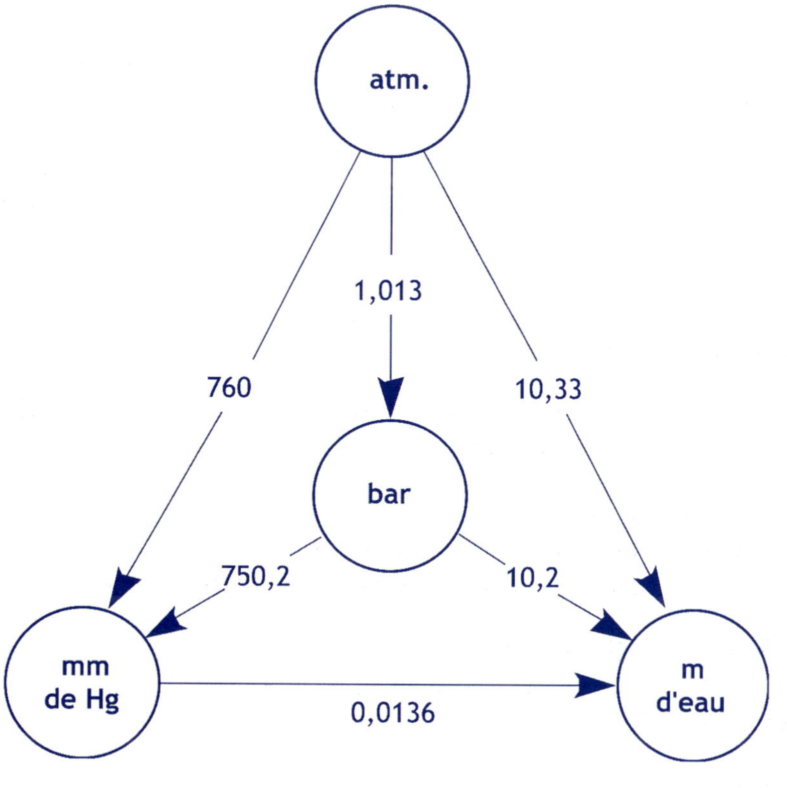

Pour simplifier les calculs, on admet en pratique que :

1 bar ~ 1 atm. ~ 1 kg/cm^2 ~ 10 m d'eau ~ 760 mm de Hg = 76 cm de Hg

ce qui correspond à un degré d'approximation acceptable pour nous, plongeurs.

La quantité de gaz

Dans l'expression de la loi de Mariotte :

$$P \times V = \cdots$$

on retiendra que le produit **P × V** représente à température donnée une certaine quantité de gaz, laquelle correspond donc à une masse de matière bien définie.

Cette quantité sera en général exprimée en **litres.bars**.

Les volumes de gaz ne sont généralement pas additifs (sauf à pressions et à températures identiques). Il en va de même pour leurs pressions (sauf à volumes et à températures identiques). En revanche, les quantités de gaz peuvent être **additionnées** ou **soustraites**.

Cette propriété remarquable est extrêmement commode pour résoudre un grand nombre de problèmes qui font appel à la loi de Mariotte : gonflage sur tampon, calculs de consommation, etc.

La tension de gaz dissous

La loi de Henry nous enseigne que, à température constante et à saturation, la quantité de gaz dissous dans un certain volume de liquide est proportionnelle à la pression partielle exercée par ce gaz sur le liquide en question. Cela s'exprime par la relation :

$$Q = K \times P$$

dans laquelle :

Q ⇨ quantité de gaz dissous (dans le volume de liquide considéré).

K ⇨ constante de Henry, ou coefficient de solubilité, qui dépend :
- de la nature du gaz,
- de la nature du liquide,
- de la température.

P ⇨ pression partielle du gaz au-dessus du liquide.

Etant rapportée à un certain volume de liquide, la quantité Q a la valeur d'une **concentration**. Celle-ci peut s'exprimer en cm^3 de gaz dissous dans un litre de liquide par exemple. Cette grandeur est certes pertinente, mais son utilisation dans les calculs complique leur déroulement du fait que l'on introduit une unité autre que la pression.

Aussi, on a préféré lui donner le nom de **tension**, mais que l'on exprime au moyen d'une unité de pression, en remarquant qu'à chaque valeur de la pression gazeuse correspond une valeur – et une seule – de la concentration du gaz dissous. Cela s'écrit alors :

$$T = K \times P$$

avec :

T ⇨ tension du gaz dissous.

La tension peut alors s'exprimer au moyen de toute unité de pression : le mm de Hg, le bar, etc.

La tension d'un gaz dissous est la pression à laquelle serait ce gaz s'il était en équilibre avec sa solution dans le liquide à une concentration donnée. Cela permet de dire que, lorsque le liquide est saturé en gaz (état d'équilibre), il y a "égalité" entre la tension et la pression (on devrait plutôt parler de correspondance, ou de relation bi-univoque pour être tout à fait rigoureux).
Par comparaison avec la pression, la tension permet de connaître le sens des échanges gazeux :

T < P ⇨ **sous-saturation**, le système évolue en absorbant du gaz (solubilisation),

T = P ⇨ équilibre à **saturation** (aucun échange),

T > P ⇨ **sursaturation**, le système évolue en éliminant du gaz (dégazage).

Attention ! Bien qu'on les exprime au moyen de la même unité, la tension et la pression sont deux grandeurs physiques de natures totalement différentes. La tension a la dimension d'une concentration, non celle d'une pression.

Par analogie, le fait d'exprimer la pression atmosphérique en millimètres de mercure n'autorise nullement à dire qu'une pression... c'est une longueur.

C'est donc entretenir une certaine confusion que d'évoquer la pression exercée par le gaz au sein du liquide pour expliquer ce qu'est une tension.

Les problèmes de plongée,
les problèmes de physique...

... comment les maîtriser

S'immerger dans un problème de plongée

Les plongeurs se mettent à table...

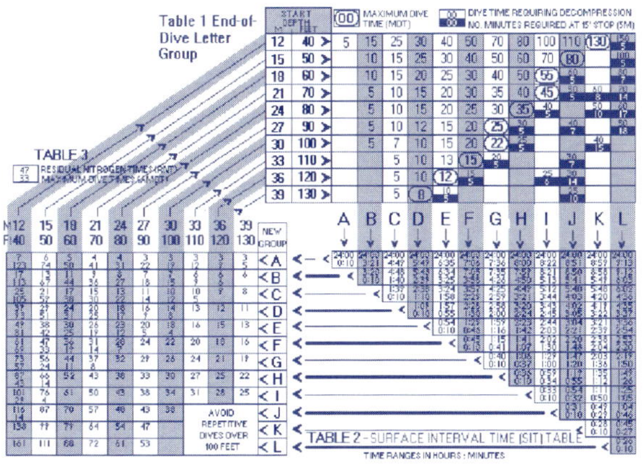

Passé le stade de débutant, apprendre à utiliser les tables de plongée s'intègre dans le cursus de formation du plongeur, cela jusqu'au niveau le plus élevé.

Quels sont les objectifs visés ?

En d'autres termes, pourquoi imposer à chaque niveau une épreuve portant sur la résolution de problèmes de plongée ?

Des problèmes de plongée : pourquoi ?

La plongée en SÉCURITÉ étant la règle en toutes circonstances, il convient de s'assurer que le candidat à un brevet de plongeur confirmé, voire de moniteur, est capable de déterminer, pour la sécurité de sa palanquée et a fortiori la sienne, les différentes phases de décompression auxquelles il pourra être confronté dans sa vie de plongeur, cela dans la limite de ses prérogatives.

Une telle épreuve a pour but de s'assurer que le candidat a assimilé le déroulement des différentes procédures de décompression qui entrent dans le cadre de la plongée sportive et qu'il en maîtrise l'enchaînement.

Les moyens utilisés pour effectuer ces vérifications seront des propositions de situations en plongée, plus ou moins réalistes, simples ou complexes, mais qui dans tous les cas sont suffisamment pertinentes pour permettre à un jury d'évaluer de manière fiable les connaissances du candidat sur le thème que l'on a choisi.

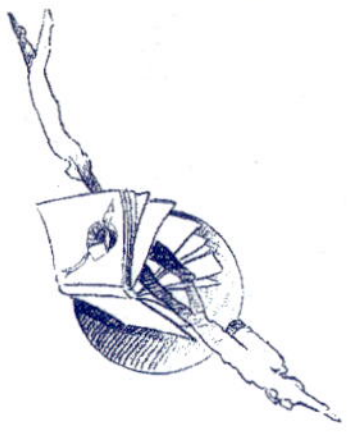

Méthodologie

En introduction à la méthode proprement dite, nous proposons ci-dessous, à titre d'aide à la résolution des problèmes, une démarche en dix étapes.

1. Lisez complètement l'énoncé du problème.

2. Assurez-vous que vous disposez de la version officielle des tables fédérales : table des plongées simples et tableaux nécessaires au calcul des majorations.

3. Pour chacune des phases du problème, déterminez à quel type de plongée il est fait référence : plongée simple, consécutive, successive, etc..

4. Construisez un graphique aéré en y reportant les données de l'énoncé : durées, profondeurs, procédures particulières de remontée, etc..

5. Effectuez les calculs en respectant le protocole d'utilisation des tables fédérales (1).

6. Reportez les résultats sur le graphique, au fur et à mesure que vous les obtenez.

7. Complétez les calculs par des explications concises jointes au graphique, surtout si votre raisonnement ne peut pas s'écrire sous une forme très simple.

8. Faites très attention aux calculs sur les durées : l'addition et la soustraction des heures et des minutes réclament une attention particulière.

9. Prenez garde à votre écriture, veillez à ce que votre copie soit lisible. Vous saurez ainsi vous relire, ce qui vous évitera des erreurs de transcription. De plus, vos résultats ne prêteront pas à confusion lors de la correction.

10. A partir de votre expérience de plongeur, assurez-vous que vos résultats sont réalistes.

(1) Voir au chapitre "Les procédures de décompression" : utilisation des tables fédérales.

Généralités

Données explicites et données implicites

Les éléments que l'on peut rencontrer dans l'énoncé d'un problème de plongée sont nombreux, et vont largement au-delà de :

- la profondeur de la plongée,
- la durée de la plongée,
- les paliers effectués ou à effectuer,
- l'heure d'immersion ou l'heure de sortie.

Des exemples de ces éléments, que l'on rencontre fréquemment dans les problèmes proposés dans cet ouvrage, sont indiqués ci-dessous.
Les **données implicites** nécessaires à la résolution du problème sont déduites des *données explicites* contenues dans l'énoncé.

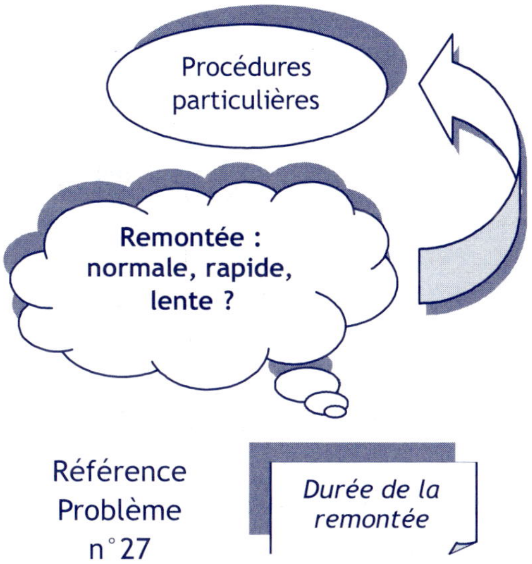

Référence Problème n°27

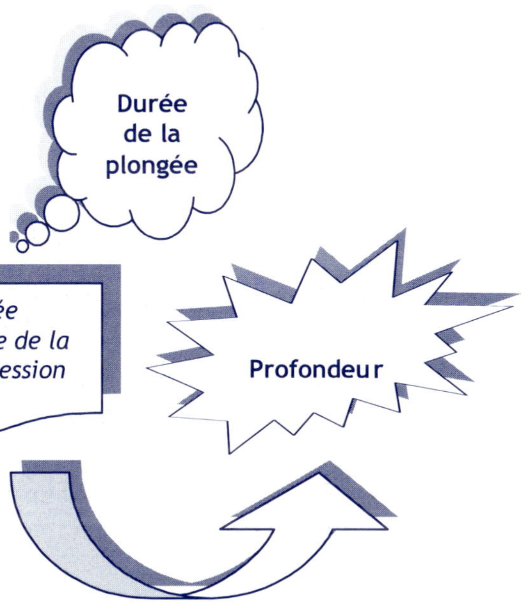

Référence Problèmes n°79 et 80

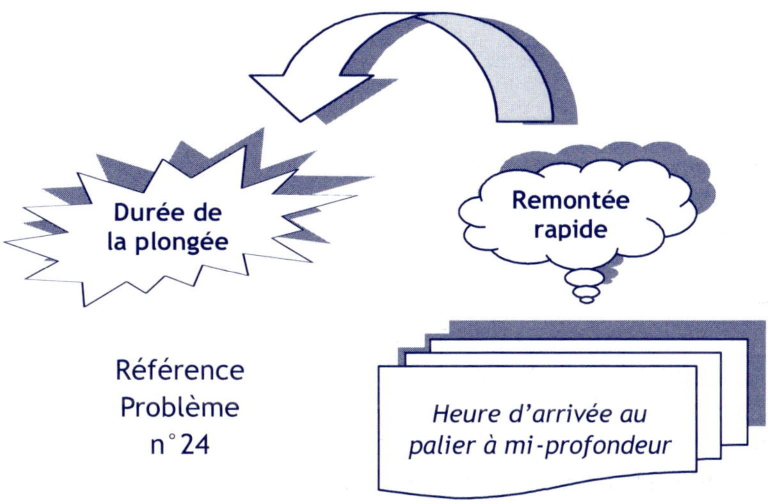

Référence Problème n°24

Exemples d'identification des données

Au début du "face à face" avec un problème de plongée, après avoir lu très attentivement son énoncé et l'avoir compris, il convient :
- d'inventorier les données à sa disposition,
- de définir les données nécessaires à la résolution du problème,
- de les mettre en évidence à partir de la connaissance des premières.

Cette procédure est illustrée à partir des exemples ci-dessous :

① "Le plongeur qui évolue sur un fond de 32 mètres décide de remonter à 9 h 29. A 9 h 30 il se retrouve en surface..." (*référence problème n°27, page 97*).

La durée de la remontée est égale à 1 minute, soit une vitesse de 32 m/min., d'où application de la règle prévue pour une remontée rapide.

② "Pour une plongée qui s'est déroulée à 36 mètres, l'heure d'immersion est 7 h 59 et l'heure de sortie est 8 h 56..." (*référence problème n°6, page 92*).

La durée totale de la plongée qui est égale à 57 minutes comprend : le temps de plongée + la durée de remontée + la durée des paliers.
Dans la table, à la profondeur 36 mètres (entrer à 38 mètres), il faut chercher la plongée compatible avec cette durée. On trouve :

plongée = 26 min. remontée + temps interpalier = 4 min.
paliers = 3 + 24 = 27 min.

Si le problème est bien posé, il y aura obligatoirement une solution et une seule.

③ "Un plongeur s'immerge dans un plan d'eau au-dessus duquel règne une pression atmosphérique de 532 mm de Hg..." (*référence problème n°36, page 100*).

La pression atmosphérique est largement inférieure à celle qui règne au niveau de la mer (760 mm de Hg).
La situation géographique du plan d'eau est telle que l'on ne pourra pas utiliser la table sans corriger la profondeur de la plongée, ainsi que celle des paliers.

④ "Un moniteur donne une leçon de 10 h 00 à 12 h 00, dans une zone dont la profondeur n'excède pas 10 mètres.
Les tables dont il dispose ne prévoient des profondeurs que de 15 à 60 mètres.
A 14 h 15, il part en exploration..." (*référence problème n°62, page 109*).

Connaissant sa courbe de sécurité, ce moniteur n'a pas jugé utile d'effectuer des paliers.

S'il peut se dispenser des paliers, il ne peut par contre pas faire l'économie d'un calcul de majoration, car son groupe de plongée successive (GPS) aura évolué.

Comment déterminer le GPS ?

- écrire la relation permettant de calculer TN_2 dans les compartiments 120 minutes :

$$TN_2 = T_0 + (T_f - T_0) \times (1 - 0{,}5^{\,t/120}) \quad (1)$$

- identifier T_0, T_f et t,
- remplacer chaque terme par sa valeur dans la relation précédente pour obtenir TN_2,
- consulter le tableau n° 3 des tables fédérales pour trouver le GPS correspondant.

La formule (1) est utilisée de préférence si la durée t n'est pas un nombre entier de périodes (ce qui n'est pas le cas dans les examens fédéraux).

La lecture attentive d'un énoncé doit aussi permettre la détermination de la vitesse de remontée. Cette vitesse est, soit directement indiquée, soit calculable.

Si elle n'est pas comprise entre 15 m/min. et 17 m/min., il convient alors d'utiliser les procédures particulières prévues par les tables :
- procédure de remontée rapide si vitesse > 17 m/min.,
- procédure de remontée lente si vitesse < 15 m/min..

Construction graphique

L'identification des données étant terminée, il faut maintenant passer à la phase de représentation graphique de la plongée.

Faites un schéma suffisamment grand, en respectant au mieux les échelles de profondeur et de temps.

Notez sur ce schéma toutes les informations en votre possession, soit celles qui sont données dans l'énoncé, soit celles que vous avez reconstituées à partir des données implicites.

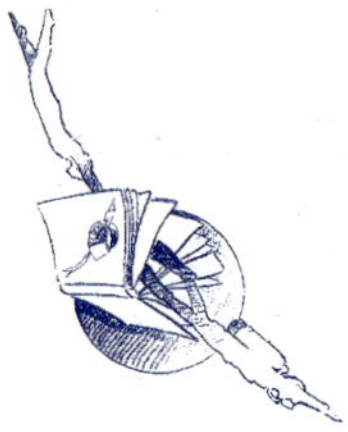

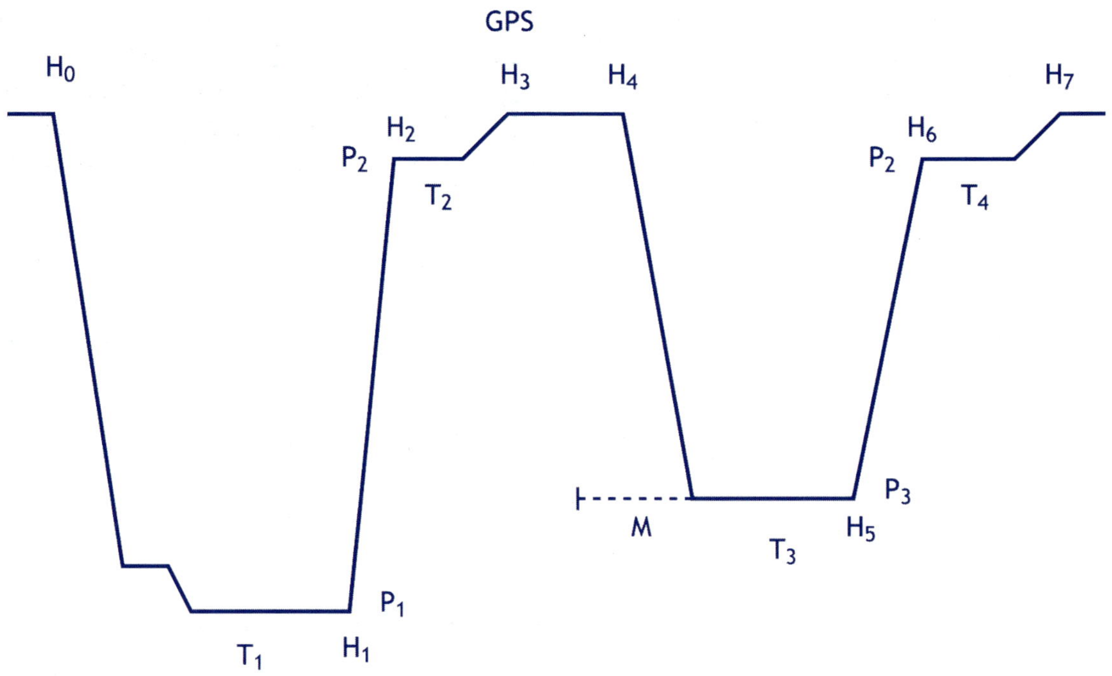

H_0 : heure d'immersion de la 1re plongée
H_1 : heure de fin de la 1re plongée
H_2 : heure d'arrivée au 1er palier
H_3 : heure de sortie de la 1re plongée
H_4 : heure d'immersion de la 2e plongée
H_5 : heure de fin de la 2e plongée
H_6 : heure d'arrivée au 1er palier
H_7 : heure de sortie de la 2e plongée
P_1 : profondeur maxi de la 1re plongée
P_2 : profondeur du 1er palier
P_3 : profondeur maxi de la 2e plongée

$T_1 = H_1 - H_0$ = durée de la plongée
T_2 : temps de séjour au 1er palier
$T_3 = H_5 - H_4$ = durée de la 2e plongée
T_4 : temps de séjour au 1er palier
M : majoration
$H_4 - H_3$ = intervalle ⇨ plongée consécutive ou successive
$\frac{P_1 - P_2}{H_2 - H_1}$ = vitesse de remontée
GPS : groupe de plongée successive

Les problèmes classiques

Nous recensons sous cette appellation les problèmes portant sur :
- des plongées simples,
- des plongées consécutives,
- des plongées successives.

La résolution de ces problèmes ne sera pas reprise dans ce paragraphe, une large place leur ayant déjà été consacrée dans le chapitre de cet ouvrage qui traite de l'utilisation des tables fédérales.

Nous souhaitons malgré tout attirer l'attention des candidats sur une erreur qui est rencontrée fréquemment (nous faisons ici référence à notre expérience de correcteur), et qui peut facilement être évitée, dans l'addition et la soustraction des heures ou des durées. Il est recommandé de faire toutes les opérations en minutes, après avoir remplacé une heure par 60 minutes si cela est nécessaire et, à la fin de l'opération seulement, de rétablir les minutes en heures si le résultat excède 60 minutes.

Exemples :

① addition de deux durées
heure de fin de plongée : 9 h 43
durée de la décompression : 25 min.
heure de sortie de l'eau : 9 h 43 + 25 = 9 h 68 ⇨ 10 h 08

② soustraction de deux durées
heure de fin de plongée : 10 h 12
heure d'immersion : 9 h 45
durée de la plongée : 10 h 12 - 9 h 45 = 9 h 72 - 9 h 45 = 27 min.

Les problèmes particuliers : plongée en altitude - plongée au nitrox

Bien que ces deux familles de problèmes soient traitées dans le chapitre relatif à l'utilisation des tables fédérales, nous avons estimé qu'un complément méthodologique était nécessaire, du fait des particularités et des finesses pouvant intervenir dans leurs énoncés.

Les tables fédérales ont été établies pour une pression atmosphérique de 1 bar et pour une concentration en azote de 80 %. Si l'un de ces paramètres change, l'utilisation de la table ne peut se faire qu'après correction de la profondeur d'entrée dans la table. La profondeur réelle devient :

- une profondeur fictive si $P_{atm.} < 1$ bar,
- une profondeur équivalente si Conc. $N_2 < 80$ %.

Plongées avec $P_{atm.} < 1$ bar

Ce sont les plongées appelées communément “plongées en altitude”, pour lesquelles les tables fédérales ne sont pas utilisables telles quelles. Il sera nécessaire d'effectuer une correction des **profondeurs table**, qui vont devenir des **profondeurs fictives**, par opposition aux **profondeurs réelles**. Cette règle s'applique, aussi bien pour la profondeur de la plongée, que pour la profondeur des paliers.

C'est le même coefficient de correction $\frac{1}{P_{atm.(bar)}}$ qui sera utilisé dans tous les cas.

On aura :

$$\text{Prof. fictive de la plongée (table)} = \text{prof. réelle de la plongée} \times \frac{1}{P_{atm.(bar)}}$$

$$\text{Prof. fictive des paliers (table)} = \text{prof. réelle des paliers} \times \frac{1}{P_{atm.(bar)}}$$

Comme en altitude $P_{atm.}$ < 1 bar, on en déduit que :

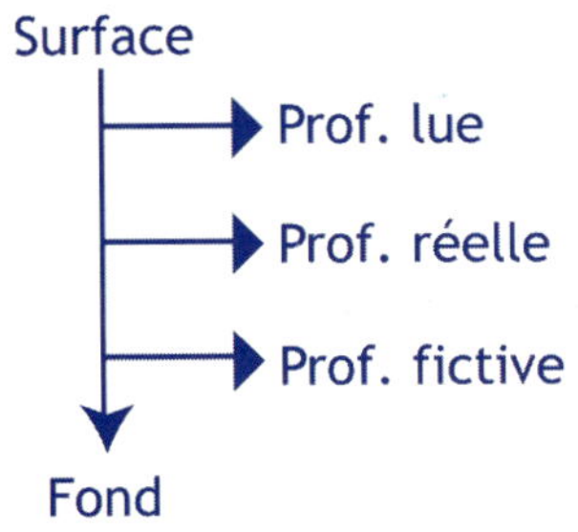

- la profondeur fictive de la plongée, utilisée pour entrer dans la table, sera toujours supérieure à la profondeur réelle,
- la profondeur réelle des paliers, indiquée par le profondimètre électronique, sera toujours inférieure à la profondeur des paliers préconisée par la table.

La durée de la remontée sera celle indiquée par la table à partir de la profondeur fictive. La profondeur réelle étant plus faible, la vitesse réelle sera donc toujours inférieure à 15 m/min.

La lecture de la profondeur est différente selon le type de profondimètre utilisé :

- les profondimètres électroniques donnent la profondeur réelle,
- les profondimètres dont le fonctionnement repose sur la loi de Mariotte donnent directement les profondeurs fictives,
- les profondimètres mécaniques (à membrane ou à tube de Bourdon), non munis de remise à zéro, donnent une indication inférieure à la profondeur réelle. Aussi, pensez à la correction. Avec ce type de profondimètre, il est possible que l'indication de la profondeur réelle du dernier palier soit négative. Ce sera le cas si le retard du profondimètre est supérieur à la profondeur réelle de ce palier.

Plongées avec un mélange dont concentration N_2 < 80 %

Ce sont les plongées appelées communément “plongées au nitrox”. La teneur en azote de ces mélanges est inférieure à sa concentration dans l'air. C'est pourquoi, pour utiliser les tables fédérales, il est nécessaire d'effectuer une correction de la profondeur réelle. Celle-ci va devenir la **profondeur équivalente**.

Cette profondeur équivalente sera la profondeur d'entrée dans la table à l'air, profondeur table pour laquelle la pression partielle d'azote sera la même que celle correspondant à la profondeur réelle avec le mélange nitrox utilisé.

La pression absolue équivalente sera donnée par la relation :

$$P_{abs.éq.} = \frac{P_{abs.réelle} \times Conc.N_2}{0,8}$$

à partir de laquelle on déduit la profondeur équivalente :

$$Prof._{éq.} = (P_{abs.éq.} - 1) \times 10$$

Exemple : profondeur équivalente pour une plongée à 30 mètres en utilisant un "nitrox 40" (soit une concentration en azote de 60 %)

$$P_{abs.éq.} = \frac{4 \times 0{,}6}{0{,}8} = 3\,\text{bars} \quad \Rightarrow \quad \text{Prof.éq.} = (3 - 1) \times 10 = 20\ \text{m}$$

La profondeur équivalente est toujours inférieure à la profondeur réelle.

La profondeur des paliers n'est pas modifiée.

Application

Pour illustrer ces deux types de plongée, nous nous proposons de traiter un exemple, à partir d'un problème destiné à des candidats au MF2 (*référence problème n°80, page 115*).

> "Venant d'un lieu situé au bord de la mer, un plongeur arrive à 16 h 00 au bord d'un lac situé en altitude. Il plonge immédiatement et sort de l'eau à 16 h 35, après avoir effectué les paliers suivants : 2 minutes à 6 mètres et 19 minutes à 3 mètres (6 mètres et 3 mètres sont des profondeurs table).
> Quelle est la profondeur réelle de la plongée ?
> Le temps de parcours entre mer et lac est considéré comme négligeable".

Comment aborder ce type de problème ?

La question porte sur la profondeur réelle de la plongée. Quelles sont les données dont on dispose ?
- les paliers,
- la durée totale de la plongée.

La recherche dans la table montre que la seule plongée donnant ces paliers est une plongée de 25 minutes à 40 mètres

Comme la plongée a lieu en altitude, 40 mètres est une profondeur fictive. Pour obtenir la profondeur réelle, il faut connaître la pression atmosphérique du lieu.

Quels sont les éléments qui vont nous permettre de retrouver la pression atmosphérique ?
On connaît :
- la durée totale de l'immersion (35 min.),
- la durée de la décompression (25 min.),
- donc la durée de la plongée, soit : 35 - 25 = 10 min.

Cette durée étant inférieure à la durée utilisée pour entrer dans la table, le plongeur applique une majoration qui est dans ce cas égale à :

25 - 10 = 15 min.

Pourquoi une majoration, alors que sa plongée n'est pas une plongée de type successive ?

Venant du bord de mer où la pression atmosphérique est égale à 1 bar, tous ses compartiments physiologiques, et en particulier les compartiments de période 120 minutes, sont saturés en azote sous une pression partielle égale à 0,8 bar.

La pression atmosphérique régnant au-dessus du lac étant inférieure à 1 bar, ses compartiments 120 minutes ont donc une charge en azote supérieure à la charge correspondant à la saturation en azote pour ce lieu (P_pN_2 < 0,8 bar).

Ce plongeur est placé dans les mêmes conditions que s'il avait effectué une première plongée avec un intervalle inférieur à 12 h 00 entre les deux plongées.

Si on connaît la TN_2 fictive qui a été utilisée pour le calcul de la majoration, le rapport entre la TN_2 réelle, égale à 0,8 bar, et la TN_2 fictive va nous donner la pression atmosphérique du lieu.

La majoration est égale à 15 minutes pour une plongée à 40 mètres ce qui, à partir du tableau n°2 de la table fédérale, donne une TN_2 fictive égale à 1,07 bar, soit :

$$P_{atm.} \text{ du lac} = 0,8 \div 1,07 = 0,748 \text{ bar}$$

La profondeur réelle sera :

$$40 \times 0,748 = 29,9 \text{ m} \quad \text{(arrondie à 30 m)}$$

Suite du problème :

> "Dès sa sortie de l'eau, ce même plongeur redescend au niveau de la mer. Il veut faire à 18 h 30 une plongée de 8 minutes à 30 mètres, sans palier.
> Quelle sera la concentration maximale en azote du nitrox qu'il peut utiliser ?
> Le temps de parcours entre le lac et la mer est négligeable."

Pour déterminer la concentration en azote du nitrox, il faut connaître la profondeur réelle, égale ici à 30 mètres, ainsi que la profondeur équivalente (celle qui permet d'entrer dans la table).

Comment déterminer la profondeur équivalente ?

Le plongeur en question veut faire une plongée effective de 8 minutes sans palier, donc une plongée table de "x" minutes sans palier, avec :

$$x = 8 + \text{majoration}$$

Il faut trouver dans la table une plongée sans palier qui, pour la profondeur la plus grande (la concentration en azote du nitrox doit être maximale), donnera un temps de plongée égal à 8 minutes une fois la majoration soustraite.

Détermination de la majoration :

GPS pour 25 min. à 40 m = J

On admet que la descente au niveau de la mer ne modifie pas le GPS obtenu au niveau du lac.

A 16 h 35, la TN_2 de ses compartiments 120 minutes correspondra au groupe J.

A 18 h 30 (int. = 1 h 55), TN_2 = 1,06 bar.

Une seule combinaison est possible, que l'on trouve à 20 mètres de profondeur dans la table fédérale.

- pour TN_2 = 1,06 ⇨ majoration à 20 m = 32 min. (tableau 2),
- temps de plongée sans palier à 20 m = 40 min. (table fédérale).

La profondeur équivalente est donc égale à 20 mètres

$$P_pN_2 \text{ à } 20 \text{ m} = 3 \times 0{,}8 = 2{,}4 \text{ bars}$$

$$P_{abs.} \text{ à } 30 \text{ m} = 4 \text{ bars}$$

soit :

$$\text{concentration en azote} = \frac{2{,}4}{4} = 0{,}6 \quad \text{où } 60\ \%$$

Conclusion

En examinant les différents exemples traités dans ce chapitre, on s'aperçoit que les indications chiffrées qui doivent aider à la résolution des problèmes de plongée sont d'autant moins évidentes (d'autant mieux dissimulées) que le problème est plus complexe. Pour certains problèmes, il n'est pas exclu que la complexité ne soit plus la cause, mais la conséquence de la dissimulation des données sous une forme implicite.

Il faut donc avoir assimilé des connaissances suffisantes pour découvrir la démarche qui conduit à ces indications. C'est nécessaire, mais loin encore d'être suffisant.

Ces connaissances devront être complétées par la mise en œuvre d'une méthode telle que celle que nous venons de décrire, méthode dont nous savons qu'elle a fait ses preuves.

A vos tables

... prêts

... partez !

Résoudre un problème de physique

de la méthode, encore de la méthode...

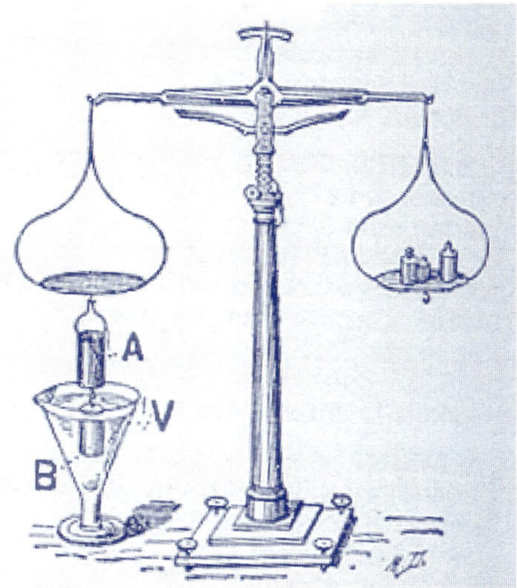

Bon nombre de plongeurs ne sont pas franchement convaincus que l'étude des lois physiques et de leurs applications présente une réelle utilité. Certains d'entre eux ne sont du reste pas loin de penser que les problèmes qui leur sont posés n'ont été concoctés que pour corser la difficulté des examens et qu'ils constituent autant de chausse-trapes destinées à les faire trébucher.
Mais qu'en est-il exactement ?

La physique en plongée : pourquoi ?

La SÉCURITÉ, maître-mot en plongée, c'est bien sûr éviter les accidents et par conséquent mettre en place ce qui est nécessaire à leur prévention. Prévenir un accident, suppose d'en avoir compris le mécanisme, sachant que celui-ci est toujours en relation avec une loi physique, voire plusieurs. Voilà déjà pourquoi le plongeur est concerné par leur étude sur un plan général.

De manière plus pratique, au-delà de la compréhension du milieu subaquatique et de la prise de conscience des perturbations auxquelles l'organisme du plongeur est soumis dès qu'il franchit la surface, celui-ci ne saurait faire abstraction de l'utilité de ces lois, lorsqu'il s'agit de procéder à :

- la détermination d'un lestage,
- un calcul d'autonomie,
- la confection d'un mélange gazeux.

Mais, hormis ces applications directes, un usage correct des tables de plongée (et par la suite celui des ordinateurs) implique d'en avoir saisi le principe de calcul. Cela suppose d'avoir assimilé ce qu'est une tension de gaz dissous et de savoir manipuler cette grandeur dans des calculs simples.

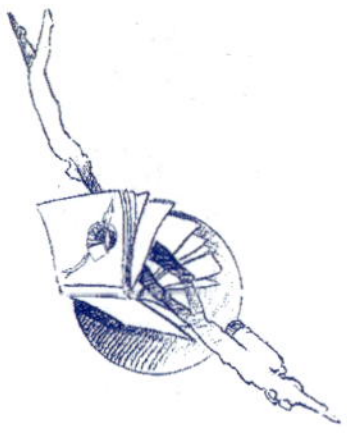

Rappel des objectifs

Ayant souligné ce qui, dans l'apprentissage de la plongée, justifie l'étude des lois physiques et de leurs applications, rappelons-nous que dans ce domaine les objectifs à atteindre pour un plongeur de niveau 4, c'est être capable de :

1. **retenir** l'énoncé exact des lois physiques qui lui ont été présentées,
2. **comprendre** les termes et le sens physique de leur contenu,
3. **savoir appliquer** ces lois dans des situations concrètes ou simulées.

Il ne nous appartient pas ici de revenir sur les deux premiers de ces objectifs, mais nous allons tenter d'apporter une aide à la concrétisation du troisième.

Quels types de problèmes ?

Certains des problèmes de physique qui sont proposés – notamment dans ce livre – revêtent parfois un caractère académique, pour ne pas dire “acrobatique”, et n'ont avec la plongée qu'un rapport lointain (voir par exemple les problèmes n°15, 17, 61). On est alors en droit de se demander quel intérêt ils présentent. Savoir les résoudre signifie tout simplement avoir parfaitement compris ce que nous enseigne la loi physique concernée et pouvoir mettre en œuvre une démarche organisée. Le plongeur est alors capable de traiter des cas correspondant à une situation réelle dont sa sécurité peut parfois dépendre, tel qu'un calcul de consommation par exemple.

Comment procéder ?

Certes, l'exactitude du résultat demandé dans l'énoncé d'un problème est bien le but à atteindre, mais l'obtenir sans méthode relève de la “pêche à la ligne” et un tel procédé ne peut garantir que l'on saura résoudre un autre problème du même type avec une chance quelconque de succès. C'est pourquoi il nous paraît indispensable de procéder au moyen d'une démarche rigoureuse, applicable à des problèmes qui font partie de la même famille, autrement dit pour lesquels on utilisera la même loi.

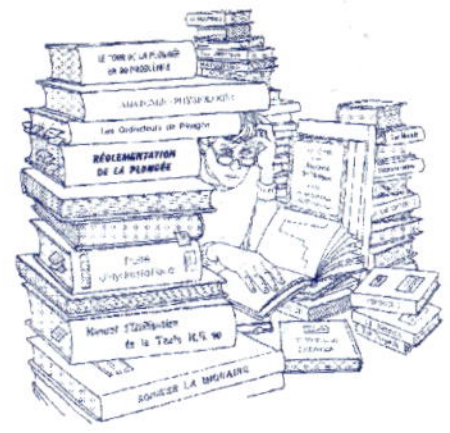

Démarche générale

Résoudre un problème de physique consiste à respecter une marche à suivre qui peut se décomposer en dix étapes successives.

1. Lisez attentivement et complètement l'énoncé du problème.

2. Relisez-le autant de fois qu'il est nécessaire jusqu'à totale compréhension de ses termes et de la question qui est posée.

3. Traduisez l'énoncé sous forme d'un dessin et inscrivez-y les données du problème.

4. Identifiez la loi à appliquer et écrivez la formule correspondante.

5. Recherchez dans l'énoncé les données nécessaires, identifiez les données implicites et harmonisez les unités. Écartez les données inutiles.

6. Placez les données utiles dans la formule et effectuez les calculs.

7. Placez l'unité convenable après le résultat chiffré.

8. Vérifiez très soigneusement vos calculs, en les refaisant par un autre moyen : à la main, mentalement ou à l'aide de la calculatrice (1).

9. Vérifiez la démarche et son résultat en effectuant le calcul d'une autre manière (chemin différent) ou en le refaisant à l'envers pour retrouver les données de l'énoncé à partir du résultat final.

10. Attention à l'ordre de grandeur du résultat. Au moyen d'un calcul rapide approché, assurez-vous qu'il est plausible.

(1) Prenez garde à l'usage que vous faites de la calculatrice : elle constitue certes une facilité pour effectuer certaines opérations quelque peu complexes, mais ne la considérez en aucun cas comme une “bouée de sauvetage”.

Elle ne se trompe jamais, mais ne comptez pas sur elle pour détecter vos propres erreurs. Attention à la place de la virgule dans les données que vous introduisez au clavier !

Ne l'utilisez que pour effectuer les calculs trop compliqués pour être faits de tête, ou pour vérifier ceux que vous avez faits à la main.

Autant que faire se peut, utilisez le calcul mental pour effectuer les opérations simples. Il est souvent plus sûr, toujours plus rapide et... il n'y a pas de piles à changer.

Quel que soit le problème qui est posé, la marche à suivre passe de manière incontournable par les points 1 à 6 cités ci-dessus. Nous insistons plus particulièrement sur le point n°4 car, avant d'effectuer tout calcul, il est indispensable d'écrire la formule d'application de la loi qui est mise en jeu, comme par exemple :

loi d'Archimède	**loi de Mariotte**	**loi de Dalton**
$P_{app.} = P_{réel} - P_{Arch.}$	$P_1 \times V_1 = P_2 \times V_2$	$P_p = P_{totale} \times Conc.\%$

C'est selon la loi concernée que les démarches spécifiques différeront. Dans chaque cas, une condition au moins doit être remplie pour pouvoir répondre à la question qui est posée. Cette condition se traduit par une égalité, qui dérive de l'expression de la loi et qui constitue le point de départ du calcul. En voici quelques exemples.

loi d'Archimède	**loi de Mariotte**	**loi de Dalton**
Recherche d'une flottabilité nulle ($P_{app.} = 0$)	Compression d'un gaz à température donnée	Respect de la limite de toxicité de l'oxygène
Condition à remplir :	Condition à remplir :	Condition à remplir :
$\mathbf{P_{réel} = P_{Arch.}}$	$\mathbf{P_1 \times V_1 = P_2 \times V_2}$	$\mathbf{P_p = P_{totale} \times Conc.\%}$

C'est dans ces égalités que seront introduites les données de l'énoncé. Celui-ci peut contenir trois sortes de données. Examinons par exemple le problème n°56, dont l'énoncé contient :

- des données **explicites**, exprimées de manière claire et évidente
  - ⇨ densité du corps = 0,8
- des données **implicites**, qui se déduisent du contexte
  - ⇨ le corps flotte sur de l'eau pure, donc la densité de celle-ci est égale à 1
- des données **inutiles**, dont on n'a nul besoin
  - ⇨ un corps sphérique (la forme du corps n'a aucune importance)
  - ⇨ diamètre égal à 25 cm (le diamètre n'intervient pas dans les calculs)

  données qui sont généralement introduites pour vérifier que l'énoncé a été lu et compris.

Il convient donc de bien toutes les reconnaître, avant d'en extraire les données utilisables.

Démarches spécifiques

Calculs sur les pressions

Les calculs portant sur la correspondance entre pression atmosphérique, pression hydrostatique et pression absolue relèvent d'une démarche élémentaire. C'est pourquoi nous ne nous arrêterons que sur le problème n°6 (page 235), dont l'énoncé contient plusieurs données implicites.

La pression dans la maison sous la mer est égale à 2 bars (donnée implicite).

La démarche est simple. En partant de la surface, un profondimètre à loi de Mariotte indiquerait :

- 10 mètres lorsque la pression double (de 1 à 2 bars),
- 20 mètres " triple (de 1 à 3 bars),
- 30 mètres " quadruple (de 1 à 4 bars).

Le profondimètre du plongeur indique 10 mètres, parce que la pression a doublé (donnée implicite). Elle vaut alors 4 bars et la profondeur recherchée est égale à 30 mètres.

On applique le même raisonnement aux autres indications du profondimètre pour trouver les profondeurs réelles correspondantes.

Applications de la loi d'Archimède

La résolution de ce type de problème passe, soit par le calcul d'un poids apparent, soit en exprimant que celui-ci est nul lorsque le corps dont il est question est en équilibre (en équilibre indifférent au sein du liquide, ou en équilibre à la surface s'il flotte). Examinons quelques exemples.

1er exemple : problème n° 12 (page 237)

La solution découle directement de la formule :

$$P_{app.} = P_{réel} - P_{Arch.}$$

dans laquelle on donne $P_{réel}$ et l'on recherche la valeur de $P_{app.}$

Rappel 1 : opérations sur les sommes et les différences.
*Une égalité reste inchangée si l'on ajoute – ou si l'on retranche – la même quantité **q** à ses deux membres.*

Soit $A = B$
donc $A + \mathbf{q} = B + \mathbf{q}$ et $A - \mathbf{q} = B - \mathbf{q}$

Exemple 1 : calculer $P_{réel}$ à partir de $P_{app.} = P_{réel} - P_{Arch.}$
On ajoute $\mathbf{P_{Arch.}}$ à chaque membre

$P_{app.} + \mathbf{P_{Arch.}} = P_{réel} - P_{Arch.} + \mathbf{P_{Arch.}}$ ⇨ $P_{app.} + P_{Arch.} = P_{réel}$

Exemple 2 : calculer $P_{Arch.}$ à partir de la même relation (à noter que $P_{Arch.}$ est précédé du signe “moins”).
On retranche $\mathbf{P_{réel}}$ à chaque membre

$P_{app.} - \mathbf{P_{réel}} = P_{réel} - \mathbf{P_{réel}} - P_{Arch.}$ ⇨ $P_{app.} - P_{réel} = - P_{Arch.}$

Une égalité reste inchangée si l'on change tous ses termes de signe.

$$P_{réel} - P_{app.} = P_{Arch.}$$

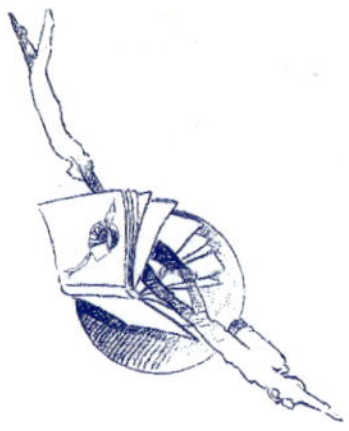

La valeur de $P_{Arch.}$ est une donnée implicite, que l'on déduit en calculant le volume du morceau de plomb à partir de la relation :

$$\text{Poids réel} = \text{Volume} \times \text{densité}$$

Pour être rigoureux, il faudrait écrire:

$$\text{Masse} = \text{Volume} \times \text{Masse volumique}$$

mais en plongée nous confondons masse et poids, d'une part, masse volumique et densité, d'autre part. La formule utilisée devient :

$$P_{réel} = V \times d$$

qui s'écrit encore :

$$V = P_{réel} \div d$$

ou bien :

$$d = P_{réel} \div V$$

Les valeurs de $P_{réel}$ et de d sont contenues dans l'énoncé. La suite du calcul n'est alors plus qu'une simple formalité.

Rappel 2 : opérations sur les produits et les quotients.
Une égalité reste inchangée si l'on multiplie, ou si l'on divise, ses deux membres par la même quantité ***q***.

Soit $A = B$
donc $A \times \mathbf{q} = B \times \mathbf{q}$ et $\dfrac{A}{\mathbf{q}} = \dfrac{B}{\mathbf{q}}$

<u>Exemple 1</u> : calculer un volume à partir de $P = V \times d$

On divise membre à membre par **d** $\dfrac{P}{\mathbf{d}} = \dfrac{V \times d}{\mathbf{d}} = V$

<u>Exemple 2</u> : calculer la densité à partir de $V = \dfrac{P}{d}$

On multiplie membre à membre par **d** $V \times \mathbf{d} = \dfrac{P \times \mathbf{d}}{d} = P$

Puis on divise membre à membre par **V** $\dfrac{V \times d}{\mathbf{V}} = \dfrac{P}{\mathbf{V}} = d$

2e exemple : problème n° 15 (page 238)

Puisque le glaçon flotte, il est en équilibre. Sa flottabilité est nulle (ainsi que son poids apparent) et par conséquent la condition à remplir est :

$$P_{réel} = P_{Arch.}$$

Pour répondre à la deuxième question, il nous faut connaître le volume total du glaçon et la partie de ce volume qui est immergée.

Le volume total se déduit de la relation vue précédemment :

$$V = P_{réel} \div d_{glaçon} = 100 \div 0{,}917 = 109{,}05 \text{ cm}^3$$

Le volume immergé se calcule pareillement :

$$V = P_{Arch.} \div d_{eau} = 100 \div 1 = 100 \text{ cm}^3$$

Le calcul final relève d'une simple opération sur les pourcentages.

Rappel 3 : opérations sur les pourcentages
Un pourcentage peut s'exprimer au moyen d'une fraction

$$20\ \% \text{ équivalent à} : \frac{20}{100}$$

Calculer un pourcentage se ramène donc à une opération sur les fractions.

Exemple 1 : calculer 20 % de 175

$$175 \times \frac{20}{100} = \frac{3\,500}{100} = 35$$

Exprimer ce que représente en % une grandeur **A** par rapport à une autre grandeur **B** revient à faire comme si cette dernière était ramenée à 100.

$$\%\ \text{calculé} = \frac{\mathbf{A}}{\mathbf{B}} \times 100$$

Exemple 2 : calculer en % ce que représente 35 par rapport à 175

$$\frac{35}{175} \times 100 = \frac{3\,500}{175} = 20\ \%$$

3e exemple : problème n° 55 (page 247)

Le corps cylindrique flotte, donc il est en équilibre. La condition à remplir s'écrit :

$$P_{réel} = P_{Arch.}$$

La particularité de ce problème est qu'à la poussée d'Archimède exercée par l'eau, s'ajoute la poussée d'Archimède exercée par l'huile, soit :

$$P_{Arch.} = P_{Arch./eau} + P_{Arch./huile}$$

4e exemple : problème n°58 (page 249)

Le corps de volume V flotte, il est en équilibre. La condition à remplir est :

$$P_{réel} = P_{Arch.}$$

Si D est sa densité par rapport au liquide et d sa densité par rapport à l'eau :

$$P_{réel} = V \times d \quad \text{et} \quad P_{Arch.} = 0{,}8 \times V \times 1{,}2$$

$$V \times d = 0{,}8 \times V \times 1{,}2$$

d'où $d = 0{,}96$.

La réponse à la dernière question est obtenue en écrivant la même condition d'équilibre et en procédant à un calcul identique.

Applications de la loi de Mariotte

Dans le chapitre "Des unités sur mesure", nous faisons remarquer (page 22) que le produit $P \times V$ est représentatif d'une quantité de gaz (voir aussi la réponse à la question de physique n°9, page 225). Par conséquent, écrire que :

$$P_1 \times V_1 = P_2 \times V_2$$

revient à exprimer la conservation de cette quantité de gaz, soit :

$$Q_1 = Q_2$$

sachant que cette grandeur –qui s'exprime en *litres.bars*– peut être additionnée à une autre quantité de gaz, ou en être soustraite, lorsque l'on effectue par exemple des opérations de transfert (gonflage sur tampon, préparation d'un mélange, ...).

C'est à partir de cette propriété remarquable que nous pouvons bâtir une démarche simple, applicable à tous les problèmes dans lesquels la loi de Mariotte intervient.

Avec cette démarche, il est tout à fait inutile de ramener les volumes gazeux à la pression atmosphérique, opération qui allonge les calculs et multiplie les risques d'erreur. En outre, cet artifice ne correspond à aucune réalité physique et constitue plutôt une gêne à la compréhension du problème.

1er exemple : problème n°21 (page 239)

Avant d'actionner sa réserve, tout se passe comme si le plongeur disposait d'un bloc de 12 litres chargé à :

$$175 - 35 = 140 \text{ bars.}$$

A 25 mètres, la pression de l'air respiré est de 3,5 bars (donnée implicite).

Dans un problème de consommation, la méthode consiste à calculer le volume d'air disponible à la profondeur considérée. La condition à remplir est alors la conservation de la quantité d'air, qui s'exprime par :

$$P_1 \times V_1 = P_2 \times V_2$$

soit :

$$140 \times 12 = 3,5 \times V_2$$

d'où :

$$V_2 = 480 \text{ litres}$$

et :

$$\text{durée de la plongée} = 480 \div 24 = 20 \text{ min.}$$

La seconde question se traite de la même manière mais, lorsque le bloc est “vide”, il y subsiste à 25 mètres une pression de 3,5 bars et la quantité d'air correspondante, soit :

$$3,5 \times 12 = 42 \text{ litres.bars}$$

n'est pas disponible.

Remarque : la loi de Mariotte s'applique au volume d'air disponible à la profondeur considérée, alors que la consommation –donnée en litres par minute– reste la même à toute profondeur ; il est donc tout à fait faux et irréaliste d'écrire que la consommation du plongeur à 25 mètres est :

$$24 \times 3,5 = 84 \text{ litres/min.}$$

alors que sa capacité pulmonaire n'a pas changé depuis la surface (principe de l'équipression).

2e exemple : problème n°22 (page 240)

Si l'on appelle Q_1 la quantité de gaz contenue dans le premier tampon,
Q_2 la quantité de gaz restant dans le bloc à charger,
Q_3 la quantité totale de gaz contenue dans les deux récipients

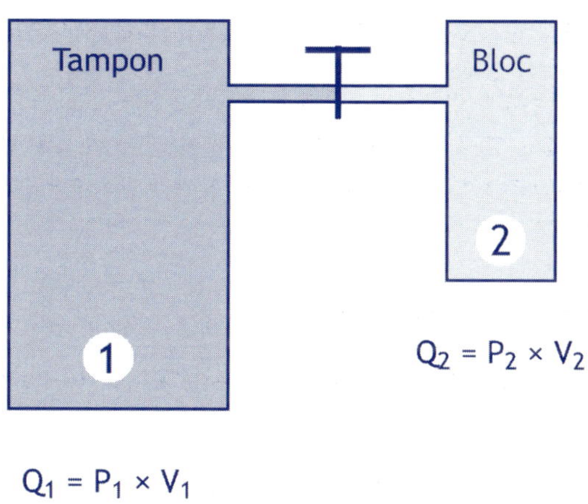

la condition à remplir s'écrit sous la forme :

$$Q_1 + Q_2 = Q_3$$

soit :

$$(P_1 \times V_1) + (P_2 \times V_2) = P_3 \times V_3$$

avec :

$$V_3 = V_1 + V_2$$

Il ne reste alors plus qu'à remplacer les termes P_1, V_1, P_2 et V_2, par les valeurs lues dans l'énoncé pour trouver la valeur de P_3.

> **Rappel 4** : opérations sur des égalités dont les membres comportent plusieurs termes (voir rappel 2)
> Exemple : calculer P_3 à partir de $(P_1 \times V_1) + (P_2 \times V_2) = P_3 \times V_3$
> On divise membre à membre par $\mathbf{V_3}$
>
> $$\frac{(P_1 \times V_1) + (P_2 \times V_2)}{V_3} = \frac{P_3\ V_3}{V_3} = P_3$$

On procède de la même manière pour la seconde étape du gonflage.

A noter que cette méthode permet de résoudre de manière aussi simple et rapide tout problème qui fait intervenir un nombre quelconque de blocs connectés sur plusieurs tampons raccordés entre eux, en écrivant que la quantité de gaz Q_n contenue dans le récipient “n” est égale à :

$$P_n \times V_n$$

3e exemple : problème n°19 (page 239)

Si l'on appelle Q_1 la quantité de gaz contenue initialement dans la bouteille,
Q_2 la quantité de gaz qui reste dans la bouteille,
Q_3 la quantité de gaz transférée dans la bouée

la condition à remplir s'écrit sous la forme :

$$Q_1 - Q_2 = Q_3$$

soit :

$$(P_1 \times V_1) - (P_2 \times V_2) = P_3 \times V_3$$

avec :

$$P_2 = P_3$$

donnée implicite fournie par la valeur de la profondeur.

Il ne reste alors plus qu'à remplacer les termes P_1, V_1, P_2, V_2 et P_3, par les valeurs extraites de l'énoncé pour trouver la valeur de V_3.

4e exemple : problème n°60 (page 250)

Si l'on appelle Q_1 et Q_2 les quantités de gaz contenues respectivement dans les compartiments ① et ② du cylindre avant le déplacement du piston, puis Q'_1 et Q'_2 ces mêmes quantités après le déplacement du piston, une première condition s'écrit :

$$Q_1 = Q'_1 \quad \text{et} \quad Q_2 = Q'_2$$

La seconde condition résulte de l'équilibre des trois forces qui s'exercent sur le piston : les forces pressantes exercées par le gaz dans chacun des deux compartiments, ainsi que la force F qui fait l'objet de la question posée.

La suite du calcul procède par une mise en équation simple.

Pour résumer, tous les problèmes qui mettent en jeu la loi de Mariotte se résolvent en exprimant la conservation, l'addition ou la soustraction de quantités de gaz.

Applications de la loi de Dalton

La formule de base s'écrit :

$$P_{p.} = P_{totale} \times \text{Conc.\%} \qquad (1)$$

qui s'écrit encore :

$$\text{Conc.\%} = P_{p.} \div P_{totale} \qquad (2)$$

ou bien :

$$P_{totale} = P_{p.} \div \text{Conc.\%} \qquad (3)$$

C'est probablement la loi la plus facile à appliquer : on exploite une des trois formes de la formule de base selon la manière dont l'énoncé est posé, sachant que P_{totale} et profondeur se déduisent directement l'une de l'autre lorsqu'elles interviennent dans l'énoncé du problème.

1er exemple : problème n°28 (page 241)

C'est une application simple et directe de la formule (1), dans laquelle il suffit d'injecter à trois reprises les données de l'énoncé.

On vérifiera toutefois que la somme des trois pressions partielles est bien égale à la pression totale.

2e exemple : problème n° 31 (page 242)

C'est la formule (2) qui est utilisée, la condition à remplir est :

$$P_pO_2 = 1{,}6 \text{ bar}$$

La suite du calcul est simple.

3e exemple : problème n° 33 (page 242)

C'est la formule (3) qui s'applique, la profondeur se déduisant de la pression.

Applications de la loi de Henry : calculs sur les tensions de gaz

La résolution de ce type de problème a en général pour but d'illustrer le principe de calcul des tables de plongée. La détermination des tensions d'azote dissous constitue souvent une difficulté. Pour s'en affranchir, nous proposons une méthode graphique.

1er exemple : problème n° 41 (page 244)

Au départ, TN_2 = 0,8 bar (80 % d'azote dans l'air). Après une exposition de durée infinie 20 mètres, elle serait égale à 2,4 bars, qui est la P_pN_2 dans l'air à 20 mètres (compartiment saturé).

Après chaque période écoulée, la valeur de TN_2 dans le compartiment évolue en parcourant la moitié du chemin entre un état donné et l'état de saturation.

Après	1 période	(1 T)	$TN_2 = (0{,}8 + 2{,}4) \div 2 = 1{,}6$ bar
	2 périodes	(2 T)	$TN_2 = (1{,}6 + 2{,}4) \div 2 = 2{,}0$ bars
	3 périodes	(3 T)	$TN_2 = (2{,}0 + 2{,}4) \div 2 = 2{,}2$ bars
	4 périodes	(4 T)	$TN_2 = (2{,}2 + 2{,}4) \div 2 = 2{,}3$ bars

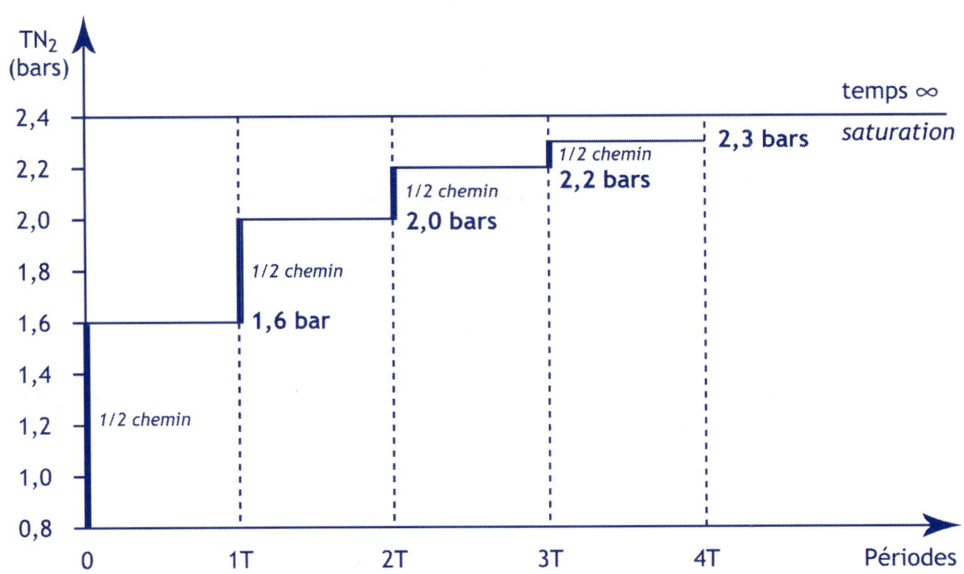

On voit que le même résultat nous est donné au moyen d'une représentation graphique, laquelle présente l'avantage d'être beaucoup plus parlante qu'un calcul. Elle contribue en outre à éviter les erreurs.

2e *exemple* : problème n°46 (page 245)

Pour résoudre ce problème, il convient de procéder en trois temps.

Premièrement : détermination de TN_2 dans le compartiment après une immersion de 14 minutes (2 périodes). Utilisons la méthode graphique.

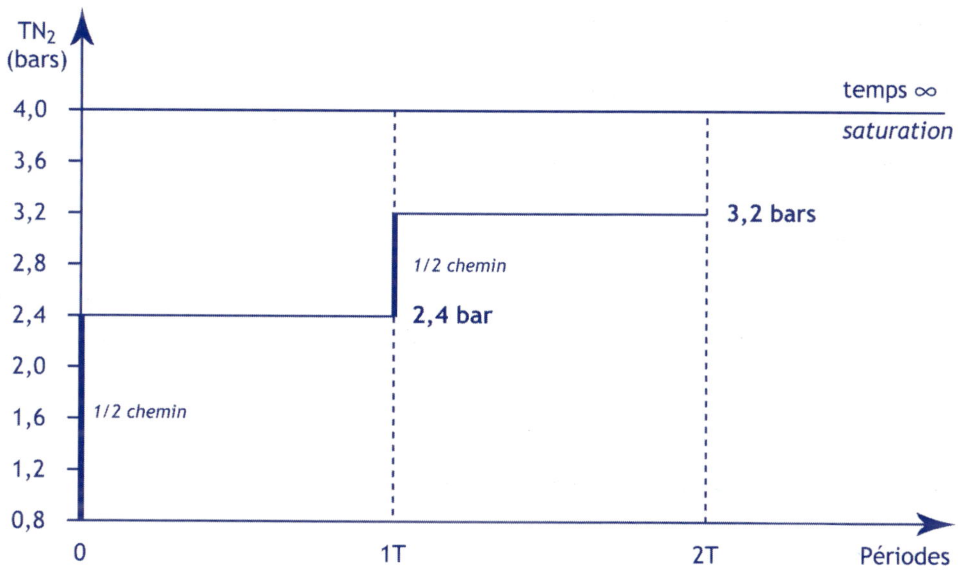

Deuxièmement : calcul de la pression minimale au-dessous de laquelle il y a risque de dégazage anarchique. La formule de base s'écrit :

$$Sc = TN_2 \div P_{abs.}$$

ou encore :

$$P_{abs.} = TN_2 \div Sc$$

d'où :

$$P_{abs.} = 3,2 \div 2,54 \ \# \ 1,26 \text{ bar}$$

Troisièmement : détermination du palier. A la pression de 1,26 bar correspond la profondeur de 2,6 mètres. Le premier palier se fera à la valeur conventionnelle immédiatement supérieure, soit 3 mètres.

3e exemple : problèmes n°47 à 49 (page 245)

La résolution des ces problèmes est aussi simple que dans l'exemple précédent et relève exactement de la même méthode. Seul le calcul est un peu plus long, car il faut le répéter pour chacun des compartiments pris en considération.

Systématiquement, la profondeur du premier palier est égale à la valeur conventionnelle immédiatement supérieure à la profondeur limite calculée la plus grande.

Applications combinées des lois

Plusieurs lois physiques doivent parfois être utilisées dans le même problème.

Les lois d'Archimède et de Mariotte interviennent simultanément dans les problèmes n°14, 66 à 69 (pages 237, 253 à 255).

Les lois de Mariotte et de Dalton se combinent le plus souvent dans les problèmes relatifs à la préparation de mélanges de gaz. Voir les problèmes n°34, 70 à 73 (pages 242, 256, 257).

Dans tous les cas, ce sont les mêmes démarches que précédemment qui s'appliquent, chaque loi imposant sa propre condition à remplir. C'est le plus souvent la longueur des calculs qui constitue la véritable difficulté de ce genre de problème.

D'où l'intérêt de les conduire avec méthode.

La physique, mais c'est très simple !

Les démarches que nous proposons ne sont certainement pas les seules envisageables. Elles ont le mérite de fonctionner dans tous les cas de figure et elles ont fait la preuve de leur efficacité dans les situations que nous avons personnellement rencontrées en enseignant la plongée.

Chaque plongeur – stagiaire ou moniteur – les adaptera à sa propre façon de travailler, le choix n'étant justifié que par l'exactitude du résultat obtenu et l'élégance dans la façon d'y parvenir.

Nous n'avons pas cherché à traiter tous les types de problèmes possibles ou imaginables, nous nous sommes limités aux “grands classiques”, sachant que notre choix couvre la majorité des situations auxquelles les plongeurs sont confrontés.

On se rappellera pour terminer que, parmi toutes les méthodes possibles, il n'y a pas obligatoirement de “bonne” ou de “mauvaise” méthode, mais il y a toutefois pire qu'une mauvaise méthode, c'est... de n'en avoir aucune !

Finalement, simples à résoudre les problèmes de physique...

Mais qui a dit que c'est compliqué ?

Les procédures de décompression

Une procédure de décompression est une suite d'actions qui sont mises en œuvre par le plongeur pour lui permettre d'éliminer, en quantité suffisante, l'azote dissous dans son organisme pendant la plongée.

Les procédures de décompression les plus fréquemment utilisées font appel :

- aux tables de plongée,
  - MN 90
  - Bühlmann
  - Comex (Ministère du Travail)
  - autres
- aux ordinateurs de plongée.

Remarque : dans ce chapitre, nous limiterons notre étude à la table fédérale (table établie à partir de la table MN 90 de la Marine Nationale).

Rappels sur le calcul des tables

La plupart des tables de plongée – et en particulier la table fédérale – a été établie suivant la méthodologie définie par **HALDANE**. Le modèle haldanien est bâti pour donner lieu à des calculs numériques, en partant d'un certain nombre d'hypothèses simplificatrices. Le travail de Haldane ne doit être considéré ni comme un modèle (système qui aurait des prétentions descriptives), ni comme une théorie (système qui aurait des prétentions explicatives), mais plus simplement comme une technique de calcul des profils de plongée dont il faut bien connaître les limites.

Les calculs auxquels nous nous référons ci-dessus permettent d'estimer la tension d'azote en fin de plongée dans chacun des compartiments pris en compte pour la décompression.

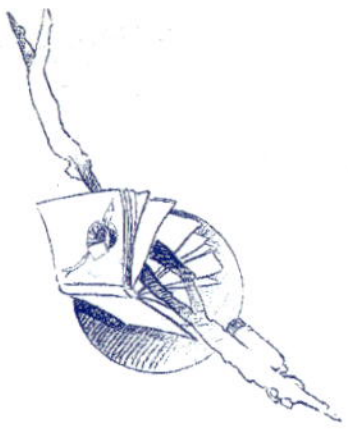

Pour un compartiment donné, cette tension est déterminée à partir de la relation :

$$T_t = T_o + (T_f - T_o) \times (1 - e^{-kt})$$

ou

$$T_t = T_o + (T_f - T_o) \times (1 - 0{,}5^{t/T})$$

avec : T_t = tension d'azote au temps t

T_o = tension d'azote initiale

T_f = tension d'azote finale

k = constante caractéristique du compartiment

T = période du compartiment

La connaissance de la tension d'azote dans un compartiment est indispensable pour déterminer le coefficient de sursaturation de ce compartiment, défini par le rapport $TN_2/P_{abs.}$ Il ne devra en aucun cas dépasser le coefficient de sursaturation critique associé à ce compartiment.

La difficulté d'établissement d'une table de plongée a toujours consisté à choisir convenablement les compartiments à prendre en compte, ainsi que les coefficients de sursaturation critique qui leurs sont associés.

Pour la table fédérale, ces compartiments sont au nombre de douze. Le coefficient de sursaturation critique qui leur est associé est indiqué dans le tableau ci-dessous :

Période (min.)	5	7	10	15	20	30	40	50	60	80	100	120
Sc	2,72	2,54	2,38	2,20	2,04	1,82	1,68	1,61	1,58	1,56	1,55	1,54

Utilisation de la table fédérale

La courbe de sécurité

C'est la courbe en deçà de laquelle les paliers ne sont pas nécessaires.

Points caractéristiques :

12 mètres ⇨ 2h15
15 mètres ⇨ 1h15
20 mètres ⇨ 40 min.
25 mètres ⇨ 20 min.
30 mètres ⇨ 10 min.
35 mètres ⇨ 10 min.
40 mètres ⇨ 5 min.

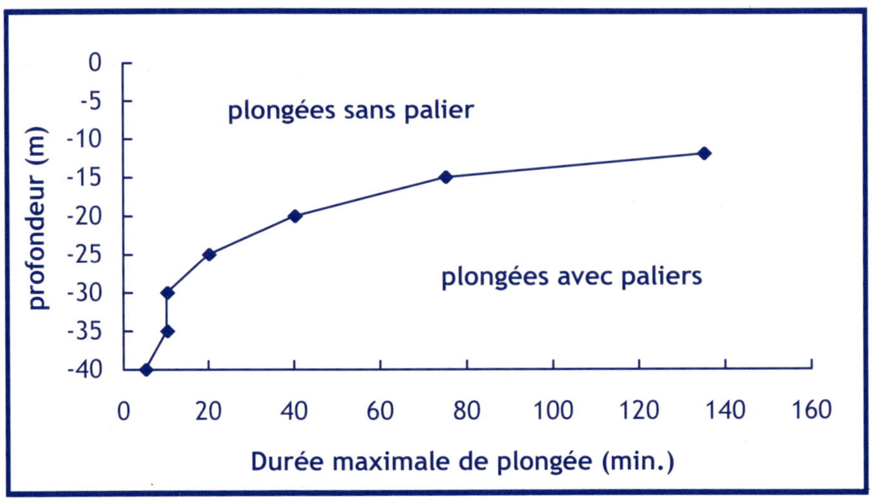

Au-delà de 48 mètres et quelle que soit la durée de la plongée, celle-ci doit comporter des paliers de décompression (se reporter à la table).

Conditions d'utilisation et limites

L'usage de la table fédérale est réservé à la plongée en scaphandre autonome, pour des plongées ne nécessitant pas d'effort physique plus important que celui de se déplacer à la vitesse de 0,5 nœud (~ 0,9 km/h).

Sa **profondeur maximale d'utilisation** est de 60 mètres

Les profondeurs de 62 et 65 mètres doivent être considérées comme table de secours en cas de dépassement accidentel de la profondeur 60 mètres. Dans ce cas, la table interdit de replonger dans les 12 heures qui suivent la sortie de l'eau.

La vitesse de remontée doit être comprise entre 15 et 17 mètres par minute. En aucun cas, elle ne doit être supérieure à 17 mètres par minute.

La durée de passage d'un palier au palier suivant, ou du palier de 3 mètres à la surface, est fixée à 30 secondes (soit une vitesse de 6 mètres par minute).

Si l'intervalle de temps "Int." qui sépare deux plongées est :
- strictement inférieur à 15 minutes (Int. < 15 min.), les deux plongées sont dites **consécutives**,
- égal ou supérieur à 15 minutes et inférieur ou égal à 12 h 00 (15 min. ≤ Int. ≤ 12 h 00), les deux plongées sont dites **successives**.

La table n'autorise pas plus de deux plongées successives par tranche de 24 heures.

Plongée simple : intervalle > 12 h 00

La profondeur de la plongée est la profondeur maximale atteinte au cours de la plongée.

⇨ Si on ne trouve pas dans la table la profondeur réellement atteinte, prendre la **profondeur immédiatement supérieure**.

La durée de la plongée est le temps écoulé (indiqué en minutes) entre l'immersion et le début de la remontée.

⇨ Si cette durée ne se trouve pas dans la table, prendre la **durée immédiatement supérieure**.

Le groupe de plongée – lettres A à P – représente la tension d'azote résiduelle dans le compartiment 120 minutes à la sortie de la plongée.

⇨ Il sert à déterminer la majoration qui s'applique à la seconde plongée en cas de plongées successives.

Bien penser à noter l'heure de sortie de la première plongée.

Les paliers sont les arrêts à respecter au cours de la remontée. Leur profondeur est donnée en mètres, leur durée en minutes.

La **D**urée **T**otale de la **R**emontée est le temps écoulé entre le début de la remontée et l'arrivée en surface.

La colonne "DTR" donne directement cette valeur sauf dans les cas où le début de remontée ne correspond pas à la profondeur maximale prise en compte pour le calcul de la décompression ; ces cas particuliers sont entre autres :

☞ une plongée consécutive avec palier(s), dont la deuxième immersion est moins profonde que la première,

☞ une remontée depuis le palier à demi-profondeur,

☞ une plongée "nitrox", auquel cas la profondeur équivalente (utilisée pour le calcul des paliers) est inférieure à la profondeur réelle (profondeur correspondant au début de la remontée).

Dans ces trois cas, utiliser le tableau 4 des tables de plongée fédérales ; ce tableau indique la durée de la remontée jusqu'au premier palier, à laquelle s'ajoutent les temps inter-paliers ; pour calculer la DTR il faut ajouter les durées de paliers indiquées par la table à la durée extraite du tableau 4.

Dans tous les cas, il est possible de calculer la DTR, en appliquant la règle suivante :

- considérer que la vitesse de remontée est de 15 mètres par minute ;
- déterminer la distance "M" depuis le fond jusqu'au premier palier (ou la surface), sachant que la base de calcul est la profondeur d'entrée dans la table et non la profondeur maximale atteinte ;
- calculer la durée "d" de la remontée au premier palier (ou à la surface), selon la formule

  d = M ÷ 15 (d est exprimé en minutes et centièmes de minute)

- ajouter les durées des éventuels paliers ainsi que la durée de passage d'un palier au suivant (et/ou du palier de 3 mètres à la surface), soit 30 secondes ou 0,5 minute ;
- sommer toutes ces durées et arrondir à la minute supérieure.

Exemple : plongée de 19 minutes à 39 m
paliers à effectuer : 1 min. à 6 m et 9 min. à 3 m
profondeur d'entrée dans la table ⇨ 40 m
M = 40 - 6 = 34 m ⇨ d = 34 ÷ 15 = 2,27 min.
DTR = 2,27 + 1 + 0,5 + 9 + 0,5 = 13,27 ⇨ arrondie à 14 min.

Plongées consécutives : intervalle < 15 min.

On considère qu'il s'agit d'une seule et même plongée.

La profondeur d'entrée dans la table est la plus importante atteinte au cours des deux plongées.

La durée est la somme des durées des deux plongées.

Attention : c'est la profondeur de la seconde plongée qui détermine la durée de la remontée.

Plongées successives : 15 min. ≤ intervalle ≤ 12 h 00

L'intervalle entre les deux plongées est le temps écoulé, entre le franchissement de la surface à la fin de la première plongée et l'immersion au début de la seconde.

La majoration est le laps de temps fictif qu'il faut ajouter à la durée de la seconde plongée pour entrer dans la table (voir la réponse à la question de physique n° 21, page 230).

Cette majoration est fonction du GPS de la première plongée, de l'intervalle entre les deux plongées et de la profondeur de la seconde plongée.

Profondeur pour entrer dans la table : idem plongée simple.

Durée pour entrer dans la table : durée de la plongée + majoration.

Mode d'emploi

On sort de la 1re plongée avec un groupe de plongée successive donné.

Identifier le groupe : exemple 15 min. à 45 m ⇨ groupe H.

Déterminer l'intervalle : sortie de la 1re plongée à 11 h 00,
immersion 2e plongée à 15 h 20,
⇨ Int. = 4 h 20

Déterminer la tension d'azote résiduelle (tableau 1).
Colonne de gauche ⇨ groupe H,
Ligne du haut ⇨ intervalle 4 h 20.

Cet intervalle ne figurant pas dans le tableau, on prend l'intervalle immédiatement inférieur, soit 4 heures.

A l'intersection de H et de 4 h (ligne et colonne), se trouve la tension d'azote résiduelle, égale à 0,89.

Déterminer la majoration (tableau 2).
Définir la profondeur de la seconde plongée : par exemple 30 m.
Colonne de gauche ⇨ azote résiduel 0,89
Ligne du haut ⇨ profondeur 30 mètres

La majoration se trouve à l'intersection de la ligne et de la colonne correspondant respectivement à ces deux valeurs, soit 7 minutes.

Attention : si la profondeur de la seconde plongée ne se trouve pas dans le tableau 2, prendre celle qui lui est immédiatement **supérieure**.

Si la tension d'azote résiduelle déterminée dans le tableau 1 ne se trouve pas dans le tableau 2, utiliser dans celui-ci la valeur immédiatement **supérieure**.

Cas particuliers

Il est possible que la seconde plongée se fasse à une profondeur, soit supérieure, soit inférieure à celle qui était prévue.

Si profondeur atteinte > profondeur prévue : conserver sa majoration, calculer ses paliers en tenant compte de la **profondeur réellement atteinte**.

Si profondeur atteinte < profondeur prévue : conserver sa majoration, calculer ses paliers en tenant compte de la **profondeur prévue**.

Remontées anormales

En cas de remontée lente (vitesse < 15 m/min.) : inclure la durée de la remontée lente dans la **durée de la plongée**.

En cas de remontée rapide (vitesse > 17 m/min.) : il est impératif de rejoindre en **moins de 3 minutes**, depuis le départ du fond, la profondeur égale à la **moitié de la profondeur** maximale atteinte, puis d'y effectuer un **palier de sécurité de 5 minutes** (voir la réponse à la question de physique n° 22, page 230).

La remontée s'effectue ensuite normalement en prenant comme paramètres de la plongée :

P = profondeur maximale atteinte.
δ = durée depuis l'immersion jusqu'à la fin du palier de 5 minutes (y compris le temps passé en surface).

δ ⇨ lettre grecque “delta” minuscule.

Attention : c'est la profondeur du palier de sécurité (à demi-profondeur) qui sert de base au calcul de la durée de la remontée.

Plongées en altitude

Il faut connaître :
- la pression atmosphérique du lieu de plongée,
- son type de profondimètre.

Méthode de calcul

Pression atmosphérique du lieu de plongée.

$$P_{atm.(bar)} = \frac{P_{atm.(mm\,Hg)}}{760} \qquad \text{soit} \qquad P_{atm.(mm\,Hg)} = P_{atm.(bar)} \times 760$$

Remarque : si l'on connaît l'altitude du lieu de plongée, la pression atmosphérique peut être estimée avec une bonne approximation à l'aide de la formule :

$$P_{atm.(bar)} = 1 - \frac{\text{altitude}_{\text{(mètres)}}}{8\,000}$$

Cette altitude pourra être lue sur une carte détaillée.

Nota : des précisions concernant l'estimation de la pression atmosphérique en fonction de l'altitude sont données dans l'article de **Georges ROLLET** paru dans le n° 121 de la revue fédérale "Subaqua" (mars-avril 1992).

Voir aussi la solution du problème de physique n° 5, page 263.

Profondimètre : il en existe plusieurs types

- à "loi de Mariotte", à capillaire ou à piston,
- mécanique, à membrane ou à tube de Bourdon,
- électronique (timer, ordinateur).

☞ **A loi de Mariotte** : il indique directement la profondeur fictive avec laquelle il faut entrer dans la table.
Les paliers sont à effectuer aux profondeurs lues sur le bathymètre.

☞ **Mécanique** : la profondeur lue est inférieure à la profondeur réelle, la différence constitue le "retard".
Le retard, qui est fonction de l'altitude, est donné par la formule :

$$\text{Retard}_{\text{(mètres)}} = 10 \times (1 - P_{atm.(bar)})$$

Exemple : $P_{atm.} = 0{,}8$ bar

$$\text{Retard}_{\text{(mètres)}} = 10 \times (1 - 0{,}8) = 2 \text{ m}$$

La profondeur réelle sera donc égale à la profondeur lue au bathymètre, plus le retard.

$$\text{Prof. réelle} = \text{Prof. lue} + \text{Retard}$$

Nota : certains profondimètres mécaniques possèdent un réglage du zéro. Il est dans ce cas inutile de calculer le retard.

☞ **Électronique** : une correction automatique de la pression atmosphérique permet de lire directement la profondeur réelle.

Profondeur fictive

C'est la profondeur avec laquelle il faut entrer dans la table. Elle se calcule en fonction de la pression atmosphérique du lieu de plongée.

⇨ Elle est toujours **supérieure à la profondeur réelle.**

$$\text{Prof. fictive} = \frac{\text{Prof.réelle}_{\text{(mètres)}}}{P_{\text{atm.(bar)}}}$$

Exemple : $P_{atm.}$ = 0,8 bar

Prof. réelle = 32 m

$$\text{Prof. fictive} = \frac{32}{0{,}8} = 40 \text{ m}$$

Profondeur réelle des paliers

La table nous indique la profondeur des paliers en mer. En altitude, la profondeur des paliers donnée par la table correspond à une profondeur fictive.

Pour que l'élimination de l'azote se fasse de la même façon qu'en mer, il faut calculer la profondeur réelle à laquelle ces paliers seront effectués. En altitude, la profondeur des paliers sera **toujours inférieure** à la profondeur des paliers en mer.

$$\text{Prof. réelle palier} = \text{Prof. palier table} \times P_{\text{atm.(bars)}}$$

Exemple : $P_{atm.}$ = 0,8 bar

paliers table ⇨ 9, 6 et 3 mètres

Prof. réelle du 1er palier = 9 × 0,8 = 7,2 m

Prof. réelle du 2e palier = 6 × 0,8 = 4,8 m

Prof. réelle du 3e palier = 3 × 0,8 = 2,4 m

Attention à la valeur de la profondeur lue si le profondimètre est mécanique !

Exemple : $P_{atm.}$ = 0,8 bar

retard = 2 m

Prof. lue pour le 1er palier = 7,2 - 2 = 5,2 m

Prof. lue pour le 2e palier = 4,8 - 2 = 2,8 m

Prof. lue pour le 3e palier = 2,4 - 2 = 0,4 m

Vitesse réelle de remontée

Elle se calcule en fonction de la $P_{atm.}$ du lieu de plongée.

Elle est **toujours inférieure à 15 m/min.**

$$\text{Vitesse réelle} = 15 \times P_{\text{atm. (bars)}}$$

Exemple : $P_{atm.} = 0{,}8$ bar

Vitesse réelle = 15 × 0,8 = 12 m/min.

Dans les problèmes, on calculera la durée de remontée à partir de la profondeur fictive, en utilisant la vitesse de 15 m/min.

Remontée rapide

La durée de la remontée est strictement inférieure à celle qui est prévue depuis la profondeur fictive.

Procédure identique à celle prévue au niveau de la mer, mais redescendre à la **moitié de la profondeur réelle**.

Autres procédures

Palier interrompu, remontée lente, plongée consécutive, plongée successive ⇨ mêmes procédures que celles utilisées au niveau de la mer, mais en effectuant tous les calculs avec les **profondeurs fictives**.

Plongées au Nitrox

Le nitrox est de l'air enrichi en oxygène. Les mélanges nitrox sont des composés gazeux contenant plus de 21 % d'oxygène et moins de 79 % d'azote.
Pour une simplification évidente des calculs, on utilisera dans la totalité de cet ouvrage, une composition de l'air avec 20 % d'oxygène et 80 % d'azote.

En réduisant la concentration en azote, c'est-à-dire en augmentant la concentration en oxygène dans les limites tolérables par l'organisme, le plongeur au nitrox s'assure une charge en azote réduite, ce qui diminue les risques d'accident de décompression et dans le même temps réduit les risques de narcose.

Pour utiliser les tables de plongée fédérales, il convient de définir une plongée **équivalant** à la plongée vraie dont les paliers, qui sont déterminés à partir des éléments lus dans la table, correspondent aux paliers de la plongée vraie. Pour cela, il faut que le rapport entre la P_pN_2 à la profondeur **P** à laquelle se trouve le plongeur et la P_pN_2 en surface soit le même que le rapport équivalent utilisé pour entrer dans la table. Cette profondeur est donnée par la relation :

$$\text{Prof.}_{\text{équiv.}} = \left(\text{Prof.}_{\text{réelle}} \times \frac{C}{0{,}80}\right) - 10\left(1 - \frac{C}{0{,}80}\right) = \left[\left(\text{Prof.}_{\text{réelle}} + 10\right)\frac{C}{0{,}80}\right] - 10$$

où C est la concentration en azote du nitrox.

On peut aussi utiliser la formule suivante, facile à retenir, qui donne la pression absolue à la profondeur équivalente :

$$P_1 \times C_1 = P_2 \times C_2 \quad \Rightarrow \quad P_2 = \frac{P_1 \times C_1}{C_2}$$

dans laquelle :

P_1 est la pression absolue à la profondeur réelle,

C_1 est la concentration de N_2 dans le mélange inhalé,

P_2 est la pression absolue à la profondeur équivalente,

C_2 est la concentration de N_2 dans l'air, soit 0,80 (80 %).

La profondeur de la plongée équivalente est toujours **inférieure** à la profondeur de la plongée vraie.

La vitesse de remontée n'est pas modifiée ; elle est dans tous les cas comprise entre 15 et 17 m/min.

Inhalation d'oxygène

Aux paliers

Si un plongeur inhale de l'oxygène pur durant les paliers de 6 mètres et de 3 mètres (ces deux paliers seulement), leur durée est égale aux deux tiers de la durée préconisée par les tables de plongée fédérales, à condition que la durée d'inhalation d'oxygène pur soit supérieure ou égale à 5 minutes. Si cette durée est inférieure à 5 minutes, les paliers préconisés par les tables de plongée fédérales restent inchangés. Dans les deux cas, **le groupe de plongée successive reste le même**.

En surface entre deux plongées

Pour permettre une décroissance plus rapide de l'azote résiduel entre deux plongées successives, il est possible d'inhaler de l'oxygène pur.

Le tableau 3 des tables de plongée fédérales permet de déterminer la tension d'azote résiduelle qu'il faut prendre en considération pour entrer dans le tableau 2 permettant la détermination de la majoration.

Cette valeur est fonction du groupe de plongée successive de la première plongée et du temps d'inhalation d'oxygène pur.

Si le temps réellement passé à inhaler de l'oxygène pur en surface ne figure pas dans le tableau 3, tenir compte de la valeur **immédiatement inférieure**.

Paliers interrompus

Dans le cas où la procédure de décompression serait momentanément interrompue (cas du plongeur qui fait surface pour changer de bloc), celle-ci doit être reprise le plus rapidement possible à partir du début du palier qui a été interrompu.

Comme pour une remontée rapide, il est impératif de redescendre en moins de 3 minutes au palier qui a été interrompu.

Paliers à deux sur un même embout

Il est recommandé de doubler les temps de palier prévus par la table afin que chaque plongeur ait une durée réelle de ventilation qui corresponde à la durée indiquée par la table.

Les ordinateurs de plongée

Principe de fonctionnement

Un certain nombre d'informations – pression, temps, température, etc. – est fourni à un microcalculateur qui les traite en temps réel, de façon à donner au plongeur les renseignements utiles à sa décompression, par l'intermédiaire des sorties affichage et du transducteur sonore, cela de façon continue.

Pour chaque compartiment, l'absorption d'azote (ou son élimination) est calculée à l'aide d'expressions mathématiques telles que celles qui sont données précédemment au paragraphe "Rappels sur le calcul des tables". Les résultats obtenus sont soumis à une suite de décisions logiques qui dépendent entre autres de la valeur des coefficients de sursaturation critiques utilisés.

C'est l'ensemble de ces expressions mathématiques et logiques qui constitue le modèle simulant les variations de la tension d'azote dans notre organisme.

Pour suivre l'évolution de ces tensions d'azote, les calculs sont effectués à grande vitesse, à partir de mesures réactualisées toutes les 2 ou 3 secondes, de façon à obtenir un résultat en temps réel qui va dépendre du profil de la plongée.

La plongée sera donc assimilée à une succession de plongées élémentaires, de très courte durée (2 à 3 secondes) et consécutives.

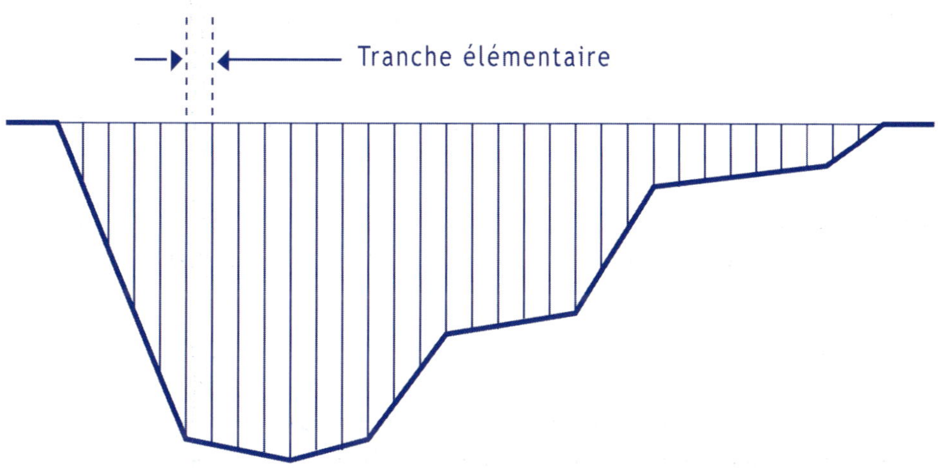

Décomposition de la plongée en tranches élémentaires

Pendant chaque plongée élémentaire, la pression absolue mesurée est considérée comme constante et on en déduit, pour chaque compartiment, la variation ΔTN_2 de la tension d'azote dissous qui en résulte.

La valeur totale de la tension d'azote dans chaque compartiment sera égale à :

$$T_0 + \Sigma\Delta TN_2$$

avec :

T_0 = tension initiale.

$\Sigma\Delta TN_2$ = somme algébrique des variations élémentaires de la tension d'azote.

A partir de cette information, pour chacun des compartiments pris en considération, l'ordinateur sera en mesure de déterminer la pression absolue minimale tolérable $P_{min.}$ et donc d'indiquer au plongeur les paliers à respecter afin de ne jamais dépasser les coefficients de sursaturation critique admis.

$$P_{min} \geq \frac{T_0 + \Sigma\Delta TN_2}{Sc}$$

La profondeur des paliers est déduite de la pression absolue minimale tolérable au-dessous de laquelle le plongeur ne doit pas remonter sans risque d'accident. Elle varie tout au long de la plongée et elle dépend de la charge en azote des compartiments et de la pression atmosphérique.

Elle est donnée par la relation :

$$Prof._{pal.} = \left(\frac{T_0 + \Sigma\Delta TN_2}{Sc} - P_{atm.} \right) 10$$

La durée du palier, ainsi que la durée totale de la remontée, sont obtenues par simulation, en prenant pour hypothèse qu'à partir de l'instant présent le plongeur respecte la procédure de remontée indiquée.

Différences entre table et ordinateur

Profil de plongée

Comme on l'a vu précédemment, l'ordinateur va déterminer les différentes tensions d'azote de façon rigoureuse, cela en fonction du profil réel de la plongée. Il va donc indiquer les paliers strictement nécessaires.

La décompression donnée par la table repose sur le même principe de calcul. La différence essentielle avec l'ordinateur porte sur les marges de sécurité qui sont induites par le principe même d'utilisation de ces tables.

En effet, quel que soit le profil de la plongée, la décompression déterminée à partir de la table est celle d'une plongée "carrée", en utilisant comme profondeur d'entrée la profondeur maximale atteinte. Les calculs de paliers correspondent donc à une plongée durant laquelle le plongeur aurait passé tout son temps à cette profondeur maximale.

La figure ci-dessous permet de visualiser ces marges de sécurité.

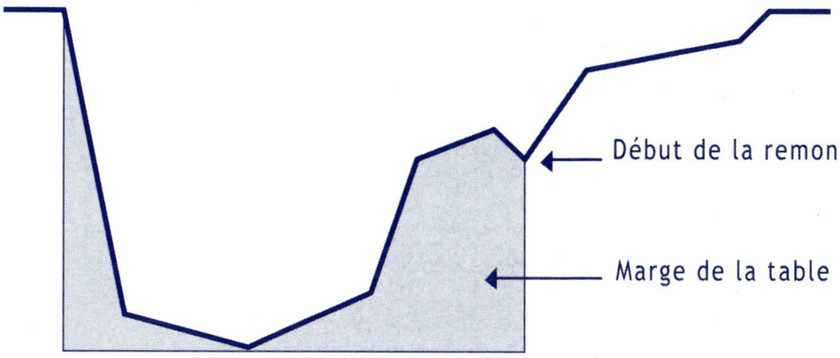

Comparaison des profils table/ordinateur

De plus, lorsque la profondeur et la durée effectives de la plongée ne sont pas mentionnées dans la table, la règle veut que l'on y entre avec les valeurs immédiatement supérieures qui y figurent.

Il y a encore surestimation de la tension d'azote des différents compartiments, donc augmentation des marges de sécurité.

Remarque

De par sa conception, l'ordinateur supprime les marges de sécurité procurées par les tables. Pour atténuer ce fait, de nombreux fabricants ont diminué les coefficients de sursaturation critique programmés dans leurs appareils, ce qui rétablit en partie la situation.

Cette marge de sécurité est dans certains cas nécessaire, car le calcul mathématique des différentes tensions d'azote ne tient pas compte des risques, liés aux facteurs physiologiques, qui peuvent engendrer des accidents alors que les paliers ont été scrupuleusement respectés.

Ces facteurs de risque, variables d'une plongée à l'autre, et qui ne sont pas intégrés dans le calcul des paliers, sont tous liés au plongeur. Ce sont :

- son âge,
- sa morphologie (obésité),
- son alimentation,
- son état de fatigue au moment de la plongée,
- sa condition physique au moment de la plongée,
- son degré d'anxiété,
- ses antécédents en matière d'accident (a-t-il déjà été victime d'un accident ?),
- etc.

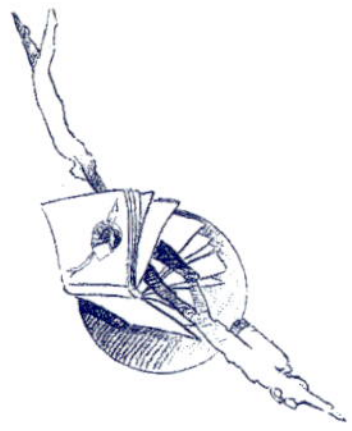

Plongée avec incident

Lors d'une plongée avec incident – telle qu'une remontée rapide – les tables sont plus sécurisantes que ne l'est l'ordinateur, car elles proposent une procédure de rattrapage.

Ce n'est pas le cas de l'ordinateur, qui va se mettre en alarme et, qui plus est, va stopper tout calcul pendant tout le temps où il reste en alarme.

Précautions d'utilisation

- Bien connaître la notice d'utilisation fournie par le constructeur.
- Respecter les règles d'entretien et de stockage.
- Ne pas emprunter ou louer un ordinateur pour une plongée isolée. Cet appareil est personnel : il est la mémoire des plongées précédentes effectuées par son utilisateur.
- En voyage, conserver l'ordinateur avec soi pour qu'il soit soumis aux mêmes variations de pression que l'organisme.
- Conserver le même appareil pour effectuer des plongées consécutives ou successives.
- Ne pas changer de piles entre deux plongées consécutives ou successives.
- Les entraînements et les passages de brevet sont considérés comme des périodes de travail, avec des exercices qui accroissent les risques d'accident. Pendant ces périodes, déterminer sa décompression à partir des tables en n'utilisant l'ordinateur que comme profondimètre et chronomètre.

Limites d'utilisation

Aucun physiologiste n'est actuellement capable d'interpréter ce qui se passe sur le plan physiologique au-delà d'un certain type de plongée, particulièrement lorsque le plongeur commence à descendre et à remonter en effectuant un profil de plongée très tourmenté du style “yo-yo”.

A l'instar de la table, l'ordinateur ne fera pas mieux que le physiologiste et les résultats de ses calculs devront être utilisés avec la plus grande prudence. Les ordinateurs actuels ne suggèrent pas de procédure de rattrapage lorsque les procédures classiques ne sont pas respectées.

Il est donc nécessaire que le plongeur impliqué connaisse parfaitement ces procédures particulières de remontée et qu'il possède avec lui les moyens matériels de les mettre en œuvre : table, montre, etc..

Dans le cadre actuel de la plongée sportive, l'ordinateur doit être réservé à des plongeurs expérimentés et ayant acquis les connaissances nécessaires à sa bonne utilisation.

Table fédérale de plongée à l'air

Prof. maximale atteinte	Durée de la plongée	Durée des paliers à					Durée totale de la remontée	Groupe de plongée successive
		15 m	12 m	9 m	6 m	3 m		
6 m	15						1	A
	30						1	B
	45						1	C
	1 h 15						1	D
	1 h 45						1	E
	2 h 15						1	F
	3 h 00						1	G
	4 h 00						1	H
	5 h 15						1	I
	6 h 00						1	J
8 m	15						1	B
	30						1	C
	45						1	D
	60						1	E
	1 h 30						1	F
	1 h 45						1	G
	2 h 15						1	H
	2 h 45						1	I
	3 h 15						1	J
	4 h 15						1	K
	5 h 00						1	L
	6 h 00						1	M
10 m	15						1	B
	30						1	C
	45						1	D
	60						1	F
	1 h 15						1	G
	1 h 45						1	H
	2 h 00						1	I
	2 h 15						1	J
	2 h 45						1	K
	3 h 00						1	L
	4 h 00						1	M
	4 h 15						1	N
	5 h 15						1	O
	5 h 30						1	P
	6 h 00					1	2	P

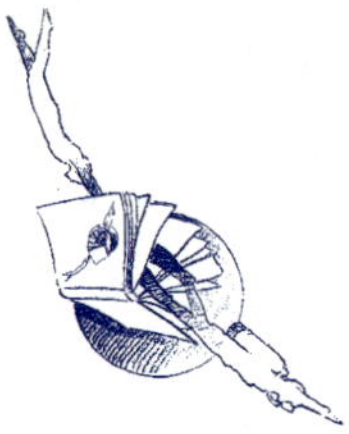

Prof. maximale atteinte	Durée de la plongée	Durée des paliers à					Durée totale de la remontée	Groupe de plongée successive
		15 m	12 m	9 m	6 m	3 m		
12 m	5						1	A
	10						1	B
	15						1	B
	20						1	C
	25						1	C
	30						1	D
	35						1	D
	40						1	E
	45						1	E
	50						1	F
	55						1	F
	60						1	G
	1 h 05						1	G
	1 h 10						1	H
	1 h 15						1	H
	1 h 20						1	H
	1 h 25						1	I
	1 h 30						1	I
	1 h 35						1	J
	1 h 40						1	J
	1 h 45						1	J
	1 h 50						1	K
	1 h 55						1	K
	2 h 00						1	K
	2 h 10						1	L
	2 h 15						1	L
	2 h 20					2	4	L
	2 h 30					4	6	M
	2 h 40					6	8	M
	2 h 50					7	9	N
	3 h 00					9	11	N
	3 h 10					11	13	N
	3 h 20					13	15	O
	3 h 30					14	16	O
	3 h 40					15	17	O
	3 h 50					16	18	O
	4 h 00					17	19	O
	4 h 10					18	20	P
	4 h 15					19	21	P
	4 h 30					22	24	P

Prof. maximale atteinte	Durée de la plongée	Durée des paliers à 15 m	12 m	9 m	6 m	3 m	Durée totale de la remontée	Groupe de plongée successive
15 m	5						1	A
	10						1	B
	15						1	C
	20						1	C
	25						1	D
	30						1	E
	35						1	E
	40						1	F
	45						1	G
	50						1	G
	55						1	H
	60						1	H
	1 h 05						1	I
	1 h 10						1	I
	1 h 15						1	J
	1 h 20					2	4	J
	1 h 25					4	6	K
	1 h 30					6	8	K
	1 h 35					8	10	L
	1 h 40					11	13	L
	1 h 45					13	15	L
	1 h 50					15	17	M
	1 h 55					17	19	M
	2 h 00					18	20	M
18 m	5						2	B
	10						2	B
	15						2	C
	20						2	D
	25						2	E
	30						2	F
	35						2	F
	40						2	G
	45						2	H
	50						2	H
	55					1	3	I
	60					5	7	J
	1 h 05					8	10	J
	1 h 10					11	13	K
	1 h 20					17	19	L
	1 h 30					23	25	M
	1 h 40					28	30	M
	1 h 50					34	36	N
	2 h 00					38	40	O

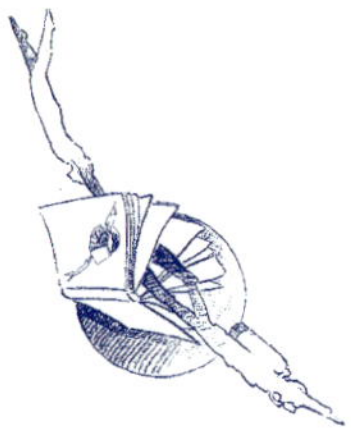

Prof. maximale atteinte	Durée de la plongée	Durée des paliers à 15 m	12 m	9 m	6 m	3 m	Durée totale de la remontée	Groupe de plongée successive
20 m	5						2	B
	10						2	B
	15						2	D
	20						2	D
	25						2	E
	30						2	F
	35						2	G
	40						2	H
	45					1	3	I
	50					4	6	I
	55					9	11	J
	60					13	15	K
	1 h 05					16	18	K
	1 h 10					20	22	L
	1 h 15					24	26	L
	1 h 20					27	29	M
	1 h 25					30	32	M
	1 h 30					34	36	M
22 m	5						2	B
	10						2	C
	15						2	D
	20						2	E
	25						2	F
	30						2	G
	35						2	H
	40					2	4	I
	45					7	9	I
	50					12	14	J
	55					16	18	K
	60					20	22	K
	1 h 05					25	27	L
	1 h 10					29	31	L
	1 h 15					33	35	M
	1 h 20					37	39	M
	1 h 25					41	43	N
	1 h 30					44	46	N

Prof. maximale atteinte	Durée de la plongée	Durée des paliers à 15 m	12 m	9 m	6 m	3 m	Durée totale de la remontée	Groupe de plongée successive
25 m	5						2	B
	10						2	C
	15						2	D
	20						2	E
	25					1	3	F
	30					2	4	H
	35					5	7	I
	40					10	12	J
	45					16	18	J
	50					21	23	K
	55					27	29	L
	60					32	34	L
	1 h 05					37	39	M
	1 h 10				1	41	45	M
	1 h 15				4	43	50	N
	1 h 20				7	45	55	N
	1 h 25				9	48	60	O
	1 h 30				11	50	64	O
28 m	5						2	B
	10						2	D
	15						2	E
	20					1	4	F
	25					2	5	G
	30					6	9	H
	35					12	15	I
	40					19	22	J
	45					25	28	K
	50					32	35	L
	55				2	36	41	M
	60				4	40	47	M
	1 h 05				8	43	54	N
	1 h 10				11	46	60	N
	1 h 15				14	48	65	O
	1 h 20				17	50	70	O
	1 h 25				20	53	76	O
	1 h 30				23	56	82	P

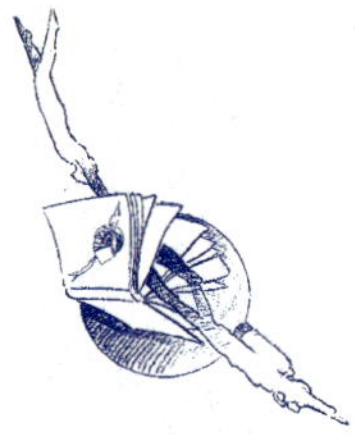

Prof. maximale atteinte	Durée de la plongée	Durée des paliers à					Durée totale de la remontée	Groupe de plongée successive
		15 m	12 m	9 m	6 m	3 m		
30 m	5						2	B
	10						2	D
	15					1	4	E
	20					2	5	F
	25					4	7	H
	30					9	12	I
	35					17	20	J
	40					24	27	K
	45				1	31	35	L
	50				3	36	42	M
	55				6	39	48	M
	60				10	43	56	N
	1 h 05				14	46	63	N
	1 h 10				17	48	68	O
32 m	5						3	B
	10						3	D
	15					1	4	E
	20					3	6	G
	25					6	9	H
	30					14	17	I
	35					22	25	K
	40				1	29	33	K
	45				4	34	41	L
	50				7	39	49	M
	55				11	43	57	N
	60				15	46	64	N
	1 h 05				19	48	70	O
	1 h 10				23	50	76	O

Prof. maximale atteinte	Durée de la plongée	Durée des paliers à 15 m	12 m	9 m	6 m	3 m	Durée totale de la remontée	Groupe de plongée successive
35 m	5						3	C
	10						3	D
	15					2	5	F
	20					5	8	H
	25					11	14	I
	30				1	20	24	J
	35				2	27	32	K
	40				5	34	42	L
	45				9	39	51	M
	50				14	43	60	N
	55				18	47	68	N
	60				22	50	75	O
	1 h 05			2	26	52	84	*
	1 h 10			4	28	57	93	*
38 m	5						3	C
	10					1	4	E
	15					4	7	F
	20					8	11	H
	25				1	16	21	J
	30				3	24	31	K
	35				5	33	42	L
	40				10	38	52	M
	45				15	43	62	N
	50				20	47	71	N
	55			2	23	50	79	O
	60			5	27	53	89	P
	1 h 05			8	29	58	99	*
	1 h 10			11	31	62	108	*
40 m	5						3	C
	10					2	5	E
	15					4	7	G
	20				1	9	14	H
	25				2	19	25	J
	30				4	28	36	K
	35				8	35	47	L
	40				13	40	57	M
	45			1	18	45	68	N
	50			2	23	48	77	O
	55			5	26	52	87	O
	60			8	29	57	98	P
	1 h 05			12	31	61	108	*
	1 h 10			15	33	66	118	*

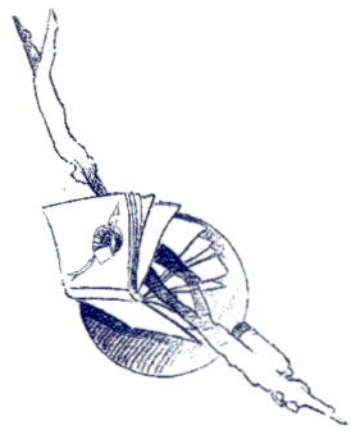

Prof. maximale atteinte	Durée de la plongée	Durée des paliers à					Durée totale de la remontée	Groupe de plongée successive
		15 m	12 m	9 m	6 m	3 m		
42 m	5						3	C
	10					2	6	E
	15					5	9	G
	20				1	12	17	I
	25				3	22	29	J
	30				6	31	41	L
	35				11	37	52	M
	40			1	16	43	64	N
	45			3	21	47	75	*
	50			6	24	50	84	*
	55			8	29	55	96	*
	60			13	30	60	107	*
45 m	5						3	C
	10					3	7	F
	15				1	6	11	H
	20				3	15	22	I
	25				5	25	34	K
	30				9	35	48	L
	35			1	15	40	60	M
	40			3	20	46	73	N
	45			6	24	50	84	*
	50			10	28	54	96	*
	55			14	30	60	108	*
	60		1	18	32	65	121	*
48 m	5						4	D
	10					4	8	F
	15				2	7	13	H
	20				4	19	27	J
	25				7	30	41	K
	30			1	12	37	55	M
	35			3	18	44	70	N
	40			6	23	48	82	O
	45			10	27	53	95	*
	50		1	14	30	59	109	*
	55		2	18	32	64	121	*
	60		5	19	36	70	135	*

Prof. maximale atteinte	Durée de la plongée	Durée des paliers à 15 m	12 m	9 m	6 m	3 m	Durée totale de la remontée	Groupe de plongée successive
50 m	5					1	5	D
	10					4	8	F
	15				2	9	15	H
	20				4	22	30	J
	25			1	8	32	46	L
	30			2	14	39	60	M
	35			5	20	45	75	N
	40			9	24	50	88	O
	45		1	12	29	55	102	*
	50		2	17	30	62	116	*
	55		5	19	34	67	130	*
52 m	5					1	5	D
	10				1	4	10	F
	15				3	10	18	I
	20			1	5	23	34	K
	25			2	9	34	50	L
	30			4	15	41	65	M
	35			6	22	47	80	O
	40		1	10	26	52	94	O
	45		2	15	29	59	110	*
	50		5	17	32	64	123	*
	55		8	19	36	71	139	*
55 m	5					1	5	D
	10				1	5	11	G
	15				4	13	22	I
	20			1	6	27	39	K
	25			3	11	37	56	M
	30			6	18	44	73	N
	35		1	9	23	50	88	O
	40		3	12	29	55	104	P
	45		5	17	31	62	120	*
	50		8	19	35	69	136	*
	55		12	22	37	76	152	*

Prof. maximale atteinte	Durée de la plongée	Durée des paliers à					Durée totale de la remontée	Groupe de plongée successive
		15 m	12 m	9 m	6 m	3 m		
58 m	5					2	7	D
	10				2	5	12	G
	15			1	4	16	26	J
	20			2	7	30	44	K
	25			4	13	40	62	M
	30		1	7	21	46	81	N
	35		2	11	26	52	97	O
	40		5	15	30	59	115	P
	45		8	18	33	66	131	*
	50	1	11	21	37	74	150	*
	55	3	14	23	39	83	168	*
60 m	5					2	7	D
	10				2	6	13	G
	15			1	4	19	29	J
	20			3	8	32	48	L
	25			5	15	41	66	M
	30		1	8	22	48	85	O
	35		4	11	28	54	103	P
	40		6	17	30	62	121	P
	45	1	9	19	35	69	139	*
	50	2	13	22	37	78	158	*
	55	5	15	24	40	88	178	*
62 m	5					2	7	*
	10				2	7	14	*
	15			1	5	21	33	*
65 m	5					3	8	*
	10				3	8	16	*
	15			2	5	24	37	*

* Plongées successives interdites dans un délai de 12 heures

Tableau 1

Evolution de la tension d'azote résiduelle entre deux plongées

Groupe de plongée successive	Intervalle entre les deux plongées 15'	30'	45'	1 h 00	1 h 30	2 h 00	2 h 30	3 h 00	3 h 30	4 h 00	4 h 30	5 h 00	5 h 30	6 h 00	6 h 30	7 h 00	7 h 30	8 h 00
A	0,84	0,83	0,83	0,83	0,82	0,82	0,82	0,81	0,81	0,81	0,81	0,81	0,81	0,81				
B	0,88	0,88	0,87	0,86	0,85	0,85	0,84	0,83	0,83	0,82	0,82	0,82	0,81	0,81	0,81	0,81	0,81	0,81
C	0,92	0,91	0,90	0,89	0,88	0,87	0,85	0,85	0,84	0,83	0,83	0,82	0,82	0,82	0,81	0,81	0,81	0,81
D	0,97	0,95	0,94	0,93	0,91	0,89	0,88	0,86	0,85	0,85	0,84	0,83	0,83	0,82	0,82	0,82	0,81	0,81
E	1,00	0,98	0,97	0,96	0,93	0,91	0,89	0,88	0,87	0,86	0,85	0,84	0,83	0,83	0,82	0,82	0,82	0,81
F	1,05	1,03	1,01	0,99	0,96	0,94	0,91	0,90	0,88	0,87	0,86	0,85	0,84	0,83	0,83	0,82	0,82	0,82
G	1,08	1,06	1,04	1,02	0,98	0,96	0,93	0,91	0,89	0,88	0,87	0,85	0,85	0,84	0,83	0,83	0,82	0,82
H	1,13	1,10	1,08	1,05	1,01	0,98	0,95	0,93	0,91	0,89	0,88	0,86	0,85	0,85	0,84	0,83	0,83	0,82
I	1,17	1,14	1,11	1,08	1,04	1,00	0,97	0,94	0,92	0,90	0,88	0,87	0,86	0,85	0,84	0,84	0,83	0,83
J	1,20	1,17	1,14	1,11	1,06	1,02	0,98	0,96	0,93	0,91	0,89	0,88	0,87	0,86	0,85	0,84	0,83	0,83
K	1,25	1,21	1,18	1,15	1,09	1,04	1,01	0,97	0,95	0,92	0,90	0,89	0,87	0,86	0,85	0,84	0,84	0,83
L	1,29	1,25	1,21	1,17	1,12	1,07	1,02	0,99	0,96	0,93	0,91	0,89	0,88	0,87	0,86	0,85	0,84	0,83
M	1,33	1,29	1,25	1,21	1,14	1,09	1,04	1,01	0,97	0,94	0,92	0,90	0,89	0,87	0,86	0,85	0,84	0,84
N	1,37	1,32	1,28	1,24	1,17	1,11	1,06	1,02	0,98	0,95	0,93	0,91	0,89	0,88	0,87	0,85	0,85	0,84
O	1,41	1,36	1,32	1,27	1,20	1,13	1,08	1,04	1,00	0,97	0,94	0,92	0,90	0,88	0,87	0,86	0,85	0,84
P	1,45	1,40	1,35	1,30	1,22	1,15	1,10	1,05	1,01	0,98	0,95	0,93	0,91	0,89	0,87	0,86	0,85	0,84

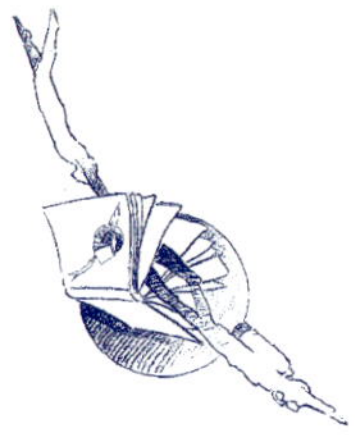

Tableau 2

Détermination de la majoration

Tension d'azote résiduelle	Profondeur de la deuxième plongée (en mètres) 12	15	18	20	22	25	28	30	32	35	38	40	42	45	48	50	52	55	58	60
0,82	4	3	2	2	2	2	2	1	1	1	1	1	1	1	1	1	1	1	1	1
0,84	7	6	5	4	4	3	3	3	3	2	2	2	2	2	2	2	2	2	1	1
0,86	11	9	7	7	6	5	5	4	4	4	3	3	3	3	3	3	3	2	2	2
0,89	17	13	11	10	9	8	7	7	6	6	5	5	5	4	4	4	4	4	3	3
0,92	23	18	15	13	12	11	10	9	8	8	7	7	6	6	5	5	5	5	5	4
0,95	29	23	19	17	15	13	12	11	10	10	9	8	8	7	7	7	6	6	6	5
0,99	38	30	24	22	20	17	15	14	13	12	11	11	10	9	9	8	8	8	7	7
1,03	47	37	30	27	24	21	19	17	16	15	14	13	12	11	11	10	10	9	9	9
1,07	57	44	36	32	29	25	22	21	19	18	16	15	15	13	13	12	12	11	10	10
1,11	68	52	42	37	34	29	26	24	22	20	19	18	17	16	15	14	13	13	12	12
1,16	81	62	50	44	40	34	30	28	26	24	22	21	20	18	17	16	16	15	14	13
1,20	93	70	56	50	45	39	34	32	29	27	24	23	22	20	19	18	18	17	16	15
1,24	106	79	63	56	50	43	38	35	33	30	27	26	24	23	21	20	19	18	17	17
1,29	124	91	72	63	56	49	43	40	37	33	30	29	27	25	24	23	22	20	19	19
1,33	139	101	79	70	62	53	47	43	40	36	33	31	30	28	26	25	24	22	21	20
1,38	160	104	89	78	69	59	52	48	44	40	37	35	33	30	28	27	26	24	23	22
1,42	180	126	97	85	75	64	56	52	48	43	39	37	35	33	30	29	28	26	25	24
1,45	196	135	104	90	80	68	59	55	51	46	42	39	37	34	32	31	29	28	26	25

Tableau 3

Diminution de la tension d'azote résiduelle par inhalation d'oxygène pur en surface

Groupe de plongée successive	Equivalent azote résiduel	Durée de l'inhalation f'oxygène								
		15'	30'	45'	60'	1 h 30	2 h 00	2 h 30	3 h 00	3 h 30
A	0,84	0,80								
B	0,89	0,85	0,82	0,79						
C	0,93	0,89	0,85	0,82	0,79					
D	0,98	0,94	0,90	0,86	0,82					
E	1,02	0,98	0,94	0,90	0,86	0,80				
F	1,07	1,02	0,98	0,94	0,90	0,82				
G	1,11	1,06	1,02	0,97	0,93	0,86	0,80			
H	1,16	1,11	1,06	1,02	0,97	0,89	0,82			
I	1,20	1,15	1,10	1,05	1,01	0,93	0,85	0,80		
J	1,24	1,19	1,14	1,09	1,04	0,96	0,89	0,81		
K	1,29	1,24	1,18	1,13	1,08	0,99	0,91	0,84		
L	1,33	1,27	1,22	1,17	1,12	1,03	0,94	0,86	0,79	
M	1,38	1,32	1,27	1,21	1,16	1,06	0,98	0,89	0,82	
N	1,42	1,36	1,30	1,25	1,19	1,09	1,00	0,92	0,84	0,79
O	1,47	1,41	1,35	1,29	1,24	1,13	1,04	0,95	0,88	0,80
P	1,51	1,45	1,38	1,33	1,27	1,16	1,07	0,98	0,90	0,82

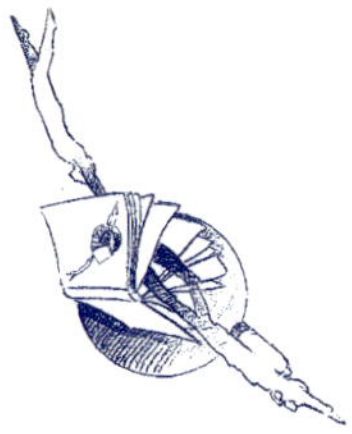

Tableau 4

Durée de remontée jusqu'au 1er palier plus temps interpalier

Profondeur du 1er palier	Profondeur de remontée (en mètres)																						
	6	8	10	12	15	18	20	22	25	28	30	32	35	38	40	42	45	48	50	52	55	58	60	62	65
sans palier	1	1	1	1	1	2	2	2	2	2	2	3	3	3	3	3	3	4	4	4	4	4	4	5	5
3 m	1	1	1	2	2	2	2	2	2	3	3	3	3	3	3	4	4	4	4	4	4	5	5	5	5
6 m	1	2	2	2	2	2	2	3	3	3	3	3	3	4	4	4	4	4	4	5	5	5	5	5	5
9 m			2	2	2	3	3	3	3	3	3	4	4	4	4	4	4	5	5	5	5	5	5	6	6
12 m				2	3	3	3	3	3	4	4	4	4	4	4	4	5	5	5	5	5	6	6	6	6
15 m					3	3	3	3	4	4	4	4	4	5	5	5	5	5	5	5	6	6	6	6	6

Table de plongée nitrox 40/60

Prof.	Durée de la plongée	Durée du palier à 3 m air	Durée du palier à 3 m O_2	DTR (palier à l'air)	GPS
11 m	0 h 15			1	A
	0 h 30			1	B
	0 h 45			1	C
	1 h 15			1	D
	1 h 45			1	E
	2 h 15			1	F
	3 h 00			1	G
	4 h 00			1	H
	5 h 15			1	I
	6 h 00			1	J
13 m	0 h 15			1	B
	0 h 30			1	C
	0 h 45			1	D
	1 h 00			1	E
	1 h 30			1	F
	1 h 45			1	G
	2 h 15			1	H
	2 h 45			1	I
	3 h 15			1	J
	4 h 15			1	K
	5 h 00			1	L
	6 h 00			1	M
16 m	0 h 15			1	B
	0 h 30			1	C
	0 h 45			1	D
	1 h 00			1	E
	1 h 15			1	F
	1 h 45			1	G
	2 h 00			1	H
	2 h 15			1	J
	2 h 45			1	K
	3 h 00			1	L
	4 h 00			1	M
	4 h 15			1	N
	5 h 15			1	O
	5 h 30			1	P
	6 h 00	1	1	2	P

Prof.	Durée de la plongée	Durée du palier à 3 m air	Durée du palier à 3 m O_2	DTR (palier à l'air)	GPS
19 m	0 h 05			1	A
	0 h 15			1	B
	0 h 25			1	C
	0 h 35			1	D
	0 h 45			1	E
	0 h 55			1	F
	1 h 05			1	G
	1 h 20			1	H
	1 h 30			1	I
	1 h 45			1	J
	2 h 00			1	K
	2 h 15			1	L
	2 h 20	2	2	3,5	L
	2 h 30	4	4	5,5	M
	2 h 40	6	6	7,5	M
	2 h 50	7	6	8,5	N
	3 h 00	9	6	10,5	N
	3 h 10	11	8	12,5	O
	3 h 20	13	9	14,5	O
	3 h 30	14	10	15,5	O
	3 h 40	15	10	16,5	O
	3 h 50	16	11	17,5	O
	4 h 00	17	12	18,5	O
	4 h 10	18	12	19,5	P
	4 h 15	19	13	20,5	P
	4 h 30	22	15	23,5	P
	4 h 45	24	16	25,5	P
	5 h 00	26	18	27,5	P
23 m	0 h 05			2	A
	0 h 10			2	B
	0 h 15			2	C
	0 h 20			2	C
	0 h 25			2	D
	0 h 30			2	E
	0 h 35			2	E
	0 h 40			2	F
	0 h 45			2	G
	0 h 50			2	G

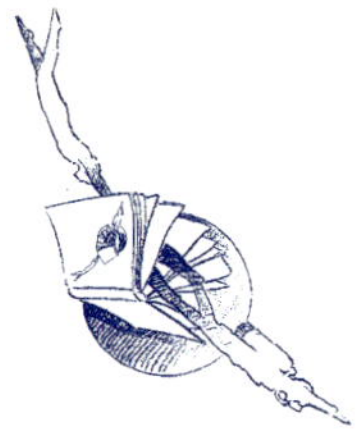

Prof.	Durée de la plongée	Durée du palier à 3 m air	Durée du palier à 3 m O_2	DTR (palier à l'air)	GPS
23 m	0 h 55			2	H
	1 h 00			2	H
	1 h 05			2	I
	1 h 10			2	I
	1 h 15			2	J
	1 h 20	2	2	4,5	J
	1 h 25	4	4	6,5	K
	1 h 30	6	6	8,5	K
	1 h 35	8	6	10,5	L
	1 h 40	11	8	13,5	L
	1 h 45	13	9	15,5	L
	1 h 50	15	10	17,5	M
	1 h 55	17	12	19,5	M
	2 h 00	18	12	20,5	M
26 m	0 h 05			2	B
	0 h 10			2	B
	0 h 15			2	C
	0 h 20			2	D
	0 h 25			2	E
	0 h 30			2	F
	0 h 35			2	F
	0 h 40			2	G
	0 h 45			2	H
	0 h 50			2	H
	0 h 55	1	1	3,5	I
	1 h 00	5	5	7,5	J
	1 h 05	8	6	10,5	J
	1 h 10	11	8	13,5	K
	1 h 15	14	10	16,5	K
	1 h 20	17	12	19,5	L
	1 h 25	21	14	23,5	L
	1 h 30	23	16	25,5	M
	1 h 40	28	19	30,5	M
	1 h 45	31	21	33,5	N
	1 h 50	34	23	36,5	N
	2 h 00	38	26	40,5	O

Prof.	Durée de la plongée	Durée du palier à 3 m air	Durée du palier à 3 m O_2	DTR (palier à l'air)	GPS
27 m	0 h 05			2	B
28 m	0 h 10			2	B
29 m	0 h 15			2	D
	0 h 20			2	D
	0 h 25			2	E
	0 h 30			2	F
	0 h 35			2	G
	0 h 40			2	H
	0 h 45	1	1	3,5	J
	0 h 50	4	4	6,5	K
	0 h 55	9	6	11,5	K
	1 h 00	13	9	15,5	L
	1 h 05	16	11	18,5	M
	1 h 10	20	14	22,5	M
	1 h 15	24	16	26,5	N
	1 h 20	27	18	29,5	N
	1 h 25	30	20	32,5	N
	1 h 30	34	23	36,5	O
30 m	0 h 05			2	B
	0 h 10			2	C
	0 h 15			2	D
	0 h 20			2	E
	0 h 25			2	F
	0 h 30			2	G
	0 h 35			2	H
	0 h 40	2	2	4,5	I
	0 h 45	7	5	9,5	I
	0 h 50	12	8	14,5	J
	0 h 55	16	11	18,5	K
	1 h 00	20	14	22,5	K
	1 h 05	25	17	27,5	L
	1 h 10	29	20	31,5	L
	1 h 15	33	22	35,5	M
	1 h 20	37	25	39,5	M
	1 h 25	41	28	43,5	N
	1 h 30	44	30	46,5	N

Remarque : les profondeurs notées en "italique" correspondent à une pression partielle d'O_2 comprise entre 1,5 b et 1,6 b ; il est conseillé de ne pas rester pendant toute la plongée à ces profondeurs planchers.

Table de plongée nitrox 36/64

Prof.	Durée de la plongée	Durée du palier à 3 m air	Durée du palier à 3 m O_2	DTR (palier à l'air)	GPS
9 m	0 h 15			1	A
	0 h 30			1	B
	0 h 45			1	C
	1 h 15			1	D
	1 h 45			1	E
	2 h 15			1	F
	3 h 00			1	G
	4 h 00			1	H
	5 h 15			1	I
	6 h 00			1	J
12m	0 h 15			1	B
	0 h 30			1	C
	0 h 45			1	D
	1 h 00			1	E
	1 h 30			1	F
	1 h 45			1	G
	2 h 15			1	H
	2 h 45			1	I
	3 h 15			1	J
	4 h 15			1	K
	5 h 00			1	L
	6 h 00			1	M
14 m	0 h 15			1	B
	0 h 30			1	C
	0 h 45			1	D
	1 h 00			1	E
	1 h 15			1	F
	1 h 45			1	G
	2 h 00			1	H
	2 h 15			1	J
	2 h 45			1	K
	3 h 00			1	L
	4 h 00			1	M
	4 h 15			1	N
	5 h 15			1	O
	5 h 30			1	P
	6 h 00	1	1	2	P

Prof.	Durée de la plongée	Durée du palier à 3 m air	Durée du palier à 3 m O_2	DTR (palier à l'air)	GPS
17 m	0 h 05			1	A
	0 h 15			1	B
	0 h 25			1	C
	0 h 35			1	D
	0 h 45			1	E
	0 h 55			1	F
	1 h 05			1	G
	1 h 20			1	H
	1 h 30			1	I
	1 h 45			1	J
	2 h 00			1	K
	2 h 15			1	L
	2 h 20	2	2	3,5	L
	2 h 30	4	4	5,5	M
	2 h 40	6	6	7,5	M
	2 h 50	7	6	8,5	N
	3 h 00	9	6	10,5	N
	3 h 10	11	8	12,5	O
	3 h 20	13	9	14,5	O
	3 h 30	14	10	15,5	O
	3 h 40	15	10	16,5	O
	3 h 50	16	11	17,5	O
	4 h 00	17	12	18,5	O
	4 h 10	18	12	19,5	P
	4 h 15	19	13	20,5	P
	4 h 30	22	15	23,5	P
	4 h 45	24	16	25,5	P
	5 h 00	26	18	27,5	P
20 m	0 h 05			1	A
	0 h 10			1	B
	0 h 15			1	C
	0 h 20			1	C
	0 h 25			1	D
	0 h 30			1	E
	0 h 35			1	E
	0 h 40			1	F
	0 h 45			1	G
	0 h 50			1	G

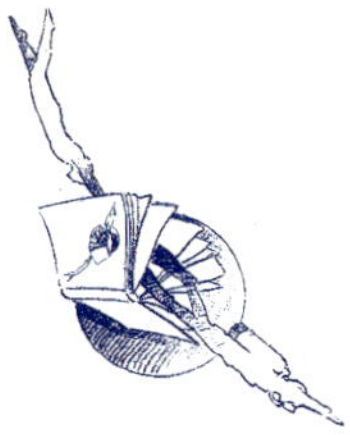

Prof.	Durée de la plongée	Durée du palier à 3 m air	Durée du palier à 3 m O_2	DTR (palier à l'air)	GPS
20 m	0 h 55			1	H
	1 h 00			1	H
	1 h 05			1	I
	1 h 10			1	I
	1 h 15			1	J
	1 h 20	2	2	3,5	J
	1 h 25	4	4	5,5	K
	1 h 30	6	6	7,5	K
	1 h 35	8	6	9,5	L
	1 h 40	11	8	12,5	L
	1 h 45	13	9	14,5	L
	1 h 50	15	10	16,5	M
	2 h 00	18	12	19,5	M
24 m	0 h 05			2	B
	0 h 10			2	B
	0 h 15			2	C
	0 h 20			2	D
	0 h 25			2	E
	0 h 30			2	F
	0 h 35			2	F
	0 h 40			2	G
	0 h 45			2	H
	0 h 50			2	H
	0 h 55	1	1	3,5	I
	1 h 00	5	5	7,5	J
	1 h 10	11	8	13,5	K
	1 h 20	17	12	19,5	L
	1 h 30	23	16	25,5	M
	1 h 40	28	19	30,5	M
	1 h 50	34	23	36,5	N
	2 h 00	38	26	40,5	O
27 m	0 h 05			2	B
	0 h 10			2	B
	0 h 15			2	D
	0 h 20			2	D
	0 h 25			2	E

Prof.	Durée de la plongée	Durée du palier à 3 m air	Durée du palier à 3 m O_2	DTR (palier à l'air)	GPS
27 m	0 h 30			2	F
	0 h 40			2	H
	0 h 50	4	4	6,5	K
	1 h 00	13	9	15,5	L
	1 h 10	20	14	22,5	M
	1 h 20	27	18	29,5	N
	1 h 30	34	23	36,5	O
29 m	0 h 05			2	B
	0 h 10			2	C
	0 h 15			2	D
	0 h 20			2	E
	0 h 25			2	F
	0 h 30			2	G
	0 h 40	2	2	4,5	I
	0 h 50	12	8	14,5	J
	1 h 00	20	14	22,5	K
	1 h 10	29	20	31,5	L
	1 h 20	37	25	39,5	M
	1 h 30	44	30	46,5	N
30 m	0 h 05			2	B
31 m	0 h 10			2	C
32 m	0 h 15			2	D
33 m	0 h 20			2	E
	0 h 25	1	1	3,5	F
	0 h 30	2	2	4,5	H
	0 h 40	10	7	12,5	J
	0 h 50	21	14	23,5	K
	1 h 00	32	22	34,5	L
34 m	0 h 05			2	B
	0 h 10			2	D
	0 h 15			2	E
	0 h 20	1	1	3,5	F
	0 h 30	6	6	8,5	H
	0 h 40	19	13	21,5	J
	0 h 50	32	22	34,5	L

Remarque : les profondeurs notées en "italique" correspondent à une pression partielle d'O_2 comprise entre 1,5 b et 1,6 b ; il est conseillé de ne pas rester pendant toute la plongée à ces profondeurs planchers.

Table de plongée nitrox 32/68

Prof.	Durée de la plongée	Durée du palier à 3 m air	Durée du palier à 3 m O_2	DTR (palier à l'air)	GPS
8 m	0 h 15			1	A
	0 h 30			1	B
	0 h 45			1	C
	1 h 15			1	D
	1 h 45			1	E
	2 h 15			1	F
	3 h 00			1	G
	4 h 00			1	H
	5 h 15			1	I
	6 h 00			1	J
11 m	0 h 15			1	B
	0 h 30			1	C
	0 h 45			1	D
	1 h 00			1	E
	1 h 30			1	F
	2 h 15			1	H
	3 h 15			1	J
	4 h 15			1	K
	5 h 00			1	L
	6 h 00			1	M
13 m	0 h 15			1	B
	0 h 30			1	C
	0 h 45			1	D
	1 h 00			1	E
	1 h 15			1	F
	1 h 45			1	G
	2 h 00			1	H
	3 h 00			1	L
	4 h 00			1	M
	6 h 00	1	1	2	P
15 m	0 h 05			1	A
	0 h 15			1	B
	0 h 25			1	C
	0 h 35			1	D
	0 h 45			1	E
	0 h 55			1	F
15 m	1 h 05			1	G
	1 h 20			1	H
	1 h 30			1	I
	1 h 45			1	J
	2 h 00			1	K
	2 h 15			1	L
	2 h 20	2	2	3,5	L
	2 h 30	4	4	5,5	M
	2 h 40	6	6	7,5	M
	2 h 50	7	6	8,5	N
	3 h 00	9	6	10,5	N
	3 h 30	14	10	15,5	O
	4 h 00	17	12	18,5	O
	5 h 00	26	18	27,5	P
19 m	0 h 05			1	A
	0 h 10			1	B
	0 h 15			1	C
	0 h 20			1	C
	0 h 25			1	D
	0 h 30			1	E
	0 h 35			1	E
	0 h 40			1	F
	0 h 45			1	G
	0 h 50			1	G
	1 h 00			1	H
	1 h 10			1	I
	1 h 20	2	2	3,5	J
	1 h 30	6	6	7,5	K
	1 h 40	11	8	12,5	L
	1 h 50	15	10	16,5	M
	2 h 00	18	12	19,5	M
22 m	0 h 05			2	B
	0 h 10			2	B
	0 h 15			2	C
	0 h 20			2	D
	0 h 25			2	E
	0 h 30			2	F

Prof.	Durée de la plongée	Durée du palier à 3 m air	O$_2$	DTR (palier à l'air)	GPS
22 m	0 h 35			2	F
	0 h 40			2	G
	0 h 45			2	H
	0 h 50			2	H
	0 h 55	1	1	3,5	I
	1 h 00	5	5	7,5	J
	1 h 10	11	8	13,5	K
	1 h 20	17	12	19,5	L
	1 h 30	23	16	25,5	M
	1 h 40	28	19	30,5	M
	1 h 50	34	23	36,5	N
	2 h 00	38	26	40,5	O
24 m	0 h 05			2	B
	0 h 10			2	B
	0 h 15			2	D
	0 h 20			2	D
	0 h 25			2	E
	0 h 30			2	F
	0 h 40			2	H
	0 h 50	4	4	6,5	K
	1 h 00	13	9	15,5	L
	1 h 10	20	14	22,5	M
	1 h 20	27	18	29,5	N
	1 h 30	34	23	36,5	O
27 m	0 h 05			2	B
	0 h 10			2	C
	0 h 15			2	D
	0 h 20			2	E
	0 h 25			2	F
	0 h 30			2	G
	0 h 40	2	2	4,5	I
	0 h 50	12	8	14,5	J
	1 h 00	20	14	22,5	K
	1 h 10	29	20	31,5	L
	1 h 20	37	25	39,5	M
	1 h 30	44	30	46,5	N

Prof.	Durée de la plongée	Durée du palier à 3 m air	O$_2$	DTR (palier à l'air)	GPS
30 m	0 h 05			2	B
	0 h 10			2	C
	0 h 15			2	D
	0 h 20			2	E
	0 h 25	1	1	3,5	F
	0 h 30	2	2	4,5	H
	0 h 40	10	7	12,5	J
	0 h 50	21	14	23,5	K
34 m	0 h 05			2	B
	0 h 10			2	D
	0 h 15			2	E
	0 h 20	1	1	3,5	F
	0 h 25	2	2	4,5	G
	0 h 30	6	6	8,5	H
	0 h 40	19	13	21,5	J
	0 h 50	32	22	34,5	L
36 m	0 h 05			2	B
	0 h 10			2	D
	0 h 15	1	1	3,5	E
	0 h 20	2	2	4,5	F
	0 h 25	4	4	6,5	H
	0 h 30	9	6	11,5	I
	0 h 40	24	16	26,5	K
37 m	0 h 05			2	B
38 m	0 h 10			2	D
	0 h 15	1	1	3,5	E
	0 h 20	3	3	5,5	G
	0 h 25	6	6	8,5	H
	0 h 30	14	10	16,5	I
39 m	0 h 05			3	C
40 m	0 h 10			3	D
	0 h 15	2	2	5,5	F
	0 h 20	5	5	8,5	H
	0 h 25	11	8	14,5	I

Remarque : les profondeurs notées en "italique" correspondent à une pression partielle d'O$_2$ comprise entre 1,5 b et 1,6 b ; il est conseillé de ne pas rester pendant toute la plongée à ces profondeurs planchers.

Tableau 1
Détermination de l'azote résiduel

Groupe de plongée successive	Intervalle entre les deux plongées														
	0 h 15	0 h 30	0 h 45	1 h 00	1 h 30	2 h 00	2 h 30	3 h 00	4 h 00	6 h 00	8 h 00	9 h 00	10 h 00	11 h 00	12 h 00
B	d	d	d	c	c	c	b	b	a	a	a				
C	e	e	e	d	d	d	c	c	b	a	a	a			
D	g	f	f	f	e	d	d	c	c	a	a	a	a		
E	h	g	g	g	f	e	d	d	c	b	a	a	a		
F	i	h	h	g	g	f	e	e	d	b	a	a	a	a	
G	j	i	i	h	g	g	f	e	d	b	a	a	a	a	a
H	k	j	j	i	h	g	g	f	d	c	a	a	a	a	a
I	l	k	j	j	i	h	g	f	e	c	b	a	a	a	a
J	l	l	k	j	i	h	g	g	e	c	b	a	a	a	a
K	n	m	m	k	j	i	h	g	e	c	b	a	a	a	a
L	n	n	m	l	k	i	h	g	f	d	b	a	a	a	a

Tableau 2
Majoration en minutes

Profondeur (m)			azote résiduel													
nitrox 40/60	nitrox 36/64	nitrox 32/68	n	m	l	k	j	i	h	g	f	e	d	c	b	a
19	17	15	124	106	93	81	68	57	47	38	29	23	17	11	7	4
23	20	19	91	79	70	62	52	44	37	30	23	18	13	9	6	3
26	24	22	72	63	56	50	42	36	30	24	19	15	11	7	5	2
29	27	24	63	56	50	44	37	32	27	22	17	13	10	7	4	2
30	29	27	56	50	45	40	34	29	24	20	15	12	9	6	4	2
	33	30	49	43	39	34	29	25	21	17	13	11	8	5	3	2
	34	34	43	38	34	30	26	22	19	15	12	10	7	5	3	2
		36	40	35	32	28	24	21	17	14	11	9	7	4	3	1
		38	37	33	29	26	22	19	16	13	10	8	6	4	3	1
		40	33	30	27	24	20	18	15	12	10	8	6	4	2	1

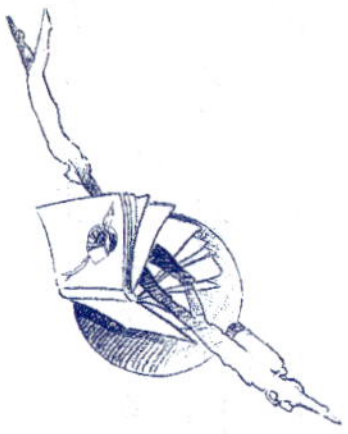

Profondeur fictive en fonction de l'altitude

Profondeur réelle (m)	300-500 m 950 mb	500-1000 m 900 mb	1000-1500 m 850 mb	1500-2000 m 800 mb	2000-2500 m 750 mb	2500-3000 m 700 mb
5	9	9	9	9	12	12
6	9	9	9	12	12	15
7	9	9	12	12	15	15
8	9	12	12	15	15	18
9	12	12	15	15	18	18
10	12	15	15	15	18	21
11	15	15	15	18	18	21
12	15	15	18	18	21	24
13	15	18	18	21	21	24
14	18	18	21	21	24	27
15	18	18	21	24	24	27
16	18	21	21	24	27	30
17	21	21	24	24	27	30
18	21	24	24	27	30	30
19	21	24	27	27	30	33
20	24	24	27	30	30	33
21	24	27	27	30	33	36
22	24	27	30	30	33	36
23	27	27	30	33	36	39
24	27	30	30	33	36	39
25	27	30	33	36	39	42
26	30	30	33	36	39	42
27	30	33	36	39	42	45
28	30	33	36	39	42	45
29	33	36	36	39	45	48
30	33	36	39	42	45	48
31	36	36	39	42	45	51
32	36	39	42	45	48	51
33	36	39	42	45	48	51
34	39	39	42	45	51	54
35	39	42	45	48	51	57
36	39	42	45	48	54	57
37	42	45	48	51	54	60
38	42	45	48	51	54	60
39	42	45	48	54	57	60
40	45	48	51	54	57	
41	45	48	51	54	60	
42	45	48	54	57	60	
43	48	51	54	57		
44	48	51	54	60		
45	48	54	57	60		
46	51	54	57	60		
47	51	54	60			
48	54	57	60			
49	54	57	60			
50	54	57				

Problèmes de plongée
énoncés

L'ensemble des problèmes se répartit en six groupes :

Problème n° 1

Un plongeur s'immerge à 9 h 42 pour une profondeur de 51 mètres. Il y séjourne 15 minutes puis il décide de remonter.

Il replonge à 13 h 15 à une profondeur de 25 mètres. Après 30 minutes, il se trouve à 17 mètres et décide de regagner la surface.

On demande, pour les deux plongées :
- la profondeur et la durée des paliers,
- l'heure de sortie.

Problème n° 2

Trois plongeurs autonomes s'immergent à 8 h 30 au pied d'un sec, à 51 mètres. A 8 h 42, alors qu'ils se trouvent au sommet du sec à 29 mètres de profondeur, ils décident de remonter.

Le même jour à 11 h 03, ils replongent à 31 mètres pendant 20 minutes.

Indiquez pour chaque plongée :
- les paliers éventuels,
- l'heure de sortie.

Problème n° 3

A 10 h 25, un plongeur s'immerge à une profondeur de 27 mètres. Il fait surface 38 minutes plus tard.

Ce même plongeur s'immerge à nouveau à 12 h 17 pour la même profondeur et il commence sa remontée à 12 h 44.

On demande :
- la durée de la première plongée,
- les paliers à l'issue des deux plongées,
- l'heure de sortie de la seconde plongée.

Problème n° 4

Un plongeur s'immerge à 9 h 15 à une profondeur de 32 mètres, pour une durée de 33 minutes.

A quelle heure au plus tôt pourra-t-il replonger à 27 mètres pour une durée de 14 minutes, pour avoir une durée de remontée maximale de 22 minutes ?

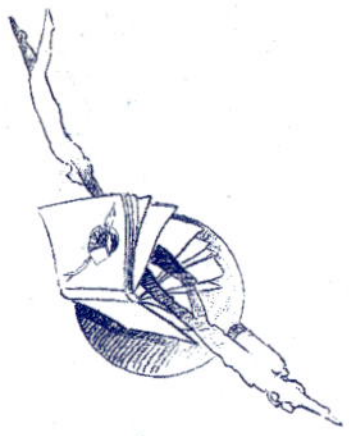

Problème n°5

Un plongeur s'immerge à 11 h 23 pour une profondeur de 26 mètres et une durée de 45 minutes. Ce même plongeur replonge à 15 h 20 sur le même fond.

Combien de temps au maximum sa plongée pourra-t-elle durer, s'il a décidé de limiter la durée totale de ses paliers à 25 minutes ?

Problème n°6

Un plongeur s'immerge à 7 h 59 sur un fond de 36 mètres. Il rejoint la surface à 8 h 56. Ce même plongeur veut effectuer une seconde plongée de 30 minutes à la même profondeur.

A quelle heure au plus tôt doit-il effectuer la seconde plongée afin de limiter la durée totale de sa remontée à 31 minutes ?

Quels sont les paliers et l'heure de sortie de cette seconde plongée ?

Problème n°7

Un plongeur s'immerge à 8 h 00 à une profondeur de 31 mètres. Il fait surface à 8 h 45.

Quelle est la durée de sa plongée ?
Combien de temps au maximum ce plongeur pourra-t-il rester à 24 mètres sans avoir de palier à effectuer, si sa seconde plongée débute à 12 h 30 ?

Problème n°8

Un plongeur termine à 10 h 30 une plongée de 22 minutes à une profondeur de 30 mètres.

S'il replonge le même jour sur un fond de 32 mètres, à quelle heure au plus tôt pourra-t-il se mettre à l'eau s'il veut effectuer une plongée de 21 minutes sans devoir rester plus de 10 minutes au palier ?

Problème n°9

Un plongeur s'immerge à 11 h 10 et descend à une profondeur de 48 mètres. Il commence sa remontée à 11 h 28.

Ce même plongeur repart à 16 h 00 pour une plongée à 38 mètres. Il commence sa remontée à 16 h 20.

Quels seront pour cette deuxième plongée :
- les paliers éventuels ?
- l'heure d'arrivée en surface ?

Problème n° 10

Un plongeur s'immerge à 9 h 05 pour une plongée à 38 mètres. Il commence sa remontée à 9 h 19.

A quelle heure fera-t-il surface ? Quels éventuels paliers devra-t-il effectuer ?

Dans la même journée, il désire retourner à la même profondeur et y rester un minimum de 20 minutes.

A quelle heure au plus tôt pourra-t-il commencer sa seconde plongée s'il veut limiter ses paliers à 20 minutes au maximum ?

Problème n° 11

Une palanquée de trois plongeurs capacitaires sort d'une première plongée à 10 h 15. Leur groupe de plongée successive est “L”.

Ils décident de replonger à 30 mètres pendant 17 minutes en partant à 13 h 25.

Ayant mal défini leur lieu de plongée, ils atteignent une profondeur de 40 mètres sans pouvoir recalculer leur majoration.

Indiquez :
- la marche à suivre,
- les paliers éventuels,
- l'heure de sortie.

Problème n° 12

Deux plongeurs ont effectué une première plongée et sont sortis de l'eau à 10 h 30. Leur groupe de plongée successive est “L”.

A 13 h 45, ils décident de replonger à 30 mètres pendant 25 minutes.

Arrivés au fond, la profondeur n'est que 25 mètres. Indiquez :
- la marche à suivre,
- les paliers éventuels,
- l'heure de sortie.

Problème n° 13

Un moniteur préparant des élèves à l'épreuve à 40 mètres du capacitaire s'immerge avec le premier candidat à 14 h 50 à cette profondeur.

A 14 h 57 il récupère le deuxième candidat au palier de 3 mètres.

Au cours de l'exercice, ils descendent à 44 mètres.

A 15 h 03, il descend avec le troisième candidat (qu'il a aussi rejoint au palier de 3 mètres), mais ce dernier ne peut dépasser 15 mètres.

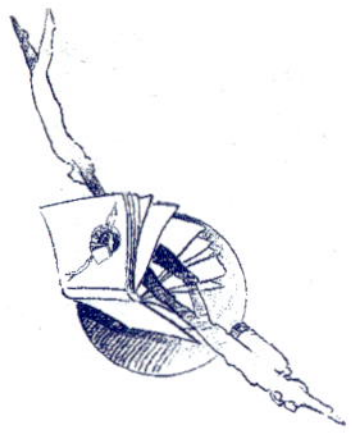

A 15 h 08, le moniteur décide de regagner la surface.

Quels seront ses paliers et son heure de sortie ?

A 17 h 39, il s'immerge de nouveau sur un fond de 20 mètres pour préparer les mêmes élèves à l'épreuve de sauvetage.

Sachant qu'il ne désire pas faire de palier, à quelle heure doit-il impérativement quitter le fond ?

Problème n° 14

Un plongeur s'immerge à 9 h 00 à 43 mètres. A 9 h 08, il remonte jusqu'à 18 mètres où il arrive à 9 h 10. Il reste à cette profondeur 6 minutes avant de commencer sa remontée.

A 9 h 48, il redescend à 18 mètres et il commence sa remontée à 9 h 53.

Donnez pour chaque plongée :
- la durée et la profondeur des paliers,
- l'heure de sortie.

Problème n° 15

A 9 h 00, un plongeur s'immerge pour une profondeur de 15 mètres. Il décide de remonter à 9 h 50.

Il s'immerge une deuxième fois à 10 h 49, puis il quitte le fond à 11 h 05 après avoir séjourné sur un fond situé à 30 mètres.

Pour une raison indépendante de sa volonté et constituant un cas de force majeure, il s'immerge une troisième fois à 11 h 40 sur un fond de 20 mètres et il quitte le fond à 11 h 49.

Pour chaque plongée, indiquez :
- les paliers éventuels,
- l'heure de sortie.

Problème n° 16

A 8 h 55, un plongeur s'immerge sur un fond de 27 mètres. Il commence sa remontée à 9 h 20.

Ce même plongeur s'immerge à 9 h 35 pour une deuxième plongée à une profondeur de 14 mètres. Il quitte le fond à 10 h 00.

Pour un cas de force majeure, il plonge une troisième fois à 11 h 31, descend à 42 mètres et remonte à 11 h 41.

On demande pour chaque plongée :
- les paliers éventuels,
- l'heure de sortie.

Problème n° 17

A 9 h 10 un plongeur s'immerge à 33 mètres. Il fait surface à 10 h 00.

Il s'immerge à nouveau à 10 h 12 pour une durée de 15 minutes à une profondeur de 17 mètres.

On demande l'heure de sortie au terme de la seconde plongée.

Problème n° 18

Un plongeur effectue à 10 h 40 une plongée à 31 mètres, d'une durée de 34 minutes.

A 11 h 50, ce même plongeur s'immerge sur un fond de 24 mètres. Il fait surface à 12 h 42.

Indiquez la durée de la plongée et les paliers.

Problème n° 19

A 12 h 04, un plongeur s'immerge pour une profondeur de 39 mètres. Il quitte le fond à 12 h 25.

Au moment de remonter son ancre, il s'aperçoit que celle-ci est coincée, et il replonge à 13 h 00, pour une durée de 4 minutes sur un fond de 15 mètres.

A quelle heure sort-il de l'eau ?
Quels seront ses paliers ?

L'après midi, il veut replonger 20 minutes à 30 mètres avec une durée de palier n'excédant pas 10 minutes.

A quelle heure pourra-t-il s'immerger au plus tôt ?

Problème n° 20

A 14 h 30, un plongeur s'immerge pour une profondeur de 15 mètres, profondeur à laquelle il demeure 5 minutes, puis il séjourne 9 minutes à 20 mètres.

Il plonge à nouveau à 15 h 01 et il descend à 31 mètres.

A 15 h 13, il fait surface après avoir gonflé son gilet. Il met alors 3 minutes pour rejoindre le premier palier.

Pour chaque plongée, on demande :
- la profondeur et la durée des paliers,
- l'heure de sortie.

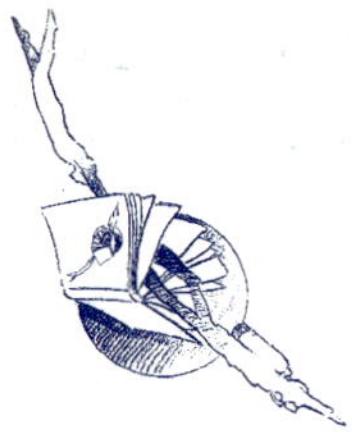

Problème n° 21

Un plongeur s'immerge à 9 h 50. Il reste 6 minutes à 23 mètres, puis 9 minutes à 35 mètres, puis enfin 8 minutes à 14 mètres.

Ce même plongeur s'immerge à nouveau à 13 h 14 à une profondeur de 32 mètres. Au bout de 30 minutes, il effectue une remontée rapide. Il met alors 3 minutes pour remonter et rejoindre son premier palier.

On demande pour chaque plongée :
- les paliers,
- l'heure de sortie.

Problème n° 22

Un plongeur s'immerge à 9 h 18 sur un fond de 37 mètres. Après 18 minutes de plongée, il se trouve à 20 mètres. Il gonfle son gilet de sécurité 4 minutes après.

Sachant qu'il lui faut 3 minutes pour remonter et arriver au premier palier, indiquez son heure de sortie et les paliers qu'il doit effectuer.

Problème n° 23

Un plongeur s'immerge à 8 h 10 et il descend à 43 mètres. La durée de sa plongée est de 24 minutes.

Le même plongeur effectue une deuxième plongée à 11 h 00 à une profondeur de 19 mètres.

Il gonfle son gilet de sécurité 38 minutes après son immersion, remonte sans contrôler sa vitesse et met 3 minutes pour regagner la surface et rejoindre son premier palier.

On demande pour chaque plongée :
- les paliers,
- l'heure de sortie.

Problème n° 24

Un plongeur s'immerge à 8 h 00 et descend à 37 mètres. A 8 h 22, il commence sa remontée et arrive à 8 h 28 à son premier palier.

A 11 h 00, il redescend à 35 mètres. A 11 h 08, il a rejoint son premier palier à 17,5 mètres.

Sachant qu'il lui a fallu 2 minutes entre le début de la remontée et l'arrivée à son premier palier, à quelle heure fait-il finalement surface ?

Problème n° 25

Un plongeur s'immerge à 9 h 00 et il descend à 40 mètres. Il commence sa remontée à 9 h 13, arrive en surface à 9 h 14 et rejoint son premier palier à 9 h 16.

Il s'immerge de nouveau à 14 h 00, descend à 46 mètres et quitte le fond à 14 h 09.

A 14 h 35 il redescend à 17 mètres et commence sa remontée à 14 h 40.

On demande :
- la durée et la profondeur des paliers éventuels de cette dernière plongée,
- l'heure de sortie.

Problème n° 26

A 8 h 00, un plongeur effectue une plongée à une profondeur de 39 mètres d'une durée de 13 minutes.

Son ancre étant accrochée, il s'immerge 10 minutes après sa sortie de l'eau sur le même fond. Au bout de 6 minutes, en panne d'air, il gonfle son gilet de sécurité et fait surface une minute plus tard.

Disposant d'une autre bouteille, il lui faudra 2 minutes pour changer de bloc et arriver au premier palier.

Quels paliers doit-il effectuer et à quelle heure va-t-il sortir de l'eau ?

Problème n° 27

Un plongeur s'immerge à 9 h 01 et il descend à 32 mètres.

Il amorce sa remontée à 9 h 29 et arrive en surface à 9 h 30. A 9 h 31, il a rejoint son premier palier.

A 10 h 05, il se réimmerge, descend à 20 mètres, reste 5 minutes à cette profondeur et commence sa remontée.

A 14 h 00, il redescend à 25 mètres et il commence sa remontée à 14 h 36.

Quelle est son heure de sortie finale ?

Justifiez votre réponse par le calcul de chaque remontée.

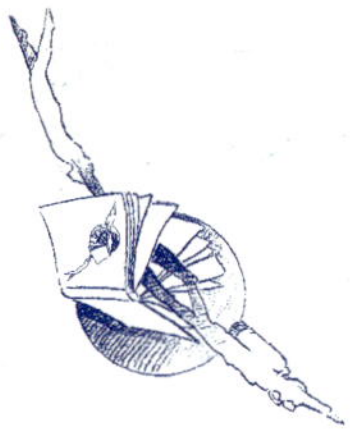

Problème n° 28

Un plongeur s'immerge à 8 h 00 à une profondeur de 39 mètres. Il fait surface à 8 h 46.

Quels sont la durée de la plongée et les paliers éventuels ?

Il veut effectuer à 12 h 00 une plongée à 34 mètres. Il trouve le fond à 29 mètres et, 10 minutes après son immersion suite à un problème, il gonfle son gilet, effectue une remontée rapide et met 3 minutes pour arriver à son premier palier.

Quels sont ses paliers éventuels et quelle est son heure de sortie ?

Problème n° 29

Un plongeur s'immerge à 10 h 48 à une profondeur de 36 mètres. Après 12 minutes passées au fond, il gonfle son gilet et effectue une remontée rapide.

Arrivé en surface, il change de bloc et il redescend faire ses paliers éventuels (on compte 3 minutes entre le moment où il commence sa remontée rapide et son arrivée au premier palier).

Il replonge à 15 h 10 en décidant de limiter sa profondeur à 23 mètres. Après 20 minutes d'exploration, s'apercevant qu'il est descendu jusqu'à 34 mètres, il remonte.

Donnez pour chacune des deux plongées :
- la profondeur et la durée des paliers,
- l'heure de sortie.

Problème n° 30

A 12 h 04, un plongeur s'immerge pour une profondeur de 39 mètres. Il quitte le fond à 12 h 25.

Au moment de remonter son ancre, il s'aperçoit que celle-ci est coincée et il replonge à 13 h 00 pour une durée de 4 minutes sur un fond de 15 mètres.

A quelle heure sort-il de l'eau ? Quels seront ses paliers ?

L'après midi, il veut replonger 20 minutes à 30 mètres avec un palier d'une durée maximale de 10 minutes.

A quelle heure pourra-t-il s'immerger au plus tôt ?

Il replonge donc à cette heure mais, au bout de 13 minutes de plongée, il gonfle son gilet et il remonte sans contrôler sa vitesse. Il met 3 minutes pour arriver au premier palier.

Indiquez pour cette dernière plongée :
- les paliers éventuels,
- l'heure de sortie.

Problème n° 31

A 9 h 35, un moniteur s'immerge avec un premier élève sur un fond de 37 mètres. A 9 h 45 il commence sa remontée.

A 10 h 00, il redescend avec un autre élève, à la profondeur de 21 mètres. Au cours de la plongée, cet élève pris de panique gonfle son gilet pour rejoindre rapidement la surface.

Après l'avoir rejoint, le moniteur fait redescendre le plongeur et ils arrivent à leur premier palier respectif à 10 h 11.

Quels seront pour l'élève :
- la durée et la profondeur des paliers ?
- l'heure de sortie ?

Mêmes questions pour le moniteur.

L'après-midi, le moniteur veut emmener ce même plongeur faire une plongée d'exploration sur un fond de 25 mètres. Il veut que la plongée dure 15 minutes et ne nécessite pas de palier.

A quelle heure au plus tôt pourront-ils s'immerger ?

A quelle heure feront-ils surface ?

Problème n° 32

A 10 h 30 un plongeur s'immerge dans un lac de montagne au-dessus duquel la pression atmosphérique est égale à 63 cm de mercure.

La profondeur réelle de la plongée est de 37 mètres. Le plongeur quitte le fond à 10 h 57.

On demande :
- la profondeur réelle et la durée des paliers,
- l'heure de sortie.

Pression atmosphérique au niveau de la mer : 760 mm Hg.

Problème n° 33

Un plongeur s'immerge dans un lac au-dessus duquel la pression atmosphérique est de 684 mm de mercure. Il dispose d'un profondimètre électronique.

Arrivé au fond, son profondimètre indique 45 mètres.

Sachant que la plongée débute à 9 h 45 et que le plongeur commence sa remontée 19 minutes après, donnez :
- la profondeur réelle de la plongée,
- la profondeur réelle et la durée des paliers,
- les indications du profondimètre aux paliers,
- l'heure de sortie.

Pression atmosphérique au niveau de la mer : 760 mm Hg.

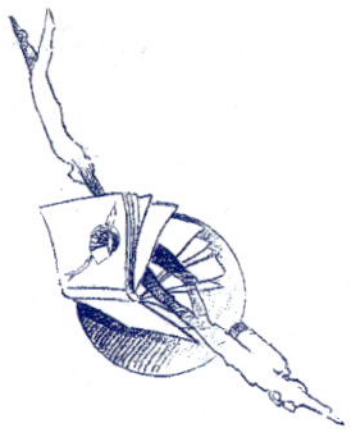

Problème n° 34

Un plongeur s'immerge dans un lac au-dessus duquel la pression atmosphérique est de 608 mm de mercure. Il dispose d'un profondimètre à membrane très précis, sans système de remise à zéro.

Arrivé au fond, ce profondimètre indique 36 mètres.

Sachant que la plongée débute à 10 h 15 et que le plongeur fait surface à 10 h 58, on demande :
- la profondeur réelle de la plongée,
- la durée de la plongée,
- la profondeur réelle et la durée des paliers,
- les indications du profondimètre aux paliers.

Pression atmosphérique au niveau de la mer : 760 mm Hg.

Problème n° 35

Après un long séjour au bord d'un lac au-dessus duquel règne une pression atmosphérique de 646 mm de mercure, vous souhaitez effectuer une plongée d'exploration.

Avant votre départ, vous fixez la profondeur réelle de votre plongée à 30 mètres.

Vous décidez de commencer votre remontée après 19 minutes de plongée.

Indiquez :
- la profondeur réelle de vos paliers et leur durée,
- la profondeur des paliers lue sur votre profondimètre type loi de Mariotte.

Pression atmosphérique au niveau de la mer : 760 mm Hg.

Problème n° 36

Un plongeur, équipé d'un profondimètre électronique, s'immerge à 9 h 40 dans un lac au-dessus duquel la pression atmosphérique est égale à 532 mm de mercure. La profondeur réelle de la plongée est de 36 mètres.

Sachant que ce plongeur fait surface à 10 h 30, indiquez :
- la durée de la plongée,
- la profondeur lue au profondimètre,
- la durée et la profondeur réelle des paliers,
- les indications du profondimètre aux paliers.

Pression atmosphérique au niveau de la mer : 760 mm Hg.

Problème n° 37

Un plongeur atteint la profondeur de 25 mètres, indiquée par son profondimètre à tube de Bourdon (qui ne possède pas de système de remise à zéro), dans un lac au-dessus duquel la pression atmosphérique est de 608 mm de mercure.

La plongée débute à 9 h 50. La sortie de l'eau a lieu à 10 h 40.

Indiquez :
- la profondeur réelle de la plongée,
- la durée de la plongée,
- la profondeur réelle des paliers et leur durée,
- les indications du profondimètre aux paliers.

Pression atmosphérique au niveau de la mer : 760 mm Hg.

Problème n° 38

Un plongeur s'immerge dans un lac au-dessus duquel la pression atmosphérique est de 570 mm de mercure.

Quelle est la profondeur réelle de la plongée, sachant que son profondimètre électronique indique 35,5 mètres ?

S'il s'est immergé à 9 h 10 et qu'il a fait surface à 9 h 53, indiquez la durée de la plongée,ainsi que les durées et profondeurs réelles (arrondies à 0,1 m près) des paliers.

Quelle est l'indication du profondimètre aux paliers ?

Pression atmosphérique au niveau de la mer : 760 mm Hg.

Problème n° 39

Dans un lac au-dessus duquel la pression atmosphérique est de 646 mm de mercure, un plongeur s'immerge à 9 h 00.

Il descend à une profondeur de 41 mètres, lue sur son bathymètre à membrane dépourvu d'un système de remise à zéro et il commence sa remontée à 9 h 07.

A 9 h 08 il refait surface et, à 9 h 11, il a rejoint son premier palier.

On demande :
- la durée des paliers et les profondeurs lues au bathymètre,
- l'heure de sortie.

Pression atmosphérique au niveau de la mer : 760 mm Hg.

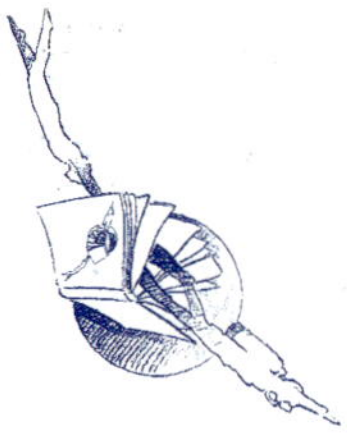

Problème n° 40

Un plongeur s'immerge dans un lac au-dessus duquel la pression atmosphérique est de 570 mm de mercure.

Arrivé au fond, son profondimètre type "loi de Mariotte" indique 42 mètres.

La plongée ayant débuté à 8 h 30, le plongeur fait surface à 8 h 52.

Calculez :
- la profondeur réelle du lac,
- la durée de la plongée,
- la profondeur réelle et la durée des paliers,
- les indications du profondimètre aux paliers.

Pression atmosphérique au niveau de la mer : 760 mm Hg.

Problème n° 41

Vous plongez dans un lac de montagne au-dessus duquel règne une pression atmosphérique de 60 cm de mercure.

La profondeur lue sur votre profondimètre électronique est de 38,1 mètres. La durée de la plongée est de 15 minutes. L'immersion a lieu à 10 h 20.

A 14 h 00, vous désirez replonger sur le même fond. Vous voulez limiter la durée totale de vos paliers à 45 minutes au maximum.

Calculez pour chacune de ces deux plongées :
- les profondeurs réelle et fictive,
- la durée des paliers et leur profondeur lue au bathymètre,
- l'heure de sortie.

Quelle est la durée réelle de la deuxième plongée ?

Pression atmosphérique au niveau de la mer : 760 mm Hg.

Problème n° 42

Dans un lac de montagne au-dessus duquel règne une pression atmosphérique égale à 608 mm de mercure, un plongeur s'immerge à 9 h 30 à une profondeur réelle de 38 mètres pendant 13 minutes. Il dispose d'un profondimètre à tube de Bourdon sans système de remise à zéro.

On demande :
- la profondeur indiquée par son profondimètre,
- les paliers,
- l'heure de sortie.

Ce même plongeur replonge 2 h 10 plus tard à une profondeur de 22 mètres (profondeur lue à son profondimètre) pendant 25 minutes.

On demande :
- les paliers,
- l'heure de sortie.

Pression atmosphérique au niveau de la mer : 760 mm Hg.

Problème n°43

A 8 h 40, une palanquée plonge dans un lac de montagne au-dessus duquel la pression atmosphérique est de 62 cm de mercure.

La plongée se déroule à une profondeur réelle de 30 mètres. La palanquée sort de l'eau à 9 h 11.

A 11 h 20, le même groupe effectue une nouvelle plongée de la même durée et à la même profondeur.

On demande pour les deux plongées :
- l'heure de départ du fond,
- la durée et la profondeur réelle des paliers,
- l'heure d'arrivée en surface de la seconde plongée.

Pression atmosphérique au niveau de la mer : 760 mm Hg.

Problème n°44

Un moniteur prépare une plongée dans un lac de montagne, dont la profondeur est uniforme.

Il n'a pas de baromètre, mais il dispose d'un bathymètre à membrane très précis, sans système de remise à zéro, et d'un filin gradué.

Il s'immerge, descend au fond du lac et constate que son bout gradué lui indique 35 mètres, alors que son bathymètre ne marque que 32 mètres.

A quelle profondeur devra-t-il entrer dans les tables de plongée ?

A quelle profondeur précise doit-il faire une marque sur son pendeur pour indiquer le dernier palier et pourquoi doit-il procéder ainsi ?

Pression atmosphérique au niveau de la mer : 760 mm Hg.

Problème n°45

Un moniteur prépare une plongée pour son club dans un lac de montagne.

A l'endroit où la plongée doit avoir lieu, il immerge un filin gradué lesté avec une gueuse à laquelle il attache un bathymètre à tube de Bourdon, très précis, avec aiguille traînante, mais sans système de remise à zéro.

Lorsque la gueuse touche le fond, il constate sur les graduations du filin que la profondeur est de 28 mètres.

Lorsqu'il remonte le bathymètre, il constate que l'aiguille traînante indique une profondeur de 25 mètres.

Il veut que les plongeurs n'aient à effectuer qu'un seul palier. Dans ces conditions :

- quelle durée maximale de plongée leur indique-t-il ?
- quelle sera la durée de l'unique palier ?
- quelle en sera la profondeur réelle ?
- quelle précaution particulière prend-il pour s'assurer que la profondeur de ce palier sera respectée ?

Pression atmosphérique au niveau de la mer : 760 mm Hg.

Problème n°46

Un plongeur veut effectuer une plongée dans un lac de montagne dont il connaît parfaitement la profondeur, qui est de 31 mètres, mais il ignore la pression atmosphérique de ce lieu.

Il descend sur le fond et il s'aperçoit que son profondimètre à membrane, qui ne comporte pas de système de remise à zéro indique 30 mètres. Cette opération dure au total 4 minutes.

Dix minutes après son retour en surface, il replonge en décidant de rester un maximum de temps au fond tout en faisant en sorte que la durée totale de palier n'excède pas 10 minutes.

On demande :

- la pression atmosphérique qui règne au-dessus du lac,
- la durée de la seconde plongée,
- les paliers de cette seconde plongée (profondeur lue au profondimètre).

Pression atmosphérique au niveau de la mer : 760 mm Hg.

Problème n°47

Un plongeur s'immerge à 11 h 20 dans un lac de montagne au-dessus duquel règne une pression atmosphérique de 608 mm de mercure. Arrivé au fond, son profondimètre à membrane (qui ne possède pas de système de remise à zéro) indique 43 mètres.

A 11 h 30, il effectue une remontée rapide. Il lui faut 3 minutes pour arriver au premier palier.

On demande :

- la profondeur réelle (arrondie à 0,1 m près) et la durée des paliers,
- l'heure de sortie.

Pression atmosphérique au niveau de la mer : 760 mm Hg.

Problème n° 48

Un plongeur s'immerge à 11 h 45 dans un lac au-dessus duquel la pression atmosphérique est égale à 0,75 kg/cm^2.

Il plonge une première fois à une profondeur réelle de 30 mètres. La plongée dure 25 minutes.

A 13 h 55, ce plongeur effectue une seconde plongée d'une durée de 14 minutes, à une profondeur réelle de 32 mètres.

On demande pour chacune des plongées :
- la durée et la profondeur réelle des paliers,
- la profondeur des paliers, lue au profondimètre électronique,
- l'heure de sortie.

Pression atmosphérique au niveau de la mer : 760 mm Hg.

Problème n° 49

Un plongeur s'immerge à 9 h 00 à une profondeur de 43 mètres pendant 27 minutes.

Il respire un mélange suroxygéné contenant 30 % d'oxygène et 70 % d'azote.

Indiquez :
- les paliers effectués,
- l'heure de sortie.

Considérer que la composition de l'air atmosphérique est : 20 % O_2 + 80 % N_2 .

Problème n° 50

Un plongeur respire un nitrox composé de 40 % d'oxygène et de 60 % d'azote.

Il s'immerge à 9 h 00, descend à 30 mètres et commence sa remontée à 9 h 40.

On demande :
- la durée et la profondeur des paliers éventuels,
- l'heure de sortie.

Considérer que la composition de l'air atmosphérique est : 20 % O_2 + 80 % N_2 .

Problème n° 51

Un plongeur respire un mélange d'oxygène et d'azote, tel que la pression partielle d'oxygène soit égale à 1,7 bar à 40 mètres.

Il s'immerge à 9 h 00, descend à 40 mètres et commence sa remontée à 9 h 30.

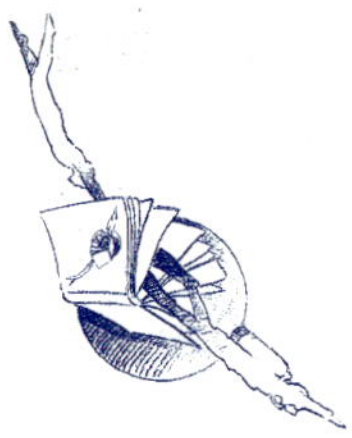

On demande :
- la durée et la profondeur des paliers éventuels,
- l'heure de sortie.

Considérer que la composition de l'air atmosphérique est : 20 % O_2 + 80 % N_2 .

Problème n°52

Un plongeur s'immerge à 9 h 15, en respirant un nitrox composé en volume de 34 % d'oxygène et de 66 % d'azote. Il descend à une profondeur telle que P_pO_2 = 2 bars.

Il amorce sa remontée au bout de 22 minutes.

Déterminez :
- la profondeur réelle et la profondeur équivalente,
- les paliers éventuels,
- l'heure de sortie.

Considérer que la composition de l'air atmosphérique est : 20 % O_2 + 80 % N_2 .

Problème n°53

Un plongeur professionnel s'immerge à 9 h 30 à une profondeur de 30 mètres. Son intervention dure une heure.

S'il veut sortir de l'eau au plus tard à 10 h 46, quel pourcentage minimal d'oxygène son mélange O_2/N_2 devra-t-il contenir ?

Indiquez la profondeur équivalente utilisée pour le calcul.

Considérer que la composition de l'air atmosphérique est : 20 % O_2 + 80 % N_2 .

Problème n°54

Un plongeur s'immerge à 14 h 00 à une profondeur de 40 mètres. Il respire un mélange nitrox composé en volume de 32 % d'oxygène et de 68 % d'azote. La plongée dure 30 minutes.

A quelle heure ce plongeur fera-t-il surface ?

Même question avec un mélange nitrox 40/60.

Quelle remarque peut-on faire concernant cette seconde plongée ?

Considérer que la composition de l'air atmosphérique est : 20 % O_2 + 80 % N_2 .

Problème n°55

Un plongeur respire un mélange d'oxygène et d'azote, tel qu'à 40 mètres la pression partielle d'oxygène soit égale à 1,7 bar.

Il s'immerge à 9 h 00 et il descend à une profondeur de 40 mètres, lue sur son profondimètre à membrane. Il commence sa remontée à 9 h 29.

A 9 h 54, il se réimmerge et il descend à une profondeur de 18 mètres, lue sur son profondimètre. Il commence sa remontée à 9 h 59.

Calculez pour chaque plongée :
- la durée et la profondeur des paliers lus au profondimètre,
- l'heure de sortie.

L'après-midi, il veut plonger à l'air, descendre à une profondeur de 20 mètres et y rester 30 minutes sans avoir besoin de faire de palier.

A quelle heure au plus tôt peut-il se réimmerger ?

Considérer que la composition de l'air atmosphérique est : 20 % O_2 + 80 % N_2 .

Problème n°56

Un plongeur s'immerge à 9 h 30 en respirant un nitrox 32/68. Il descend à une profondeur de 39 mètres et amorce sa remontée à 9 h 54.

La remontée s'effectue le long d'un tombant et dure 5 minutes.

Ce plongeur possède en plus de son bloc nitrox une bouteille relais remplie d'oxygène pur pour effectuer ses paliers.

Indiquez la profondeur et la durée des paliers à l'O_2 ainsi que l'heure de sortie et le GPS.

Considérer que la composition de l'air atmosphérique est : 20 % O_2 + 80 % N_2 .

Problème n°57

Une palanquée utilise un nitrox 40/60 pour effectuer une plongée de 27 minutes à une profondeur de 30 mètres. La plongée débute à 9 h 48.

A 10 h 30, cette même palanquée replonge 14 minutes à 28 mètres en utilisant un nitrox 30/70.

Quelle seront l'heure de sortie et le GPS de la seconde plongée ?

Considérer que la composition de l'air atmosphérique est : 20 % O_2 + 80 % N_2 .

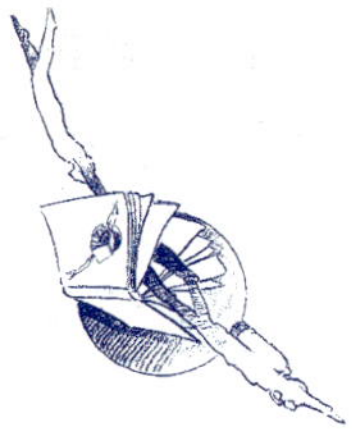

Problème n°58

Une palanquée s'immerge dans un lac au dessus duquel la pression atmosphérique est égale à 60,8 cm de mercure.

Cette palanquée plonge avec un mélange nitrox 40/60 à une profondeur maximale telle que le seuil d'hyperoxie soit égal à 1,6 bar.

La durée de la plongée est de 40 minutes.

Quelles seront la durée et la profondeur réelle des paliers qui seront effectués ?

Considérer que la composition de l'air atmosphérique est : 20 % O_2 + 80 % N_2 .
Pression atmosphérique au niveau de la mer : 760 mm Hg.

Problème n°59

Une palanquée s'immerge dans un lac au dessus duquel règne une pression de 608 mm de mercure.

Cette palanquée utilise un mélange nitrox 32/68.

La plongée d'une durée de 41 minutes s'effectue à une profondeur réelle de 38 mètres.

A chaque fois que cela est possible, les paliers sont faits en respirant de l'oxygène pur.

On demande : la durée et la profondeur réelle des paliers éventuels.

Considérer que la composition de l'air atmosphérique est : 20 % O_2 + 80 % N_2 .
Pression atmosphérique au niveau de la mer : 760 mm Hg.

Problème n°60

Un plongeur s'immerge à 10 h 00 à une profondeur de 31 mètres pendant 28 minutes.

A 16 h 38, il replonge à la même profondeur avec un mélange nitrox qui sera : soit 40/60, soit 38/62, soit 32/68.

Il choisit le mélange qui lui donnera la profondeur équivalente la plus faible tout en évitant le risque de crise hyperoxique.

Combien de temps pourra-t-il plonger sans avoir à faire de palier ?
Quelles seront son heure de sortie et son GPS ?

Considérer que la composition de l'air atmosphérique est : 20 % O_2 + 80 % N_2 .
Seuil d'hyperoxie : $P_pO_2 \leq 1,6$ bar.

Problème n°61

Après une plongée de 25 minutes à 37 mètres, un plongeur remonte normalement vers ses paliers.

Après être resté 8 minutes au palier de 3 mètres, il doit faire surface suite à une panne d'air. Il lui faut alors 2 minutes pour se remettre à l'eau avec un bloc de secours.

Indiquez :
- la conduite à tenir,
- la totalité des paliers effectués,
- l'heure de sortie, sachant que la première immersion s'est effectuée à 9 h 00.

Problème n°62

Un moniteur donne une leçon de 10 h 00 à 12 h 00 dans une zone dont la profondeur n'excède pas 10 mètres.

La table dont il dispose ne prévoit que des profondeurs allant de 15 à 65 mètres.

A 14 h 15, il part en exploration avec un élève sur un fond de 32 mètres et il limite la durée de la plongée afin que cet élève effectue une plongée sans palier.

Calculez pour le moniteur :
- les paliers,
- l'heure de sortie.

Problème n°63

A 9 h 10 un plongeur s'immerge sur un fond n'excédant pas 10 mètres ; sa plongée dure deux heures.

La table dont il dispose ne prévoit que des profondeurs allant de 15 à 65 mètres.

Ce même plongeur effectue à 13 h 50 une plongée à une profondeur de 37 mètres. Il fait surface à 14 h 36.

Quelle est la durée de sa plongée ? Quels paliers doit-il effectuer ?

Problème n°64

Un plongeur s'immerge à 8 h 00 et il descend à une profondeur de 8 mètres. Il commence sa remontée à 10 h 00.

La table dont il dispose ne prévoit que des profondeurs allant de 15 à 65 mètres.

Il veut ensuite plonger pendant 15 minutes à 25 mètres, sans devoir faire de palier.

A quelle heure au plus tôt peut-il se réimmerger ?

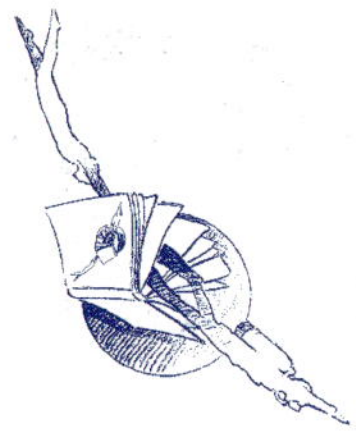

Problème n° 65

Un moniteur fait surface à 12 h 30 après avoir passé quatre heures à une profondeur n'excédant pas cinq mètres.

Quel est son groupe de plongée successive à la sortie de l'eau ?

Il doit replonger l'après-midi pour entraîner des plongeurs niveau IV dans la zone des 40 mètres et il estime que 20 minutes de plongée lui sont nécessaires.

Sachant que, pour des raisons liées aux horaires de marée, il doit se réimmerger à 16 h 15 et qu'il ne veut pas effectuer plus de 20 minutes de palier, quelle sera la profondeur maximale à laquelle il pourra descendre ?

Problème n° 66

Après un long séjour au bord d'un lac au-dessus duquel la pression atmosphérique est de 570 mm de mercure, un moniteur donne une leçon pendant deux heures à une profondeur de 5 mètres, lue sur son bathymètre à tube de Bourdon.

Quelle est la profondeur réelle d'immersion ?

Quelle est la tension d'azote dans le compartiment 120 minutes à la sortie de l'eau, puis 4 heures plus tard ?

Problème n° 67

Un moniteur est chargé de l'évaluation finale de deux plongeurs qui préparent le niveau III. Ils vont évoluer à proximité d'un tombant.

Ils descendent tous les trois jusqu'à 40 mètres et après 4 minutes, le premier candidat débute sa remontée assistée. Il met 3 minutes pour parvenir jusqu'à la surface.

Sans attendre, ils se réimmergent sur la même profondeur pour la seconde évaluation dont la remontée débute 4 minutes plus tard. Mais le second candidat atteint 20 mètres en une minute, si bien que le moniteur stoppe l'exercice à cette profondeur.

Ils rejoignent le tombant tout proche et font 10 minutes d'exploration à une profondeur de 25 mètres.

Etablissez la procédure de décompression.

L'après-midi, ce même moniteur doit encadrer des plongeurs de niveau I en exploration sur un site dont la profondeur maximale est de 22 mètres. Il souhaite pouvoir leur donner 25 minutes d'évolution à cette profondeur sans faire de palier.

Déterminez son intervalle minimum.

Il trouve que cet intervalle est trop long et il décide de commencer sa décompression en surface par une inhalation d'oxygène pur d'une durée de 90 minutes afin de le diminuer, tout en conservant pour ses élèves le même cahier des charges.

Dans ces conditions, quel sera son nouvel intervalle ?

Problème n°68

A 9 h 50, un plongeur effectue une plongée de 39 minutes à une profondeur de 30 mètres.

A la sortie de l'eau, ce plongeur inhale de l'oxygène pur pendant une heure et il replonge aussitôt à la même profondeur.

A 12 h 04 il gonfle son gilet et remonte sans contrôler sa vitesse. Il lui faut 3 minutes pour atteindre le premier palier.

Quels sont les paliers et l'heure de sortie de chaque plongée ?

Problème n°69

Un plongeur s'immerge à 10 h 35 à une profondeur de 40 mètres pour une durée de 15 minutes.

A la sortie de l'eau, ce plongeur inhale de l'oxygène pur pendant une heure.

Il replonge immédiatement après, à la même profondeur et pour la même durée que lors de la première plongée.

Quels sont, pour chacune de ces deux plongées, les paliers et l'heure de sortie ?

Problème n°70

Un plongeur s'immerge à 7 h 59, descend à 46 mètres et fait surface à 9 h 40.

Il respire aussitôt, et cela pendant deux heures, un mélange composé de 60 % d'oxygène et 40 % d'azote. A 11 h 40, il redescend à 25 mètres avec une bouteille d'air comprimé.

Il commence sa remontée à 12 h 33.

Quelle est son heure de sortie ?

Problème n°71

Un plongeur, que l'on considère comme riverain, s'immerge à 15 h 00 dans un lac de montagne au-dessus duquel la pression atmosphérique est de 0,8 bar.

La profondeur réelle du lac est de 32 mètres.

Sachant que ce plongeur désire effectuer ses paliers en entrant dans la table avec la profondeur réelle du lac, quel mélange O_2/N_2 devra-t-il respirer ?

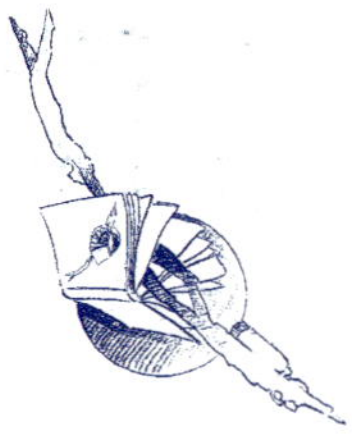

Si la durée de sa plongée est égale à 40 minutes, on demande :
- la durée et la profondeur réelle des paliers,
- la profondeur des paliers lue sur son bathymètre à membrane, dépourvu d'un système de remise à zéro,
- l'heure de sortie.

Problème n° 72

Un moniteur qui respire un nitrox 40/60 plonge à 10 h 00 à la profondeur maximale permise par son mélange ; les autres membres de la palanquée respirent de l'air.

Après un temps de plongée T_1, il accompagne sa palanquée au palier et, sans faire surface, il repart avec une 2e palanquée, à la même profondeur, pour une plongée de durée T_2.

Si la durée totale de la plongée du moniteur est égale à 40 minutes, quelles devront être les durées T_1 et T_2 pour que les deux palanquées et le moniteur fassent surface à la même heure ?

La 1re palanquée et le moniteur replongent à l'air, à 11 h 30 pendant 20 minutes, à la même profondeur que la plongée précédente.

Si le moniteur fait ses paliers à l'O_2, quelles seront les heures de sortie respectives de la palanquée et du moniteur ?

Que va faire le moniteur dans la réalité ?

Utiliser exclusivement la table fédérale (MN 90).

Problème n° 73

Un plongeur s'immerge dans un lac au-dessus duquel la pression atmosphérique est de 570 mm de mercure.

Son profondimètre à membrane non muni d'un système de remise à zéro indique 37 mètres. La plongée dure 20 minutes.

On demande :
- la durée et la profondeur réelle des paliers éventuels,
- la profondeur des paliers lue au bathymètre.

Deux heures après sa sortie de l'eau, ce même plongeur effectue une seconde plongée avec un mélange O_2/N_2 différent de l'air, à la même profondeur et il doit impérativement y rester 15 minutes (pour des raisons de sécurité, la majoration sera calculée à partir de la profondeur réelle).

Quelle doit être la composition du mélange s'il veut limiter la durée totale de sa remontée à 50 minutes ?

Problème n°74

Après 24 heures d'accoutumance un plongeur va s'immerger dans un lac de montagne.

Il ne connaît ni la pression qui règne au dessus du lac, ni sa profondeur maximale. Par contre, il est équipé de deux profondimètres : l'un type "loi de Mariotte", l'autre à "tube de Bourdon" sans remise à zéro.

Ce plongeur effectue une 1re plongée à l'air, d'une durée de cinq minutes qu'il passera à la profondeur maximale du lac.
A la mise à l'eau, le profondimètre à tube de Bourdon indique -2,5 mètres.
Au fond, le profondimètre type loi de Mariotte indique 40 mètres.

Pendant les 30 minutes qui suivent sa sortie de l'eau, il détermine la pression atmosphérique du lieu et la profondeur maximale du lac.

Passé ce délai, il replonge en utilisant un mélange sur-oxygéné tel que la pression partielle d'oxygène soit de 1.5 bar à la profondeur de 30 mètres.

Il ne veut pas, d'autre part, faire plus de 10 minutes de palier.

De quel temps de plongée pourra-t-il disposer ?

Considérer que la composition de l'air atmosphérique est : 20 % O_2 + 80 % N_2 .

Problème n°75

Disposant de profondimètres à membrane sans système de remise à zéro, deux plongeurs s'immergent à 10 h 15 dans un lac de montagne à une profondeur réelle de 43 mètres.

La pression atmosphérique du lieu est de 684 mm de mercure.

Ils veulent que la durée totale de leurs paliers soit inférieure à 15 minutes.

On demande :
- la durée maximale de la plongée,
- les durées et profondeurs réelles des paliers,
- l'heure de sortie.

Ils replongent à 15 h 00 à une profondeur de 24 mètres, lue sur leur profondimètre.

De quelle majoration doivent-ils tenir compte ?

Problème n°76

Un plongeur s'immerge à 7 h 58 pour une plongée en mer de 20 minutes à une profondeur de 42 mètres.

Deux heures après sa sortie de l'eau et après une progression régulière, il se retrouve au bord d'un lac au-dessus duquel la pression atmosphérique est de 608 mm de mercure.

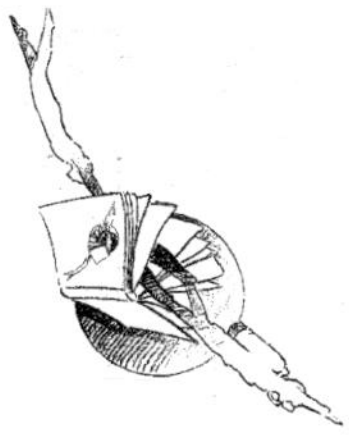

Il dispose d'une bouteille d'oxygène pur de 10 litres, dans laquelle la pression est de 96,8 bars. Il inhale la totalité du contenu de la bouteille et effectue dès la bouteille vide une plongée de 18 minutes à une profondeur de 28 mètres lue sur son bathymètre à membrane.

Sachant que sa consommation moyenne est de 20 litres par minute, on demande pour la seconde plongée :

- la durée et la profondeur réelle des paliers,
- la profondeur des paliers lue sur son bathymètre,
- l'heure de sortie.

On considère que la variation de la pression atmosphérique entre la mer et le lac est linéaire.

Problème n° 77

Vous êtes directeur de plongée dans un club. Le matin, vous confiez une palanquée à un de vos moniteurs pour effectuer une plongée en mer à une profondeur de 38 mètres.

La palanquée s'immerge à 9 h 00 et fait surface à 9 h 43.

Profitant de la proximité d'un lac au-dessus duquel la pression atmosphérique est de 646 mm de mercure, vous autorisez ce groupe à effectuer une plongée dans ce lac. L'immersion a lieu à 13 h 00.

Sachant que la plongée s'est effectuée à une profondeur de 29 mètres lue sur un bathymètre à membrane sans système de remise à zéro, qu'elle a duré 14 minutes et que la palanquée a fait surface à 13 h 39, quelle erreur (ou quelles erreurs) a (ou ont) été commise (s) ?
Quelle est alors la conduite à tenir ?

On considère que la durée du transfert mer-lac est négligeable.

Problème n° 78

Un groupe de plongeurs, situés sur les lieux de plongée depuis 24 heures, effectue une plongée de 31 minutes à 43 mètres dans un lac à une altitude de 1 000 mètres.

1 h 15 après leur sortie de l'eau, ces mêmes plongeurs se mettent en route pour un 2e lac situé a 2 000 mètres d'altitude ; le trajet dure 1 h 30.

Après s'être équipés (durée de l'équipement : 0 h 30) ils se mettent à l'eau en s'imposant les contraintes suivantes :

- profondeur réelle de la plongée comprise entre 32 et 42 mètres,
- temps total immergé compris entre 50 et 60 minutes
- temps total des paliers compris entre 35 et 40 minutes

Quelles seront les caractéristiques de la plongée :

- profondeur réelle et fictive de la plongée,
- profondeurs réelles et durée des paliers,
- heure de sortie si la mise à l'eau s'est effectuée à 14 h 30 ?

Tous les calculs de tension d'azote seront effectués à partir de la table fédérale et de ses tableaux.

Utiliser la règle des 10 000 pour la détermination des pressions atmosphériques.

Problème n°79

Un plongeur, venant d'un lieu situé au bord de mer, arrive à 10 h 00 au bord d'un lac où règne une pression atmosphérique de 0,9 bar (on admet que le temps mis pour arriver au lac est négligeable).

Il s'immerge à 14 h 11 à une profondeur réelle de 37 mètres, pour une durée de 10 minutes.

On demande la durée et la profondeur réelle des paliers éventuels qu'il aura à effectuer.

Dès sa sortie de l'eau, il redescend au niveau de la mer (on admet que le temps de transfert est négligeable) et il s'immerge à 16 h 40 à une profondeur de 30 mètres en respirant un mélange composé de 40 % d'oxygène et 60 % d'azote.

Sachant qu'il ne désire pas faire de paliers :
- quelle sera la durée maximale de sa plongée ?
- quelle sera son heure de sortie ?

On admet que la descente au niveau de la mer ne modifie pas le GPS obtenu au niveau du lac.

Problème n°80

Venant d'un lieu situé au bord de mer, un plongeur arrive à 16 h 00 au bord d'un lac en altitude.

Il plonge immédiatement et sort de l'eau à 16 h 35, après avoir effectué les paliers suivants : 2 minutes à 6 mètres et 19 minutes à 3 mètres (3 m et 6 m sont des profondeurs “table”).

Quelle est la profondeur réelle de la plongée ?

Dès sa sortie de l'eau, ce même plongeur redescend au niveau de la mer. Il veut effectuer à 18 h 30 une plongée sans palier de 8 minutes à 30 mètres.

Quelle est la concentration maximale en azote du nitrox qu'il devra utiliser ?

Pour les deux questions, on néglige les durées de parcours entre mer et lac.
On admet que la descente au niveau de la mer ne modifie pas le GPS obtenu au niveau du lac.

Problèmes de plongée

solutions

Solution n°1

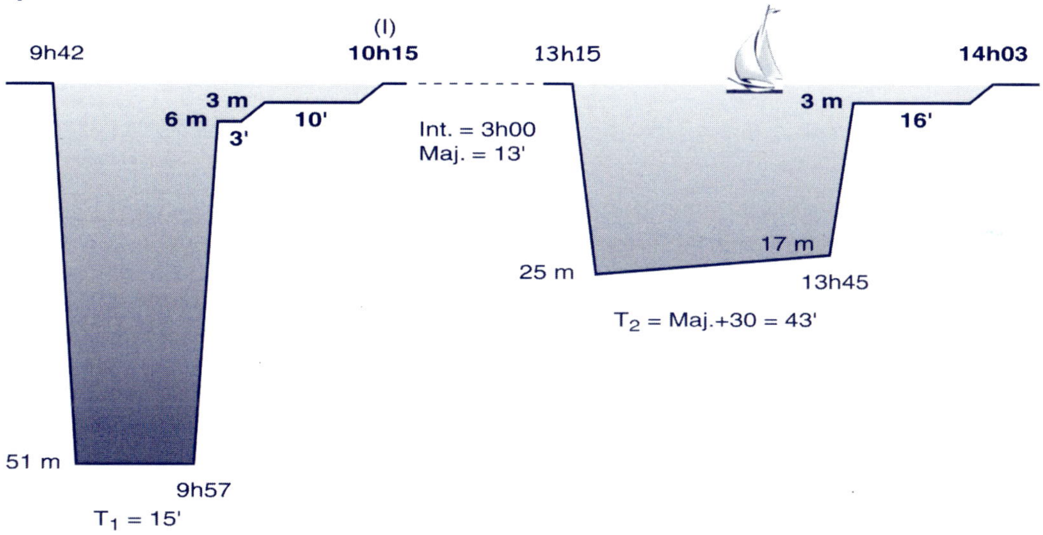

Solution n°2

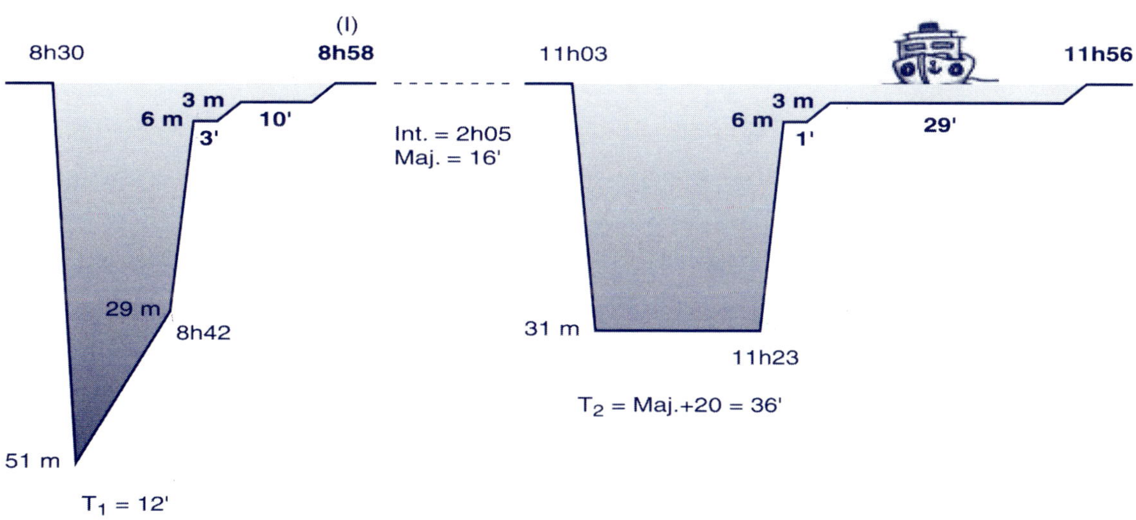

Solution n°3

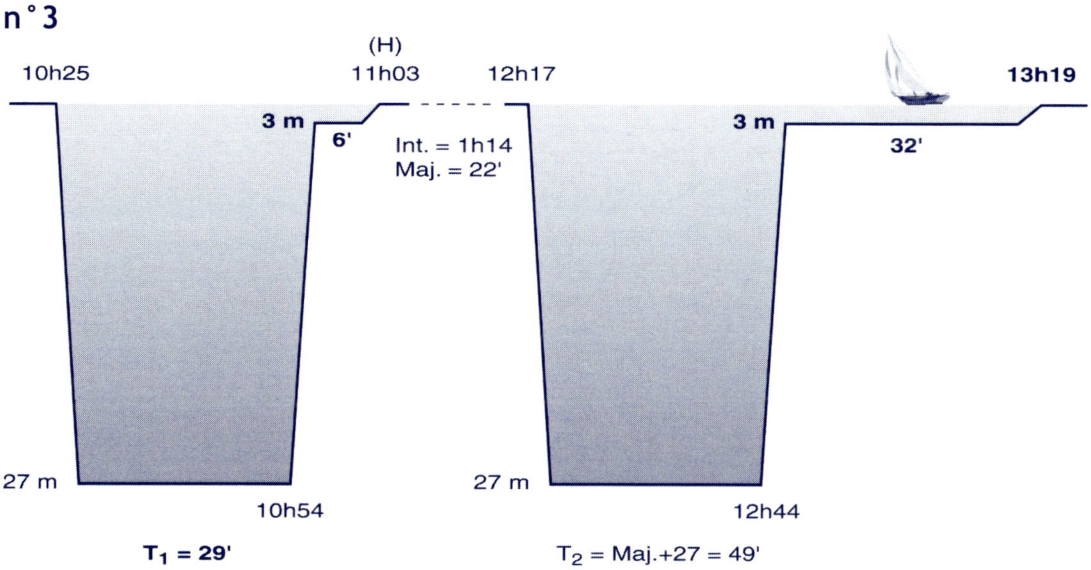

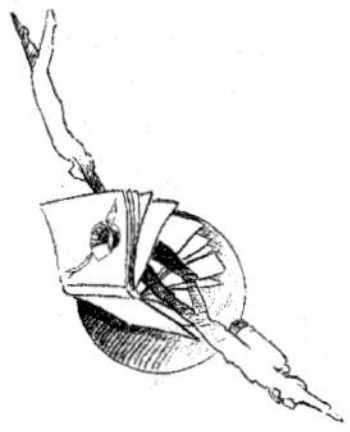

Solution n°4

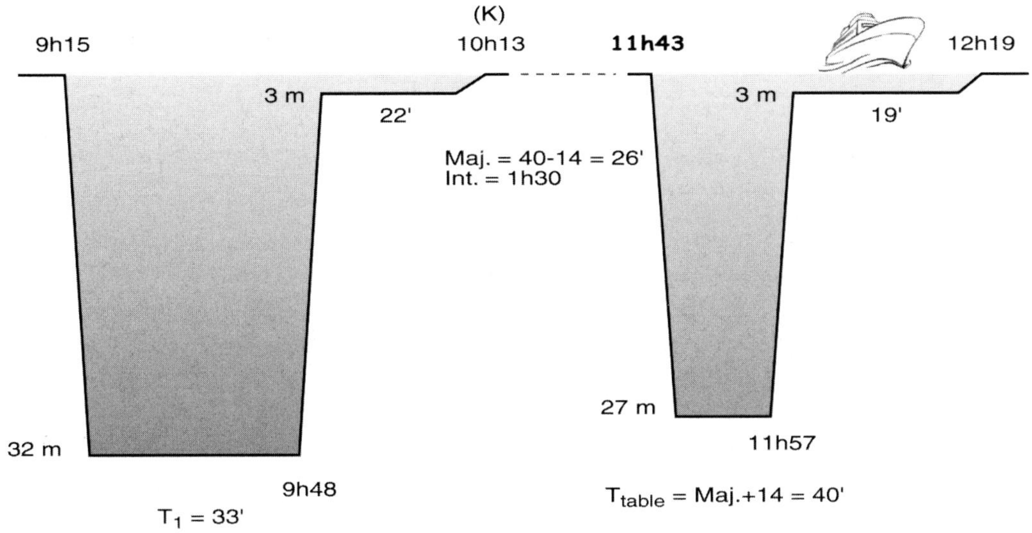

Solution n°5

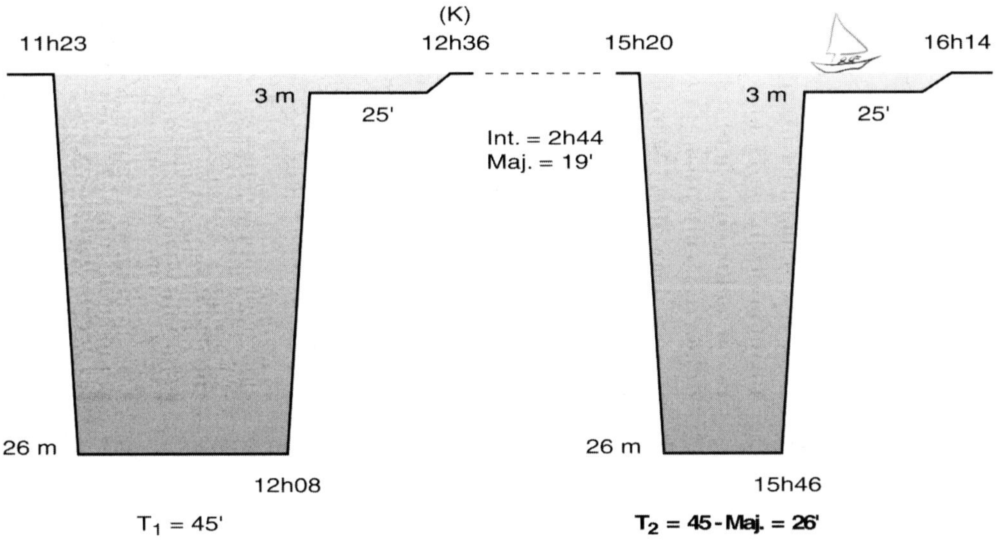

Solution n°6

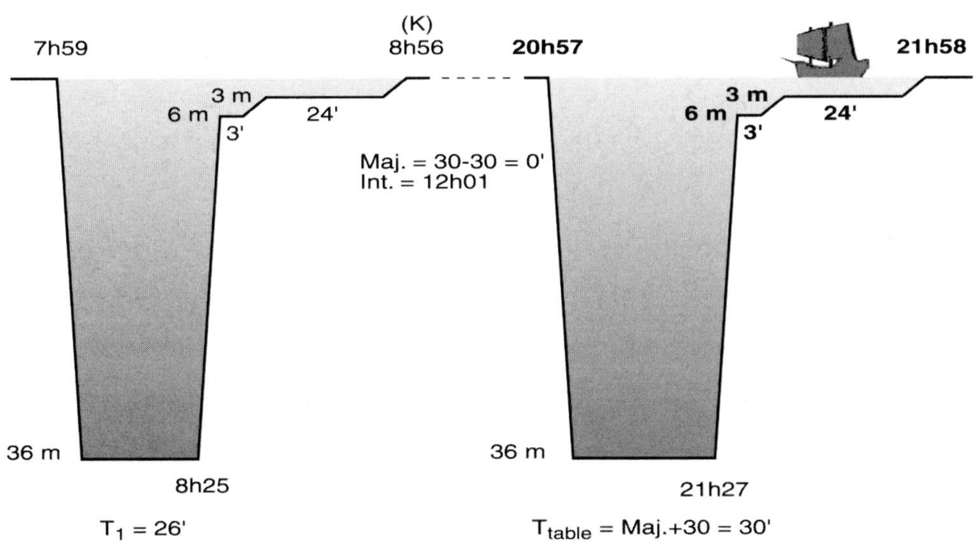

Solution n°7

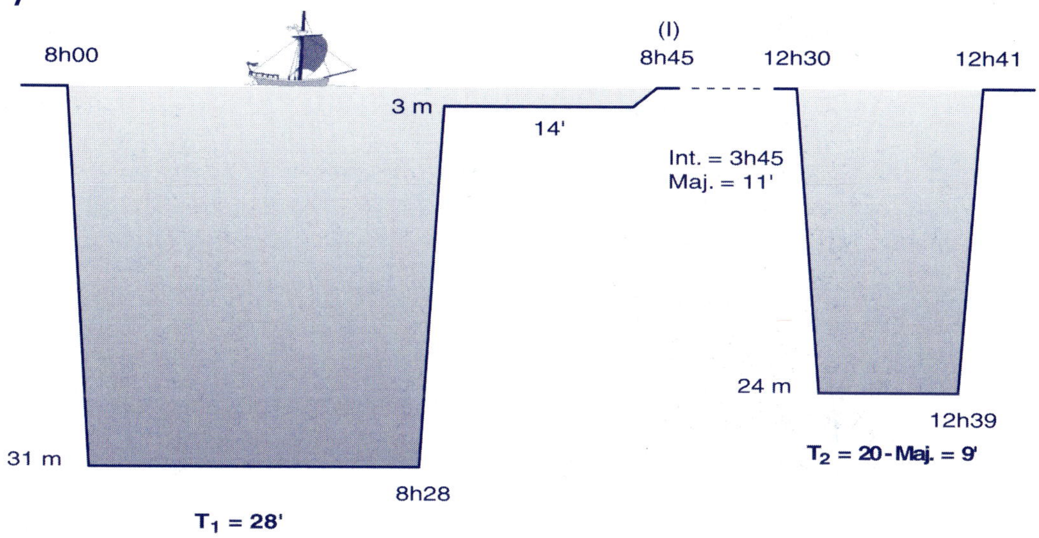

Solution n°8

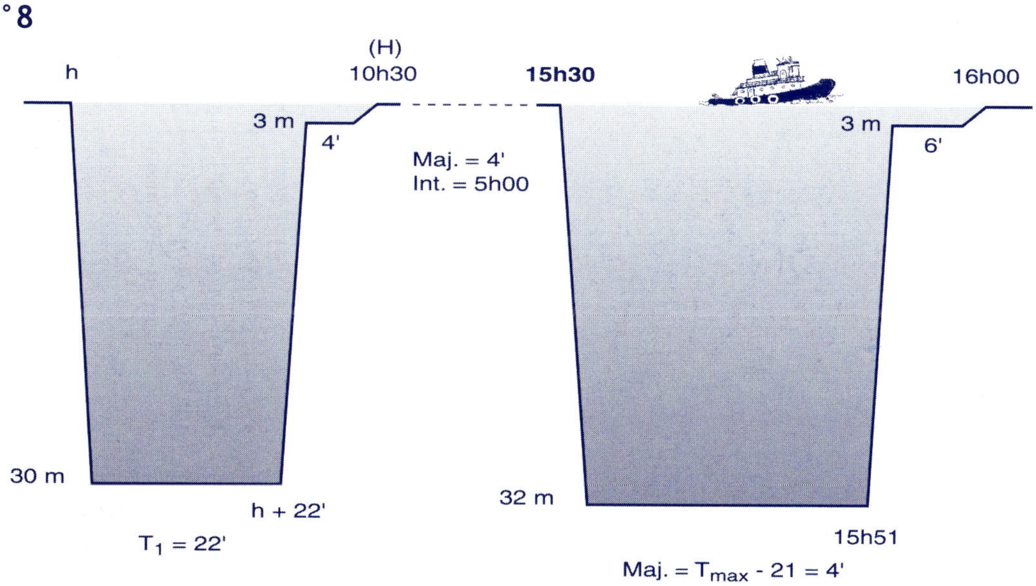

Solution n°9

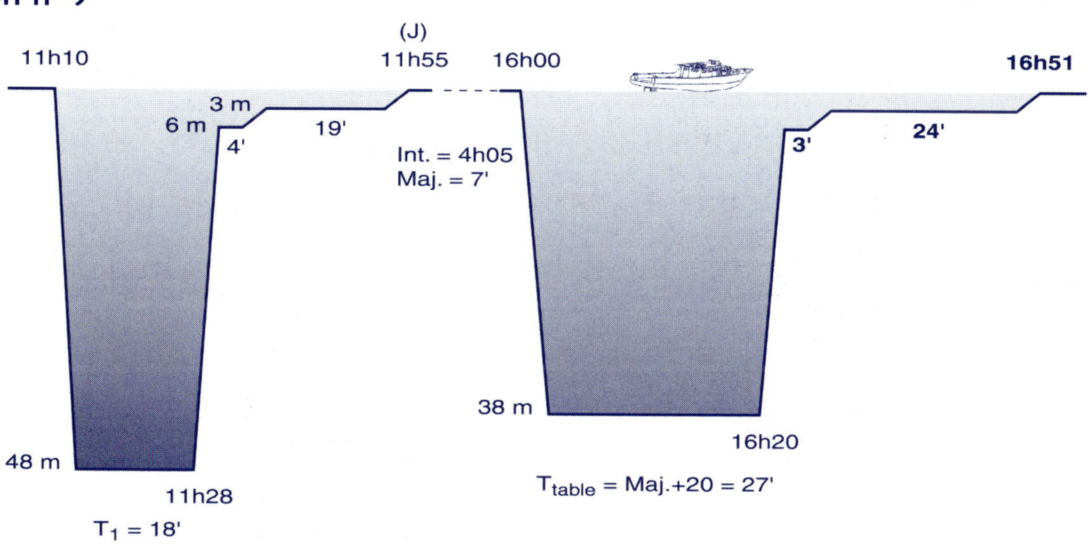

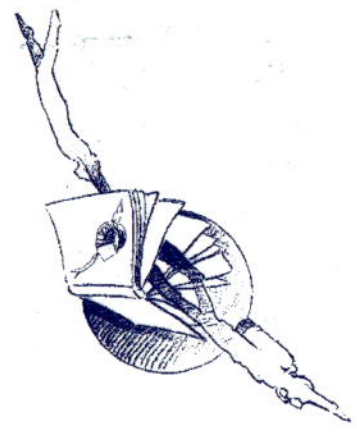

Solution n° 10

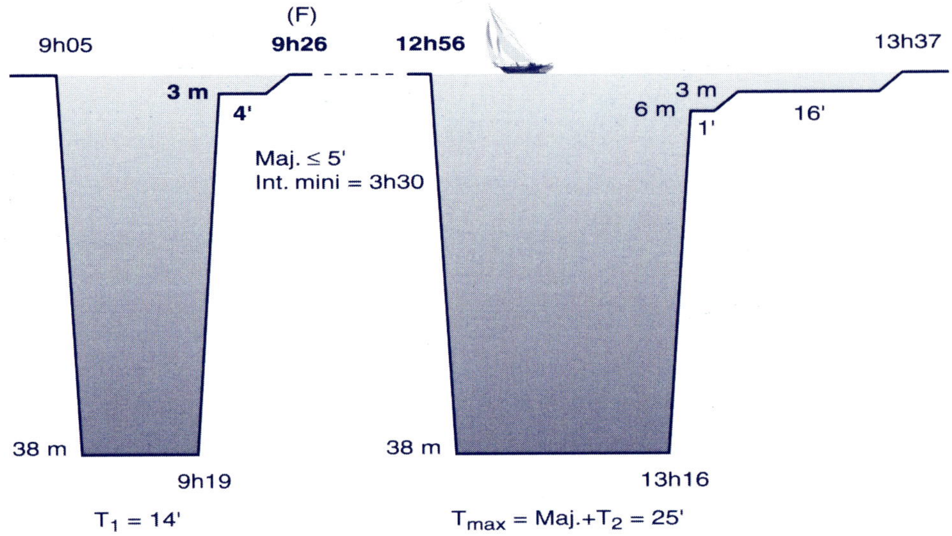

Solution n° 11

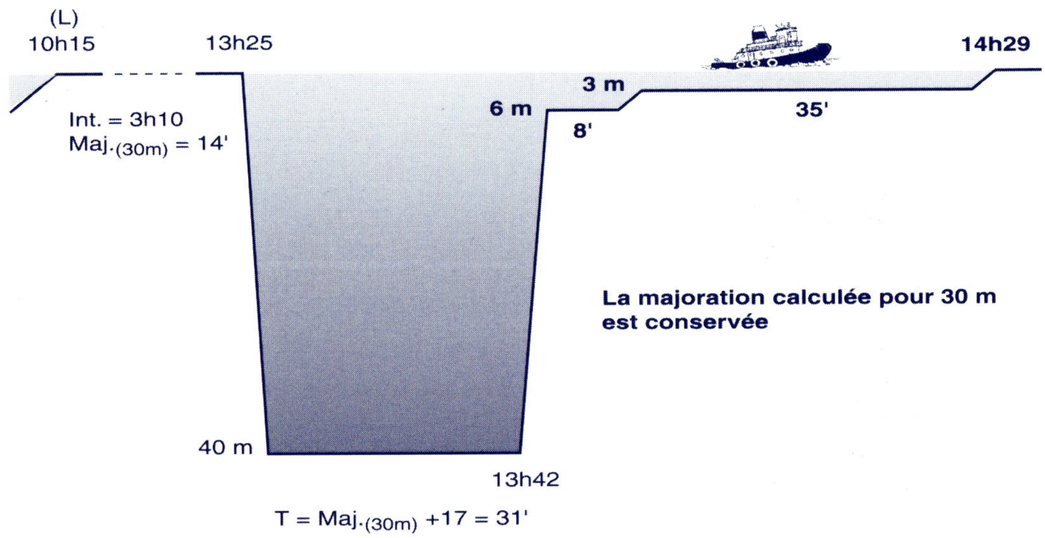

Solution n° 12

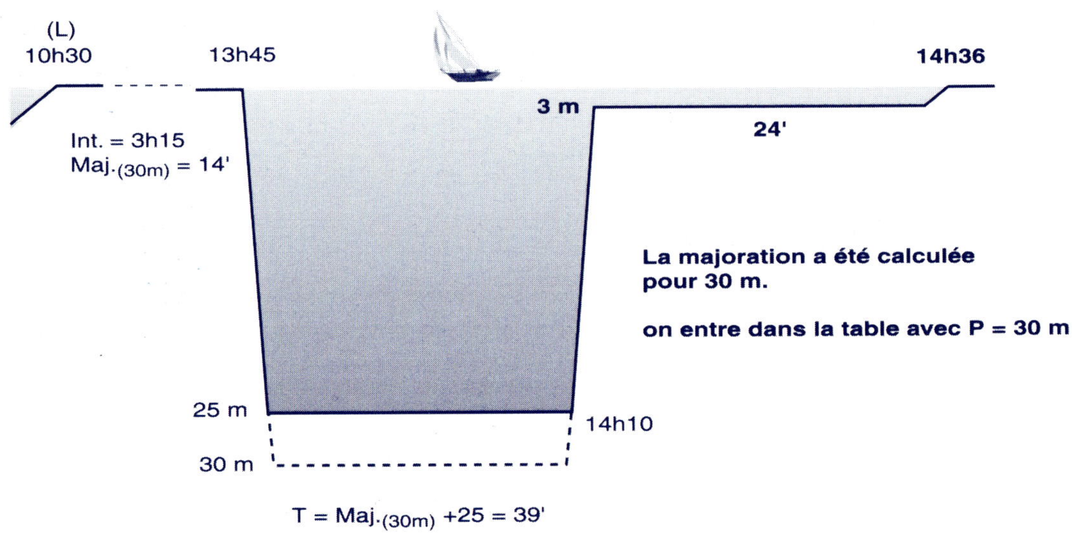

Solution n° 13

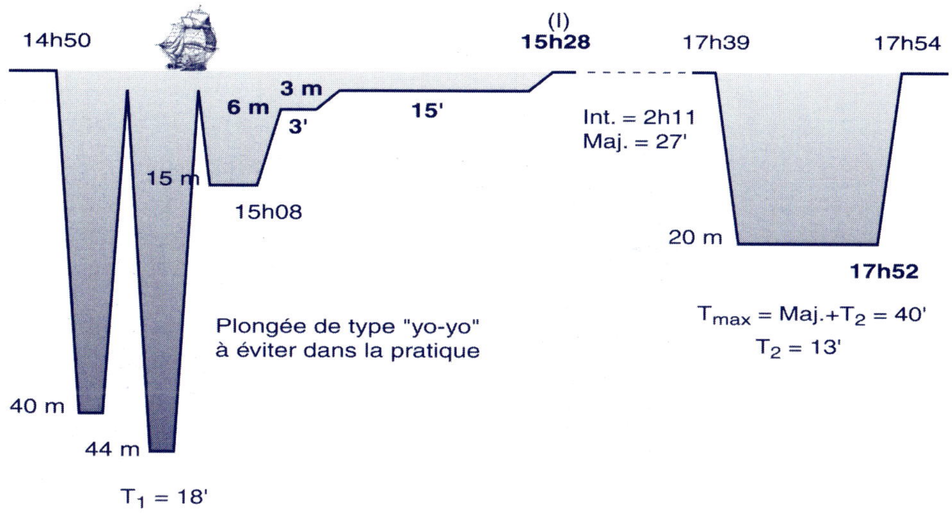

Solution n° 14

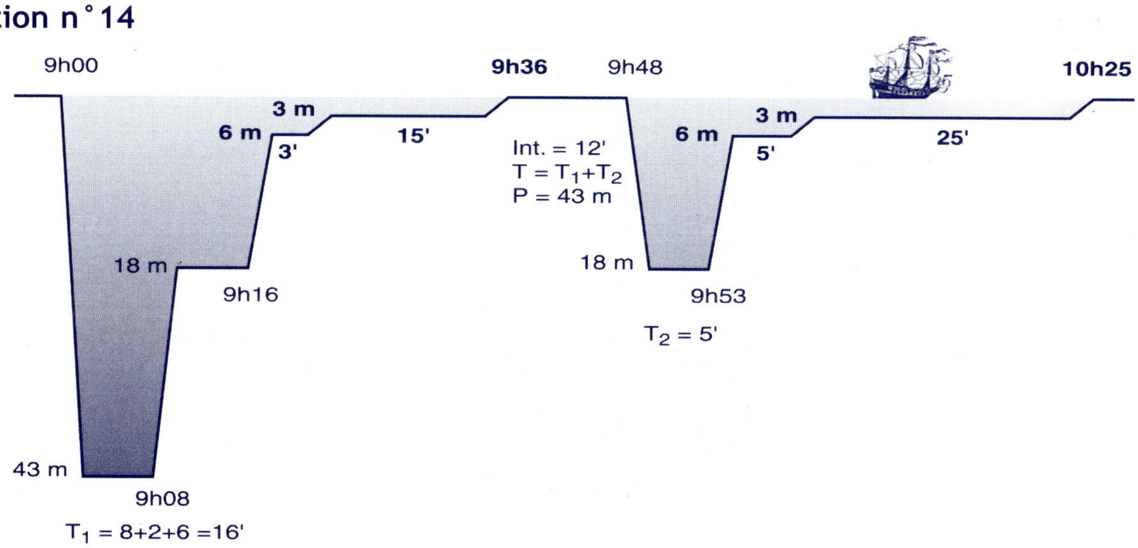

Solution n° 15

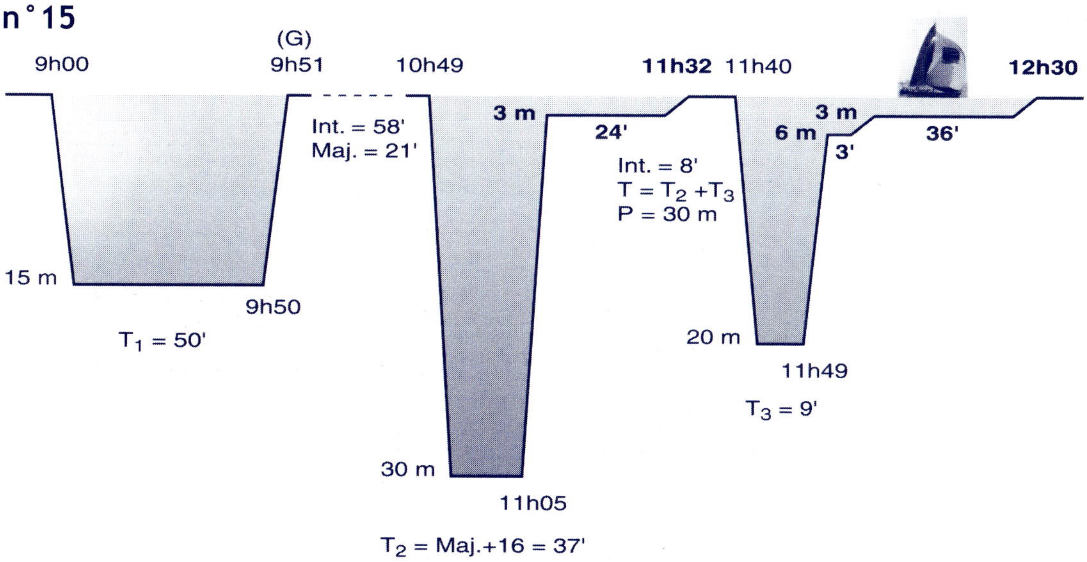

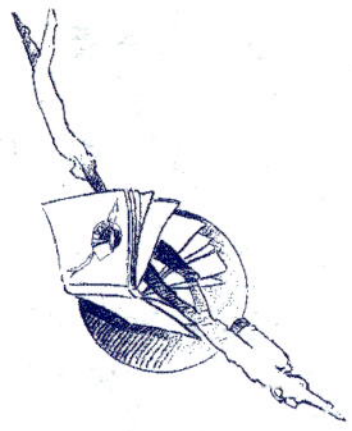

Solution n°16

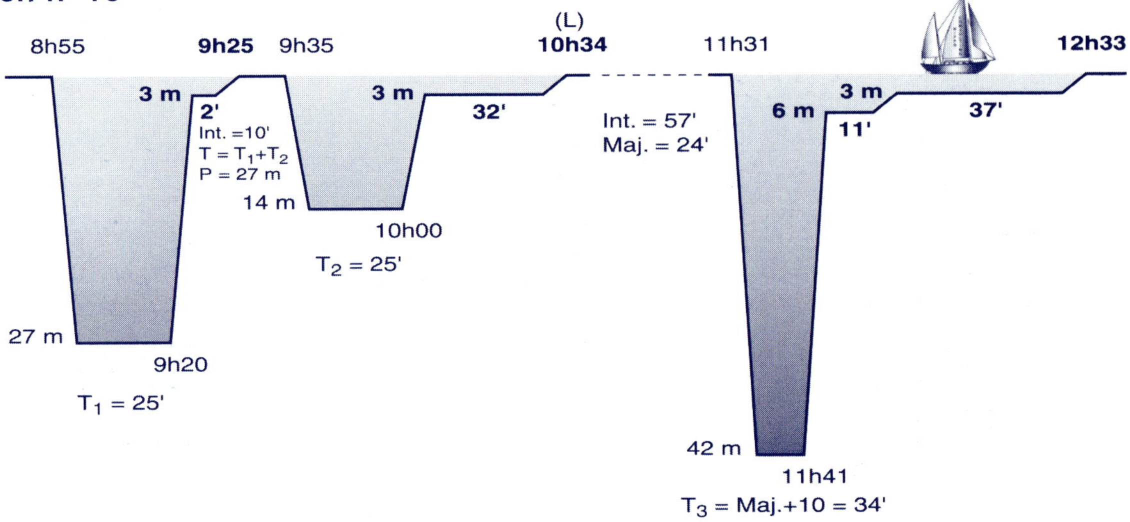

Solution n°17

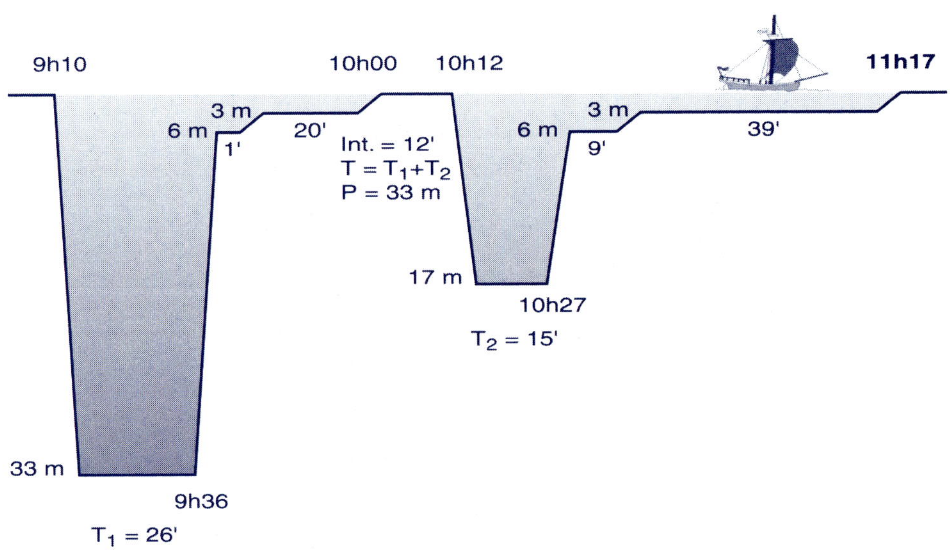

Solution n°18

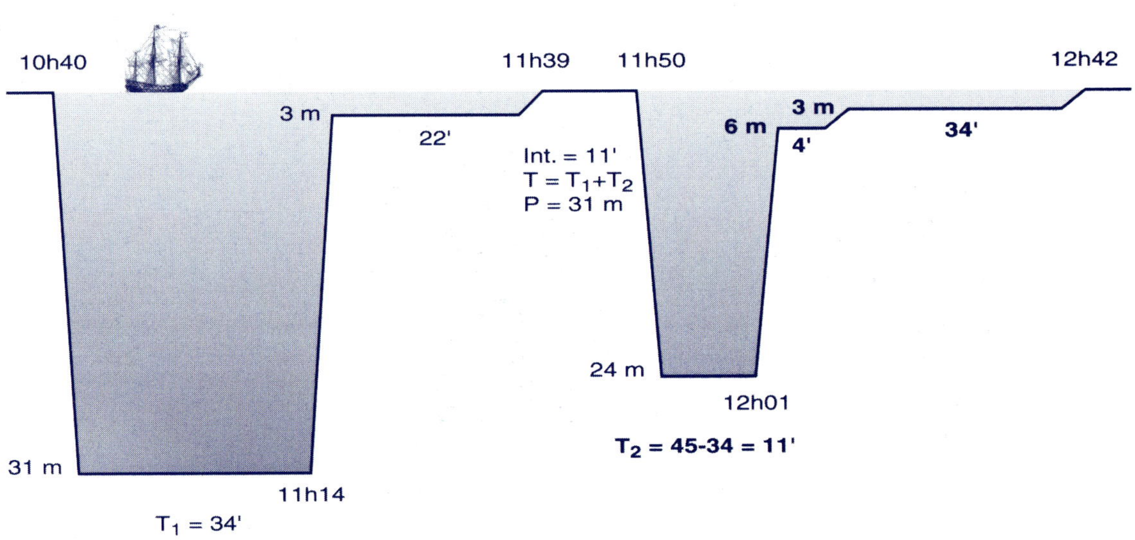

Solution n° 19

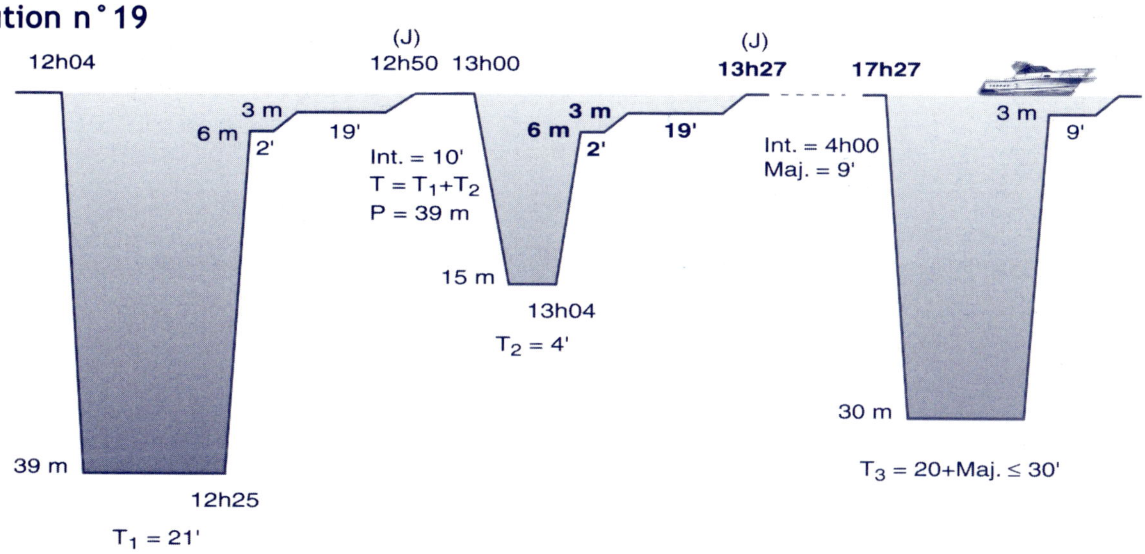

Solution n° 20

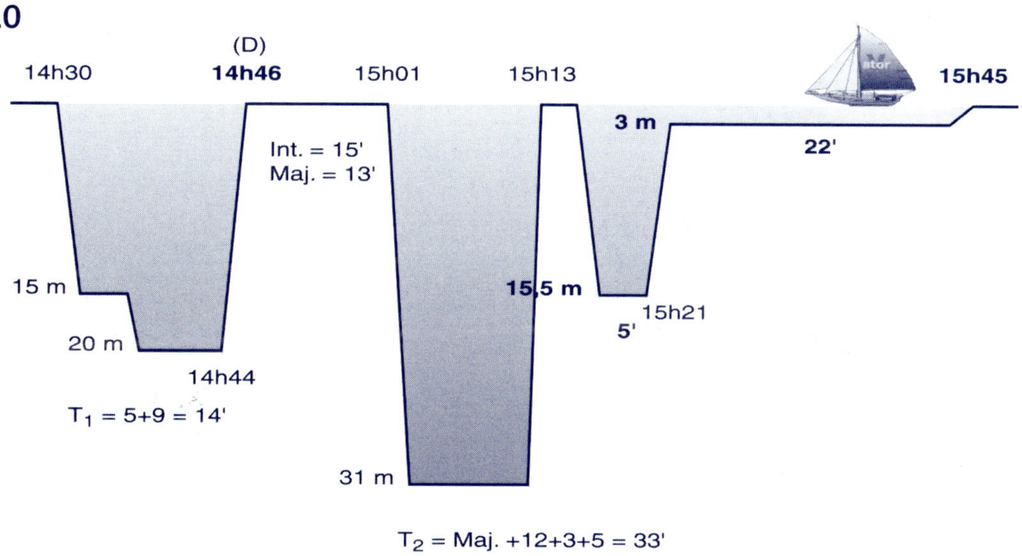

Solution n° 21

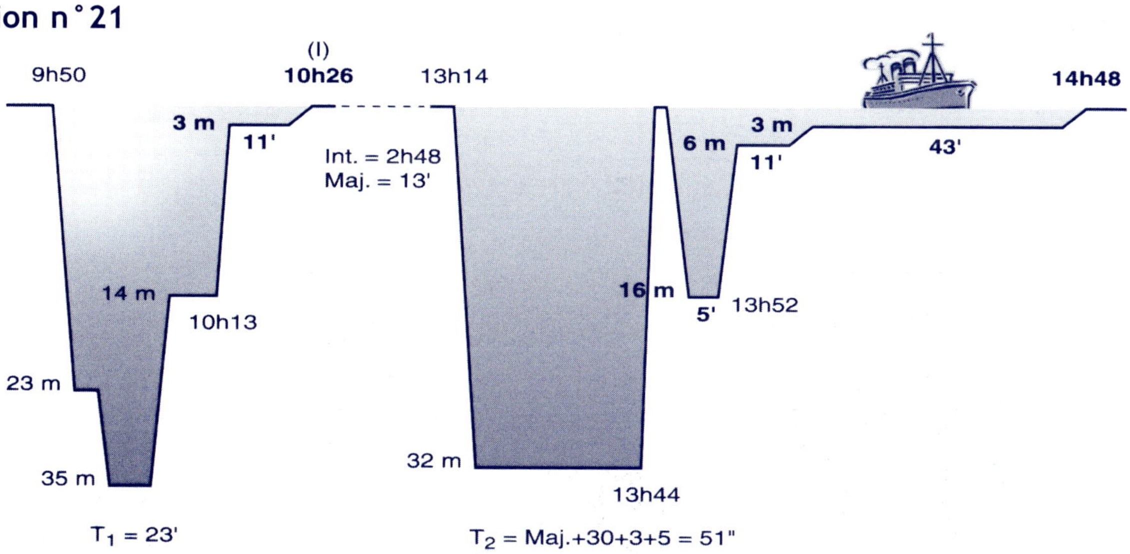

Solution n° 22

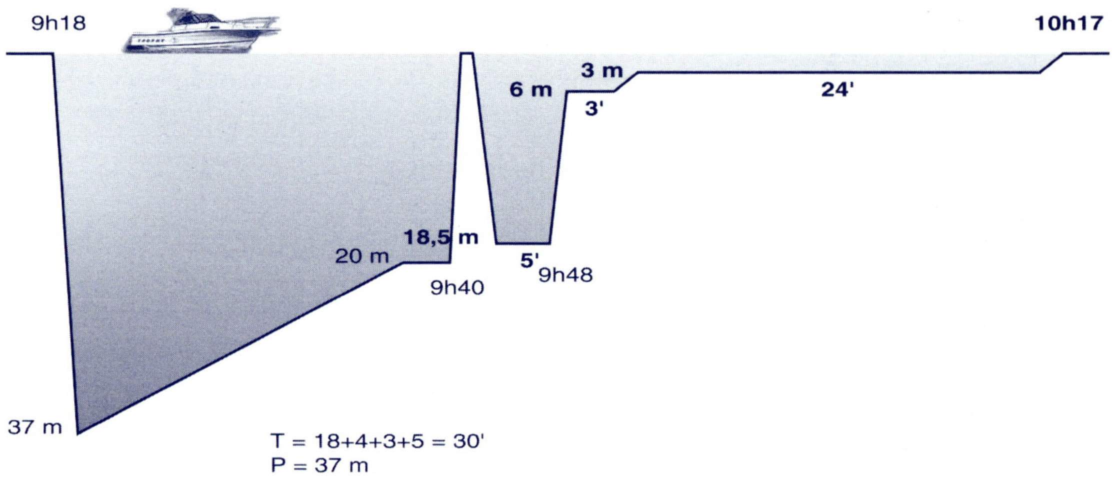

Solution n° 23

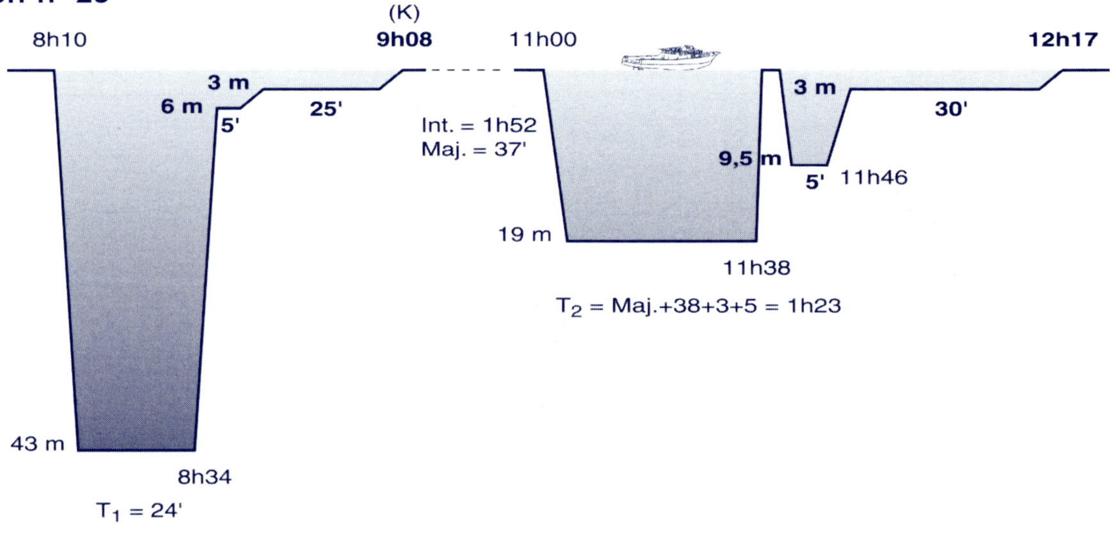

Solution n° 24

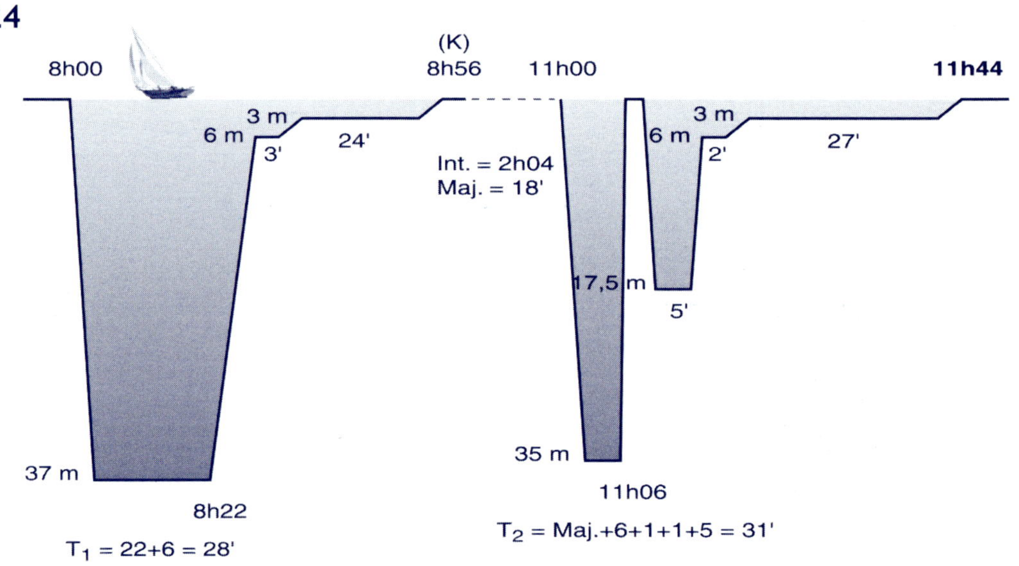

Solution n°25

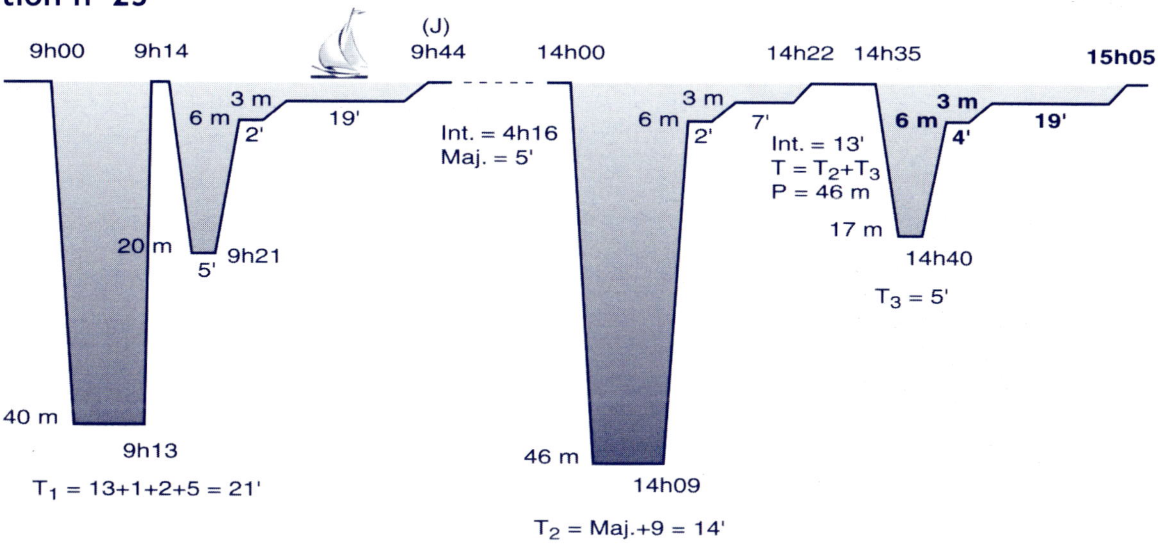

Solution n°26

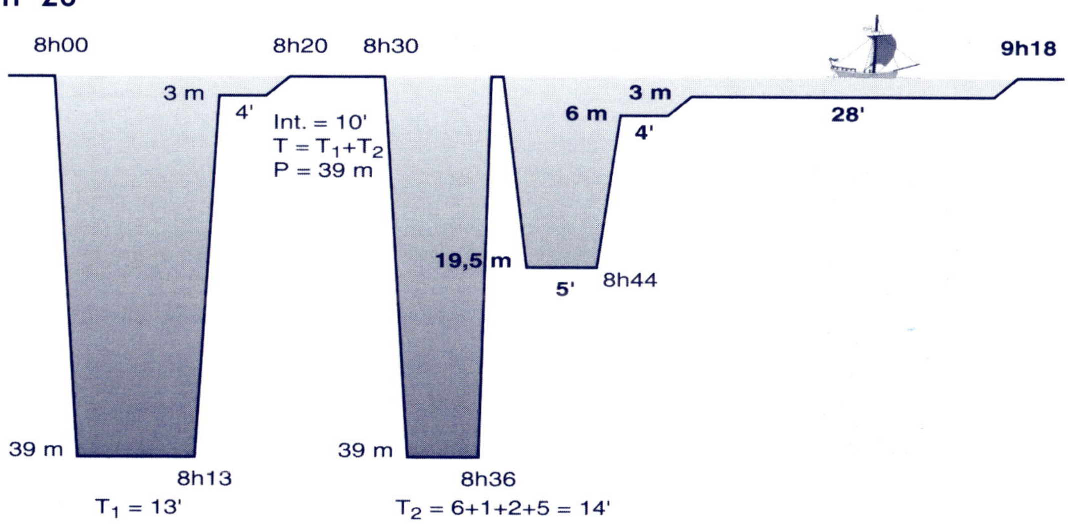

Solution n°27

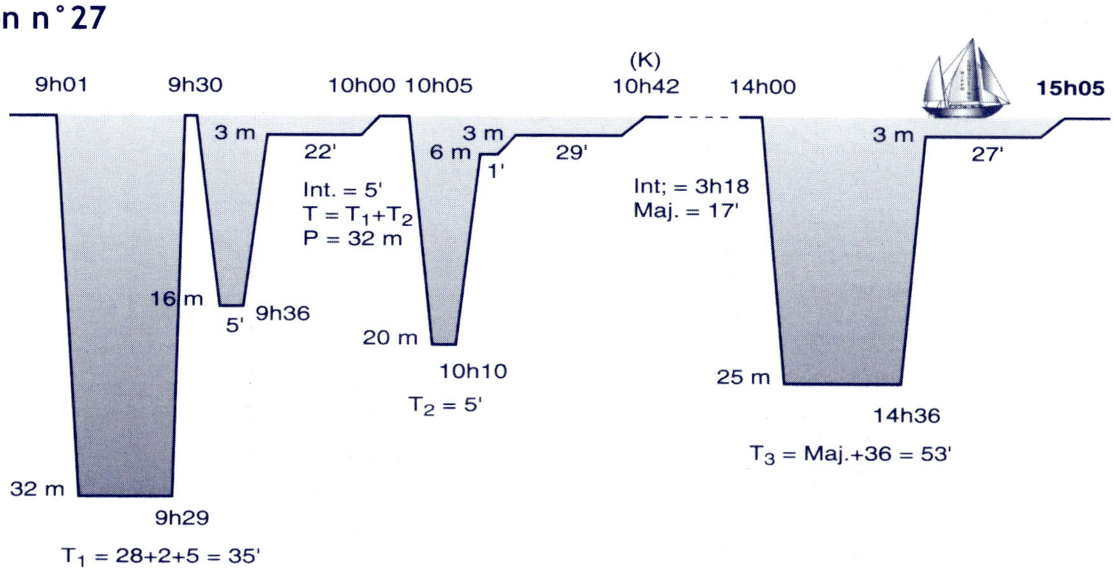

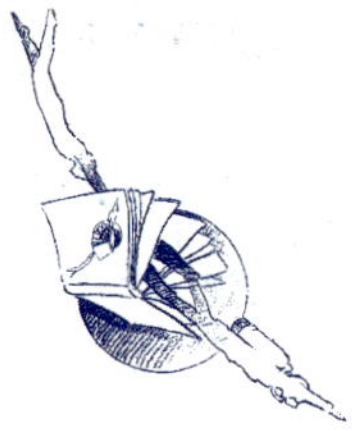

Solution n°28

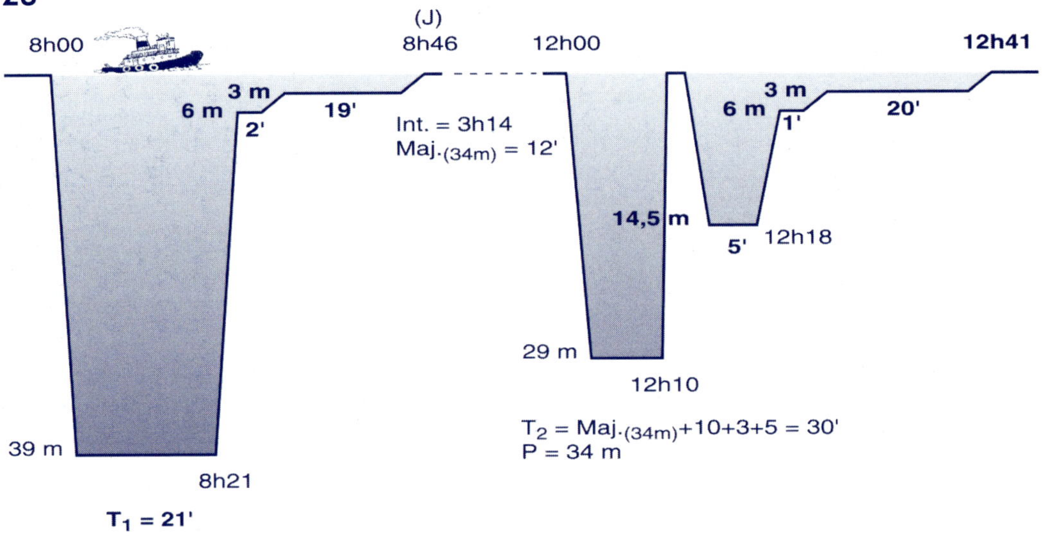

Solution n°29

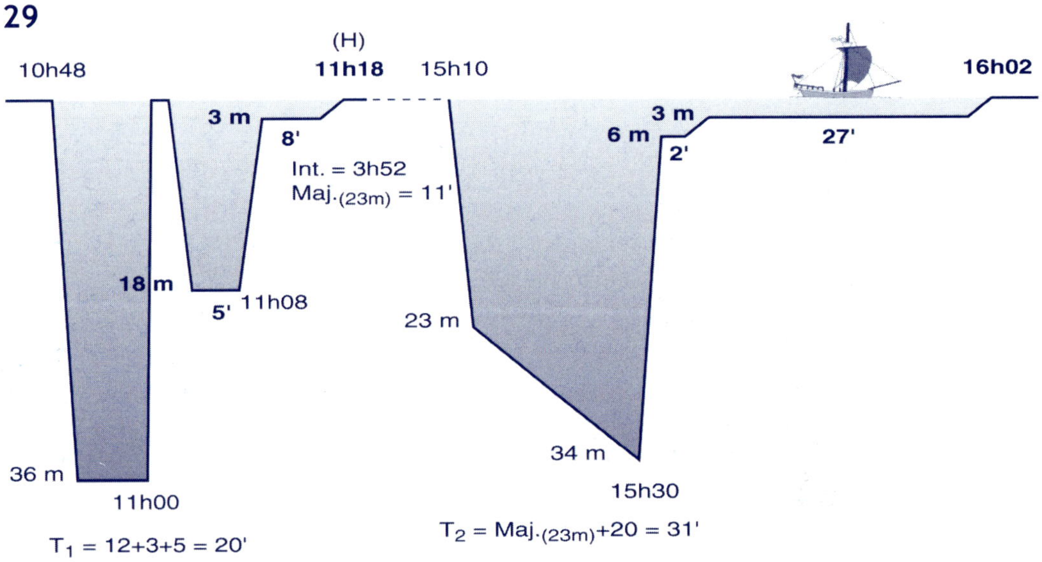

Solution n°30

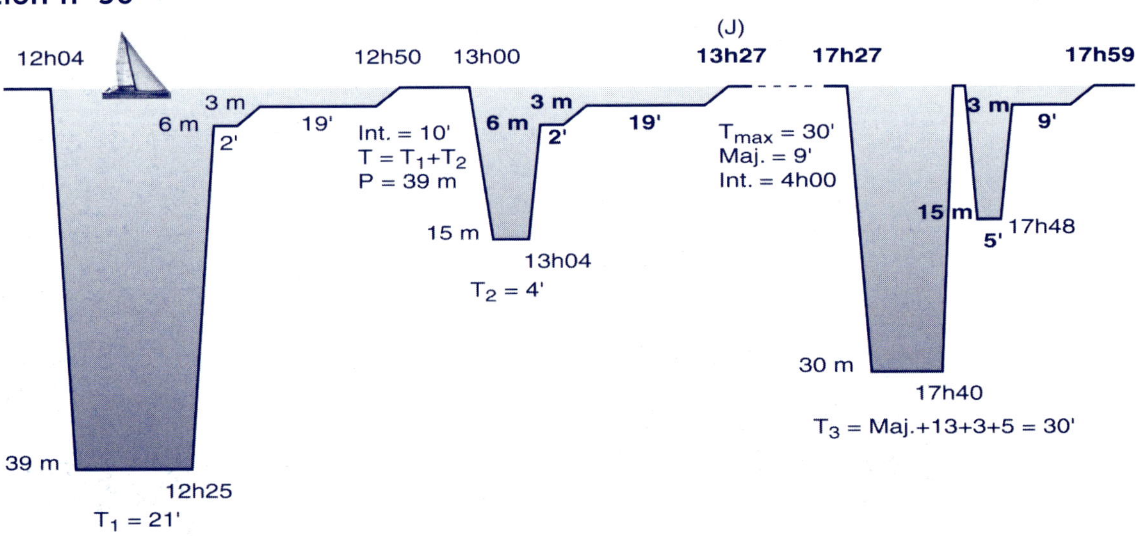

Solution n° 31

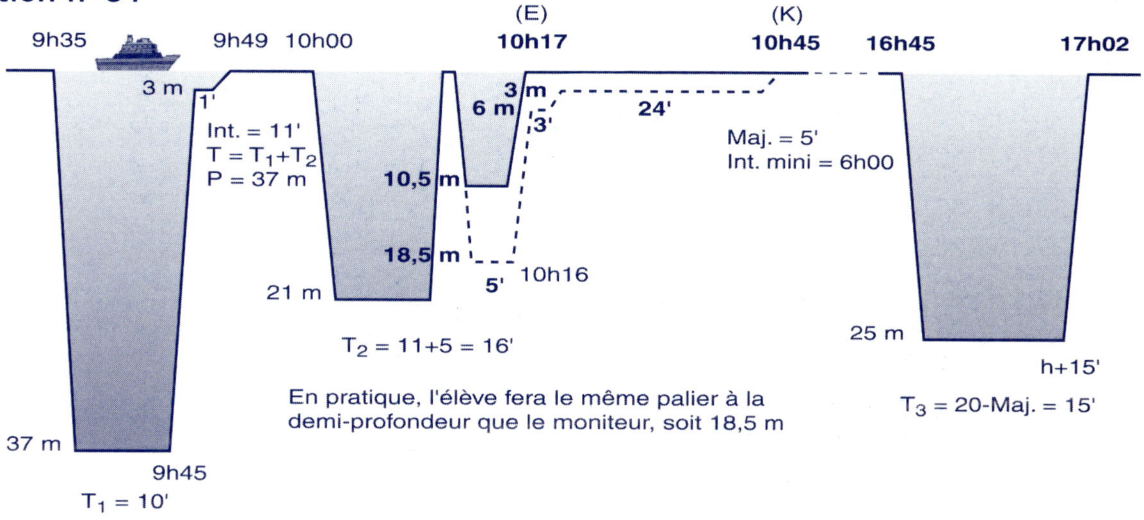

Solution n° 32

Pression atmosphérique = 63 cm Hg # 0,83 bar

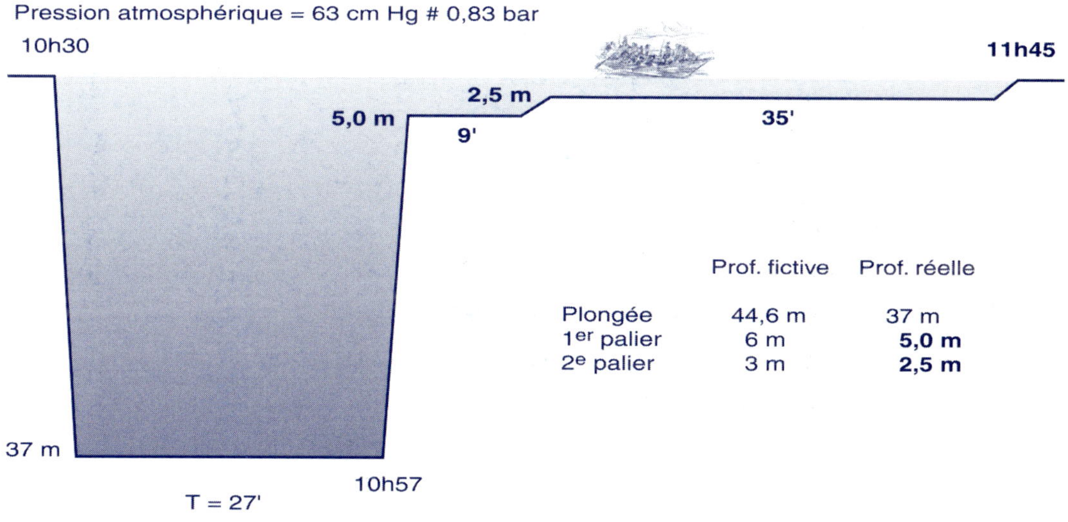

	Prof. fictive	Prof. réelle
Plongée	44,6 m	37 m
1er palier	6 m	**5,0 m**
2e palier	3 m	**2,5 m**

Solution n° 33

Pression atmosphérique = 684 mm Hg = 0,9 bar

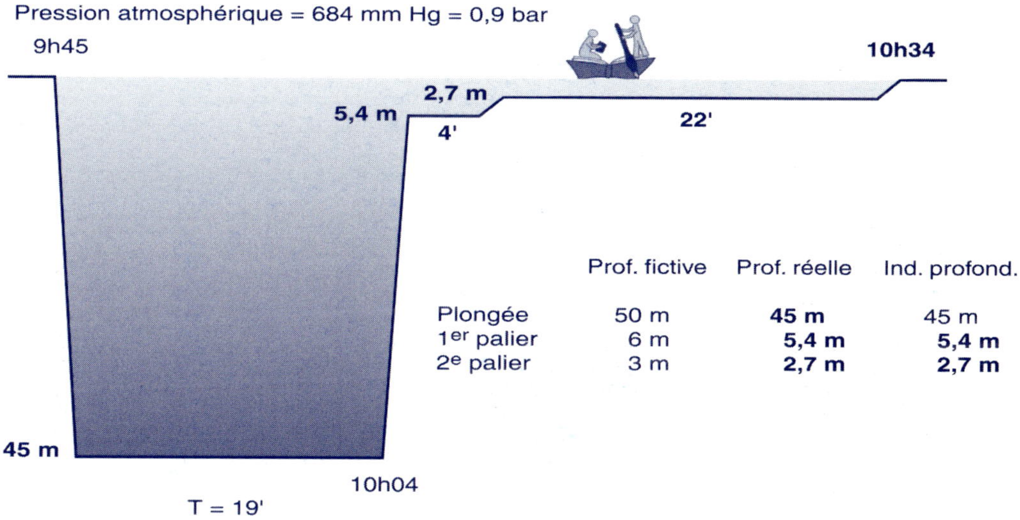

	Prof. fictive	Prof. réelle	Ind. profond.
Plongée	50 m	**45 m**	45 m
1er palier	6 m	**5,4 m**	**5,4 m**
2e palier	3 m	**2,7 m**	**2,7 m**

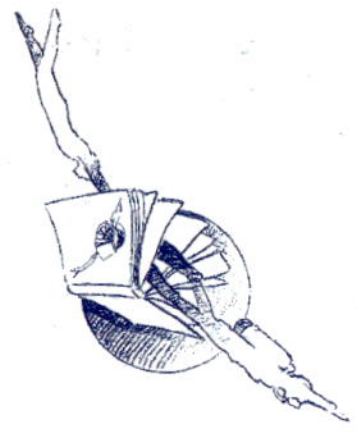

Solution n°34

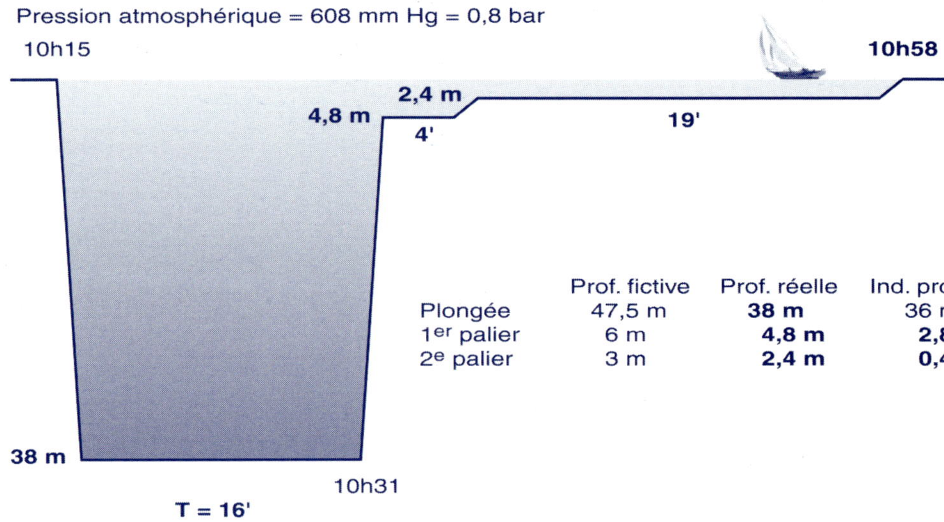

	Prof. fictive	Prof. réelle	Ind. profond.
Plongée	47,5 m	**38 m**	36 m
1er palier	6 m	**4,8 m**	**2,8 m**
2e palier	3 m	**2,4 m**	**0,4 m**

Solution n°35

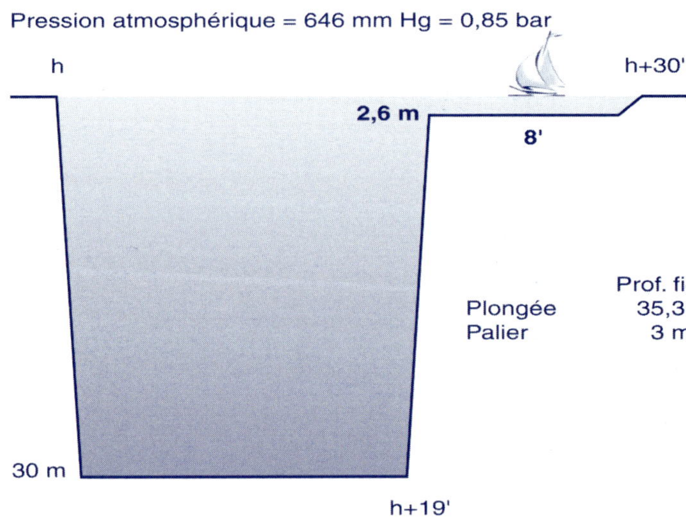

	Prof. fictive	Prof. réelle	Ind. profond
Plongée	35,3 m	30 m	35,3 m
Palier	3 m	**2,6 m**	**3 m**

Solution n°36

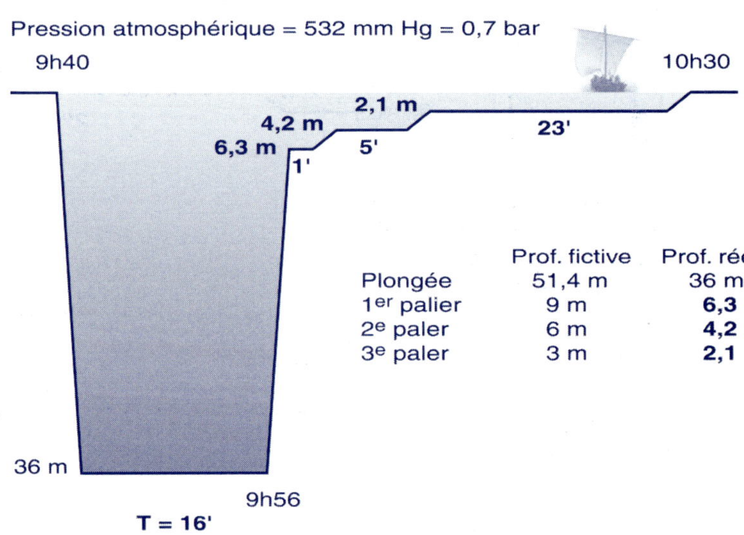

	Prof. fictive	Prof. réelle	Ind. profond.
Plongée	51,4 m	36 m	**36 m**
1er palier	9 m	**6,3 m**	**6,3 m**
2e paler	6 m	**4,2 m**	**4,2 m**
3e paler	3 m	**2,1 m**	**2,1 m**

Solution n° 37

Pression atmosphérique = 608 mm Hg = 0,8 bar

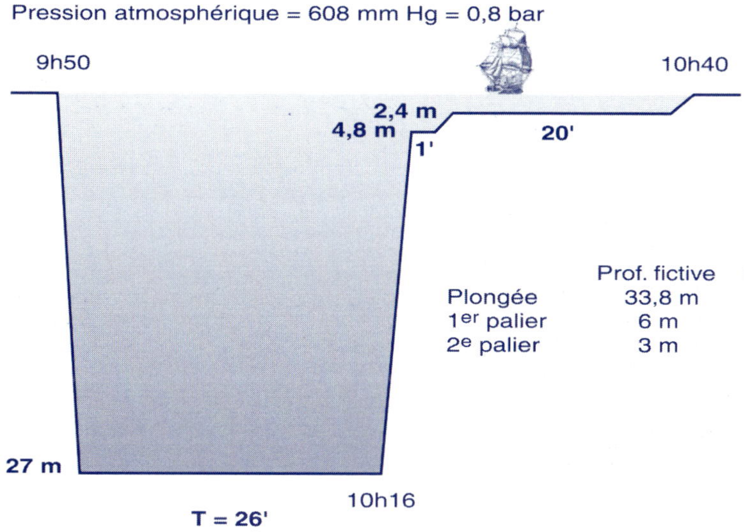

	Prof. fictive	Prof. réelle	Ind. profond.
Plongée	33,8 m	**27 m**	25 m
1er palier	6 m	**4,8 m**	**2,8 m**
2e palier	3 m	**2,4 m**	**0,4 m**

Solution n° 38

Pression atmosphérique = 570 mm Hg = 0,75 bar

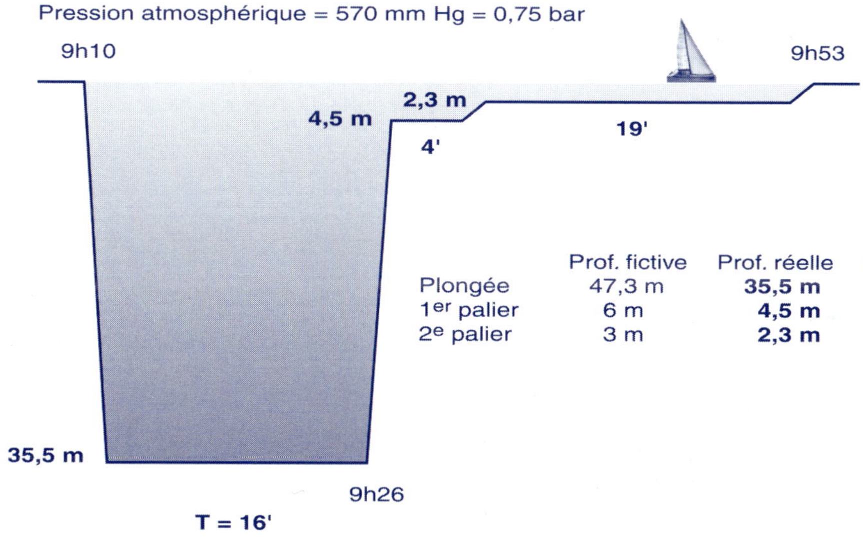

	Prof. fictive	Prof. réelle	Ind. profond.
Plongée	47,3 m	**35,5 m**	35,5 m
1er palier	6 m	**4,5 m**	**4,5 m**
2e palier	3 m	**2,3 m**	**2,3 m**

Solution n° 39

Pression atmosphérique = 646 mm Hg = 0,85 bar

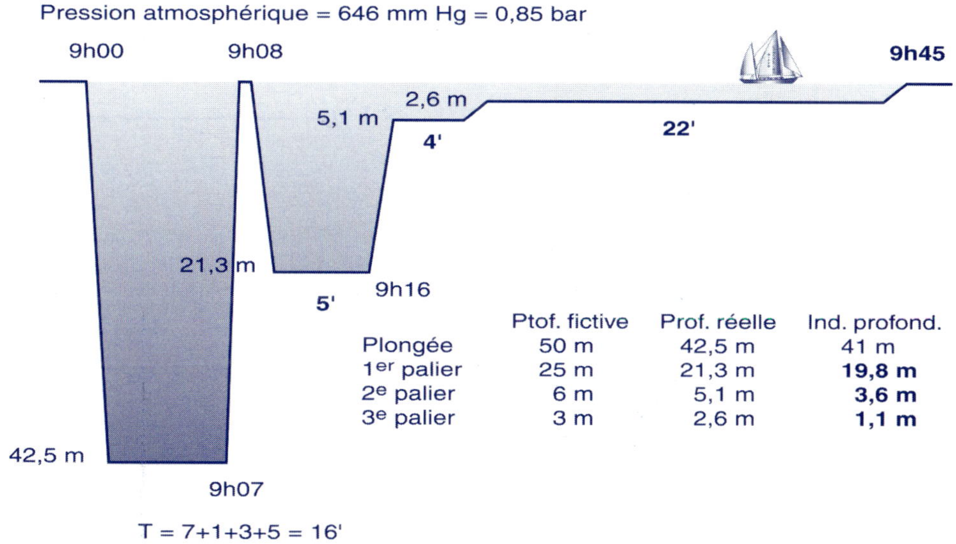

	Ptof. fictive	Prof. réelle	Ind. profond.
Plongée	50 m	42,5 m	41 m
1er palier	25 m	21,3 m	**19,8 m**
2e palier	6 m	5,1 m	**3,6 m**
3e palier	3 m	2,6 m	**1,1 m**

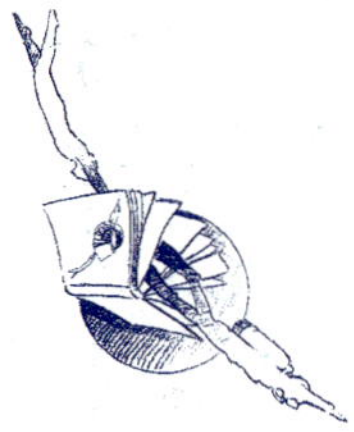

Solution n°40

Pression atmosphérique = 570 mm Hg = 0,75 bar

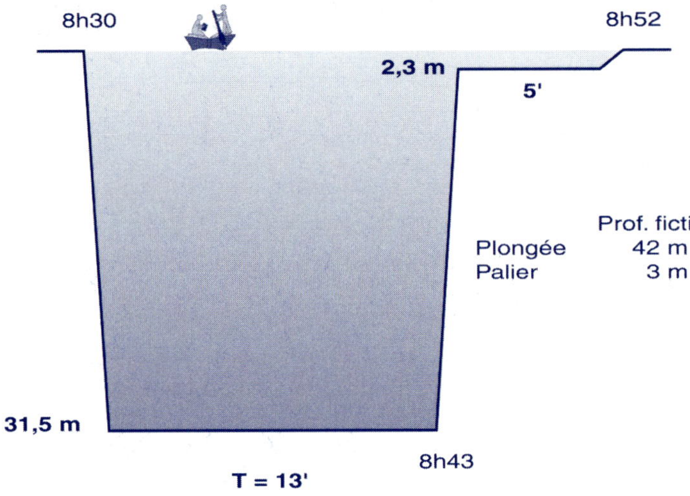

	Prof. fictive	Prof. réelle	Ind. profond.
Plongée	42 m	**31,5 m**	42 m
Palier	3 m	**2,3 m**	**3 m**

Solution n°41

Pression atmosphérique = 60 cm Hg # 0,79 bar

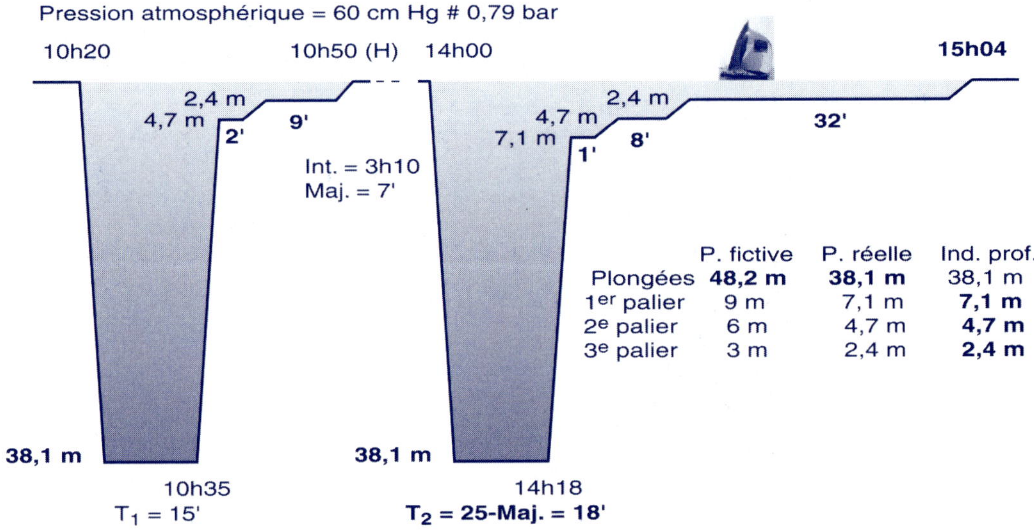

	P. fictive	P. réelle	Ind. prof.
Plongées	**48,2 m**	**38,1 m**	38,1 m
1er palier	9 m	7,1 m	**7,1 m**
2e palier	6 m	4,7 m	**4,7 m**
3e palier	3 m	2,4 m	**2,4 m**

Solution n°42

Pression atmosphérique = 608 mm Hg = 0,8 bar

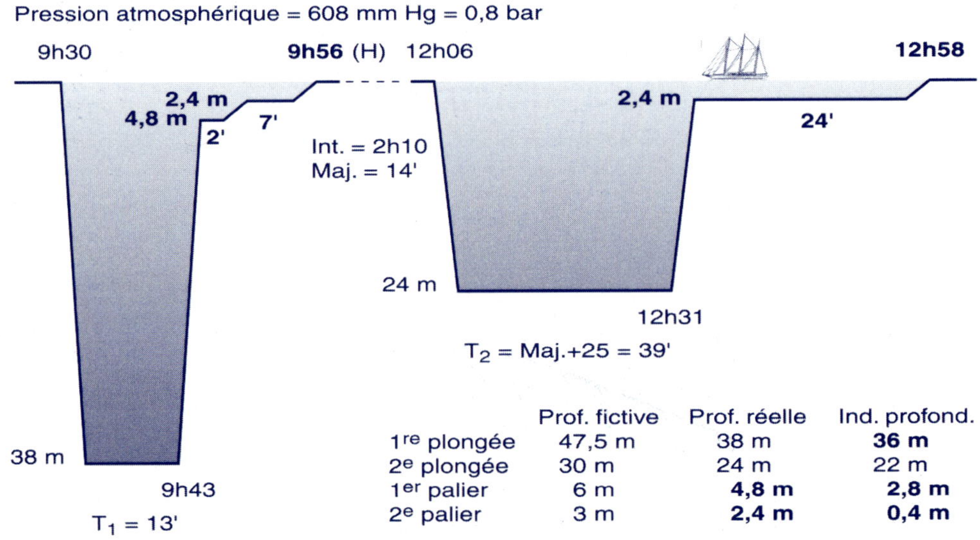

	Prof. fictive	Prof. réelle	Ind. profond.
1re plongée	47,5 m	38 m	**36 m**
2e plongée	30 m	24 m	22 m
1er palier	6 m	**4,8 m**	**2,8 m**
2e palier	3 m	**2,4 m**	**0,4 m**

Solution n°43

Pression atmosphérique = 62 cm Hg # 0,82 bar

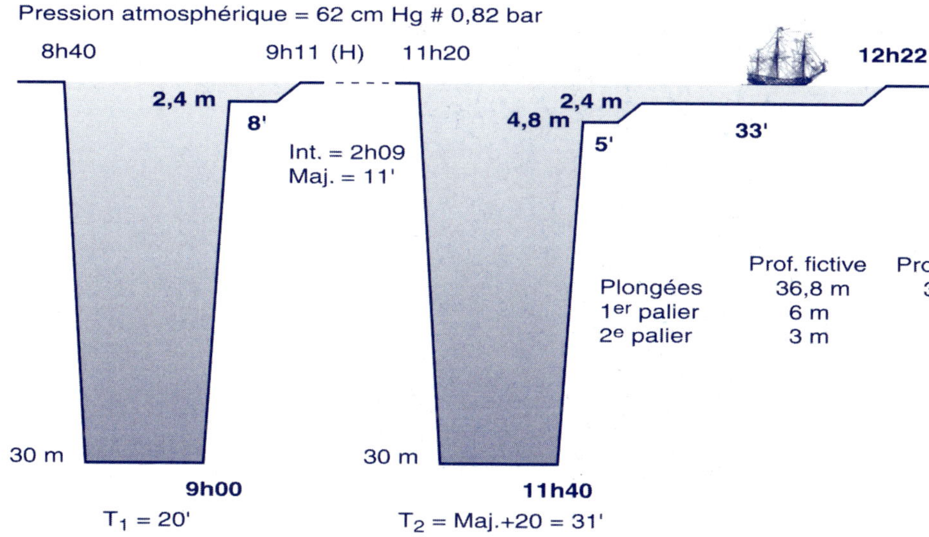

	Prof. fictive	Prof. réelle
Plongées	36,8 m	30 m
1er palier	6 m	**4,8 m**
2e palier	3 m	**2,4 m**

Solution n°44

Retard = 3 m ⟶ pression atmosphérique = 0,7 bar = 532 mm Hg

	Prof. fictive	Prof. réelle	Ind. profond.
Plongée	**50 m**	35 m	32 m
1er palier	9 m	6,3 m	3,3 m
2e palier	6 m	4,2 m	1,2 m
3e palier	3 m	**2,1 m**	-0,9 m

Pour le dernier palier, l'indication du profondimètre est négative.
La lecture n'est pas possible sur l'instrument.

Solution n°45

Retard = 3 m ⟶ pression atmosphérique = 0,7 bar = 532 mm Hg

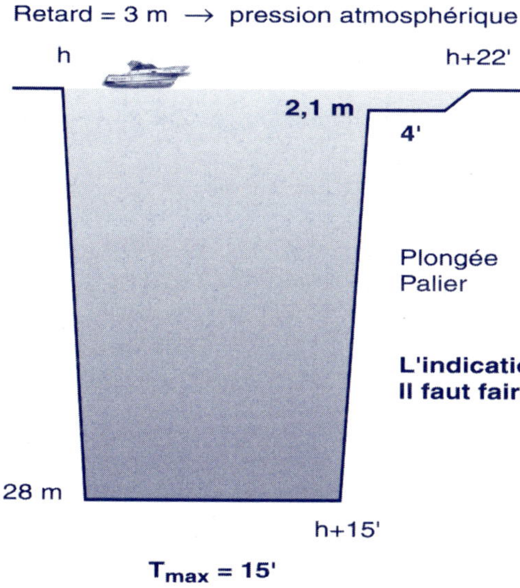

	Prof. fictive	Prof. réelle	Ind. profond.
Plongée	40 m	28 m	25 m
Palier	3 m	**2,1 m**	-0,9 m

L'indication du profondimètre au palier est négative.
Il faut faire une marque sur le bout à 2,1 m.

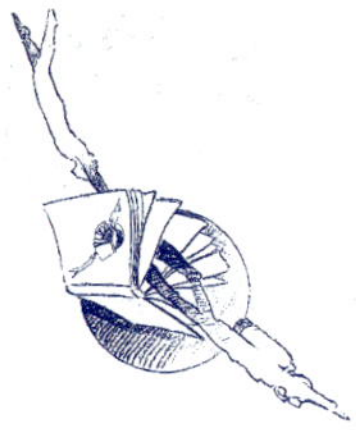

Solution n°46

Pression atmosphérique = $760 \times \frac{(10\text{-retard})}{10}$ = **684 mm Hg = 0,9 bar**

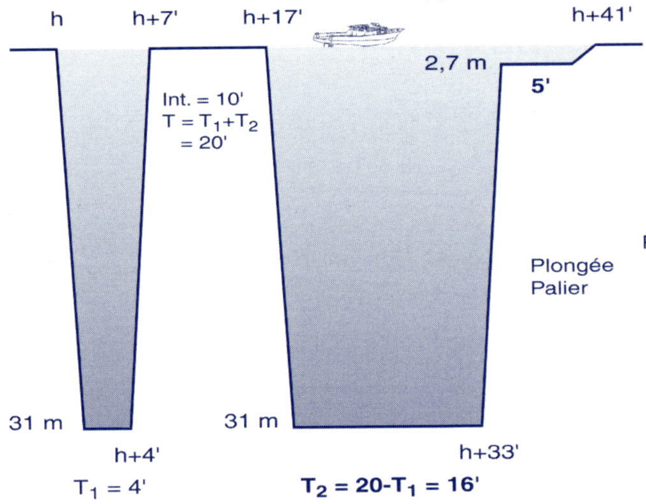

	Prof. fictive	Prof. réelle	Ind. prof.
Plongée	34,4 m	31 m	30 m
Palier	3 m	2,7 m	**1,7 m**

Solution n°47

Pression atmosphérique = 608 mm Hg = 0,8 bar

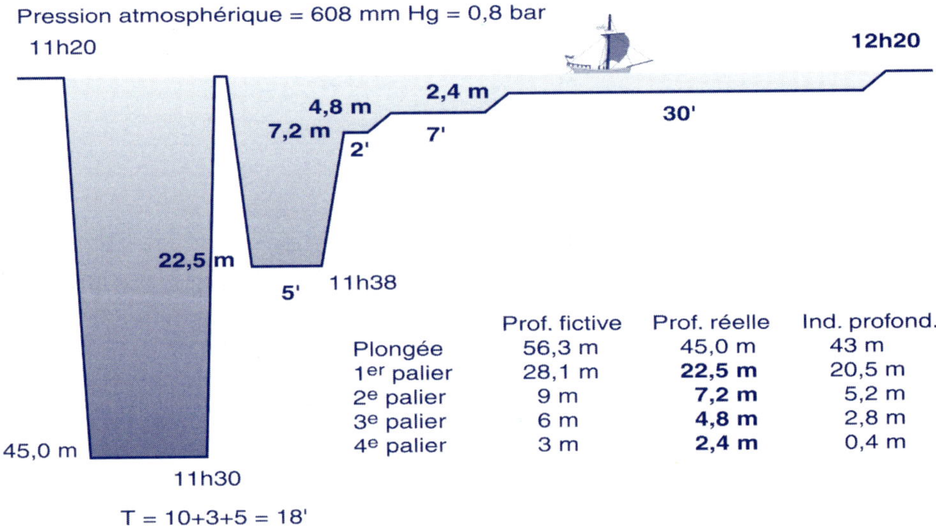

	Prof. fictive	Prof. réelle	Ind. profond.
Plongée	56,3 m	45,0 m	43 m
1er palier	28,1 m	**22,5 m**	20,5 m
2e palier	9 m	**7,2 m**	5,2 m
3e palier	6 m	**4,8 m**	2,8 m
4e palier	3 m	**2,4 m**	0,4 m

Solution n°48

Pression atmosphérique = 0,75 kg/cm² # 0,75 bar

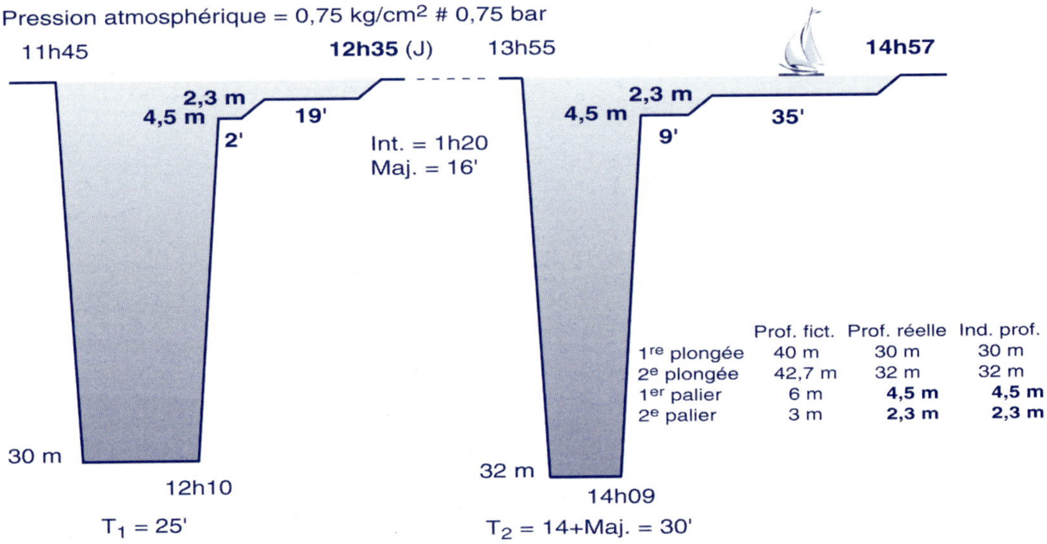

	Prof. fict.	Prof. réelle	Ind. prof.
1re plongée	40 m	30 m	30 m
2e plongée	42,7 m	32 m	32 m
1er palier	6 m	**4,5 m**	**4,5 m**
2e palier	3 m	**2,3 m**	**2,3 m**

Solution n°49

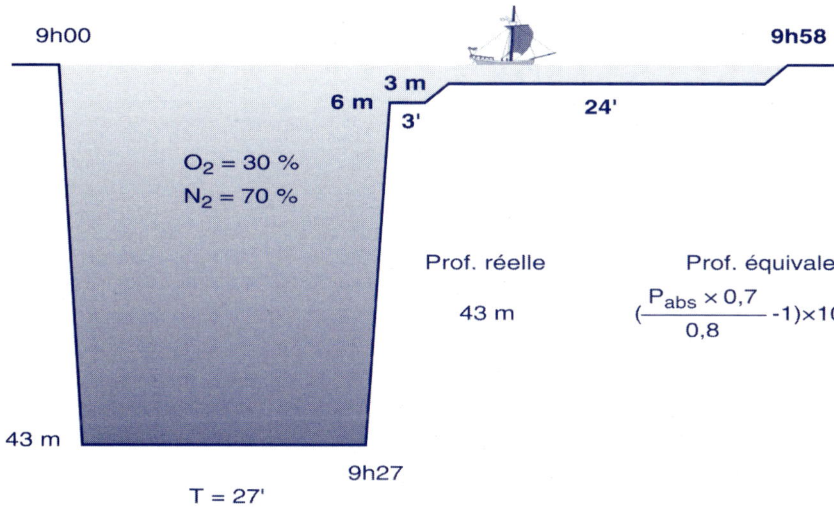

Prof. réelle

43 m

Prof. équivalente

$$\left(\frac{P_{abs} \times 0{,}7}{0{,}8} - 1\right) \times 10 = 36{,}4 \text{ m}$$

Solution n°50

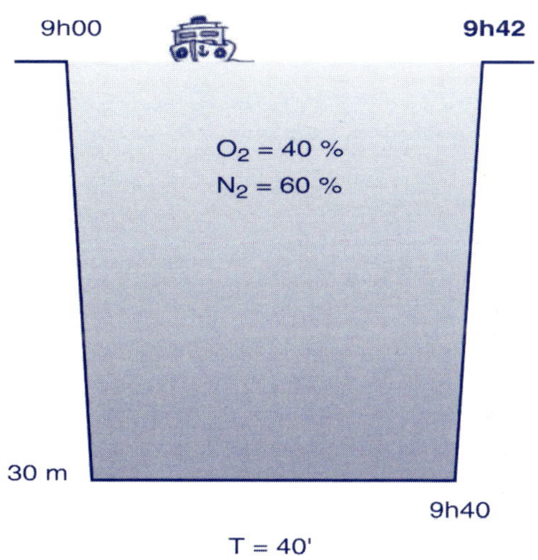

Profondeur réelle

30 m

Profondeur équivalente

$$\left(\frac{P_{abs.} \times 0{,}6}{0{,}8} - 1\right) \times 10 = 20 \text{ m}$$

Solution n°51

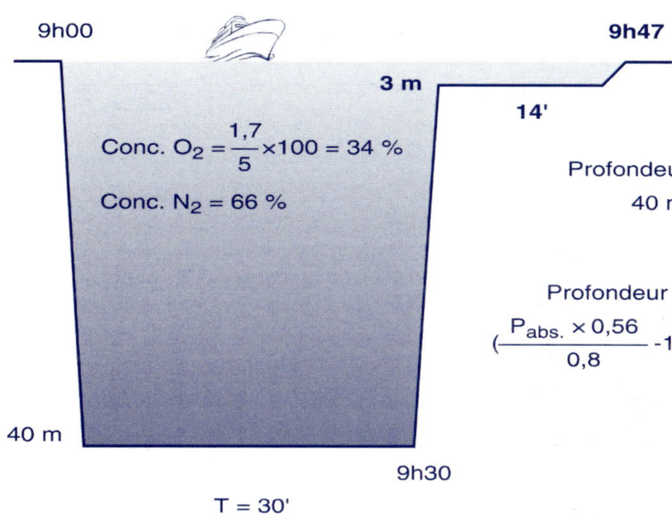

Profondeur réelle

40 m

Profondeur équivalente

$$\left(\frac{P_{abs.} \times 0{,}56}{0{,}8} - 1\right) \times 10 = 31{,}25 \text{ m}$$

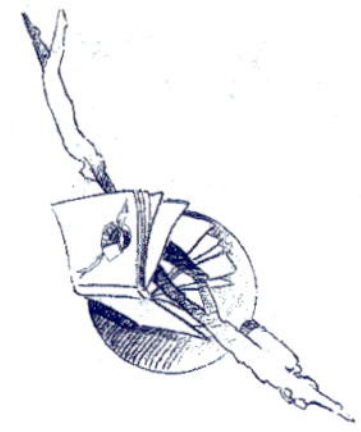

Solution n°52

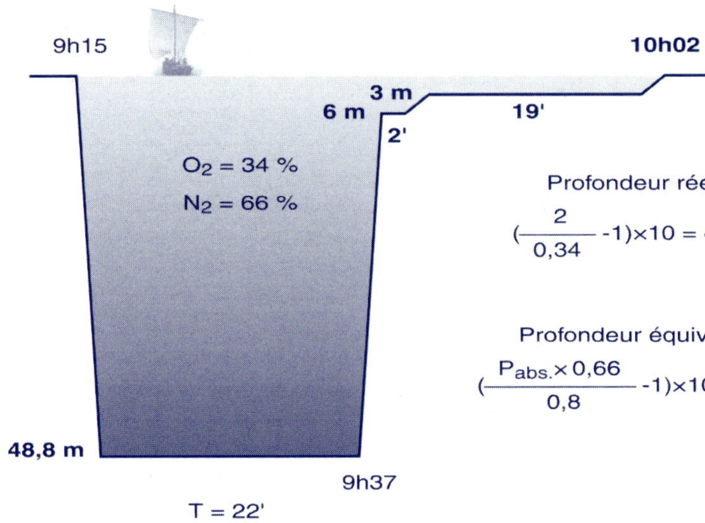

Profondeur réelle

$$\left(\frac{2}{0,34} - 1\right) \times 10 = \mathbf{48,8\ m}$$

Profondeur équivalente

$$\left(\frac{P_{abs.} \times 0,66}{0,8} - 1\right) \times 10 = \mathbf{38,5\ m}$$

Solution n°53

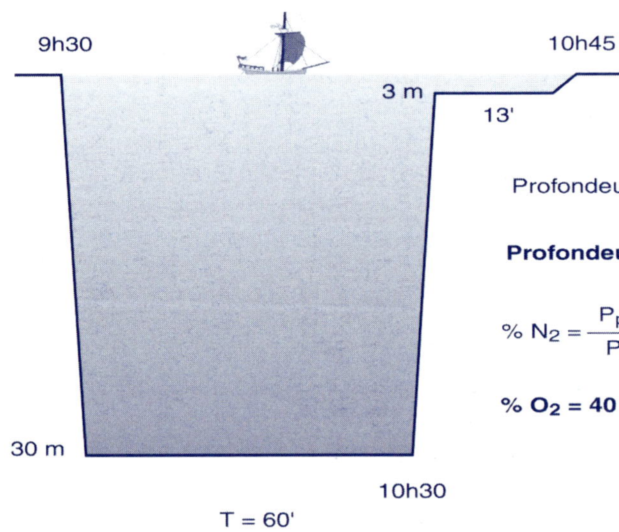

Profondeur réelle = 30 m

Profondeur équivalente = 20 m

$$\% N_2 = \frac{P_pN_2}{P_{abs.}} \times 100 = \frac{3 \times 0,8}{4} \times 100 = 60\ \%$$

% O_2 = 40 %

Solution n°54

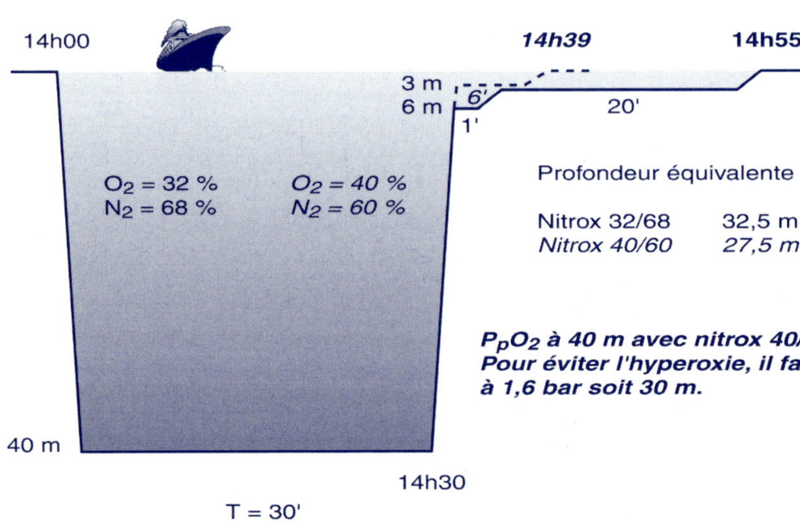

Profondeur équivalente

Nitrox 32/68	32,5 m
Nitrox 40/60	*27,5 m*

P_pO_2 à 40 m avec nitrox 40/60 = 2 bars
Pour éviter l'hyperoxie, il faut se limiter à 1,6 bar soit 30 m.

Solution n° 55

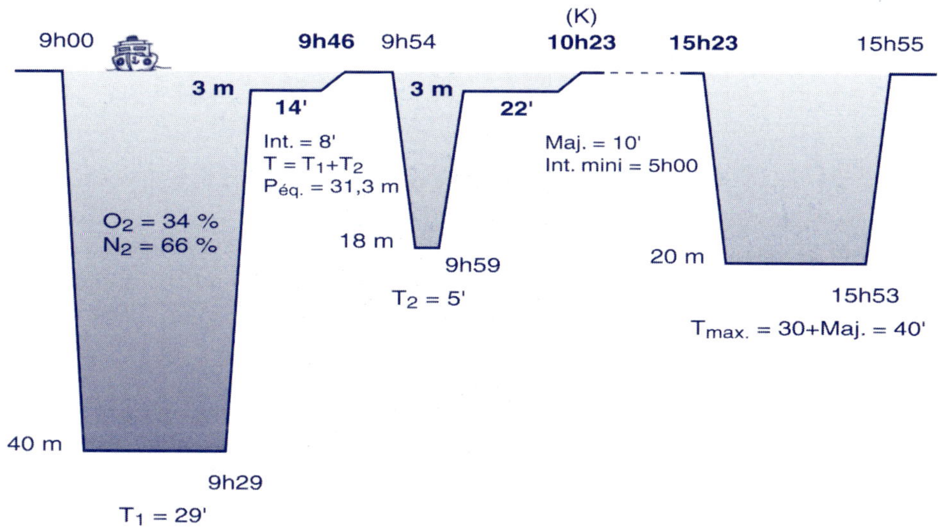

Solution n° 56

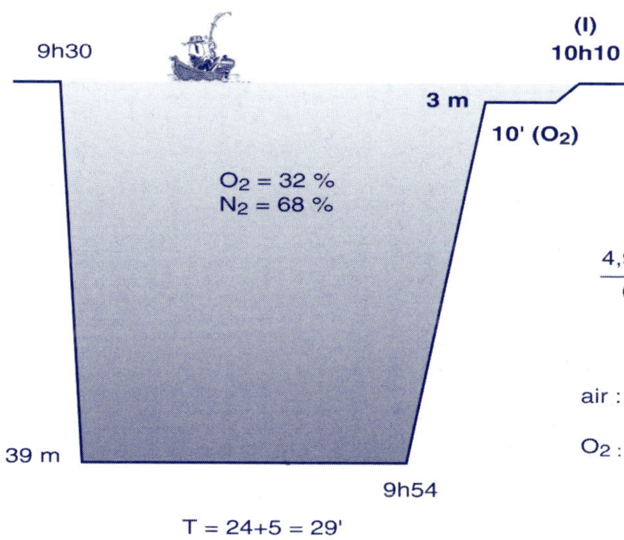

Profondeur équivalente

$$\frac{4,9 \times 0,68}{0,80} = 4,16 \rightarrow 31,6 \text{ m}$$

Paliers

air : 14' à 3 m

O_2 : $14 \times \frac{2}{3} = 9,3$ soit **10' à 3 m**

Solution n° 57

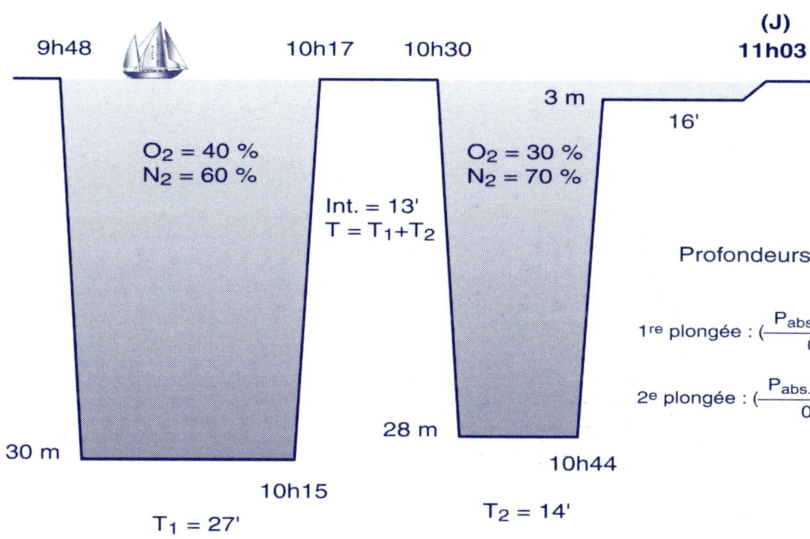

Profondeurs équivalentes

1re plongée : $(\frac{P_{abs.} \times 0,6}{0,8} - 1) \times 10 = 20$ m

2e plongée : $(\frac{P_{abs.} \times 0,7}{0,8} - 1) \times 10 = 23,3$ m

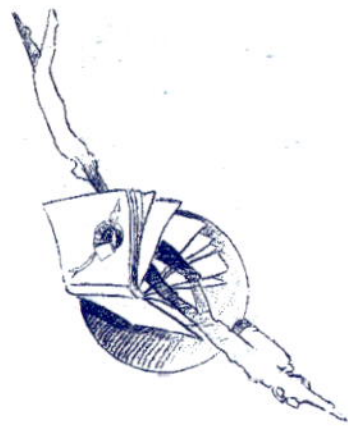

Solution n°58

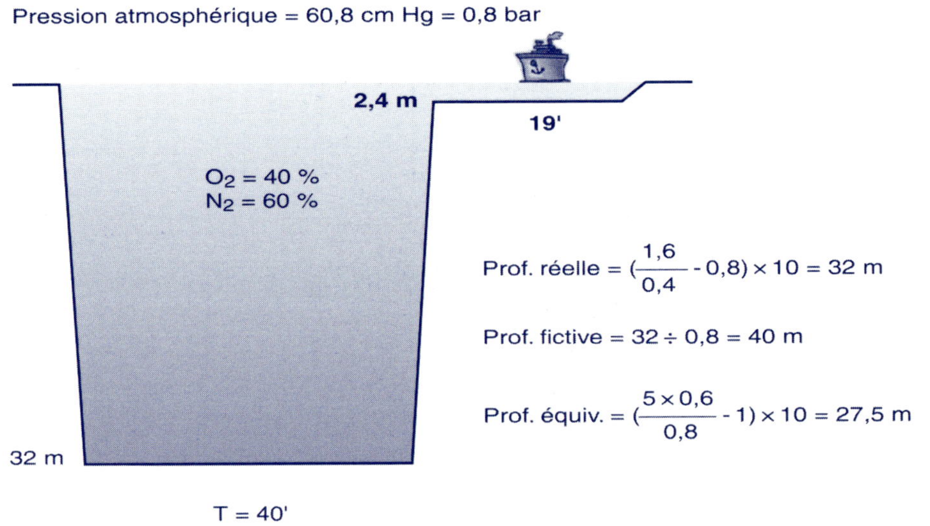

Solution n°59

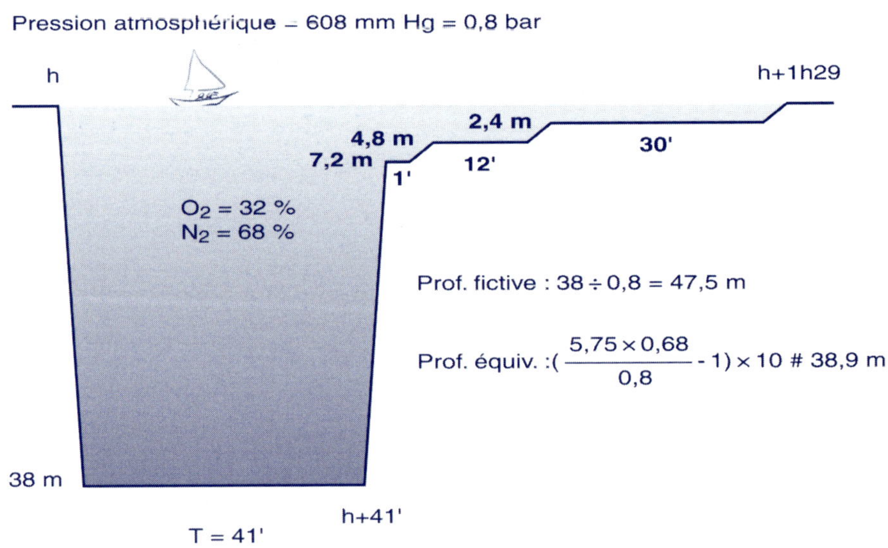

Solution n°60

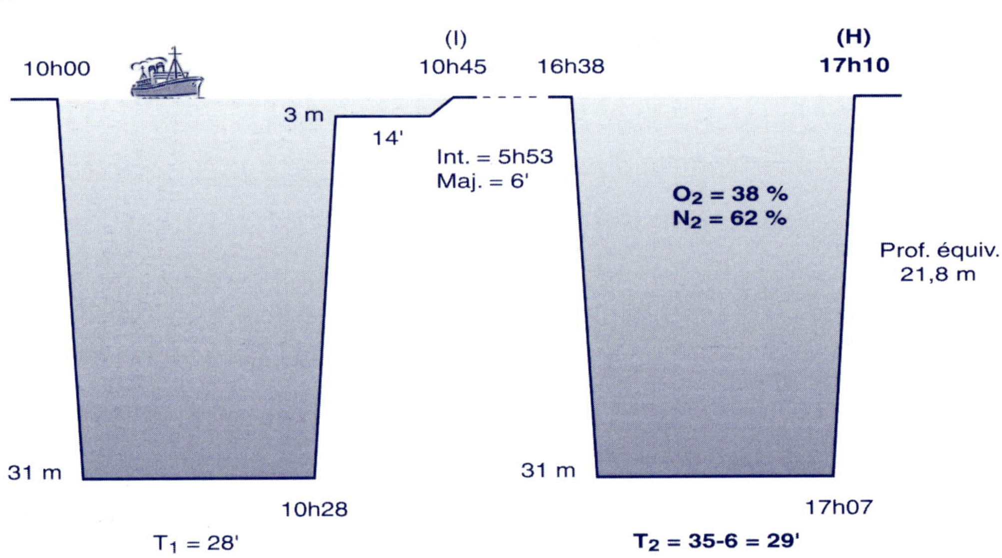

Solution n°61

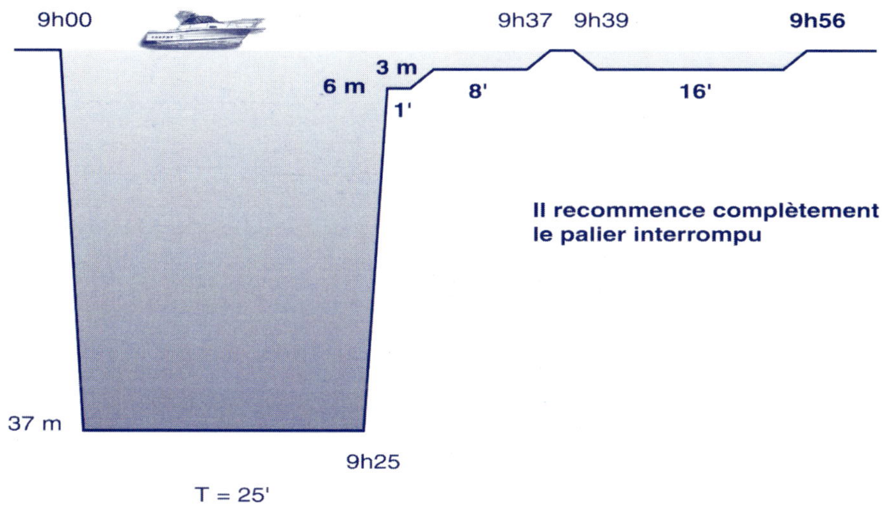

Solution n°62

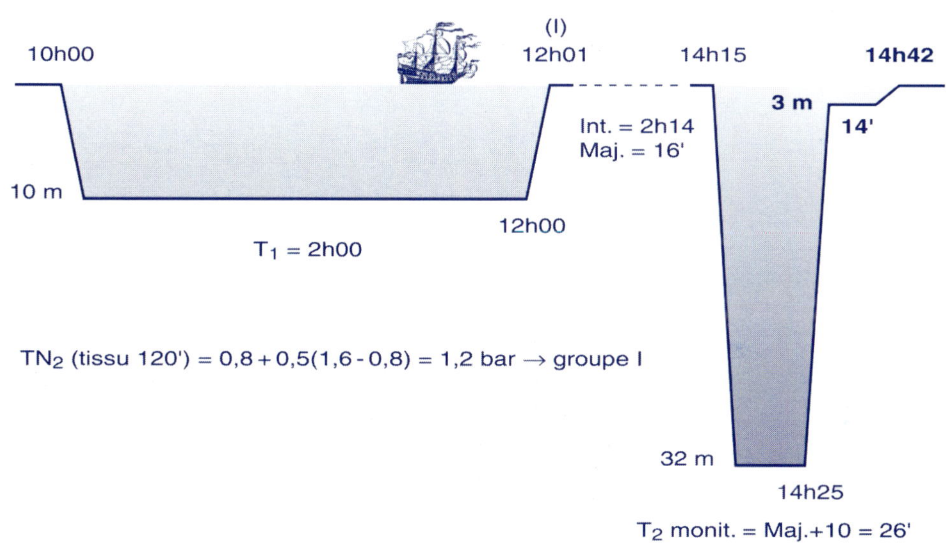

Solution n°63

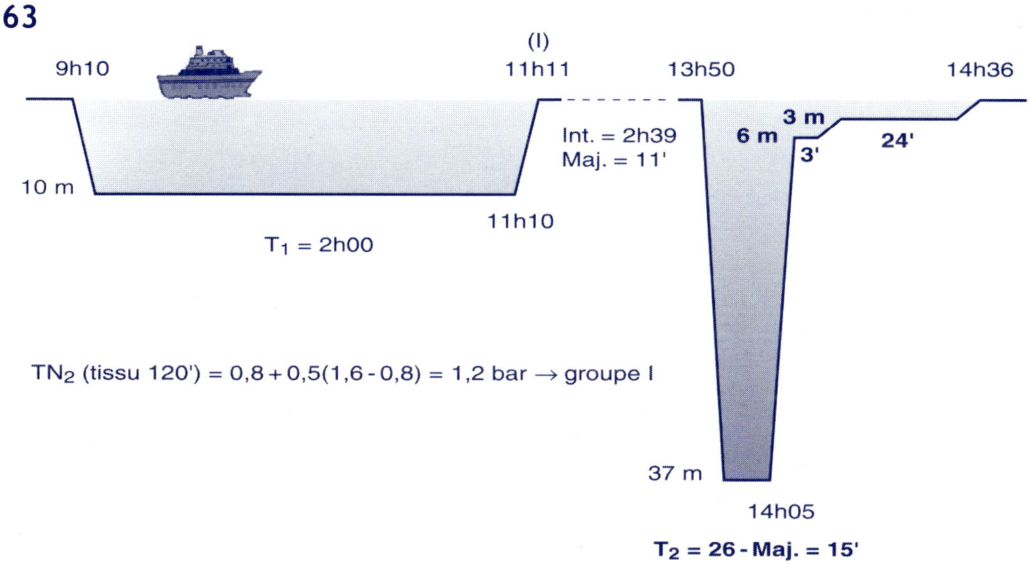

Solution n°64

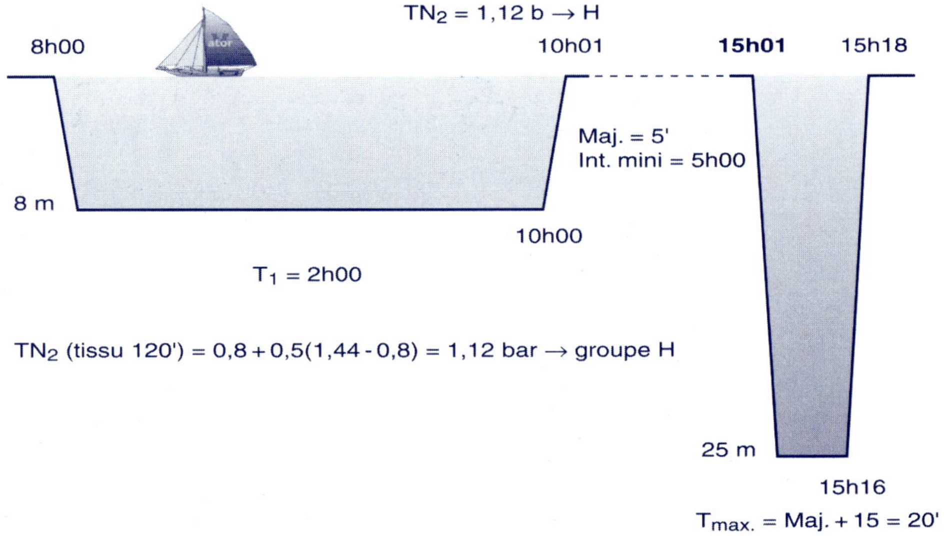

TN_2 (tissu 120') = 0,8 + 0,5(1,44 - 0,8) = 1,12 bar → groupe H

Solution n°65

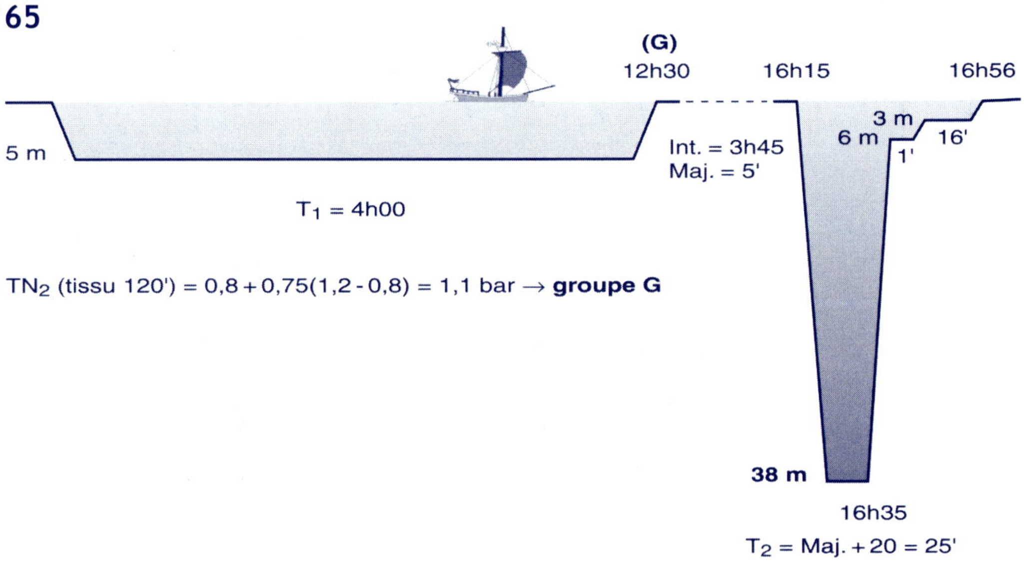

TN_2 (tissu 120') = 0,8 + 0,75(1,2 - 0,8) = 1,1 bar → **groupe G**

Solution n°66

Pression atmosphérique = 570 mm Hg = 0,75 bar

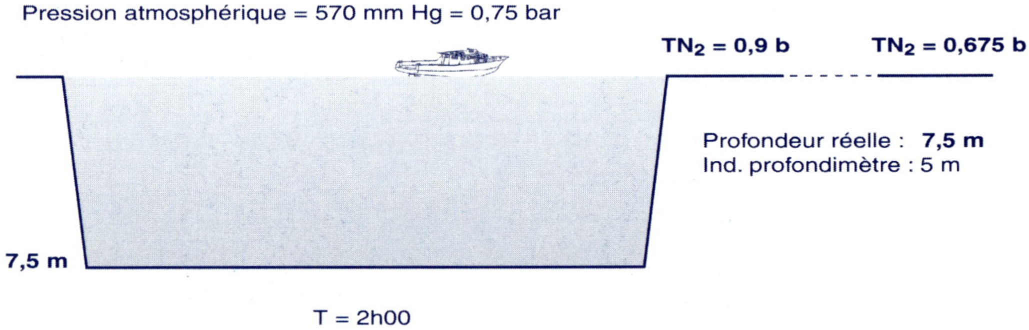

Sortie de l'eau → TN_2 (tissu 120') = 0,6 + 0,5(1,2 - 0,6) = **0,9 bar**

4h00 plus tard → TN_2 (tissu 120') = 0,9 + 0,75(0,6 - 0,9) = **0,675 bar**

Solution n°67

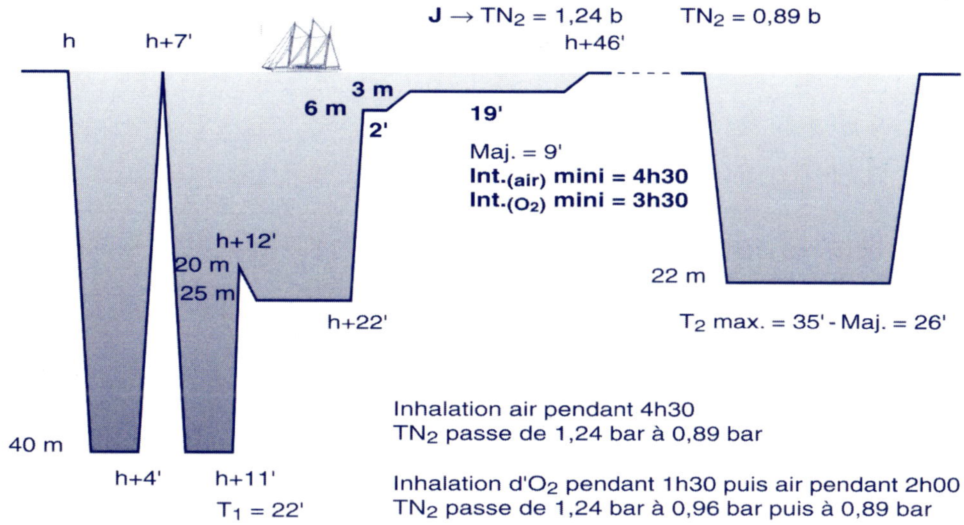

Solution n°68

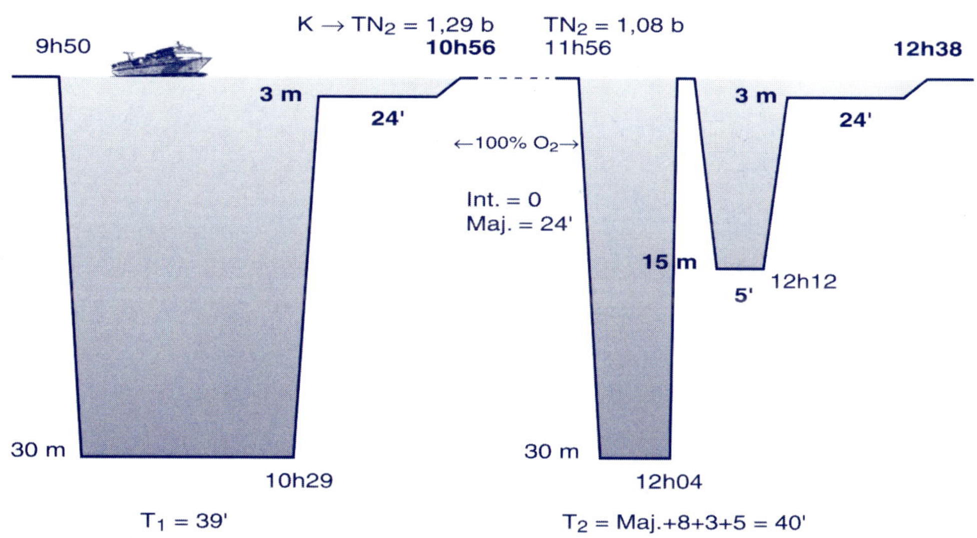

Solution n°69

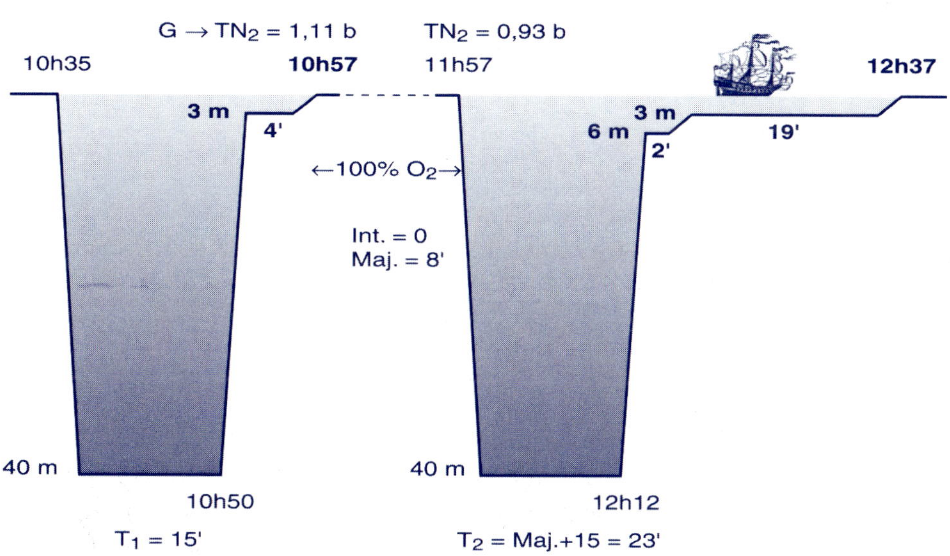

Inhalation d'O_2 pendant 1 heure → TN_2 passe de 1,11 à 0,93 bar

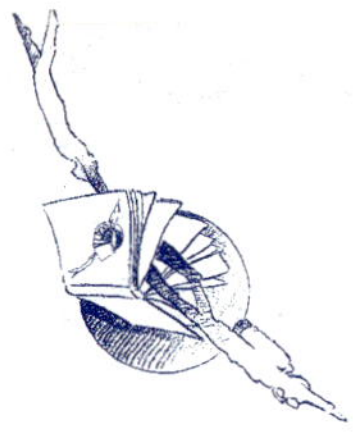

Solution n°70

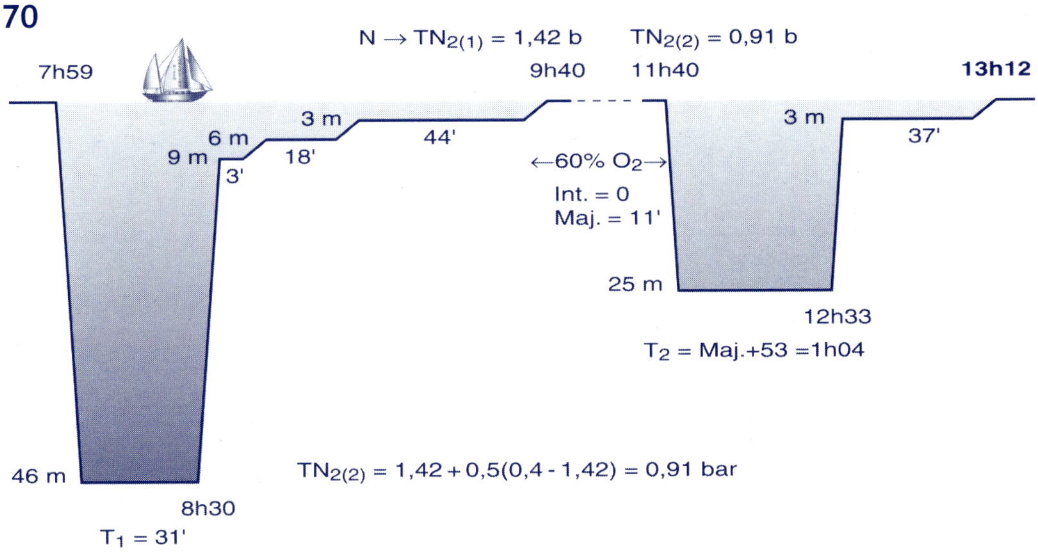

Solution n°71

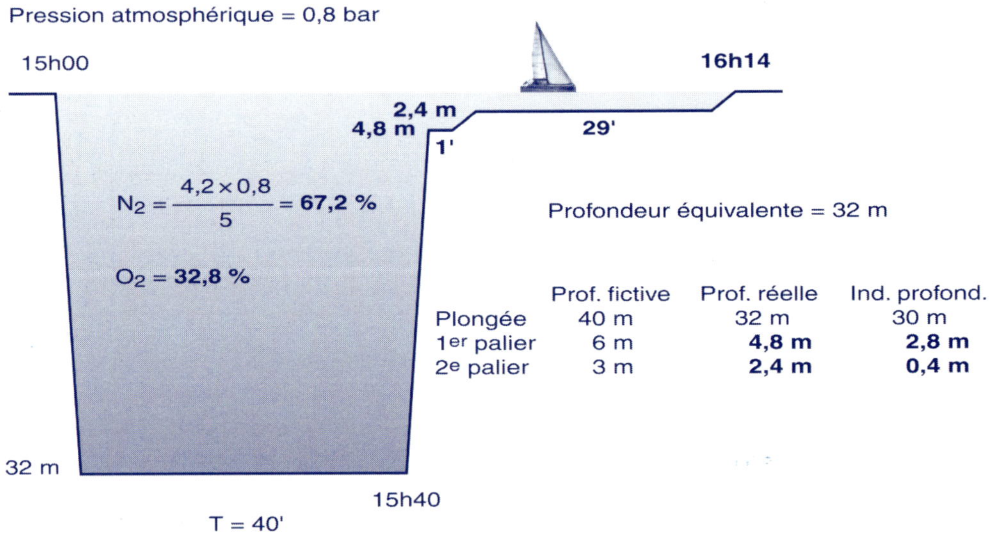

Solution n°72

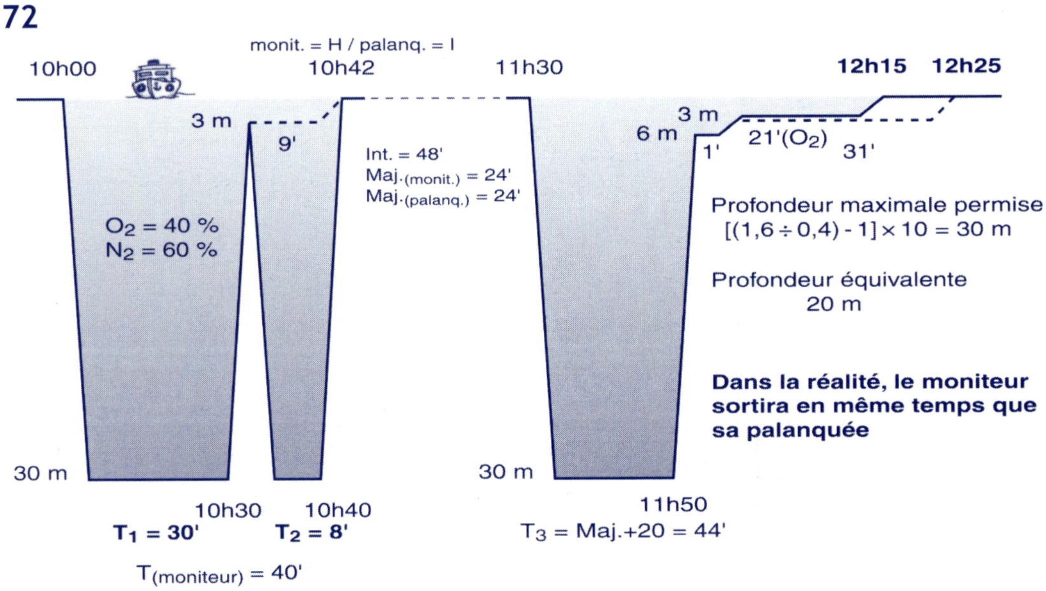

Solution n° 73

Pression atmosphérique = 570 mm Hg = 0,75 bar

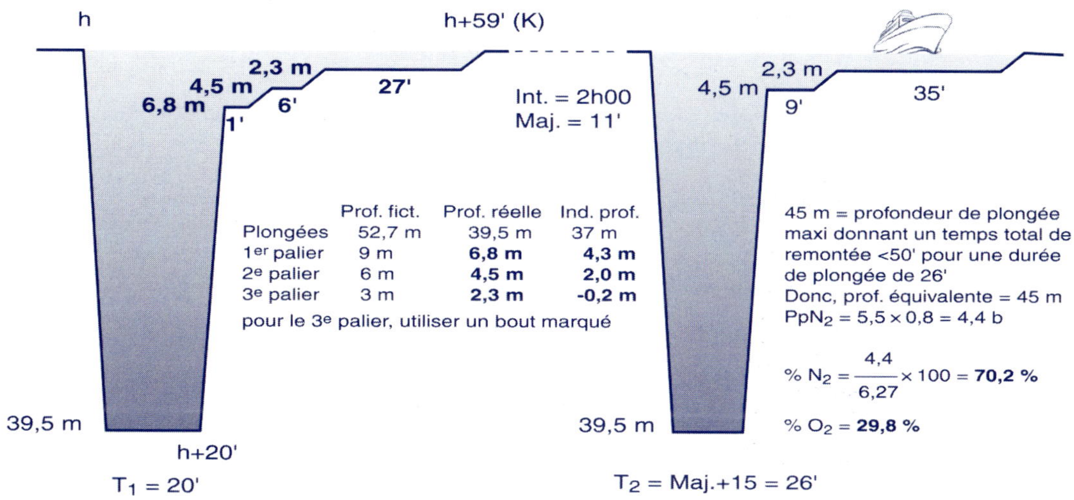

	Prof. fict.	Prof. réelle	Ind. prof.
Plongées	52,7 m	39,5 m	37 m
1er palier	9 m	**6,8 m**	**4,3 m**
2e palier	6 m	**4,5 m**	**2,0 m**
3e palier	3 m	**2,3 m**	**-0,2 m**

pour le 3e palier, utiliser un bout marqué

45 m = profondeur de plongée maxi donnant un temps total de remontée <50' pour une durée de plongée de 26'
Donc, prof. équivalente = 45 m
$PpN_2 = 5,5 \times 0,8 = 4,4$ b

$\% N_2 = \frac{4,4}{6,27} \times 100 = $ **70,2 %**

$\% O_2 = $ **29,8 %**

Solution n° 74

Retard = 2,5 m → pression atmosphérique = 0,75 bar

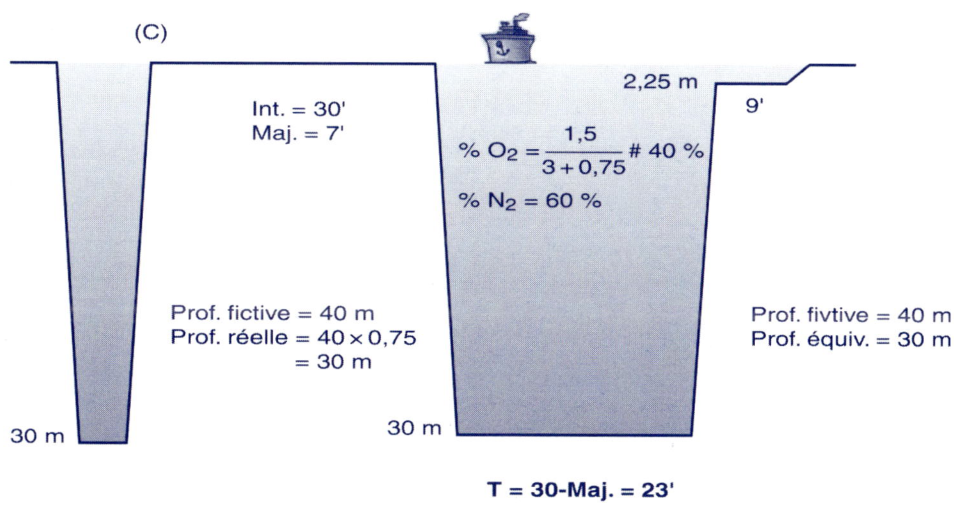

$\% O_2 = \frac{1,5}{3+0,75} \# 40 \%$

$\% N_2 = 60 \%$

Prof. fictive = 40 m
Prof. réelle = 40 × 0,75
= 30 m

Prof. fivtive = 40 m
Prof. équiv. = 30 m

T = 30-Maj. = 23'

Solution n° 75

Pression atmosphérique = 684 mm Hg = 0,9 bar

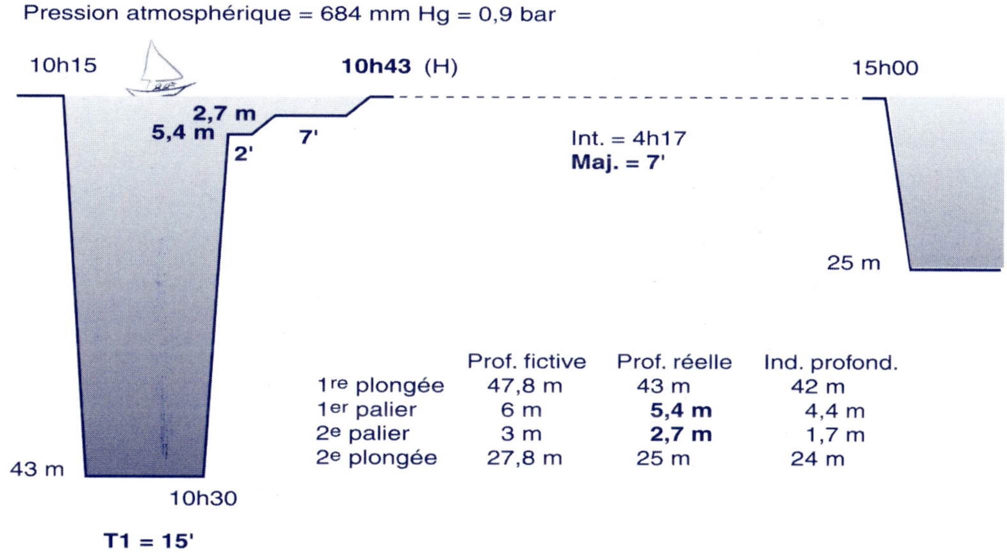

	Prof. fictive	Prof. réelle	Ind. profond.
1re plongée	47,8 m	43 m	42 m
1er palier	6 m	**5,4 m**	4,4 m
2e palier	3 m	**2,7 m**	1,7 m
2e plongée	27,8 m	25 m	24 m

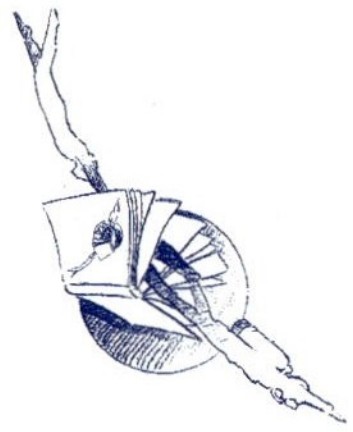

Solution n°76

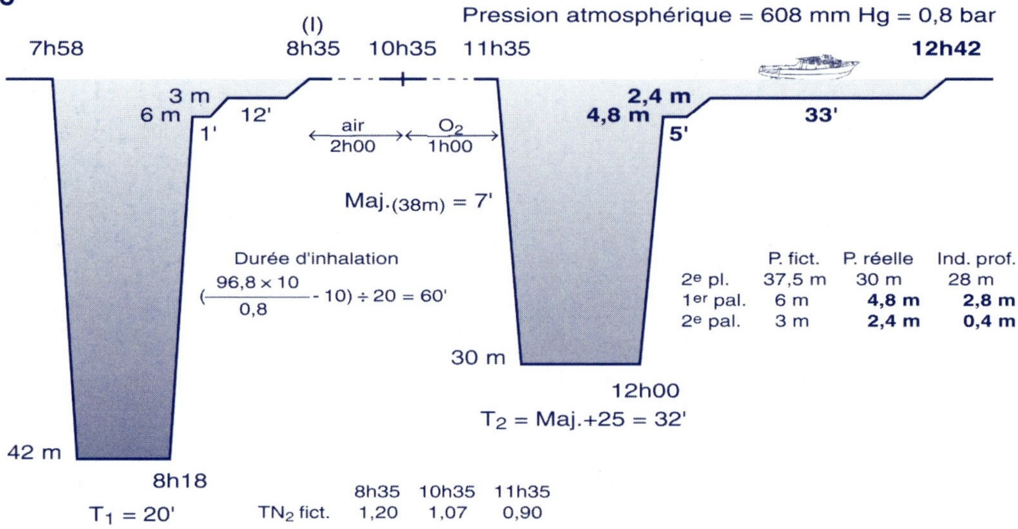

Solution n°77

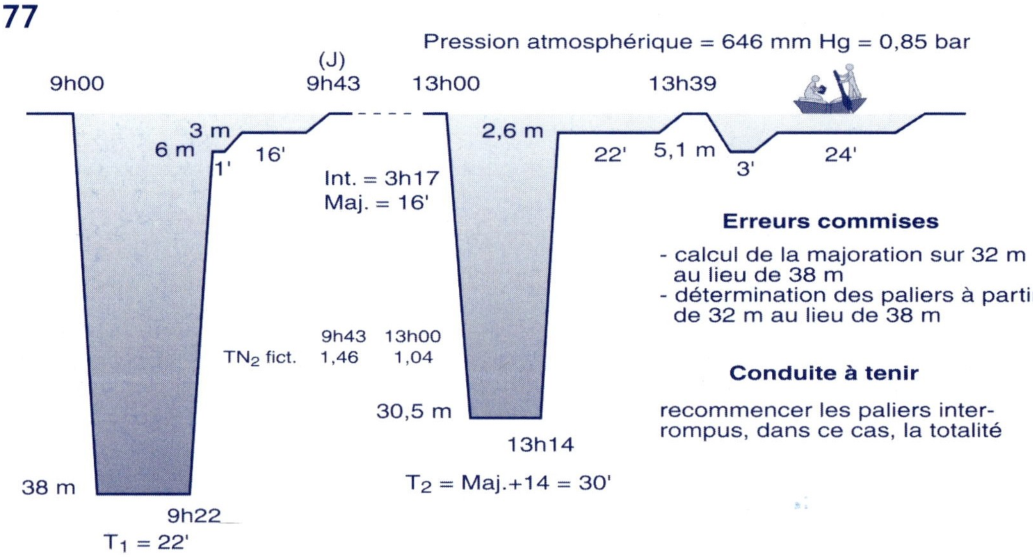

Solution n°78

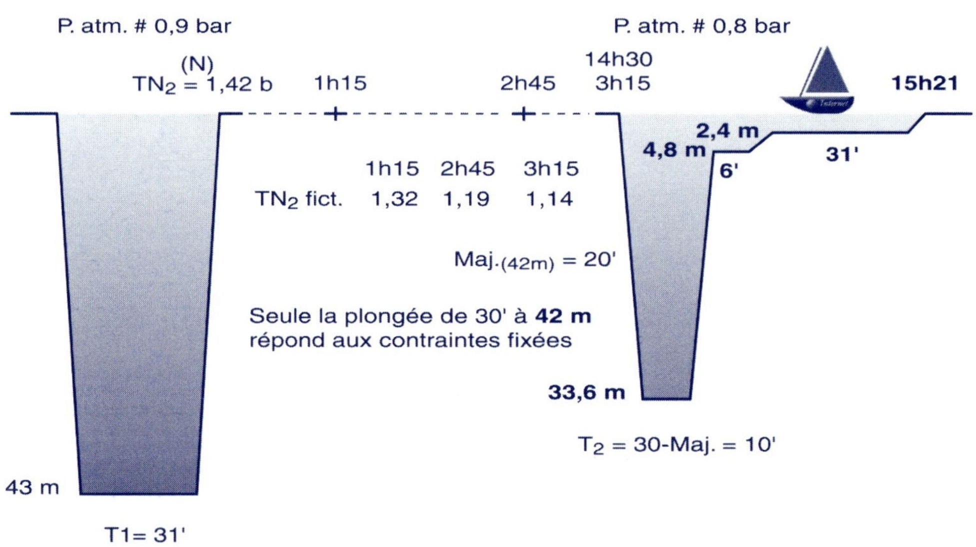

Solution n°79

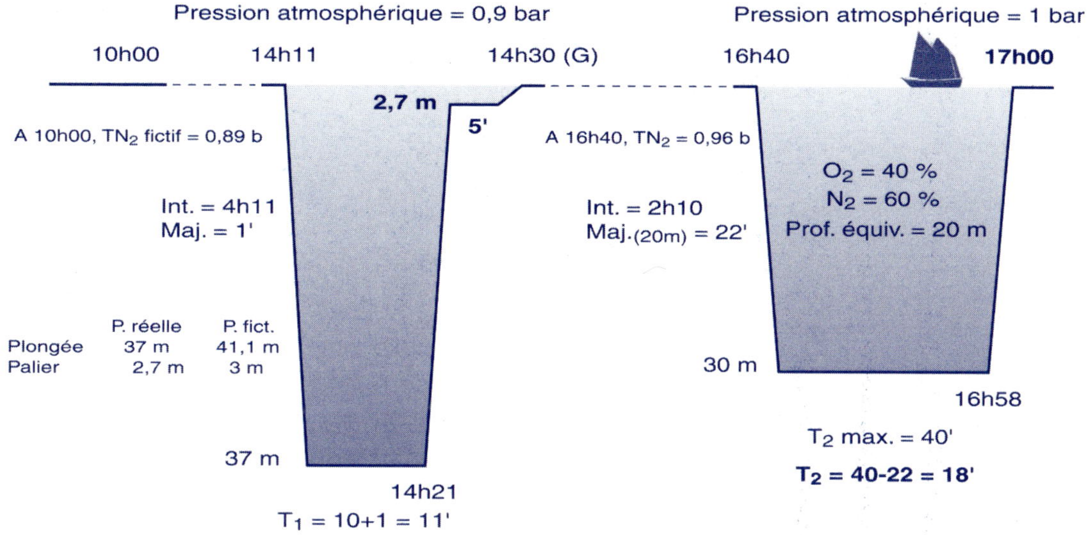

Solution n°80

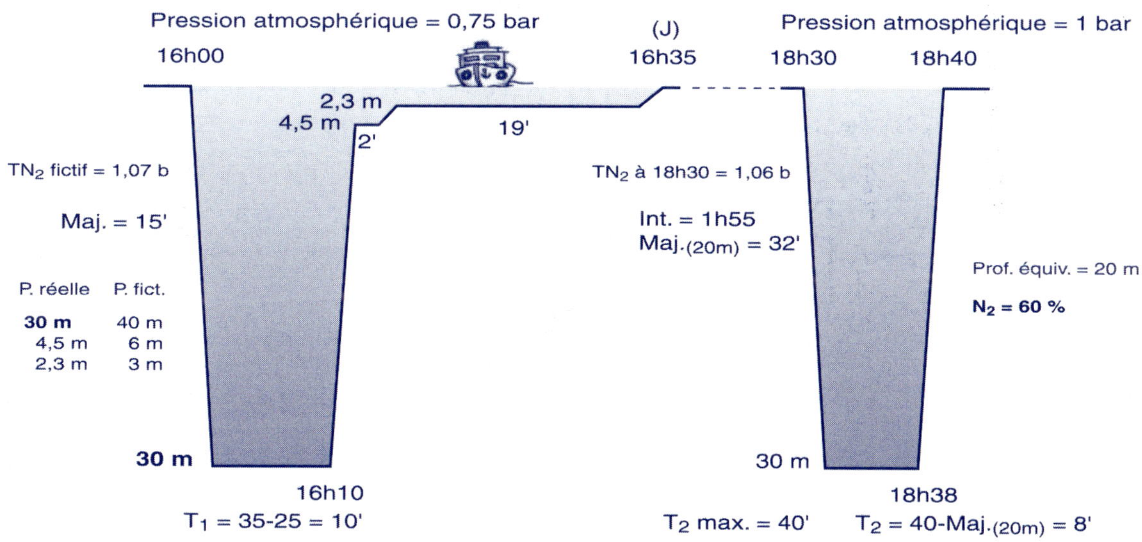

Accidents
questions

L'ensemble des questions se répartit en huit groupes :

- l'accident de décompression .... n° 1 à 8
- les barotraumatismes .... n° 9 à 15
- l'essoufflement .... n° 16 à 21
- la noyade .... n° 22 à 24
- la narcose .... n° 25 & 26
- les accidents de plongée libre .... n° 27 à 29
- le froid .... n° 30
- questions de niveau MF2 .... n° 31 à 40

Question n°1

Quels sont pour l'accident de décompression :
- le mécanisme,
- les causes,
- les symptômes,
- la prévention,
- la conduite à tenir et le traitement ?

Question n°2

Quelles sont les principales précautions à prendre pour renforcer la prévention envers l'accident de décompression ?

Question n°3

Expliquez l'évolution d'un accident de décompression au sein de l'organisme.

Énumérer les traitements qui peuvent être appliqués en indiquant leurs effets.

Question n°4

L'accident de décompression : donnez les règles essentielles de sécurité à respecter sur un bateau transportant des plongeurs, afin de pouvoir intervenir dans les meilleures conditions lorsque cet accident se produit.

Question n°5

La durée d'immersion à 9 mètres est illimitée sans risque d'accident de décompression. Expliquez succinctement pourquoi.

Question n°6

En remontant sur le bateau, un plongeur se plaint d'une fatigue soudaine, accompagnée d'une sensation de froid et de fourmillements dans les membres. Il a du mal à se tenir debout.

A quel type d'accident pensez-vous immédiatement ?

Que faites-vous ?

Question n°7

En expliquant leur rôle, énumérez :
- les facteurs favorisants,
- les facteurs déclenchants,

de l'accident de décompression.

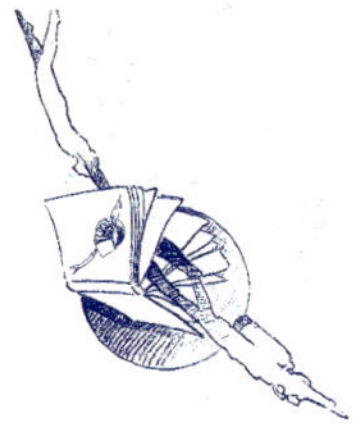

Question n° 8

Le strict respect des procédures de décompression met-il un plongeur à l'abri de tout accident ?

Question n° 9

Quels sont, dans le cas de la surpression pulmonaire :
- les symptômes,
- la conduite à tenir,
- les mesures de prévention ?

Question n° 10

Décrivez, pour l'accident de surpression pulmonaire :
- les mécanismes physique et physiologique,
- les circonstances et les facteurs pouvant provoquer ou favoriser cet accident.

Question n° 11

Comment prévenir la surpression pulmonaire chez le débutant ?

Question n° 12

Au cours d'un exercice technique de remontée au gilet à vitesse contrôlée, un plongeur passe de 40 mètres à la surface en moins d'une minute.

Pris immédiatement d'un grave malaise, il ne peut replonger et il est hissé sur le bateau en votre présence :
- à quels types d'accidents allez-vous penser ?
- quels sont, pour chacun d'entre eux, les symptômes annonciateurs ?
- quel traitement de premier secours appliquez-vous ?

Question n° 13

Citez les barotraumatismes possibles lors des plongées en piscine (profondeur maximale 4 à 5 mètres).

Comment peut-on les prévenir ?

Question n° 14

Quel est, à votre avis, le barotraumatisme le plus grave et pour quelles raisons ?

Quelle catégorie de plongeur est-elle la plus exposée ?

Question n° 15

Quelles sortes de manœuvres connaissez-vous pour équilibrer vos oreilles ?

Expliquez succinctement comment les pratiquer.

Quelle manœuvre est-elle proscrite lors de la remontée et pourquoi ?

Question n° 16

Expliquez, pour l'essoufflement en plongée :
- les causes,
- le mécanisme,
- la conduite à tenir face à un plongeur essoufflé,
- les mesures de prévention.

Quels en sont les signes révélateurs ?

Pourquoi l'essoufflement peut-il être considéré comme un accident grave ?

En quoi le froid constitue-t-il un facteur aggravant de cet accident ?

Question n° 17

Au moyen d'un schéma, expliquez le mécanisme du "cercle vicieux" de l'essoufflement.

Question n° 18

Pourquoi l'essoufflement survenant au-delà de la zone des 40 mètres présente-t-il un danger particulier ?

Quel est, dans ce cas, la conduite à tenir face à un plongeur victime de cet accident et quelles précautions particulières prendrez-vous au cours de la remontée ?

Question n° 19

En vous aidant d'exemples chiffrés et en tenant compte du volume mort anatomique, expliquez la nécessité en plongée d'une ventilation ample et lente.

Question n° 20

Par quel mécanisme le tuba peut-il être à l'origine d'un essoufflement ?

Quels sont les facteurs mis en jeu et quelles caractéristiques un tuba adapté au plongeur doit-il présenter ?

Préciser la façon dont le plongeur doit se ventiler avec un tuba.

Question n°21

A une profondeur de 20 mètres, vous conduisez une palanquée comportant deux plongeurs de niveau I.

Au début de la plongée, l'un d'eux vous fait signe qu'il ne va pas bien. Vous remarquez qu'il palme énergiquement pour rester au même niveau et que de gros chapelets de bulles s'échappent de son détendeur.

Que lui arrive-t-il ?

Qu'est-ce qui peut être la cause la plus probable d'un tel comportement ? Que faites-vous ?

Une fois remonté en surface, il a mal à la tête et il vomit. Après l'avoir aidé à remonter sur le bateau, vous allez devoir décider de la conduite à tenir.

Vers quel accident la situation peut-elle évoluer ? Pourquoi ? Que faites-vous ?

Comment éviter d'être confronté à ce genre de problème ?

Question n°22

Quelle est la différence entre la noyade primaire et la noyade secondaire ?

Quelle est la conduite à tenir face à un noyé ?

Question n°23

Quelles sont les phases successives par lesquelles passe l'accidenté, dans le cas d'une noyade sans perte de connaissance préalable ?

Question n°24

En quoi la noyade en piscine constitue-t-elle la forme la plus grave de cet accident ?

Question n°25

A quoi voyez-vous qu'un plongeur est en état de narcose ?

Que faites-vous dans ce cas ?

Quelles précautions prendrez-vous pour éviter que cela ne se produise parmi les plongeurs de votre palanquée ?

Question n°26

Quels sont, pour la narcose en plongée :
- les causes,
- les symptômes,
- la conduite à tenir face à cet accident ?

Quels en sont les facteurs aggravants ?

Question n°27

Quels sont les mécanismes physiques et physiologiques du “rendez-vous syncopal des 7 mètres” du plongeur en apnée ?

Question n°28

Quels sont les risques encourus par un plongeur en apnée qui pratique une hyperventilation excessive ? Pourquoi ?

Quelles sont les précautions à prendre pour éviter ces risques ?

Question n°29

Le plongeur en apnée peut-il normalement être victime d'un accident de décompression ?

Justifiez votre réponse.

Question n°30

Le froid en plongée :
- ses causes,
- son mécanisme,
- sa prévention.

Qu'est-ce que le confort thermique ?

Quelle est la conduite à tenir face à un plongeur qui a froid ?

Question n°31

Indiquez les éléments de comparaison entre la surpression pulmonaire et l'accident de décompression, sur le plan :
- de la population de plongeurs concernée,
- des symptômes,
- du mécanisme,
- du traitement de premier secours.

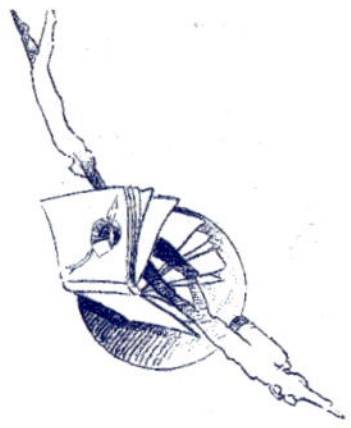

Question n° 32

Quel est le symptôme décisif qui vous permet de différencier un accident de décompression d'une surpression pulmonaire ?

Pourquoi est-il essentiel d'établir cette distinction, en vue des gestes de premier secours que vous allez entreprendre ?

Question n° 33

Analysez les aspects utiles et néfastes de l'oxygène pour le plongeur dans ses différentes activités.

Question n° 34

En quoi l'intoxication par l'oxyde de carbone présente-t-elle un danger particulier en plongée ?

Quelle est la cause de cet accident et comment le prévenir ?

Question n° 35

L'intoxication au gaz carbonique en plongée : quelles en sont les causes et quelle est la conduite à tenir face à cet accident ?

Question n° 36

Donnez la définition de la syncope.

Quelles en sont les causes et les conséquences possibles ?

Question n° 37

Quelle est d'une manière générale la conduite à tenir face à tout accident de plongée ?

Question n° 38

Quel est, à votre avis, le mécanisme d'action des gaz inertes dans la narcose ?

Question n° 39

Les cas de noyade consécutifs à une mauvaise pratique de l'apnée sont fréquents.

Expliquez le processus qui aboutit à la syncope suite à une hyperventilation.

Quels sont les conseils que l'on peut donner en matière de prévention ?

Question n° 40

En incluant dans votre exposé les phénomènes liés à la trompe d'Eustache, expliquez le mécanisme pouvant provoquer un barotraumatisme de l'oreille.

Comment cet accident peut-il évoluer si le plongeur continue sa descente ?

Comment prévenir cet accident ?

L'oreille peut-elle être soumise à d'autres types d'accidents en plongée ? Si oui, lesquels ?

Question n° 41

Citez les principales contre-indications à la pratique de la plongée en scaphandre.

Accidents

réponses

Réponse n° 1

Mécanisme :

à la descente, absorption de l'azote dans les tissus du corps ;

à la remontée, si l'élimination de l'azote des tissus est progressive, le dégazage est contrôlé et les microbulles se résorbent au niveau pulmonaire ;

si le rapport $TN_2/P_{abs.}$ devient trop important, le dégazage est anarchique avec formation de macrobulles dans la circulation artérielle.

Causes :

non-respect des tables de plongée (vitesse de remontée, paliers) ;
condition physique déficiente, fatigue ;
cardiopathies favorisantes non détectées.

Symptômes :

démangeaisons et/ou boursouflures (puces, moutons) ;
fatigue anormale ;
douleurs articulaires ;
troubles sensitifs, de l'équilibre, de la vue ;
paralysies diverses plus ou moins réversibles.

Prévention :

respecter les tables, connaître les problèmes posés par les plongées successives ;
plonger en bonne condition physique et reposé ;
pas de travail intensif au fond (risque d'hypercapnie favorisante) ;
pas d'efforts violents avant et après la plongée ;
attention à la plongée en eau froide, veiller à préserver un certain confort thermique ;
pas de plongée du type "yo-yo" ;
pas de manœuvre de Valsalva lors de la remontée ;
pas d'apnée après une plongée ;
boire après la plongée ;
attention aux voyages en avion consécutifs à une plongée.

Conduite à tenir et traitement :

Aspirine (0,5 g en une seule prise, sauf si allergie connue) ;
eau plate (abondamment), sauf si vomissements ;
inhalation d'oxygène ;
position déclive tête en bas ~ 30° (Trendelenburg) ;
alerter immédiatement les secours ;
transport au caisson le plus proche ⇨ recompression thérapeutique immédiate.

Réponse n° 2

Entrer dans la table avec – soit la profondeur, soit la durée – immédiatement supérieures s'il y a un doute quant à leur valeur.

Inhaler de l'oxygène à la sortie de l'eau.

Voir également la réponse n° 1.

Réponse n° 3

Évolution :

lorsque $TN_2/P_{abs.}$ devient trop important, des microbulles se forment et se rassemblent en bulles plus grosses (phénomène de coalescence) ;

elles grossissent de surcroît lorsque la pression absolue diminue, sous l'effet de la loi de Mariotte ;

les bulles provoquent la formation de manchons dus aux agrégats plaquettaires ⇨ embolie au niveau de la circulation pulmonaire et ralentissement circulatoire en amont de celle-ci ;

certains territoires de l'organisme ne sont plus irrigués ⇨ ischémie (médullaire surtout) ;

des paralysies plus ou moins graves, réversibles ou non, apparaissent.

Traitements	***Effets***
inhalation d'oxygène normobare	accélérer l'élimination de l'azote au niveau des poumons et favoriser le transport de l'oxygène dissous ;
aspirine (sauf si allergie connue)	"fluidifier" le sang et réduire les agrégats plaquettaires ;
eau plate	réhydrater, "fluidifier" le sang ;
recompression thérapeutique	diminuer le volume des bulles pour faciliter la circulation ;
oxygénothérapie hyperbare	mêmes effets que l'oxygène normobare, mais plus prononcés.

Réponse n° 4

Posséder à bord une bouteille d'oxygène avec un masque et une trousse de premier secours.

Disposer d'une VHF en état et savoir l'utiliser.

Réponse n°5

Quelle que soit la durée de l'immersion, les rapports $TN_2/P_{abs.}$ des différents compartiments demeurent tous inférieurs aux valeurs critiques du coefficient Sc à ne pas dépasser.

Réponse n°6

Un accident de décompression.

Appel **SAMU** pour transport au caisson le plus proche. Pendant ce temps :
- réchauffer l'accidenté ;
- inhalation d'oxygène + aspirine (0,5 g) sauf si allergie connue + eau plate ;
- position déclive tête en bas ~ 30° (Trendelenburg) ;
- surveillance permanente.

Réponse n°7

Facteurs favorisants :

☞ fatigue physique ou nerveuse, condition physique déficiente, âge
⇨ le rapport $TN_2/P_{abs.}$ à ne pas dépasser sera dans ce cas plus faible que la normale ;
☞ stress, émotion, froid, travail musculaire
⇨ la tension d'azote sera plus importante que prévu ;
☞ surcharge pondérale, obésité
⇨ affinité particulière des tissus graisseux pour l'azote ;
☞ dépôts lipidiques sur la paroi interne des artères (cholestérol) ;
☞ tabagisme
⇨ la nicotine favorise l'agrégation des plaquettes ;
☞ essoufflement
⇨ effet potentialisateur du gaz carbonique ;
☞ effort physiques avant, pendant et après la plongée ;
☞ antécédents d'accident de décompression ;
☞ toute action capable de provoquer une hyperpression thoracique en plongée (toux, réflexe de vomissement, gonflage du SSG à la bouche) ;
☞ existence d'un foramen ovale perméable (FOP) ;
☞ sujet prédisposé à la formation de bulles circulantes pathogènes.

Facteurs déclenchants :

☞ remontée trop rapide
⇨ le rapport $TN_2/P_{abs.}$ max. sera dépassé pour les compartiments courts ;
☞ absence ou raccourcissement des paliers
⇨ le rapport $TN_2/P_{abs.}$ max. va être dépassé ;
☞ manœuvre de Valsalva à la remontée.

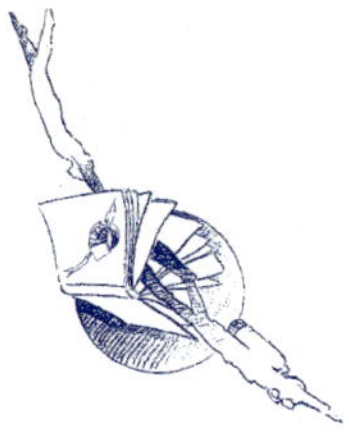

Réponse n°8

Le respect scrupuleux des procédures de décompression ne met pas le plongeur à l'abri de tout accident.

En effet, notre connaissance des paramètres qui régissent cet accident, ainsi que ses mécanismes profonds, de la variabilité entre plongeurs du point de vue de leur sensibilité à l'ADD et de cette variabilité d'un jour à l'autre pour la même personne est encore très imparfaite.
De plus, les tables de décompression utilisées par la FFESSM sont bâties sur un modèle "Haldanien" qui ne décrit pas la réalité de la physiologie humaine et elles ont été élaborées à l'intention d'une population de plongeurs militaires qui n'est pas représentative de l'ensemble des plongeurs sportifs, ni par sa tranche d'âge, ni du point de vue de sa condition physique.

Réponse n°9

Symptômes :

- teint plombé du visage,
- fatigue intense,
- état de choc avec hypotension et tachycardie,
- cyanose et refroidissement des extrémités,
- respiration rapide et difficile (dyspnée),
- douleurs intrathoraciques,
- sensation d'étouffement, d'angoisse,
- toux, crachats hémoptoïques ou spume sanglante,
- troubles sensitifs et neurologiques (crise convulsive),
- vertiges, vomissements,
- éventualité d'un pneumothorax,
- état de choc possible,
- arrêt respiratoire dans les cas graves,
- perte progressive de conscience pouvant conduire au coma.

Conduite à tenir :

- déshabiller, protéger du froid,
- inhalation d'oxygène normobare (insufflation avec prudence),
- position semi-assise si difficultés ventilatoires,
- évacuation vers le caisson le plus proche et recompression d'urgence avec oxygénothérapie hyperbare.

Prévention :

- laisser le libre jeu de l'expiration à la remontée,
- pas de manœuvre de Valsalva en remontant.

Réponse n° 10

Mécanisme :

à la remontée, le volume d'air à l'intérieur des poumons va se détendre (loi de Mariotte). S'il ne peut s'évacuer par la bouche ou le nez, il va y avoir distension, puis déchirement des alvéoles pulmonaires ;

il en résulte un risque élevé d'intrusion d'air dans la circulation sanguine et dans les espaces voisins, c'est-à-dire la plèvre et le médiastin (emphysème), et de formation d'un pneumothorax.

Circonstances et facteurs favorisants :

entrave partielle ou totale de l'expiration lors de la remontée suite à :

- un blocage de la glotte (froid ou peur),
- un blocage volontaire de l'expiration (RSE ou remontée avec bouée),
- une inhalation d'eau,
- l'asthme, une anomalie anatomique (bronches à clapets),
- un détendeur en débit continu (perturbe l'expiration),
- manoœuvre de Valsalva lors de la remontée.

Réponse n° 11

Sensibiliser les débutants à la nécessité d'expirer lors de la remontée.

Conduire un apprentissage et un entraînement à la maîtrise de l'expiration continue lors de la remontée, cela en toutes circonstances.

Réponse n° 12

Surpression pulmonaire et/ou accident de décompression.

Symptômes :

- **surpression** ⇨ fatigue, douleurs thoraciques, respiration difficile, toux, vertiges, arrêt respiratoire dans les cas graves,

- **accident de décompression** ⇨ fatigue anormale, fourmillements troubles sensitifs, paralysies diverses plus ou moins réversibles.

Traitement :

- insufflation d 'oxygène et transport au caisson le plus proche,
- aspirine (0,5 g) + eau plate.

Réponse n° 13

- placage du masque ⇨ souffler par le nez,
- oreilles ⇨ équilibrer,
- surpression pulmonaire ⇨ expirer à la remontée.

Réponse n° 14

La surpression pulmonaire ⇨ seul accident mécanique comportant un risque mortel, souvent associé à l'accident de décompression.

Les plongeurs débutants.

Réponse n° 15

Déglutition :

avaler sa salive (très facile, non traumatisant pour les tympans).

Manœuvre de Valsalva :

méthode très souvent utilisée, qui consiste à souffler nez pincé et bouche fermée pour empêcher l'air de sortir et qui permet d'insuffler de l'air dans l'oreille moyenne via la trompe d'Eustache ;

elle peut être traumatisante pour les tympans si elle est effectuée avec brutalité.

Ne jamais pratiquer la manœuvre de Valsalva pendant la remontée car il existe un risque de :

- barotraumatisme de l'oreille interne et externe (tympan),
- surpression pulmonaire,
- déclenchement d'un accident de décompression.

Béance tubaire volontaire (BTV) :

positionner les muscles du voile et du pharynx en posture d'ouverture tubaire, nez libéré, glotte ouverte, respiration libre ;

manoœuvre très difficile qui nécessite des trompes bien rectilignes.

Bâillement :

simulation bouche fermée (non traumatisant pour les tympans).

Manœuvre de Frenzel :

coup de piston lingual vers l'arrière (manœuvre peu connue).

Réponse n° 16

Causes :

augmentation de la P_pCO_2 suite à :
- un effort excessif,
- une ventilation inefficace,
- une protection insuffisante contre le froid,
- un détendeur mal réglé,
- une réserve tirée tardivement,
- un air pollué,
- un réflexe de panique.

Mécanisme :

si P_pCO_2 augmente ⇨ accroissement du rythme ventilatoire par réaction des chémorécepteurs et du système nerveux ;

si l'élimination du gaz carbonique n'est pas efficace, augmentation du rythme ventilatoire et diminution de l'amplitude ⇨ hypercapnie ⇨ cercle vicieux de l'essoufflement ;

ventilation de plus en plus inefficace ⇨ les échanges gazeux diminuent et P_pCO_2 augmente ⇨ apparition de troubles physiologiques plus ou moins graves.

Conduite à tenir :

pour diminuer la P_pCO_2, remonter immédiatement l'accidenté en maintenant le détendeur en bouche après avoir tiré sa réserve ;

vérifier au cours de la remontée que la ventilation reprend une amplitude et un rythme normaux, stopper la plongée.

Prévention :

pas d'effort intense au fond, contrôler sa ventilation, se protéger du froid ; utiliser un détendeur correctement réglé, tirer sa réserve à temps, gonflage des bouteilles avec de l'air non vicié, garder son calme.

Signes révélateurs :

accroissement du rythme ventilatoire avec diminution de l'amplitude ventilatoire, signes visibles en plongée par une émission importante de bulles ;

l'essoufflement peut conduire à la noyade si l'accidenté perd conscience suite à une syncope ou à une inhalation d'eau par abandon du détendeur ;

l'essoufflement est en outre potentialisateur de l'accident de décompression, ainsi que de la narcose s'il survient à grande profondeur (accroissement de la P_pCO_2) ;

si le plongeur a froid, l'organisme accroît sa production de chaleur, ainsi que sa consommation d'oxygène et sa production de gaz carbonique, se met en hyperventilation (plus ou moins efficace), d'où aggravation du phénomène d'hypercapnie.

Réponse n°17

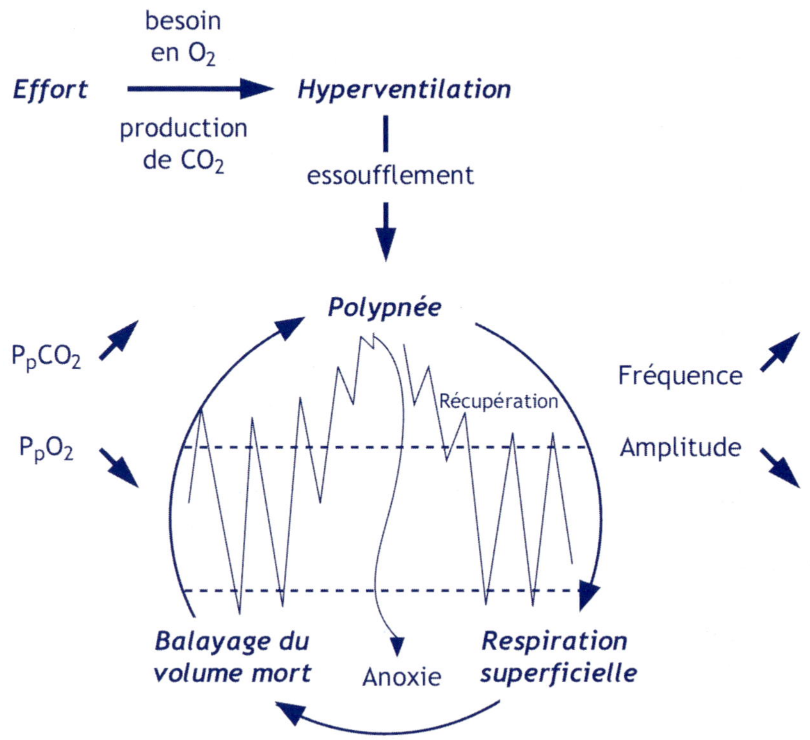

Réponse n°18

En raison d'une $P_{abs.}$ importante, la P_pCO_2 est élevée et l'élimination du gaz carbonique est freinée par la gêne ventilatoire résultant de l'augmentation de la masse spécifique de l'air respiré. Le coût énergétique ventilatoire est accru, produisant ainsi une quantité supplémentaire de gaz carbonique.

L'essoufflement évoluera très rapidement et deviendra donc difficilement contrôlable.

Conduite à tenir :

remonter immédiatement l'accidenté pour diminuer la P_pCO_2, tout en maintenant en bouche le détendeur après avoir tiré sa réserve ;

vérifier au cours de la remontée que la ventilation reprend une amplitude et un rythme normaux ;

dans tous les cas, stopper la plongée.

Réponse n°19

Désignons par :

- VC le volume courant (litres),
- F la fréquence ventilatoire (cycles/min.),
- VM le volume mort anatomique (litres),
- VT la ventilation totale (litres/min.),
- VA la ventilation alvéolaire (litres/min.).

On peut écrire : VT = VC × F et VA = (VC-VM) × F

A ventilation totale constante (8 litres/min. par exemple), on peut construire le tableau ci-dessous, en prenant pour VM une valeur moyenne égale à 0,2 litre.

VT (litres/min.)	F (cycles/min.)	VC (litres)	VC-VM (litres)	VA (litres/min.)
8	8	1	0,80	6,4
8	16	0,50	0,30	4,8
8	32	0,25	0,05	1,6
8	40	0,20	0	0

A ventilation totale constante, la ventilation alvéolaire est maximale lorsque l'amplitude ventilatoire est maximale et la fréquence minimale. Les échanges gazeux alvéolaires sont alors les plus efficaces.

Si le volume courant est égal au volume mort, la ventilation alvéolaire est nulle (balayage de volume mort, aucun échange gazeux).

Réponse n° 20

Mécanisme :

le volume interne du tuba (0,15 litre environ) s'ajoute au volume mort anatomique en doublant sa valeur, la fraction du volume courant disponible pour les échanges gazeux alvéolaires est ainsi diminuée, d'où accroissement du risque d'essoufflement, surtout en cas de ventilation superficielle ;

de plus, la résistance au passage de l'air dans le tuba augmente l'effort ventilatoire.

Facteurs :

- la longueur
  Un tuba long réduit le risque d'entrée d'eau intempestive, mais accroît le volume mort, ainsi que la résistance au passage de l'air.
  Un tuba court atténue ces deux inconvénients, mais accroît le risque d'entrée d'eau, surtout si la surface est agitée.
- le diamètre
  Trop gros, il réduit la résistance au passage de l'air, mais il augmente le volume mort.
  Trop faible, il provoque un effet contraire.
- la forme
  Simple et rectiligne, elle réduit la résistance au passage de l'air.
  Complexe et tourmentée, elle accroît cette résistance.

Caractéristiques d'un tuba adapté :

volume interne aussi réduit que possible, compatible avec une longueur suffisante et une résistance au passage de l'air la plus faible (recherche d'un compromis) ;

forme la plus simple, sans artifice inutile (coude, soupape, ...).

Comment se ventiler :

Pratiquer une ventilation ample et lente, avec une expiration active afin d'améliorer la ventilation alvéolaire.

Réponse n°21

Il s'agit d'un essoufflement.

La cause première est un lestage excessif, qui peut être aggravée par un palmage inefficace.

Lui demander de cesser tout mouvement, baisser sa réserve, l'aider à reprendre le contrôle de sa ventilation, puis le remonter avec le reste de la palanquée en respectant la vitesse de 15 à 17 mètres/minute et en lui maintenant son détendeur en bouche. Si l'essoufflement est calmé à 3 mètres, effectuer avec lui un palier de sécurité.
Cet accident peut évoluer vers un accident de décompression, car celui-ci est favorisé par une hypercapnie (effet potentialisateur du gaz carbonique).

A titre préventif, et en l'absence de vomissements, lui faire prendre de l'aspirine avec de l'eau plate et le placer sous oxygène.

Si le bilan révèle des symptômes d'un accident de décompression, prévenir les secours et rentrer au port dans les délais les plus brefs.

Contrôler le lestage des plongeurs, observer leur palmage et leur consommation (quantité de bulles à l'expiration).

Réponse n°22

Noyade primaire :

inhalation d'eau due à différentes causes.

Noyade secondaire :

suite à une syncope ou à une perte de connaissance dans l'eau, l'inhalation d'eau se produit au moment de la reprise ventilatoire ; la noyade est dans ce cas une conséquence.

Conduite à tenir :

- sortir la victime de l'eau,
- prévenir les secours,
- procéder à un bilan,
- bouche à bouche si la ventilation est arrêtée,
- insuffler de l'oxygène,
- MCE associé à la ventilation artificielle si le pouls n'est pas perçu,
- répéter le bilan régulièrement,
- poursuivre sans interruption jusqu'à l'arrivée des secours spécialisés.

Réponse n° 23

On peut distinguer cinq phases successives.

1) Blocage réflexe de la ventilation par fermeture de la glotte. Cette inhibition s'accompagne d'une bradycardie et d'une hypotension artérielle. Elle est suivie d'une perte de connaissance provoquée par une anoxie cérébrale.

2) Polypnée anarchique provoquée par l'hypercapnie, avec inondation broncho-alvéolaire (phase de noyade proprement dite). On observe un phénomène de tachycardie.

3) Anoxie tissulaire progressive avec arrêt ventilatoire.
Le cœur continue à battre pendant 2 à 10 minutes.
Le corps est animé de convulsions.

4) Arrêt cardiaque réversible.

5) Arrêt cardiaque irréversible.

Réponse n° 24

La présence de produits chlorés oxydants (chlore ou eau de Javel) aggrave la destruction du surfactant, ce qui accroît les risques d'infection pulmonaire.

Réponse n° 25

Détection :

- réponse aux signes tardive, voire inexistante,
- regard fixe dans le masque,
- ordres mal ou non exécutés,
- désintéressement envers l'environnement,
- endormissement plus ou moins rapide.

Action :

- remonter immédiatement le sujet jusqu'à disparition des symptômes,
- stopper la plongée.

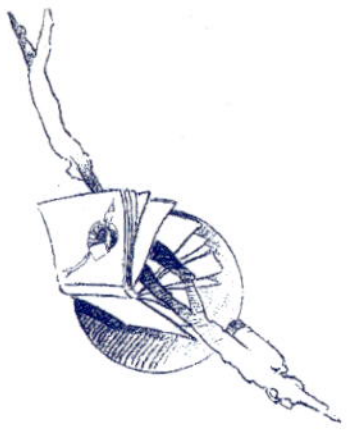

Précautions :

- ne plonger qu'en condition physique satisfaisante,
- rester en deçà de la profondeur de 40 mètres pour des plongeurs non chevronnés,
- éviter les descentes dans le bleu avec des débutants,
- proscrire toute absorption d'alcool avant la plongée.

Réponse n°26

Causes :

Résulte d'une augmentation de P_pN_2 (possible dès 3 bars).
Apparaît le plus fréquemment au-delà de la profondeur de 40 mètres.

Symptômes (variables selon les sujets) :

- tendance euphorique plus ou moins marquée,
- troubles du comportement,
- baisse de l'attention,
- perte de la mémoire immédiate,
- viscosité mentale,
- fuite des idées,
- lenteur des réactions aux signes et des réflexes,
- désintéressement envers l'environnement,
- accentuation du dialogue intérieur,
- troubles de l'orientation,
- troubles de l'équilibre et de la vision,
- lecture des instruments difficile, voire impossible,
- sensation de lévitation,
- impression de rotation du fond, de pulsation interne,
- modification de la notion subjective de temps,
- incoordination motrice,
- troubles de l'humeur (euphorie ou état anxieux),
- diminution de la sensibilité à la douleur.

La baisse de P_pN_2 fait disparaître le phénomène sans séquelle, donc remonter immédiatement, voire stopper la plongée.

Facteurs aggravants :

- inexpérience,
- fatigue,
- absorption d'alcool avant la plongée,
- descente trop rapide,
- absence de repères visuels (dans le bleu),
- hypercapnie (essoufflement).

Réponse n°27

Avant l'apnée :

- une hyperventilation poussée fait baisser la P_pCO_2 dans les alvéoles et dans le sang (hypocapnie).

A la descente :

- la $P_{abs.}$ augmente,
- la P_pO_2 alvéolaire augmente, ainsi que celle du sang (dans une moindre mesure cependant).

Au fond :

- consommation d'oxygène et production de gaz carbonique,
- sensation de confort respiratoire résultant de l'hyperventilation pratiquée avant l'apnée et de l'augmentation de la P_pO_2.

A la remontée :

- la P_pO_2 alvéolaire baisse dans le rapport de 1 à 6 (consommation d'oxygène et effets de la loi de Mariotte),
- la P_pCO_2 alvéolaire varie peu en fonction de la profondeur,
- l'hyperextension de la tête (pour regarder la surface), qui provoque l'étirement des sinus carotidiens, réduirait l'irrigation du cerveau,
- entre -10 mètres et -5 mètres, la P_pO_2 devient suffisamment faible pour déclencher une syncope anoxique, cause de noyade secondaire.

Réponse n°28

Risque de syncope.

L'hypocapnie est telle que rien n'oblige le sujet à reprendre sa respiration (les centres nerveux ne sont pas excités par les chémorécepteurs sensibles à la P_pCO_2 dans le sang).

Il s'ensuit une hypoxie pouvant conduire à la syncope.

Précautions :

durée d'hyperventilation égale au tiers du temps au bout duquel une hyperventilation poussée fait apparaître des troubles physiologiques ou un malaise (règle du “tiers temps” du docteur SCIARLI).

Réponse n°29

Normalement non : le plongeur ne respirant pas de l'air à la pression ambiante, les échanges gazeux sont faibles et il ne peut y avoir de dissolution importante d'azote dans l'organisme.

Exception : des apnées profondes et répétées, telles que celles qui sont pratiquées par les pêcheurs de nacres et de perles de l'Océanie, peuvent conduire à des troubles articulaires et neurologiques (taravana).

Réponse n° 30

Causes :

- eau très froide,
- immobilité du plongeur,
- protection thermique insuffisante,
- profondeur (combinaison moins épaisse),
- fatigue (réactions de l'organisme atténuées),
- alimentation mal équilibrée.

Mécanisme :

chair de poule ⇨ frissons ⇨ hyperventilation ⇨ essoufflement.

Prévention :

- bonne forme physique,
- vêtements isothermiques adaptés,
- séjour bref dans de l'eau très froide,
- arrêter la plongée dès l'apparition des premiers symptômes,
- proscrire l'absorption d'alcool avant la plongée,
- absorber des sucres lents (céréales, pain, pâtes, pommes de terre) et des graisses avant de plonger.

Confort thermique :

la production interne de chaleur (métabolisme, activité musculaire) est suffisante pour compenser les pertes thermiques et éviter au plongeur la sensation de froid.

Conduite à tenir :

interrompre la plongée.

Réponse n° 31

	Décompression	*Surpression*
Population	Plongeur confirmé	Plongeur débutant
Symptômes	Souvent à retardement. Fatigue, anxiété, troubles sensitifs et de l'équilibre.	Immédiats, dès la sortie de l'eau. Fatigue intense, état de choc, ventilation difficile, douleurs thoraciques, possibilité de crachats sanglants.
Mécanisme	Arrêt de l'irrigation de certaines parties du corps résultant de bulles d'azote dans la circulation artérielle.	Distension, voire éclatement des alvéoles par augmentation excessive du volume de l'air dans les poumons.
Traitement	Inhalation d'oxygène. Eau + aspirine. Position de Trendelenburg	Inhalation d'oxygène, voire insufflation si la ventilation de l'accidenté est défaillante. Position semi-assise si troubles ventilatoires.

Dans tous les cas, évacuation d'urgence vers un centre hyperbare.

Réponse n° 32

Douleurs intrathoraciques rétrosternales et difficultés respiratoires dans le cas de la surpression, éventuellement spume sanglante (symptômes immédiats).

En cas de surpression, si des troubles respiratoires sont constatés, position semi-assise et assistance ventilatoire (oxygène en insufflation).

Réponse n° 33

O_2 utile :

- raccourcissement des paliers de 6 mètres et 3 mètres,
- diminution rapide de la tension d'azote entre deux plongées,
- utilisation thérapeutique suite à une surpression pulmonaire, un accident de décompression ou une noyade.

O_2 néfaste :

- accidents toxiques.

  ☞ Effet **Paul Bert** : crise convulsive de type épileptique, totalement réversible et qui disparaît sans séquelle dès que la P_pO_2 diminue (limite de toxicité : P_pO_2 = 1,6 bar). Risque de noyade pendant la crise.

  ☞ Effet **Lorrain-Smith** : détresse respiratoire s'accompagnant d'un œdème pulmonaire (improbable en plongée sportive, car il suppose un temps d'inhalation très important).

Réponse n° 34

L'oxyde de carbone forme avec l'hémoglobine du sang un composé très stable : la carboxyhémoglobine.

Le transport de l'oxygène et du gaz carbonique par l'hémoglobine est bloqué, d'où résultent anoxie et hypercapnie tissulaires.

L'intoxication n'est due qu'à la mauvaise qualité de l'air de remplissage des bouteilles (gaz d'échappement émis par le moteur thermique qui entraîne le compresseur).

Donc, positionner la prise d'air du compresseur en amont du moteur par rapport au sens du vent et le plus loin possible.

Réponse n° 35

Causes :

la P_pCO_2 élevée peut être due à :

- une cause exogène accidentelle ⇨ air pollué,
- une cause endogène métabolique ⇨ production importante de gaz carbonique par l'organisme suite à un effort excessif en intensité et/ou en durée.

Conduite à tenir :

- réduire par tous les moyens la P_pCO_2,
- diminuer la pression absolue donc remonter,
- privilégier une ventilation ample et lente,
- expirer profondément,
- stopper la plongée.

Réponse n° 36

Syncope : diminution ou arrêt brusque et réversible, de courte durée, des fonctions circulatoire et ventilatoire accompagnée d'une perte de connaissance brève ; cette perte de connaissance, complète et brutale, est consécutive à une anoxie cérébrale et elle s'accompagne d'une pâleur extrême.

Causes :

- intrusion d'eau dans les voies aériennes supérieures,
- choc traumatique (tête, thorax, dos),
- vertiges alternobariques,
- rupture du tympan,
- essoufflement,
- syncope hypercapnique,
- syncope anoxique,
- panique.

Conséquences :

- noyade par inondation des poumons au moment de la reprise ventilatoire.

Réponse n° 37

La mise en œuvre des secours doit si possible être effectuée par deux personnes au moins :
- l'une prévient les secours,
- l'autre intervient sur l'accidenté.

Prévenir les secours (par VHF canal 16 selon la procédure) :

- prévenir le CROSS concerné (CROSSMA , CROSSA, CROSMED),
- s'identifier (nom du bateau),
- signaler l'accident en indiquant le degré de gravité estimé,
- demander que l'on prévienne les pompiers et le SAMU local,
- demander la mise en alerte du caisson le plus proche,
- préciser le lieu et l'heure d'arrivée vers le port choisi.

Fiche d'évacuation :

- noter soigneusement les paramètres de la plongée (durée, profondeur, heure de sortie, composition de la palanquée, etc.), ainsi que les circonstances de l'accident.

Recommandations :

- ne jamais réimmerger un accidenté,
- poursuivre le traitement de premier secours, même en cas de doute, d'atténuation ou de disparition des symptômes,
- faire examiner les autres plongeurs de la palanquée par le médecin du caisson, qui décidera de la conduite à tenir.

Réponse n° 38

L'effet physiologique des gaz dits physiologiquement inertes (xénon, argon, azote, néon, hélium, hydrogène), inhalés sous une pression partielle élevée, se situe au niveau du système nerveux central.

Les théories les plus récentes invoquent des mécanismes portant sur la cellule nerveuse. En se dissolvant dans les lipides qui constituent les membranes des neurones, le gaz inerte provoquerait des modifications de leur perméabilité d'où il résulterait une perturbation des échanges locaux en oxygène et en gaz carbonique. La narcose serait alors provoquée par une altération de la transmission des influx nerveux.

Il semble également que les propriétés narcotiques des gaz inertes soient fonction de leurs propriétés physiques, en particulier de leur poids moléculaire et de leurs coefficients de solubilité respectifs dans l'huile et dans l'eau.

Le tableau ci-dessous récapitule les propriétés physiques de quelques gaz :

Gaz	argon	azote	hélium	hydrogène
masse molaire	39,94	28,02	4,00	2,02
coef. de partage huile/eau	4,0	3,5	1,7	2,3
pouvoir narcotique/N_2	1,7	1	$< 0,07$	0,26

Réponse n° 39

L'hyperventilation va provoquer chez le plongeur une diminution de la pression partielle de gaz carbonique dans l'air alvéolaire. Cette diminution sera d'autant plus importante que l'hyperventilation sera poussée.

Valeurs de la P_pCO_2 de l'air alvéolaire :

- sans hyperventilation : 0,05 bar,
- avec hyperventilation normale : 0,03 bar,
- avec hyperventilation poussée : 0,015 bar.

Malgré l'augmentation de la P_pCO_2 de l'air alvéolaire due à l'augmentation de la pression absolue, d'une part, et à la production endogène du plongeur, d'autre part, la "soif d'air" est tellement retardée que, lorsqu'elle survient et que le plongeur décide de remonter, la chute brutale de la P_pO_2 (résultant de la diminution de la pression absolue) est suffisante pour provoquer une syncope anoxique.

Règles simples permettant la pratique de l'apnée en toute sécurité :

- hyperventiler modérément, respecter la règle du "tiers temps" énoncé par le docteur SCIARLI,
- remonter à vitesse modérée, sans effort musculaire,
- limiter la durée de chaque apnée (90 secondes environ) et ventiler plusieurs minutes en surface entre deux apnées,
- pratiquer l'apnée en binôme.

Réponse n°40

Au moment où le plongeur commence sa descente, la pression dans l'oreille moyenne est égale à celle qui règne en surface.

Au fur et à mesure que la pression absolue ambiante augmente, le tympan va se déformer si le plongeur n'équilibre pas ses oreilles jusqu'à obtenir l'équipression avec le milieu ambiant. Cette équipression est permise par le jeu de la trompe d'Eustache qui relie le rhinopharynx et la caisse du tympan.

Pour que l'air inspiré (à la pression ambiante) se transmette à l'oreille moyenne, il faut une trompe d'Eustache perméable. Cette perméabilité peut être physiologiquement spontanée (cas assez peu fréquent) ou être provoquée volontairement par la déglutition, ou par l'intermédiaire d'une méthode active telle que Valsalva, Frenzel ou BTV.

Si, pour une raison quelconque, l'équipression avec le milieu ambiant ne s'opère pas et si le plongeur continue sa descente, la différence de pression entre l'eau ambiante et l'air contenu dans la caisse du tympan peut provoquer la rupture du tympan.

Si la plongée se poursuit, le plongeur pourra être atteint de vertiges de type alternobarique. Ces vertiges peuvent provoquer une syncope, à l'origine d'une noyade.

L'oreille peut également être soumise à des accidents dits "vestibulaires", accidents de décompression qui surviennent lors de la remontée d'une plongée de durée et de profondeur variables, comportant de surcroît un refroidissement au fond ou au palier.

A la sortie de l'eau, le plongeur présente des vertiges, des nausées avec vomissements et des troubles visuels. Ne pas confondre avec un banal "mal de mer".

Réponse n° 41

Origine	*Temporaires*	*Définitives*
Pulmonaire	• abcès pulmonaire	• asthme (sauf pour l'apnée) • tumeurs pulmonaires ou pleurales • bronchite chronique obstructive • emphysème • bronche à clapet • pneumothorax, pneumomédiastin
Cardiovasculaire	• hypertension inhabituelle des sujets surentraînés ou fatigués • hypertension comprise entre 14/9 et 16/10 (en cm de Hg) • bradycardie importante (l'électrocardiogramme doit être normal à l'effort)	• artérite des membres inférieurs • valvulopathies (maladie des valves cardiaques) • cardiomyopathies et coronaropathies connues • insuffisance cardiaque, rétrécissement mitral • communication interauriculaire • anévrysme artériel • port d'un stimulateur cardiaque • cardiopathies congénitales
Neurologique	• syndrome dépressif non traité • état extrème d'anxiété	• épilepsie, même traitée • éthylisme
ORL	• perforation tympanique • obstruction tubaire	• otites chroniques supurées • laryngocèle
Ophtalmologique	• conjonctivites	• luxation du cristallin • décollement ou hémorragie de la rétine
Dentaire	• carie dentaire	
Appareil locomoteur	• fracture osseuse	
Autres	• traumatisme crânien récent • intervention chirurgicale récente • ADD léger sans séquelle • grossesse • suspicion de perméabilité du foramen ovale	• allergie au froid • ADD grave ou avec séquelle • ADD non expliqué • FOP mis en évidence de manière formelle

Physiologie
questions

L'ensemble des questions se répartit en six groupes :

Question n°1

Donnez la définition de la ventilation pulmonaire.

Citez les principales parties du corps humain qui interviennent mécaniquement dans cette fonction.

Quelle est la différence essentielle entre la la ventilation et la respiration ?

Question n°2

Quels sont les différences et les points communs entre l'inspiration et l'expiration ?

Question n°3

Indiquez la répartition des différents volumes pulmonaires.

Quelle est la valeur moyenne de la fréquence ventilatoire chez un adulte ?

Comment évoluent le volume courant et la fréquence ventilatoire en plongée ?

Question n°4

Indiquez la teneur moyenne en pourcentage des principaux gaz :
- dans l'air inspiré,
- dans l'air expiré.

Question n°5

Donnez la définition du “volume mort anatomique” et indiquez par quoi il est constitué.

Quelle est sa valeur ?

Quel rôle joue-t-il dans le mécanisme de l'essoufflement ?

Qu'est-ce qui peut s'ajouter à ce “volume mort anatomique” et favoriser ainsi l'essoufflement du plongeur ?

Question n°6

Complétez par les annotations convenables ce schéma muet du système ventilatoire.

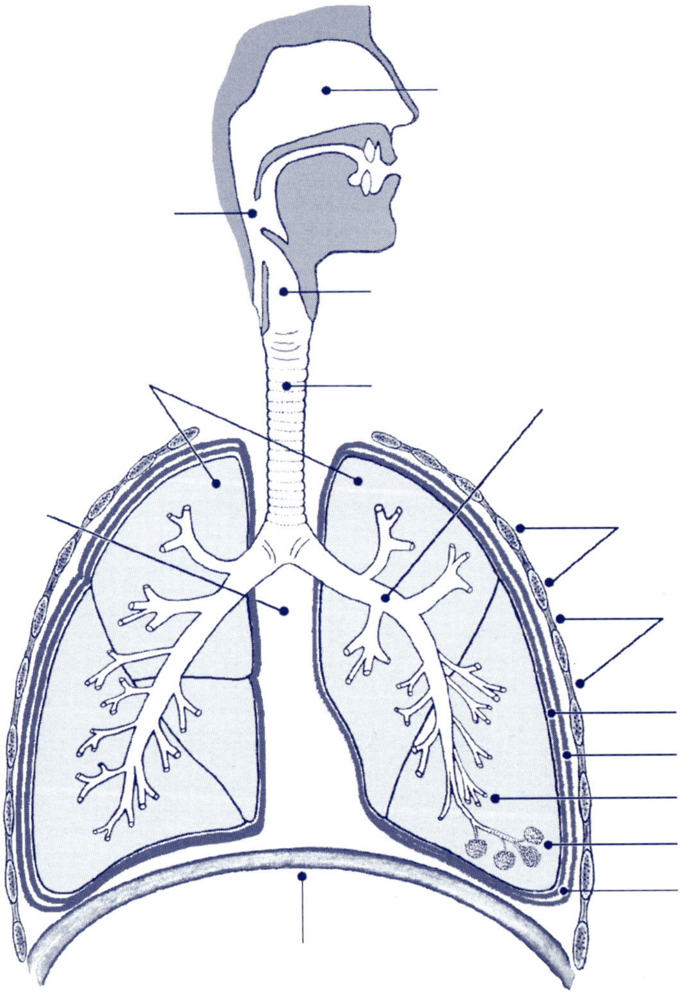

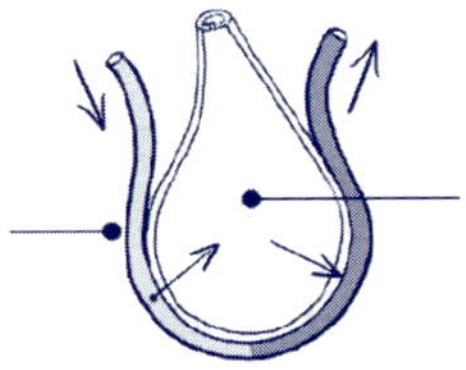

Décrivez les mouvements de la mécanique ventilatoire courante.

Précisez la fréquence et le débit ventilatoires d'un plongeur au repos.

Qu'est-ce que la plèvre et quel est son rôle ?

Question n°7

Qu'est-ce que le surfactant et quel est son rôle ?

Quel type d'accident peut-il en altérer l'efficacité ?

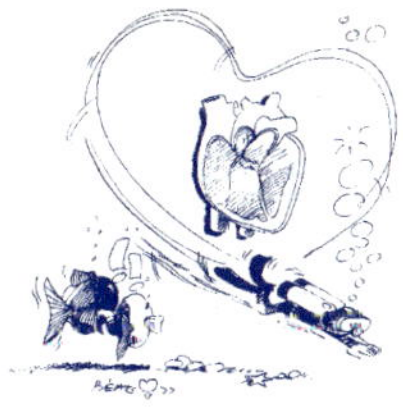

Question n°8

De quelle façon les appareils ventilatoire et circulatoire interviennent-ils dans le mécanisme des accidents de plongée en scaphandre autonome : surpression pulmonaire, accident de décompression, essoufflement, narcose ?

Question n°9

Expliquer en quoi consiste l'hyperventilation et quel est son intérêt pour préparer une apnée.

Quels en sont les risques ?

Question n°10

Complétez par les annotations convenables ce schéma muet du cœur en indiquant le sens de circulation du sang d'une cavité à l'autre.

Décrivez son fonctionnement.

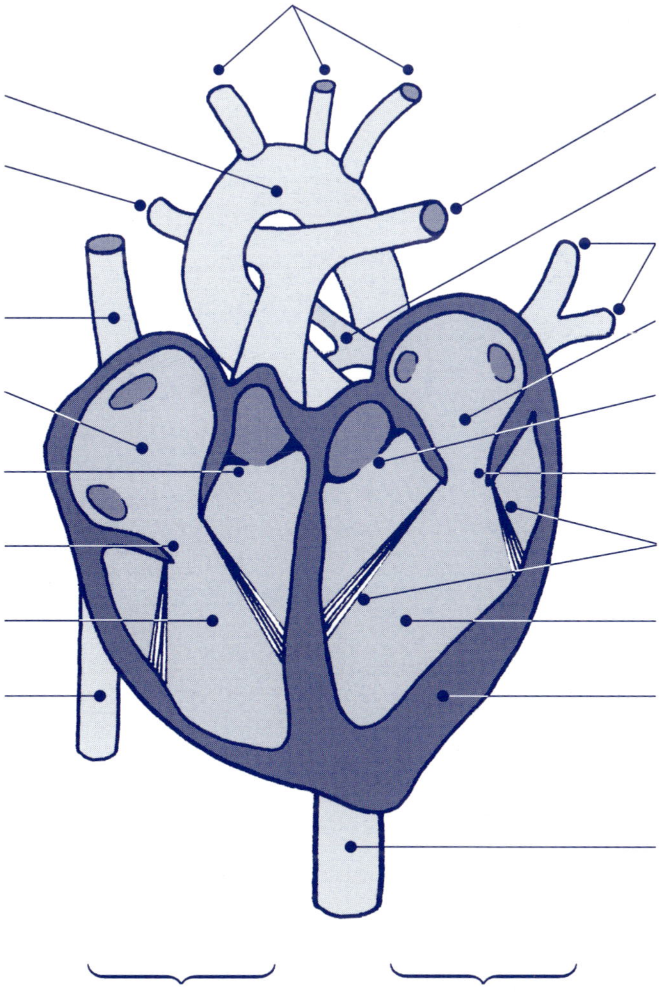

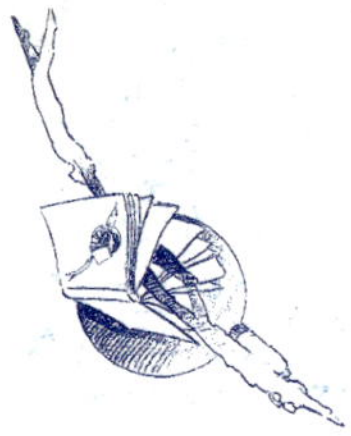

Question n° 11

Faites un schéma fonctionnel et annoté de la circulation sanguine, en indiquant le trajet suivi par le sang dans les principaux vaisseaux.

Qu'est-ce qui différencie les veines des artères ?

Question n° 12

Outre la fonction du sang, indiquez :
- son volume et sa composition,
- le rôle de ses principaux constituants.

Question n° 13

A l'aide d'un schéma simplifié, donnez une représentation des échanges gazeux nécessaires à la vie.

Quel est le rôle joué par le sang dans ces échanges ?

Question n° 14

Dans les échanges gazeux, décrivez :
- le principe général,
- l'étape alvéolaire,
- l'étape tissulaire.

Quel est le rôle joué par l'azote ?

Question n° 15

En vous aidant d'une représentation schématique, illustrez les échanges gazeux dans les étapes alvéolaire et tissulaire en indiquant à chaque stade les valeurs des pressions partielles d'oxygène et de gaz carbonique.

Au cours des étapes alvéolaire et tissulaire des échanges gazeux, on remarque que les variations de tension sont nettement moins importantes pour le gaz carbonique que dans le cas de l'oxygène. Quelle en est la raison ?

Question n° 16

Expliquez le mécanisme des échanges gazeux dans l'organisme en situation normale (hors de l'eau).

En quoi ce mécanisme subit-il des modifications en plongée et quelles peuvent en être les conséquences néfastes ?

Question n° 17

Citez, sans les développer, les facteurs qui influencent :
- l'augmentation de production et l'élimination du gaz carbonique par l'organisme,
- la consommation d'oxygène par les différents tissus.

Question n° 18

Quel est le mécanisme qui régit :
- la dissolution de l'azote dans les tissus de l'organisme,
- son élimination

lors d'une plongée ?

Question n° 19

Quelles sont les mécanismes physiologiques d'adaptation au froid en plongée ?

Question n° 20

Expliquez en quoi le froid peut constituer une cause de l'essoufflement.

Quelles précautions prenez-vous pour vous en protéger ?

Question n° 21

Par quels processus physiques et physiologiques le froid peut-il gagner l'organisme humain en plongée à l'air ?

Expliquez pour chacun d'eux les mécanismes de lutte mis en jeu.

Question n°22

Complétez par les annotations convenables ce schéma muet de l'oreille.

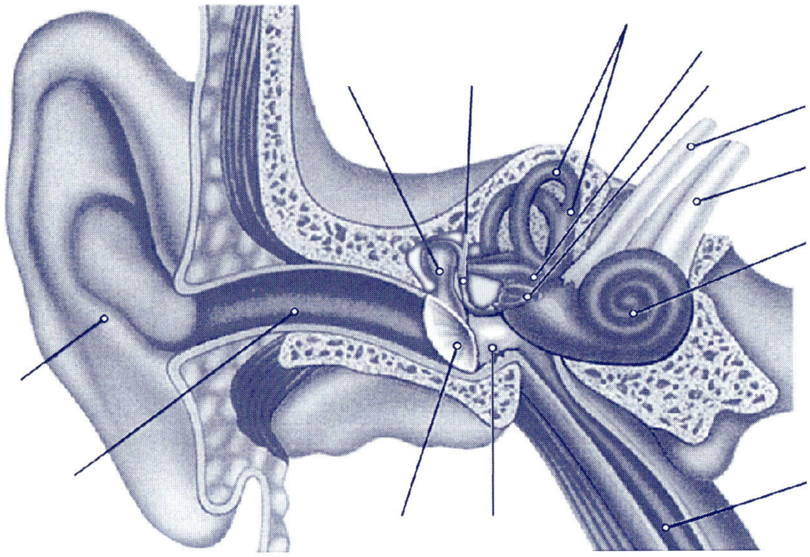

Question n°23

Dessinez une coupe schématique de l'oreille en indiquant le nom des principaux éléments.

Au cours de quelles phases de la plongée un plongeur éprouve-t-il des difficultés pour équilibrer ses oreilles ?

En vous aidant de schémas, expliquez le mécanisme d'équilibrage des oreilles.

Question n°24

Quelles sont, au repos, les fréquences moyennes cardiaque et ventilatoire ?

Comment évoluent-elles en plongée ?

Question n°25

La profondeur de l'apnée présente des limites théoriques qui sont en relation avec l'anatomie et la physiologie du corps humain. A l'aide d'exemples chiffrés, déterminez ces valeurs.

Décrivez ensuite les mécanismes qui contribuent à modifier ces limites, dans un sens comme dans l'autre.

En pratique, on constate que les performances des apnéistes dépassent de très loin ces limites. Que peut-on en conclure ?

Question n°26

Quels sont les effets physiologiques du froid sur le plongeur en scaphandre ?

Etablissez la distinction entre les effets locaux et les effets généraux.

Question n°27

Quel est le phénomène physique qui est à l'origine des échanges gazeux au niveau de l'alvéole ?

Quelles sont les lois physiques qui régissent ces échanges ?

Quels sont les processus physiques et physiologiques qui permettent ces échanges ?

Question n°28

Quels tests connaissez-vous, qui peuvent donner des renseignements sur le bilan de l'adaptation à l'effort d'un plongeur ?

Pour chacun de ces tests, en précisant les paramètres mesurés, indiquez de façon succincte l'objectif recherché et l'interprétation qui peut en être faite.

Question n°29

Dans l'étude de la décompression, il est fait référence à des "tissus" ainsi qu'à des "compartiments".

Quelle différence faites-vous entre ces deux termes ?

Question n°30

Dans un passé encore récent, on caractérisait les effets d'une procédure de décompression bien conduite par l'absence de bulles d'azote au sein de l'organisme à la sortie de la plongée.

Faut-il pour autant écarter la possibilité que de telles bulles existent sans qu'elles ne présentent systématiquement un caractère pathogène, cela dans le respect le plus strict des procédures de décompression ?

Quelles mesures de prévention en découlent-elles ?

Question n° 31

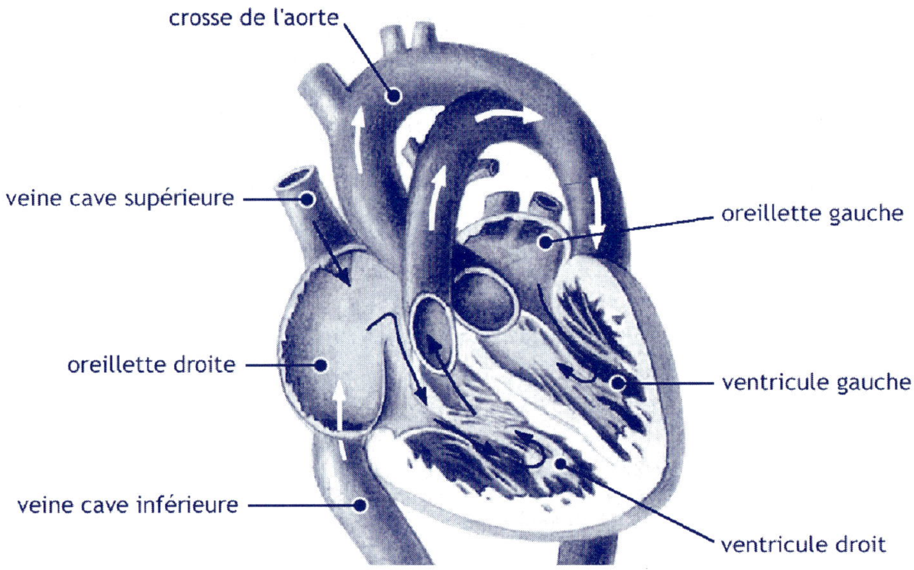

Qu’est-ce que le foramen ovale et quelle est l’origine de cette particularité anatomique ? Localisez-le sur cette vue en coupe du cœur (circulation fœtale).

En quoi les plongeurs sont-ils concernés par sa présence éventuelle et quels risques encourent-ils ?

Quels moyens de prévention faut-il mettre en œuvre pour limiter les risques dus à sa présence ?

Quelle est la conduite à tenir en cas de suspicion ?

Physiologie
réponses

Réponse n° 1

Définition de la ventilation

ensemble des phénomènes qui mobilisent l'air à l'intérieur des voies respiratoires et qui permettent un renouvellement de l'air alvéolaire.

Parties du corps mises en jeu

- les poumons,
- la plèvre,
- le diaphragme,
- les muscles intercostaux,
- les côtes,
- le sternum.

La **ventilation** consiste en une suite alternée d'inspirations et d'expirations, visant à renouveler l'air à l'intérieur des poumons pour y apporter l'oxygène et en rejeter le gaz carbonique.
La **respiration** est le processus biologique par lequel l'oxygène est consommé par les cellules et le gaz carbonique y est produit lors du déroulement du processus vital.
A noter que, dans le langage courant, on utilise souvent le terme respiration pour désigner la ventilation.

Réponse n° 2

L'inspiration est une phase **active** commandée par des muscles (voir réponse n° 7)
L'expiration est une phase **passive**, sauf en cas d'expiration forçée.

L'une et l'autre sont habituellement des actes inconscients (réflexes), mais dont la volonté peut aussi reprendre le contrôle à tout moment, comme par exemple lors d'une hyperventilation.

Réponse n° 3

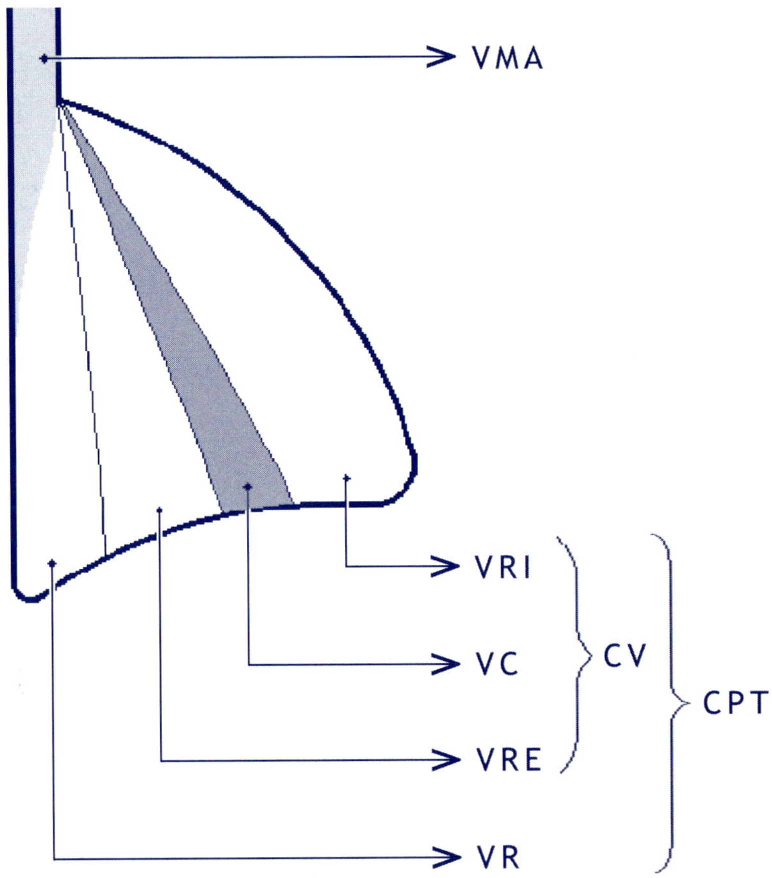

Volumes pulmonaires :

- V C	⇨	volume courant	~ 0,5 litre
- V R I	⇨	volume de réserve inspiratoire	~ 2,0 "
- V R E	⇨	volume de réserve expiratoire	~ 1,5 "
- C V	⇨	capacité vitale	~ 4,0 "
- V R	⇨	volume résiduel	~ 1,5 "
- V M A	⇨	volume mort anatomique	~ 0,2 "
- C P T	⇨	capacité pulmonaire totale	~ 5,5 "

Fréquence ventilatoire : 15 à 18 cycles/minute au repos pour un adulte.

Évolution en plongée : le volume courant augmente, alors que la fréquence ventilatoire diminue.

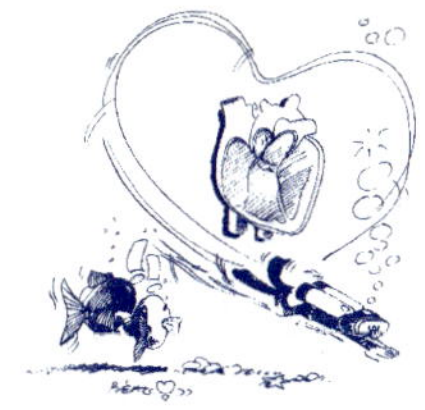

Réponse n°4

	Air inspiré	Air expiré
Oxygène	21,0 %	16,0 %
Gaz carbonique	0,037 %	4,0 %
Azote + vapeur d'eau	78,0 %	78,0 %

Réponse n°5

Volume mort anatomique

Partie non fonctionnelle de l'appareil ventilatoire, dans laquelle ne se produit aucun échange gazeux avec l'organisme : voies respiratoires supérieures, trachée-artère, bronches, bronchioles.

Valeur

0,15 à 0,20 litre, constante pour un individu donné.

Son rôle dans l'essoufflement

Si le volume courant diminue, le rapport volume mort/volume courant augmente, l'amplitude ventilatoire diminue et le rythme augmente ⇨ apparition ou aggravation de l'essoufflement par élimination inefficace du gaz carbonique (cercle vicieux de l'essoufflement - voir la réponse à la question n°17 relative aux accidents).

Le volume mort contribue à réduire la ventilation alvéolaire, d'autant plus qu'il est important et/ou que le volume courant est faible (voir la réponse à la question n°19 relative aux accidents).

Le tuba, le 2e étage du détendeur représentent un volume mort supplémentaire (volume mort matériel) qui vient s'ajouter au volume mort anatomique.

Réponse n° 6

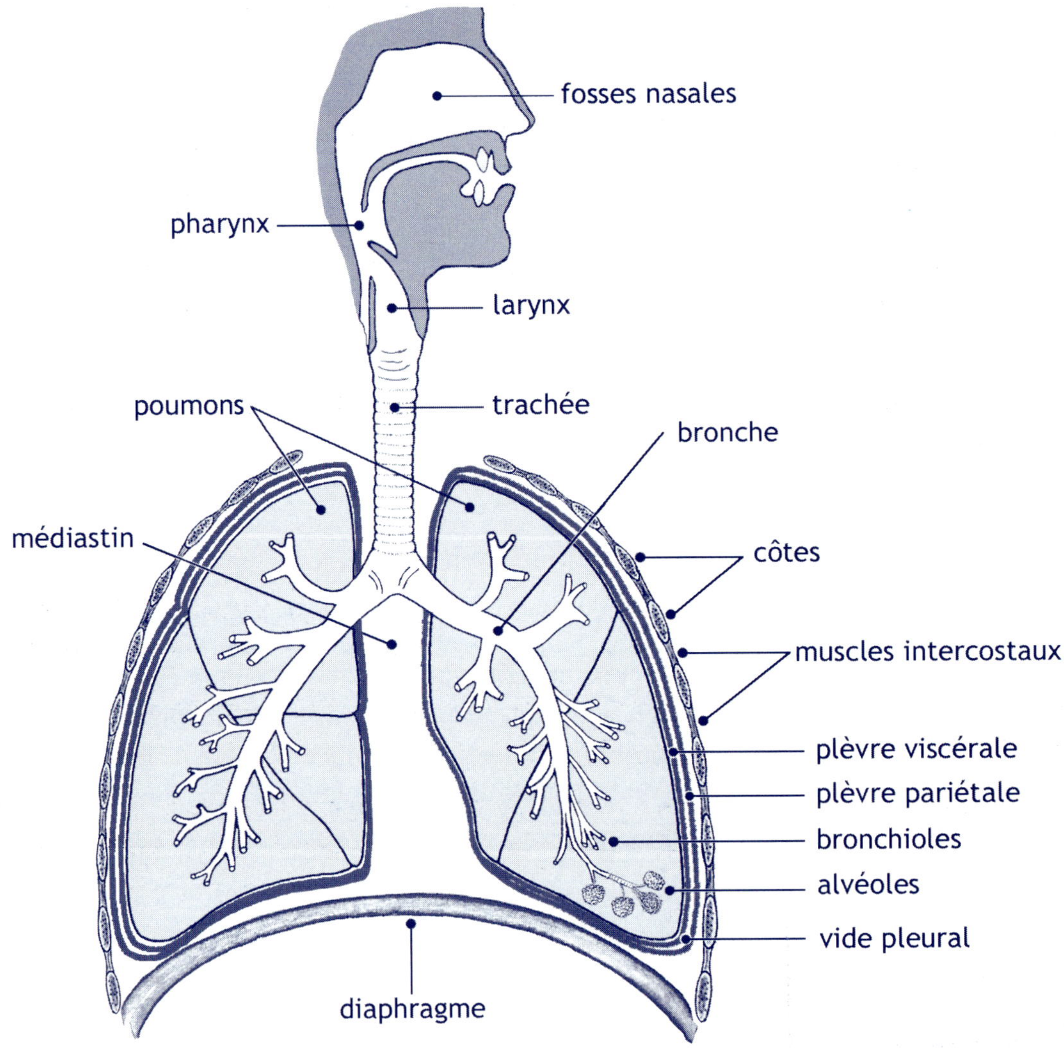

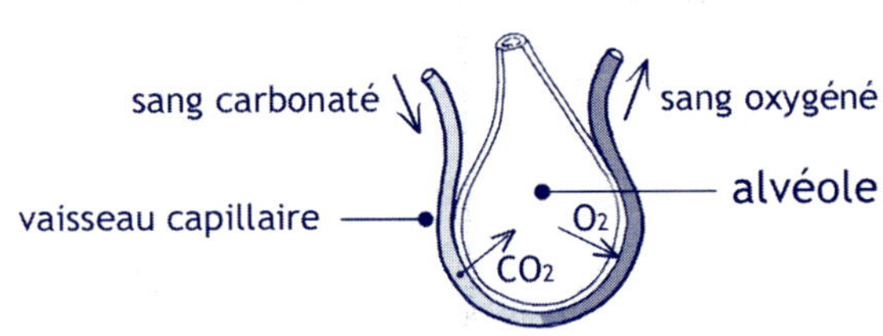

Mécanique ventilatoire courante

- inspiration (étape active) : abaissement du diaphragme, contraction des muscles intercostaux et des muscles inspiratoires du gril costal, élévation des côtes, diminution de la pression intrapulmonaire ⇨ entrée de l'air dans les poumons.
- inspiration forcée : intervention de muscles supplémentaires.
- expiration (étape passive) : inversion du phénomène précédent, relâchement des muscles de l'inspiration associé à la rétraction spontanée des poumons, abaissement du gril costal ⇨ expulsion de l'air intrapulmonaire.

Fréquence et débit au repos

~ 16 cycles/minute – volume courant ~ 0,5 litre – soit 8 litres par minute.

La plèvre

Enveloppe séreuse qui entoure chaque poumon et comporte deux feuillets accolés :
- le **feuillet viscéral**, qui revêt le poumon,
- le **feuillet pariétal** qui tapisse la face interne du thorax et du médiastin.

Entre les deux feuillets se trouve un espace virtuel, **le vide pleural**. Celui-ci contient une lame liquidienne très mince qui facilite le glissement des deux feuillets l'un sur l'autre et empêche leur décollement.

La plèvre permet aux poumons de suivre les mouvements de la cage thoracique lors des cycles ventilatoires.

Réponse n°7

Le surfactant forme une pellicule très mince (0,2 microns) qui tapisse la face interne des alvéoles. Composé des phosphoglycérides, il est secrété par certaines cellules alvéolaires.

Il a pour fonction de diminuer la tension superficielle qui s'oppose à l'extension des poumons et par conséquent de réduire l'effort inspiratoire.

Par intrusion d'eau dans les poumons, la noyade peut entraîner une altération du surfactant, particulièrement la noyade en piscine en raison de la présence de produits chlorés oxydants dans l'eau.

Réponse n°8

Surpression pulmonaire

L'appareil ventilatoire en subit les effets, mais il n'est pas à l'origine de l'accident.

Accident de décompression

Les appareils ventilatoire et circulatoire assurent les échanges gazeux qui conduisent au transport de l'azote dans les tissus, ainsi qu'à son élimination.

Essoufflement

L'augmentation de la P_pCO_2 dans le sang contribue à l'augmentation du rythme ventilatoire et à la diminution du volume courant ⇨ essoufflement (voir la réponse à la question n°16 relative aux accidents).

Narcose

Même rôle que pour l'accident de décompression.

Réponse n°9

Hyperventilation

Suite d'inspirations et d'expirations forcées visant à diminuer le plus possible la teneur en CO_2 du sang, donc à retarder le réflexe inspiratoire.

Risques

Syncope anoxique à la fin de la remontée, résultant de l'apparition tardive du réflexe inspiratoire, la teneur en CO_2 n'ayant pas atteint une valeur suffisante pour stimuler les récepteurs chimiques (voir la réponse aux questions n°27 et n°28 relatives aux accidents).

Réponse n°10

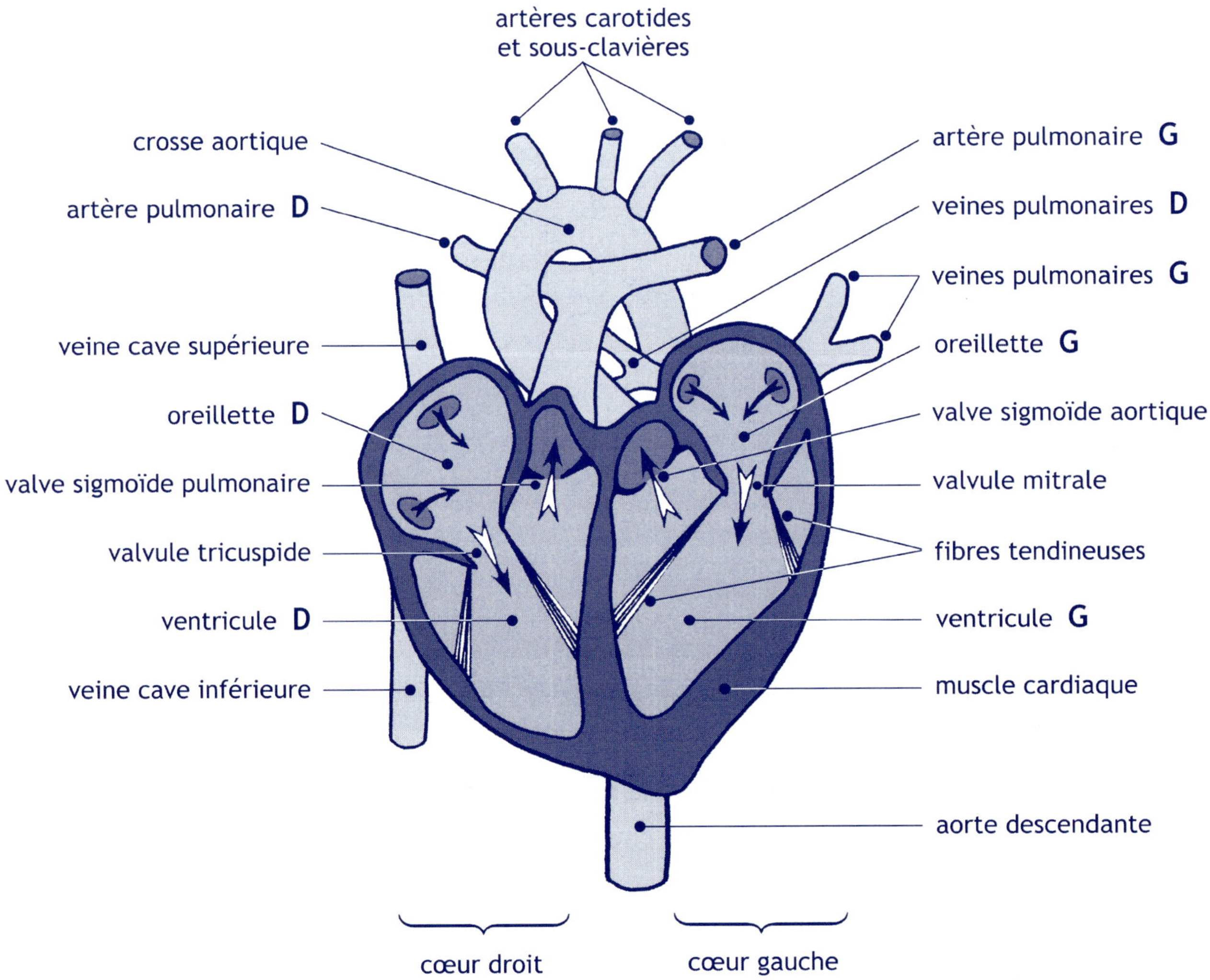

Fonctionnement

Le cœur droit reçoit par l'oreillette droite le sang chargé en gaz carbonique provenant des organes et l'envoie au moyen du ventricule droit vers les poumons afin de le régénérer (diminution de la teneur en CO_2 et augmentation de la teneur en O_2).

Le cœur gauche reçoit par l'oreillette gauche le sang chargé en oxygène provenant des poumons et l'envoie au moyen du ventricule gauche dans les organes pour les oxygéner et les débarrasser du gaz carbonique.

Pour un adulte au repos, le rythme est de 60 à 80 pulsations/minute et le volume d'éjection systolique moyen est de 100 cm^3. Celui-ci peut varier entre 70 et 140 cm^3, selon l'âge du sujet, le sexe, le niveau d'entraînement.

Réponse n°11

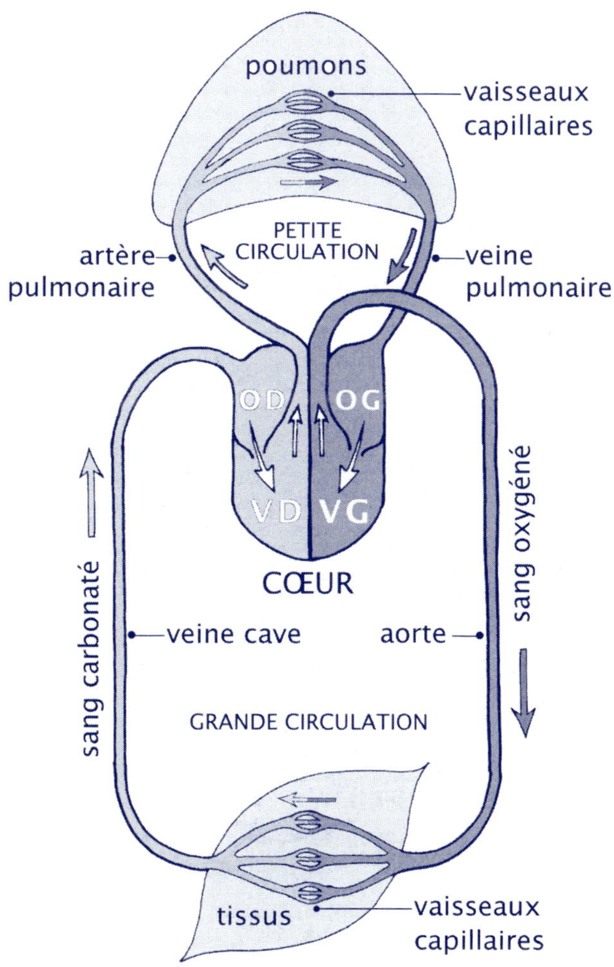

OD : oreillette droite   OG : oreillette gauche

Les **artères** sont les vaisseaux qui transportent le sang en partant du cœur.
Les **veines** sont les vaisseaux qui assurent le retour du sang vers le cœur.

A noter que ces termes ne sont pas définis en fonction du type de sang transporté : sang oxygéné ou sang carbonaté.

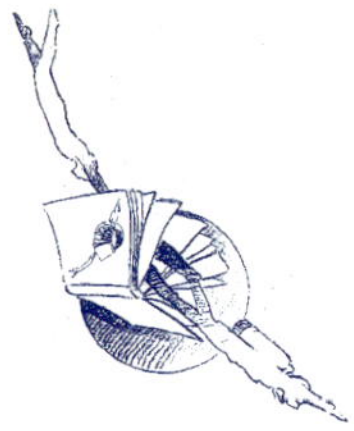

Réponse n° 12

Rôle

Transport de l'oxygène, des éléments nutritifs, du gaz carbonique et des autres déchets.

Volume moyen *(adulte)*

~ 5 litres.

Composition

Plasma (eau + sels minéraux + glucose + protéines)

⇨ liquide porteur et véhicule des gaz dissous (O_2, CO_2, N_2) ;

Globules rouges, ou hématies (4 à 5 millions/mm^3)

⇨ agents de transport de l'oxygène et du gaz carbonique ;

Globules blancs, ou leucocytes (6 000 à 8 000/mm^3)

⇨ agents de défense de l'organisme,
production d'anticorps (défense immunitaire) ;

3 variétés

- polynucléaires	60	à	65 %
- lymphocytes	25	à	30 %
- monocytes	6	à	8 %

Plaquettes, ou thrombocytes (250 000 à 400 000/mm^3)

⇨ agents de la coagulation.

Réponse n° 13

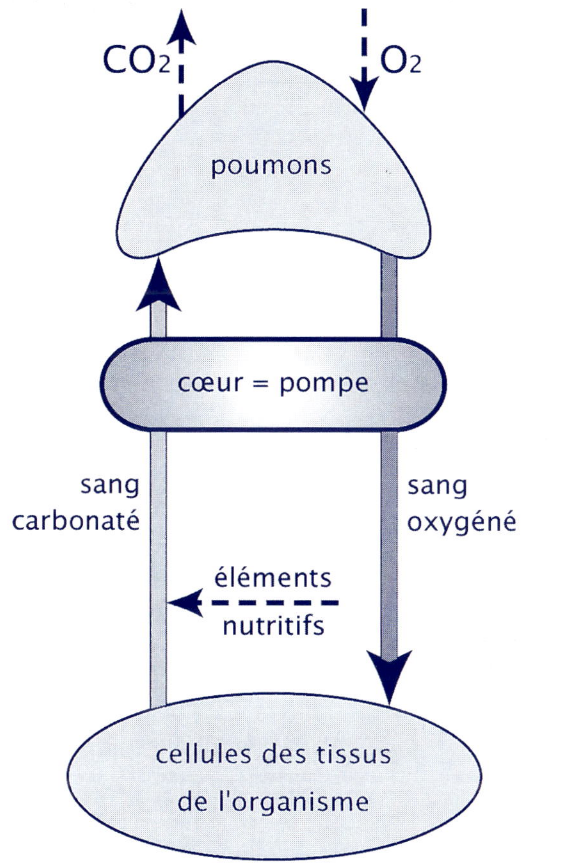

Rôle du sang

Transport de l'oxygène, des éléments nutritifs, du gaz carbonique et des déchets.

Transport de la chaleur (régulation de la température corporelle).

Réponse n° 14

Principe général

Par le jeu des échanges au niveau des alvéoles et des tissus, l'organisme capte l'oxygène nécessaire à la vie et élimine le gaz carbonique qu'il a produit. Le transport de ces gaz est assuré par le sang.

Étape alvéolaire (effet Haldane)

Le sang se charge en oxygène et élimine le gaz carbonique (différences de P_pO_2 et de P_pCO_2 entre le sang et l'air alvéolaire).

Étape tissulaire (effet Bohr)

Le sang libère l'oxygène et se charge en gaz carbonique (différences de P_pO_2 et de P_pCO_2 entre le sang et les tissus).

L'azote – gaz inerte – n'est pas métabolisé. Il ne joue par conséquent aucun rôle actif dans ces échanges.

Réponse n° 15

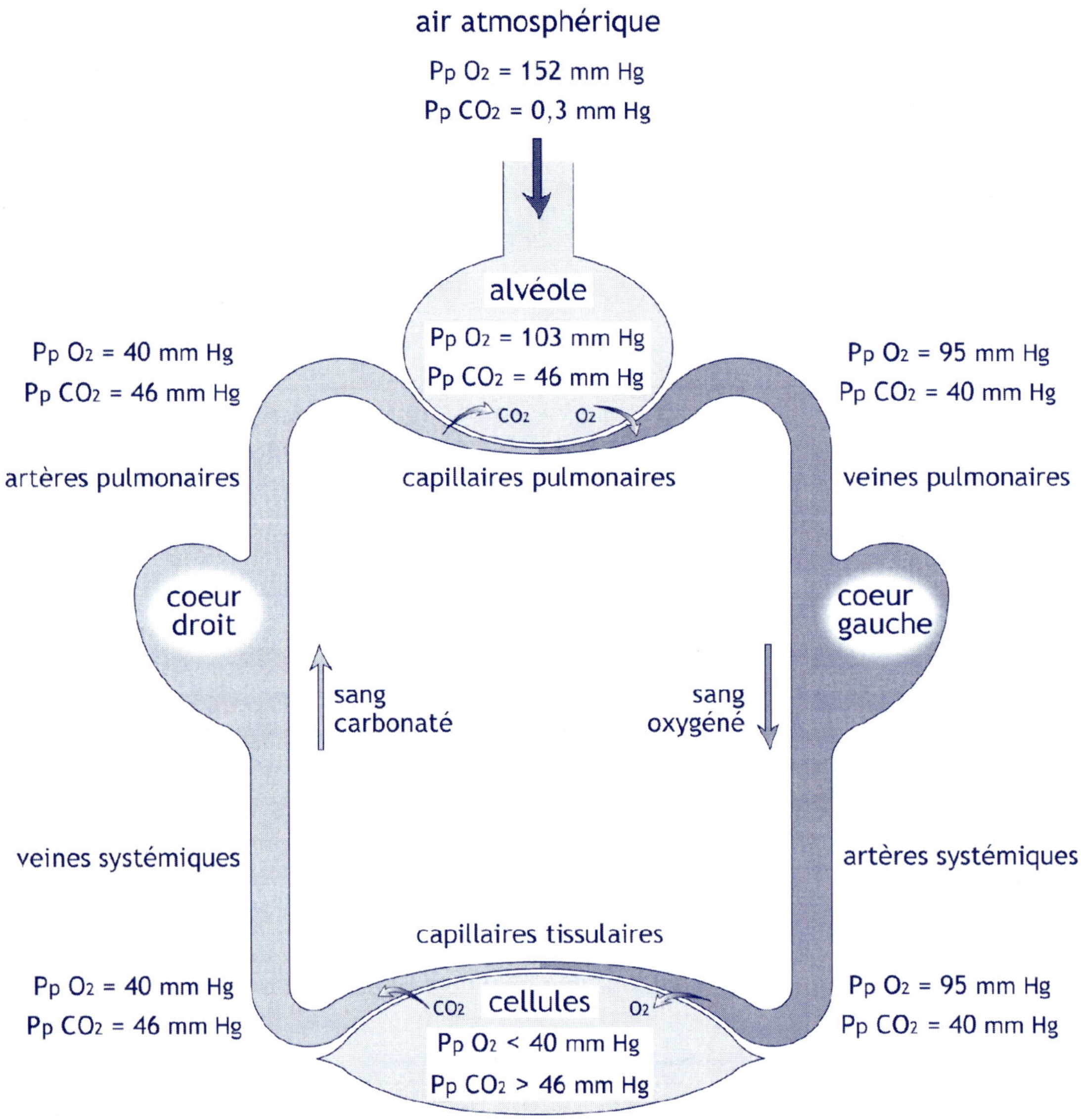

Le sang contient davantage de gaz carbonique que d'oxygène, cela pour au moins deux raisons :

- à la température du corps, comparativement à l'oxygène, la solubilité du gaz carbonique dans l'eau est 24 fois plus élevée,
- 97 % de l'oxygène transporté est lié à l'hémoglobine sous forme d'oxyhémoglobine, alors que le gaz carbonique est transporté aussi sous forme de carbonates et de bicarbonates, outre sa forme dissoute et sa forme combinée avec l'hémoglobine (carbohémoglobine).

Comme une quantité donnée d'oxygène produit sensiblement la même quantité de gaz carbonique, les réserves de ce dernier sont moins sujettes à variations au cours des échanges gazeux.

Réponse n° 16

Mécanisme

Par des échanges au niveau des alvéoles et des tissus, l'organisme capte l'oxygène nécessaire à la vie et élimine le gaz carbonique qu'il a produit. Le transport de ces gaz est assuré par le sang.

Au niveau des alvéoles, le sang se charge en oxygène et élimine le gaz carbonique (différences de P_pO_2 et de P_pCO_2 entre le sang et l'air alvéolaire).

Au niveau des tissus, le sang libère l'oxygène et se charge en gaz carbonique (différences de P_pO_2 et de P_pCO_2 entre le sang et les tissus).

L'azote – gaz inerte – ne joue aucun rôle actif dans ces échanges.

Modifications dues à la plongée

Le mécanisme général reste le même, seule la vitesse des échanges est modifiée par suite des variations rapides et importantes des pressions partielles gazeuses.

L'excès d'azote, gaz non métabolisé par l'organisme, risque de ne pouvoir être éliminé correctement lors de la remontée si les règles qui régissent la décompression ne sont pas respectées pour son élimination. En effet, le protocole de décompression doit permettre la libération de la quasi-totalité de l'excès de gaz dissous, dont la quantité est fonction de la durée et de la profondeur de la plongée.

Conséquences possibles

Accident de décompression, narcose, essoufflement.

Réponse n° 17

Augmentation de la production de gaz carbonique

Activité musculaire (palmage, travail au fond, effort ventilatoire), maintien de l'équilibre thermique, anxiété.

Élimination du gaz carbonique

Amplitude ventilatoire, expiration forcée, inhalation d'oxygène.

Consommation d'oxygène

Activité musculaire, maintien de l'équilibre thermique.

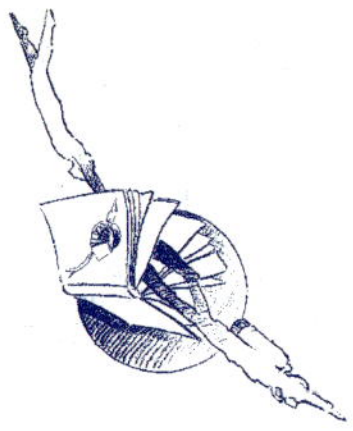

Réponse n° 18

Si la pression absolue croît

Augmentation P_pN_2 de l'air alvéolaire ⇨ augmentation P_pN_2 du sang ⇨ augmentation P_pN_2 des tissus ⇨ évolution vers un nouvel état de saturation qui correspond à des tissus chargés davantage en azote.

Si la pression absolue décroît

Le phénomène précédent s'inverse ⇨ élimination de l'excès d'azote.

La vitesse de ces phénomènes est variable en fonction des tissus, le facteur temps intervenant selon une loi de forme exponentielle.

Réponse n° 19

Les phénomènes physiologiques d'adaptation permettent :

☞ une diminution des pertes calorifiques par
- vasoconstriction périphérique plus hémoconcentration,
- bradycardie.

☞ une augmentation de la production calorifique (thermogenèse) par
- accroissement de l'activité musculaire,
- déclenchement des frissons,
- hyperventilation,
- dégradation des éléments nutritifs avec consommation d'oxygène.

Réponse n° 20

La lutte contre le froid nécessite une augmentation de la production calorifique et provoque en particulier :
- un accroissement de la consommation d'oxygène et de la production de gaz carbonique,
- une hyperventilation, qui peut être le point de départ d'un essoufflement.

Précautions

- porter un vêtement isothermique adapté,
- avant la plongée, consommer des sucres lents, des graisses,
- ne pas boire d'alcool.

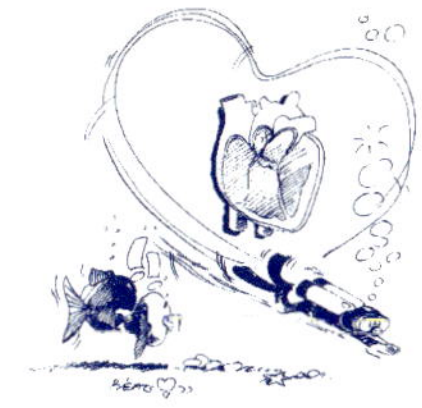

Réponse n° 21

Origine	Lutte
Conduction	isolant entre le corps chaud et le milieu froid (combinaison).
Convection externe	immobilité.
Convection interne	bradycardie, vasoconstriction périphérique plus hémoconcentration.
Rayonnement	pertes insignifiantes.

Réponse n° 22

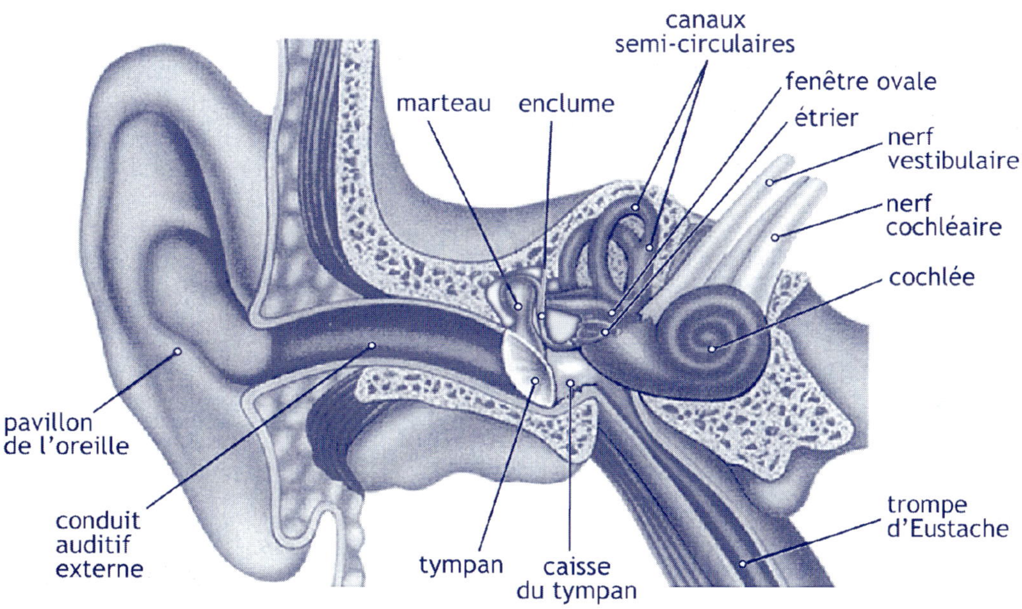

A Oreille externe
- 1 pavillon de l'oreille
- 2 cils protecteurs
- 3 conduit auditif

B Oreille moyenne
- 4 tympan
- 5 marteau
- 6 enclume
- 7 étrier

(5, 6, 7 : chaîne d'osselets de l'oreille moyenne)
- 8 fenêtre ovale
- 9 caisse du tympan
- 10 trompe d'Eustache et débouché sur les fosses nasales (11)

C Oreille interne
- 12 vestibule
- 13 limaçon (ou cochlée)
- 14 canaux semi-circulaires
- 15 nerf de l'équilibre
- 16 nerf auditif

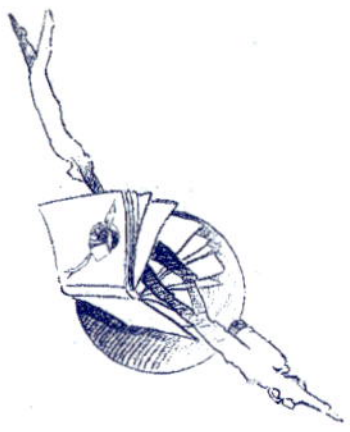

Réponse n° 23

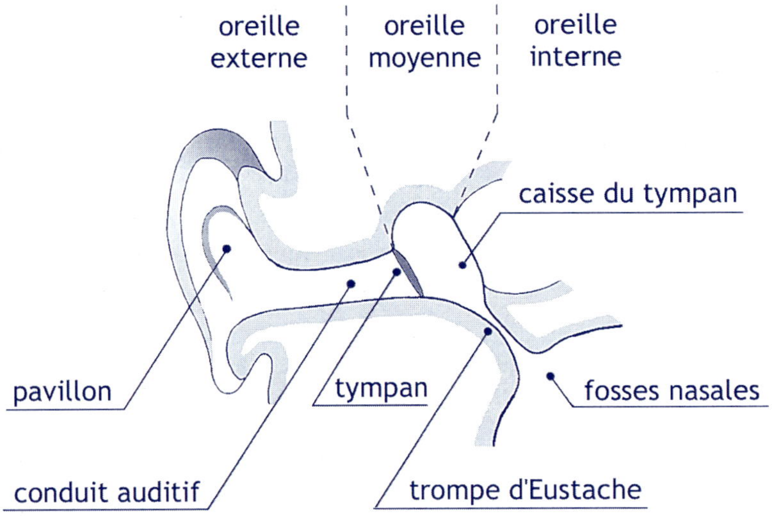

Pendant la descente : le plus souvent. La conformation de la trompe d'Eustache est telle que l'air y passe plus difficilement en direction de l'oreille moyenne.

Au fond : jamais, car la pression ambiante ne varie pas.

Pendant la remontée : rarement (sauf affection ORL) car la perméabilité de la trompe est plus élevée lorsque l'air s'échappe de l'oreille moyenne.

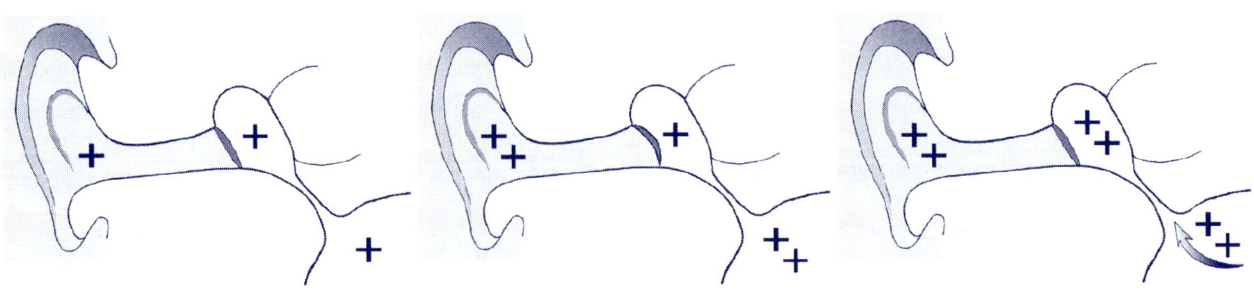

Le plongeur n'est pas encore immergé.

Le tympan (partie en grisé), qui sépare l'oreille externe de l'oreille moyenne, n'est soumis à aucune contrainte.

Le plongeur s'immerge sans pratiquer de manœuvre d'équilibrage.

La pression ambiante, qui n'est pas en équilibre avec la pression dans l'oreille moyenne, déforme le tympan vers l'intérieur.

Le plongeur est immergé et il pratique une manœuvre d'équilibrage.

La pression ambiante est rééquilibrée par la pression de l'air introduit dans l'oreille moyenne.

Le tympan reprend sa forme initiale.

Réponse n° 24

	Fréquence cardiaque	Fréquence ventilatoire
Au repos	60 à 80 pulsations/minute	15 à 18 cycles/minute
En plongée	Il y a diminution de la fréquence, liée au réflexe de Scholander et à l'augmentation de la pression intra-thoracique (redistribution de la masse sanguine). De même, légère diminution des débits cardiaques locaux. *Réflexe de Scholander :* *le contact de l'eau avec le nez et le pourtour des lèvres entraîne un réflexe de ralentissement cardiaque (bradycardie).*	On observe une modification qui va dans le sens d'un ralentissement de la fréquence, ainsi que d'une augmentation du volume courant aux dépens du volume de réserve inspiratoire. Il est courant d'observer une pause après l'inspiration. Ces modifications sont entretenues chez le plongeur pratiquant l'activité de façon régulière, pour lequel on observe une variation des différents volumes pulmonaires.

Réponse n° 25

Calcul de la profondeur limite théorique

Le plongeur en apnée qui s'immerge emporte dans ses poumons un volume d'air maximal correspondant à sa capacité pulmonaire totale CPT.

Cet air est comprimé au cours de la descente et son volume diminue jusqu'à atteindre le volume pulmonaire résiduel VR.

Le rapport entre ces deux volumes détermine la pression que le plongeur peut théoriquement supporter, soit :

$$P_{th} = \frac{CPT}{VR} \quad (1)$$

ainsi, si l'on admet que CPT = 6,5 litres et VR = 1,3 litre, on obtient :

$$P_{th} = \frac{6,5}{1,3} = 5 \text{ bars}$$

ce qui correspond à une profondeur limite de **40 mètres.**

Facteurs qui réduisent la profondeur théorique

Les volumes morts

Le calcul qui précède ne tient pas compte des quantités d'air contenues dans les cavités de volume fixe, qui sont : le volume mort anatomique (~ 0,2 litre) et le volume mort matériel tel que le volume intérieur du masque (~ 0,15 litre).

L'addition de ces volumes morts VM = 0,35 litre, s'ajoute aux termes de la relation (1), qui devient :

$$P_{th} = \frac{CPT + VM}{VR + VM}$$

soit :

$$P_{th} = \frac{6{,}5 + 0{,}35}{1{,}3 + 0{,}35} = \frac{6{,}85}{1{,}65} \# 4{,}15 \text{ bars}$$

Si bien que la profondeur limite théorique n'est plus que **31,5 mètres**

L'afflux sanguin résultant de l'immersion

L'immersion produit dès son début un afflux de sang dans la petite circulation, lequel réduit la capacité de la cage thoracique.

Par la diminution du volume pulmonaire total, il en résulte une nouvelle réduction de la profondeur limite, réduction estimée à **4 ou 5 mètres**.

Facteurs qui accroissent la profondeur théorique

Le refoulement des viscères abdominaux

Lorsque le plongeur dépasse en profondeur la limite théorique, il se produit une dépression intrathoracique qui attire vers le thorax une partie des viscères abdominaux.

Cet effet est toutefois limité par l'élasticité du diaphragme.

Le déplacement de la masse sanguine

Sous l'effet de la dépression intrathoracique, une partie du sang contenu dans les gros vaisseaux veineux est aspirée dans la circulation de retour et est retenue dans la circulation pulmonaire.

L'afflux de sang dans les capillaires pulmonaires comble le vide relatif intrathoracique. L'air pulmonaire est refoulé dans l'espace mort anatomique.

Conclusion

Quel que soit le résultat du calcul des limites de profondeur théorique, on constate en pratique qu'elles sont très largement dépassées par :

- une constitution anatomique particulière,
- un entraînement spécifique poussé,
- une gymnastique ventilatoire appropriée,

ainsi que par d'autres facteurs qui ne sont pas identifiés en totalité, en raison d'une connaissance encore imparfaite des mécanismes qui permettent de repousser ces limites, ainsi que de leur variabilité d'un individu à l'autre.

Réponse n° 26

Effets locaux

La vasoconstriction provoque une baisse de la température locale plus prononcée au niveau des extrémités (mains et pieds). Elle peut entraîner une diminution de la dextérité digitale et des ischémies locales ayant des effets analogues à des gelures.

Sur le plan ventilatoire, il peut apparaître des résistances internes qui en diminuent l'efficacité.

Effets généraux

La non-compensation des pertes thermiques entraîne un refroidissement du corps d'autant plus rapide que les déperditions sont importantes. L'organisme lutte contre le froid par une augmentation du métabolisme, une vasoconstriction cutanée et une contraction musculaire (frissons).

Si cette lutte est insuffisante, l'hypothermie va entraîner un refroidissement de la peau, une tachycardie avec élévation de la tension artérielle et hyperventilation. L'activité motrice et intellectuelle est diminuée.

Réponse n° 27

Entre l'air alvéolaire et le sang, les échanges gazeux se font par diffusion à travers la membrane alvéolocapillaire. La diffusion de l'oxygène et du gaz carbonique est rapide. Comparativement à ces deux gaz, l'azote diffuse moins vite et sa solubilité dans le sang est par ailleurs plus faible.

Le phénomène de diffusion est en relation avec les lois de Henry et de Dalton. En effet, le nombre des molécules libres d'oxygène, de gaz carbonique et d'azote qui se dissolvent dans le sang est proportionnel à la pression de ces gaz libres au contact du sang.

Le facteur déterminant dans l'échange gazeux, est le gradient entre la pression partielle du gaz libre alvéolaire et la tension de ce même gaz dissous dans le sang. Ce gradient provoque la diffusion des molécules, dans le sens de la pression la plus élevée vers la pression la plus basse.

Gradient de pression pour l'oxygène

ΔPO_2 = pression alvéolaire O_2 - tension sanguine O_2
= 100 mm Hg - 40 mm Hg

soit :

$$\Delta PO_2 = 60 \text{ mm Hg}$$

L'oxygène se déplace de l'alvéole vers le sang et atteint sa tension de saturation (100 mm Hg) en 0,3 seconde environ.

Gradient de pression pour le gaz carbonique

ΔPCO_2 = pression alvéolaire CO_2 - tension sanguine CO_2
= 40 mm Hg - 46 mm Hg

soit :

$$\Delta PCO_2 = -6 \text{ mm Hg}$$

Le gaz carbonique se déplace du sang vers l'alvéole et atteint sa tension d'équilibre (40 mm Hg) en 0,3 seconde.

Δ ⇨ *lettre grecque "delta" majuscule.*

Réponse n° 28

Test de Ruffier

Test d'effort dynamique qui donne, pour un individu donné, une appréciation de son adaptation cardiovasculaire à l'effort.

Le test consiste à effectuer 30 flexions sur les jambes en 45 secondes. On mesure le pouls immédiatement avant la pratique du test (p_0), à la fin du test (p_1) et une minute après (p_2). On calcule un indice donné par la formule :

$$\frac{(p_0 + p_1 + p_2) - 200}{10}$$

Le résultat du test est considéré comme excellent si l'indice est inférieur à 0, bon de 0 à 10 et médiocre de 10 à 15. Effectuer d'autres explorations si l'indice est supérieur à 15.

Test de Flack

Test d'effort statique qui rend compte de l'adaptation cardiaque à une hyperpression thoracique.

Après avoir pris une inspiration profonde, le sujet souffle et maintient une dénivellation de 40 mm Hg dans un tube en **U** d'un diamètre égal à 4 mm. Les deux paramètres mesurés sont : la durée de l'épreuve (correcte si durée > 50 s) et l'évolution de la fréquence cardiaque par périodes de 5 secondes. Cette évolution permet un classement en 5 types :

- plane sans élévation supérieure à 7 pulsations ⇨ bonne forme.
- lentement ascendante jusqu'à 9 pulsations ⇨ sujet apte mais mal entraîné.
- rapidement ascendante jusqu'à 10 pulsations ⇨ sujet hors de forme.
- rapidement ascendante jusqu'à 10 pulsations puis chute brutale ⇨ sujet inapte.
- très irrégulière, alternativement montante et descendante ⇨ sujet émotif.

STT (Systolic Tension Time)

Test d'effort dynamique qui consiste à faire effectuer des montées et des descentes d'une marche de 0,40 mètre de hauteur avec une fréquence de 24 montées par minute pendant trois minutes.

Pendant la minute qui suit l'arrêt de l'effort, on note la fréquence cardiaque (FC) et la pression artérielle systolique (PAS).

La valeur STT est égale à : FC × PAS en mm Hg.

Le résultat du test est considéré comme excellent si STT < 16 000, bon ou moyen pour STT compris entre 16 000 et 26 000 et médiocre pour STT > 26 000.

Test de Cooper

Test dynamique d'effort qui permet une mesure indirecte de la VO_2.

La VO_2 max (consommation maximale d'oxygène à l'effort) peut être évaluée sur tapis roulant ou sur bicyclette ergométrique de deux façons :

- directe, par recueil des gaz expirés,
- indirecte, par extrapolation à partir d'une fréquence cardiaque obtenue pour un effort donné.

Réponse n° 29

Un tissu est une réalité physiologique dans laquelle on regroupe un ensemble de cellules ayant une même structure et une même fonction (exemple : tissu nerveux).

Le compartiment (notion utilisée en décompression) est une abstraction qui réagit de manière homogène lors des phases de saturation/désaturation.
Les compartiments peuvent regrouper des tissus très différents mais qui ont une même période et un même coefficient de sursaturation critique.

Réponse n° 30

L'utilisation d'air comprimé (ou d'un mélange nitrox) en plongée implique la dissolution d'azote dans l'organisme sous l'effet de la pression.

Suite à une décompression effectuée dans les règles, les examens Doppler pratiqués sur des plongeurs à leur sortie de l'eau mettent en évidence des microbulles gazeuses intravasculaires qui se sont formées au cours de la remontée. Ces bulles sont transportées dans la circulation veineuse via le cœur droit et elles sont arrêtées par le filtre pulmonaire avant d'être éliminées. Elles sont le plus souvent inoffensives.

Ce n'est que suite à leur passage dans la circulation artérielle qu'elles peuvent devenir pathogènes, soit que le filtre pulmonaire se trouve “dépassé” par un afflux excessif de bulles, soit qu'elles aient la possibilité de franchir un shunt cardiaque (foramen ovale perméable).

A noter qu'il existe une grande variabilité d'un plongeur à l'autre quant à l'efficacité du filtre pulmonaire, d'une part, et à la présence d'une communication interauriculaire, d'autre part (voir la réponse n° 31, page 210). C'est pourquoi nous sommes actuellement dans l'incapacité de modéliser la décompression sur la base du filtre pulmonaire cela d'autant plus que, pour un même plongeur, d'autres facteurs de variabilité interviennent d'une plongée à l'autre : état de fatigue, âge, surcharge pondérale, etc.. La combinaison de tous ces facteurs fait que les plongeurs sont très inégaux face à l'accident de décompression.

Réponse n° 31

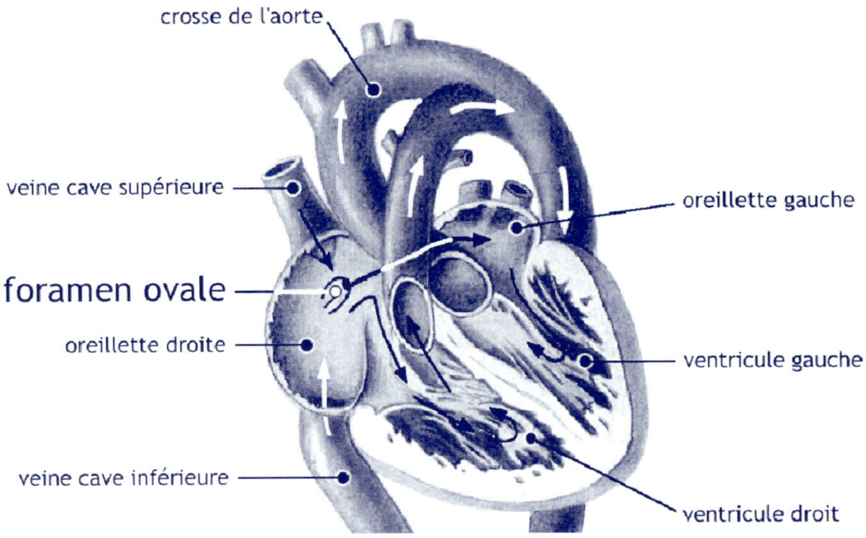

Le foramen ovale – ou trou de Botal – est une sorte de clapet entre l'oreillette droite et l'oreillette gauche. Celles-ci communiquent pendant la vie fœtale et elles se ferment normalement à la naissance (membrane de Vieussens).

Chez 25 à 30 % des individus, la communication ne se ferme que partiellement et laisse un foramen ovale perméable (FOP). Dans les conditions physiologiques normales, les pressions au sein de l'oreillette gauche sont légèrement supérieures à celles qui règnent dans l'oreillette droite, à savoir de 1 à 2 mm de mercure seulement (1,5 à 3 cm d'eau). Une quinte de toux, un effort de vomissement, une manœuvre de Valsalva, un effort musculaire avec blocage ventilatoire (remontée à l'échelle) provoqueront un accroissement de la pression intrathoracique qui sera largement supérieure à ces 2 mm de mercure. Sous l'effet de cette différence de pression et selon sa perméabilité, le foramen ovale peut alors laisser passer du sang de l'oreillette droite à l'oreillette gauche.

A noter que des difficultés d'équilibration de l'oreille moyenne semblent constituer un facteur de risque supplémentaire.

Chez le plongeur porteur d'un FOP, un flux sanguin chargé en microbulles d'azote pourra donc passer dans la circulation artérielle au lieu de transiter par le filtre pulmonaire, risquant ainsi de provoquer un accident de décompression.

Il faut retenir que, dans la vie courante, la perméabilité du foramen ovale ne constitue pas en soi une pathologie et les porteurs n'en sont nullement affectés. En outre, si un tiers des plongeurs présente cette particularité, seule une très faible partie d'entre eux développera un accident de décompression en rapport avec sa présence.

Suite à des plongées à faible profondeur et/ou dans la courbe de sécurité et dans le respect le plus absolu des procédures de décompression, nombre des ces accidents ont été qualifiés d'immérités. Ce terme devrait être remplacé par "inexpliqué" ou "incompris". En effet, le dépistage du FOP ne fait pas partie de l'examen médical préalable à la plongée et les porteurs n'en sont par conséquent pas informés. A noter que la FFESSM et de nombreux praticiens considèrent qu'une communication interauriculaire avérée constitue une contre-indication formelle et définitive à la pratique de la plongée.

Les mesures de prévention font partie de celles qui sont préconisées pour limiter le risque d'accident de décompression , à savoir :

- respecter les procédures de décompression ;
- remonter à vitesse lente (10 à 12 mètres par minute) ;
- plonger en bonne forme physique ;
- éviter les plongées multiples et les plongées "yo-yo" ;
- utiliser un mélange nitrox, à condition bien sûr de ne pas en profiter pour allonger la durée de la plongée ;
- proscrire la manœuvre de Valsalva au cours de la remontée ;
- utiliser de l'oxygène au palier (profondeur maximale 6 mètres) ;
- bannir tout effort inconsidéré avant, pendant et après la plongée.

En particulier, lorsque l'échelle est difficile à gravir, le plongeur fatigué ou la mer agitée, il est judicieux de remonter à sur le bateau après avoir décapelé le bloc car l'effort qui est demandé s'accompagne souvent d'un blocage ventilatoire.

Ces mesures s'appliquent à plus forte raison aux plongeurs chez lesquels on soupçonne la présence d'un FOP sans l'avoir pour autant mis en évidence. Pour ceux-ci, la profondeur sera en outre strictement limitée, à une dizaine de mètres environ.

En cas de suspicion d'un FOP (accident inexpliqué par le profil de la plongée et/ou la procédure de décompression), un examen médical poussé s'impose, accompagné d'une échographie cardiaque transœsophagienne pour le cas échéant le mettre en évidence. Selon son étendue, il pourra justifier une limitation à la profondeur des plongées, voire une contre-indication absolue.

Physique
questions

L'ensemble des questions se répartit en dix groupes :

Question n°1

Qu'est-ce qu'une force ?
Quels sont les éléments qui définissent une force ?
Quelle est l'utilité de cette notion en plongée ?

Question n°2

Quelles sont les règles de composition des forces colinéaires ?
Illustrez les trois principaux cas par un schéma simple.

Question n°3

Donnez la définition d'une pression.
Quelles sont les unités utilisées en plongée et leur correspondance ?

Question n°4

Quelle est la différence entre la masse d'un corps et son poids ?
Quelles sont les unités utilisées ?
Quelle est la formule qui relie ces deux grandeurs ?

Question n°5

Quelle est la définition de la masse spécifique d'un corps et de sa densité ?
Donnez des exemples. Quelles sont les unités utilisées ?
Quelles formules utilise-t-on en pratique ?

Question n°6

Énoncez la loi d'ARCHIMÈDE.
Que concerne-t-elle ?
Écrivez la formule qui lui correspond.
Quelles sont ses applications à la plongée ?

Question n°7

Citez les différents cas de flottabilité d'un corps dans un liquide, en indiquant à chaque fois dans quel sens, et avec quel signe, s'exerce le poids apparent de ce corps.

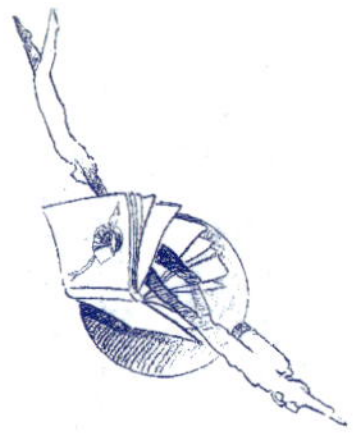

Question n°8

Énoncez la loi de MARIOTTE.
Que concerne-t-elle ?
Écrivez la formule qui lui correspond.
Quelles sont ses applications à la plongée ?

Question n°9

Dans la formule qui exprime la loi de Mariotte, quelle est la signification physique du produit "P.V" ?
Quelle est la particularité de cette grandeur et quelle commodité apporte-t-elle dans les calculs qui font appel à cette loi ?

Question n°10

Énoncez la loi de DALTON.
Que concerne-t-elle ?
Écrivez la formule qui lui correspond.
Quelles sont ses applications à la plongée ?

Question n°11

Donnez la définition de la pression partielle d'un gaz dans un mélange et précisez sa relation avec la pression totale.

Question n°12

Énoncez la loi de HENRY.
A quoi se rapporte-t-elle ?
Quelles sont ses applications à la plongée ?

Question n°13

Quels sont les facteurs qui affectent la dissolution des gaz dans les liquides ?
Dans quel sens agissent-ils ?

Question n°14

Définissez les trois états caractéristiques de la dissolution d'un gaz dans un liquide.
Quels sont les facteurs qui agissent sur la dissolution d'un gaz dans un liquide ?
Quels sont ceux qui varient au cours de la plongée ?

Montrez la relation entre ce phénomène et ce que subit l'organisme du plongeur au cours des différentes phases de la plongée.

Question n° 15

Définissez la notion de tension de gaz dissous.
Au moyen de quelles unités peut-on l'exprimer ?
Cette grandeur s'apparente-t-elle à une pression ?
Que permet-elle de prévoir en ce qui concerne les échanges gazeux ?

Question n° 16

Expliquez la notion de sursaturation d'un liquide par un gaz.
Quand y-a-t-il risque de dégazage au sein du liquide ?

Question n° 17

Donnez la définition du coefficient de sursaturation critique “Sc” et la formule qui lui correspond.
Quelle est sa signification physique (que représente-t-il) et quelle est son utilité ?

Question n° 18

Qu'est ce que la période d'un compartiment ?
A partir de cette grandeur, définir la notion de compartiment.
Qu'appelle-t-on “compartiment directeur” ? Que détermine-t-il ? Reste-t-il constamment le même lors d'une remontée ?

Question n° 19

Sur la base de combien de compartiments la table fédérale a-t-elle été établie ?
Quel est le compartiment qui est pris en considération pour le calcul des plongées successives ?

Question n° 20

Dans la table fédérale, quel compartiment a-t-il été retenu pour établir le tableau de décharge en azote, lorsque le plongeur inhale de l'oxygène pur normobare à la place de l'air après une plongée ?
Pour quelles raisons ?

Question n° 21

Dans le cadre des plongées successives, qu'est-ce que la majoration ?
Quelle est sa justification et que représente-t-elle physiquement ?

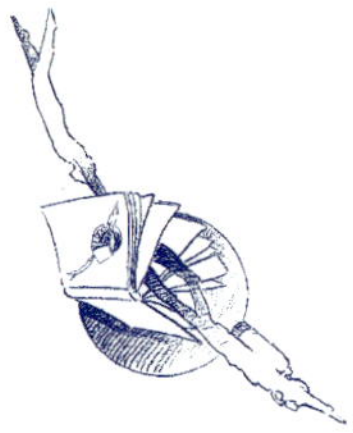

Question n°22

Pourquoi un plongeur ayant effectué une remontée "en catastrophe" doit-il redescendre à mi-profondeur dans le plus bref délai possible ?

Question n°23

Au moyen d'une formule, définissez la notion de température absolue.
Quelle est l'unité correspondante et le symbole utilisé ?

Question n°24

Énoncez la loi de CHARLES.
Écrivez la formule qui lui correspond.
En quoi s'applique-t-elle à la plongée ?

Question n°25

Énoncez la loi de GAY-LUSSAC.

Question n°26

La vitesse de propagation des ondes sonores est plus élevée dans l'eau qu'elle ne l'est dans l'air.
Expliquez pourquoi, en indiquant des valeurs arrondies.

Question n°27

Expliquez pourquoi un plongeur immergé est incapable de localiser une source sonore, telle que le moteur d'un bateau.
En quoi sa sécurité est-elle concernée ?

Physique

réponses

Réponse n°1

Définition dynamique :

toute cause capable de mettre un corps en mouvement ou de modifier ce mouvement (accélération, ralentissement).

Définition statique :

toute cause capable de déformer un corps ou de le maintenir au repos.

Une force est définie complètement par :
- sa direction (ou ligne d'action),
- son sens,
- son point d'application,
- son intensité.

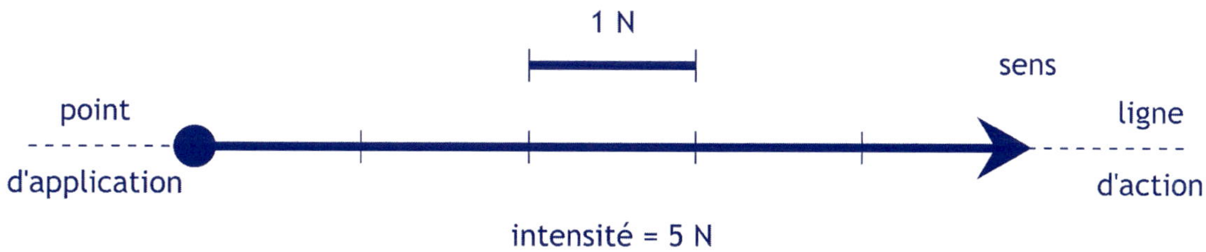

Utilité de cette notion en plongée :
- flottabilité des corps (notion de poids, poussée d'Archimède),
- définition de la notion de pression,
- fonctionnement des détendeurs (équilibre des forces).

Réponse n°2

Les forces sont de même sens : elles s'ajoutent

composantes

force résultante

F3 = F1 + F2

Les forces sont de sens contraires : elles se retranchent

composantes différentes

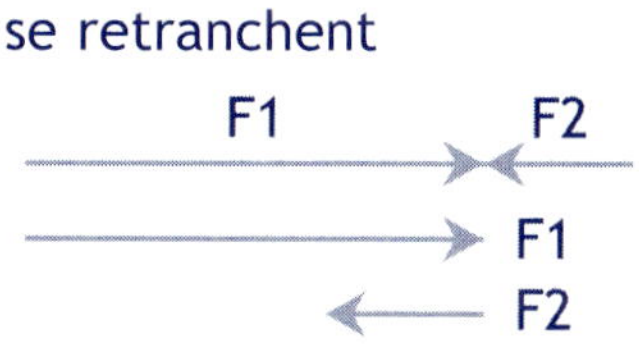

F1 > F2

force résultante

F3 = F1 - F2

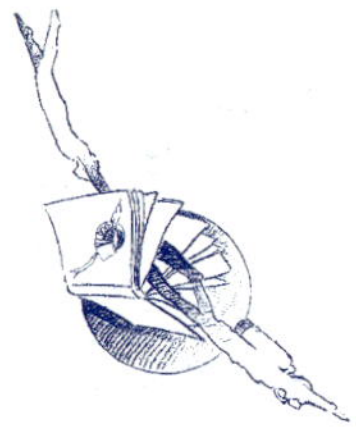

composantes égales

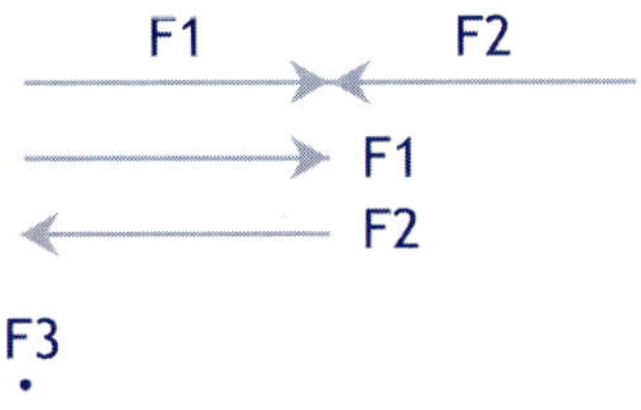

la résultante est nulle

F3 = F1 - F2 = 0

Réponse n°3

Une pression est une force qui s'exerce et se répartit uniformément sur une surface et dont la mesure est le quotient de la force par la surface.

La formule à utiliser dans les calculs s'écrit :

$$\text{Pression}\left(\text{kg/cm}^2\right) = \frac{\text{Force (kg)}}{\text{Surface}\left(\text{cm}^2\right)}$$

1 bar # 1 atm. # 1 kg/cm^2 # 10 m d'eau # 760 mm de Hg = 76 cm de Hg

Réponse n°4

La masse d'un corps représente la quantité de matière que contient ce corps. Elle est invariable quel que soit le lieu où se trouve ce corps.

Unités utilisées :

- le gramme (symbole g),
- le kilogramme (symbole kg),
- la tonne (symbole t = 1 000 kg).

Le poids d'un corps est la force qui tend à le ramener vers le centre de la Terre.

Un corps reposant sur un support exerce sur celui-ci une force égale à son poids.

Le poids varie en fonction du lieu où se trouve ce corps.

Unités utilisées :

- le newton (N) ⇨ unité légale, mais peu commode en plongée
- le kilogramme (kg) ⇨ unité inappropriée, mais commode en plongée

P = M × g dans laquelle

P = poids du corps considéré
M = masse du corps considéré
g = accélération due à la pesanteur

Remarque : **g** varie en fonction du lieu où se trouve le corps, ce qui est également vrai pour le poids.

Réponse n°5

La **masse spécifique** d'un corps est la masse qui correspond à un volume donné de ce corps.

Exemple 1 : masse de 1 dm^3 d'eau = 1 kg
⇨ masse spécifique de l'eau = **1 kg/dm^3**

Exemple 2 : masse de 1 dm^3 de plomb = 11,3 kg
⇨ masse spécifique du plomb = **11,3 kg/dm^3**

Exemple 3 : masse de 1 dm^3 d'air = 1,29 g (sous 1 bar à 0°C)
⇨ masse spécifique de l'air = **1,29 g/dm^3**

Exemple 4 : masse de 1 dm^3 de CO_2 = 1,96 g (sous 1 bar à 0°C)
⇨ masse spécifique du CO_2 = **1,96 g/dm^3**

Unités utilisées :

- ☞ solides et liquides ⇨ le g/cm^3 = 1 kg/dm^3 = 1 t/m^3
- ☞ gaz ⇨ le g/dm^3 = 1 kg/m^3

La **densité** d'un corps est le rapport entre la masse d'un corps et celle d'un corps de référence occupant le même volume.

Exemple 1 : masse de 1 dm^3 d'eau = 1 kg
⇨ densité de l'eau (par rapport à l'eau) = **1**

Exemple 2 : masse de 1 dm^3 de plomb = 11,3 kg
masse de 1 dm^3 d'eau = 1 kg (corps de référence)

⇨ densité du plomb = $\frac{11,3}{1} = \mathbf{11,3}$

Exemple 3 : masse de 1 dm^3 de CO_2 = 1,96 g (sous 1 bar à 0°C)
masse de 1 dm^3 d'air = 1,29 g (corps de référence)

⇨ densité du CO_2 (par rapport à l'air) = $\frac{1,96}{1,29}$ # **1,52**

Exemple 4 : masse de 1 dm^3 de H_2 # 0,089 g (sous 1 bar à 0°C)
masse de 1 dm^3 d'air # 1,29 g (corps de référence)

⇨ densité de H_2 (par rapport à l'air) = $\frac{0,089}{1,29}$ # **0,07**

Unités utilisées :

la densité s'exprime sans unité mais avec le même nombre que la masse spécifique, lorsque le corps de référence est l'eau.

En pratique, on utilise les formules :

$$M = V \times \mu \quad \text{ou encore} \quad V = \frac{M}{\mu} \quad \text{dans lesquelles}$$

M = masse du corps considéré
V = volume du corps considéré
μ = masse spécifique du corps considéré

μ ⇨ lettre grecque “mu”.

Réponse n°6

“Tout corps plongé – totalement ou partiellement – dans un fluide (liquide ou gaz) reçoit, de la part de ce fluide, une poussée verticale dirigée de bas en haut et égale au poids du volume de fluide déplacé par le corps”.

Inversement, tout corps plongé dans un fluide (liquide ou gaz) exerce, sur ce fluide, une poussée verticale dirigée de haut en bas et égale au poids du volume de fluide déplacé par le corps.

La poussée d'Archimède s'exerce au centre de gravité du volume de fluide déplacé par le corps, tandis que le poids du corps s'exerce en son propre centre de gravité.

Cette loi concerne la flottabilité des corps dans les liquides.

La formule à utiliser dans les calculs s'écrit :

Poids apparent = Poids réel - Poussée d'Archimède

Applications à la plongée :
- le lestage,
- la flottabilité induite par la combinaison,
- le poumon ballast,
- l'utilisation du “SSG” (**S**ystème de **S**écurité **G**onflable),
- l'utilisation du “parachute ascensionnel”,
- les techniques d'immersion (canard, phoque).

Réponse n°7

Flottabilité négative (le corps coule) :

$P_{Arch.} < P_{réel}$ ⇨ le poids apparent est **positif**.

Flottabilité nulle (s'il est immergé, le corps est en équilibre indifférent ou, s'il flotte, en équilibre stable) :

$P_{Arch.} = P_{réel}$ ⇨ le poids apparent est **nul**.

Flottabilité positive (le corps remonte) :

$P_{Arch.} > P_{réel}$ ⇨ le poids apparent est **négatif**.

Réponse n°8

"A température constante, le volume occupé par un gaz est inversement proportionnel à la pression qu'il subit".

Cette loi concerne la compressibilité des gaz et des mélanges gazeux.

La formule à utiliser dans les calculs s'écrit :

$$P_1 \times V_1 = P_2 \times V_2 = P_3 \times V_3 = \ldots = P_n \times V_n$$

Applications à la plongée :

- barotraumatismes,
- utilisation du "SSG",
- variations de volume de la combinaison en fonction de la profondeur,
- consommation d'air,
- gonflage des bouteilles,
- profondimètre capillaire et à piston,
- aggravation des accidents de décompression,
- traitement de ces accidents (recompression au caisson).

Réponse n°9

Toutes choses étant égales par ailleurs (profondeur, consommation), la durée d'une plongée est proportionnelle, d'une part à la contenance du bloc et, d'autre part, à la pression de l'air dans celui-ci. Cela signifie que la quantité d'air disponible pour le plongeur est proportionnelle à ces deux facteurs, c'est-à-dire à leur produit.

Le produit $P \times V$ représente donc une quantité de gaz.

En écrivant la loi de Mariotte au moyen de la relation :

$$P_1 \times V_1 = P_2 \times V_2 = P_3 \times V_3 = \ldots = P_n \times V_n$$

on ne fait qu'exprimer la conservation de la quantité de gaz, quelles que soient les valeurs respectives de la pression du gaz et de son volume.

Alors que les volumes gazeux ne peuvent être additionnés ou soustraits (sauf à pressions identiques), de même pour les pressions (sauf à volumes identiques), les quantités de gaz sont parfaitement additives ou soustractives.

Dans tous les calculs qui font appel à la loi de Mariotte, il sera commode de faire reposer le raisonnement sur des quantités de gaz, en les additionnant ou en les soustrayant, tout en exprimant la conservation de la quantité totale de gaz mise en jeu.

Réponse n° 10

"Dans un mélange gazeux, chaque gaz se comporte comme s'il était seul".

La pression absolue (ou totale) d'un mélange gazeux est égale à la somme des pressions partielles des constituants de ce mélange.

Cette loi concerne le comportement des gaz dans les mélanges.

La formule à utiliser dans les calculs s'écrit :

Pression Partielle = Pression Absolue × Concentration (%)

Applications à la plongée :

- accidents imputables à la toxicité des gaz,
- calcul des tables de décompression,
- oxygénothérapie hyperbare,
- adaptation de tables à la plongée en altitude,
- élaboration et utilisation des mélanges respiratoires spéciaux (nitrox, trimix).

Réponse n° 11

La pression partielle d'un gaz dans un mélange est égale à la pression qu'aurait ce gaz s'il occupait à lui seul le volume occupé par le mélange.

La pression totale d'un mélange de gaz est égale à la somme des pressions partielles de chacun de ses constituants.

Réponse n° 12

"A température constante, et à saturation, la quantité de gaz dissoute dans un volume donné de liquide est proportionnelle à la pression de ce gaz au-dessus du liquide".

$$Q = K \times P$$

avec :

Q = quantité de gaz dissoute dans un volume donné de liquide
K = coefficient de solubilité du gaz dans le liquide (constante de Henry)
P = pression du gaz au-dessus du liquide

Cette loi se rapporte à la dissolution des gaz dans les liquides.

Applications à la plongée :

- dissolution des gaz dans les tissus de l'organisme,
- calcul des tables de décompression,
- accidents de décompression,
- traitement de ces accidents (médecine hyperbare).

Réponse n° 13

Sept facteurs affectent la dissolution d'un gaz dans un liquide :

- la nature du liquide : N_2 est plus soluble dans les graisses que dans l'eau,
- la nature du gaz : CO_2 est plus soluble dans l'eau que ne l'est O_2,
- la pression : proportionnalité avec la quantité de gaz dissoute dans un volume donné de liquide,
- la température : la solubilité des gaz diminue si la température augmente,
- le temps : la quantité de gaz dissoute varie selon une loi exponentielle,
- la surface de contact : la vitesse de dissolution augmente avec la surface de contact,
- l'agitation : la vitesse de dissolution augmente avec l'agitation.

Réponse n° 14

Sous-saturation :

le liquide peut encore dissoudre du gaz.

Saturation :

le liquide ne peut normalement plus dissoudre de gaz. Il y a équilibre.

Sursaturation :

le liquide contient davantage de gaz dissous que ne le prévoit la loi de Henry. On a affaire à un état très instable (appelé équilibre métastable).

Sept facteurs affectent la dissolution d'un gaz dans un liquide :

- la nature du liquide : constant (les compartiments),
- la nature du gaz : constant (l'azote),
- la pression : **variable** (selon la profondeur),
- la température : constant (température du corps),
- le temps : **variable** (selon la durée de la plongée),
- la surface de contact : constant (surface des alvéoles),
- l'agitation : **variable** (selon l'activité physique du plongeur).

Au cours de la descente : la pression augmente, le sang et les tissus absorbent de l'azote. Ils sont sous-saturés.

Pendant le séjour au fond : les tissus continuent d'absorber de l'azote, et tendent vers un nouvel état de saturation, ceux à courte période arrivant le plus vite à saturation.

Au cours de la remontée : la pression diminue, les tissus restituent l'azote qu'ils ont absorbé mais leur tension d'azote diminue moins rapidement que ne le fait la pression et ils passent en état de sursaturation. Si cet état dépasse une valeur critique, il y a risque de dégazage anarchique (formation de bulles pathogènes).

Réponse n° 15

La loi de Henry s'exprime par la relation :

$$PN_2 = K \times \frac{QN_2}{V} = K \times C$$

dans laquelle :

PN_2 = pression exercée par le gaz sur le liquide
K = constante de Henry
QN_2 = quantité de gaz dissoute dans le liquide
V = volume du liquide
C = concentration de gaz dissous

Par commodité, à la place de la concentration de gaz dissous, on préfère utiliser une grandeur qui lui est proportionnelle que l'on appelle **tension** et que l'on exprime au moyen d'une **unité de pression**, en écrivant :

$$TN_2 = K \times C$$

La tension peut s'exprimer au moyen de toute unité de pression : le mm de Hg, le bar, etc.

Bien qu'on les exprime au moyen de la même unité, la tension et la pression sont deux grandeurs physiques de natures totalement différentes. En effet, une tension s'apparente à une quantité de gaz dissous dans un volume donné de liquide, c'est-à-dire à une concentration.

Par comparaison avec la pression, la tension permet de connaître le sens des échanges gazeux :

$TN_2 < PN_2$ ⇨ sous-saturation, solubilisation du gaz dans le liquide
$TN_2 = PN_2$ ⇨ équilibre à saturation, aucun échange
$TN_2 > PN_2$ ⇨ sursaturation, dégazage

Réponse n° 16

A saturation, la loi de Henry détermine la quantité de gaz dissoute dans un volume donné de liquide ou dans un compartiment).

Dans certaines circonstances, cette quantité de gaz est supérieure à celle qui est prévue par la loi de Henry : il y a sursaturation.

Le risque de dégazage anarchique apparaît lorsque l'état de sursaturation dépasse une valeur critique, définie par le coefficient Sc, avec :

$$Sc = \frac{\textbf{Tension } N_2 \textbf{ dans le tissu considéré}}{\textbf{Pression absolue}}$$

Réponse n° 17

C'est la valeur limite du rapport

$$\frac{\text{Tension } N_2 \text{ dissous}}{\text{Pression absolue}}$$

au-delà de laquelle la sursaturation d'un liquide par un gaz peut conduire à un dégazage anarchique (formation de bulles pathogènes).

$$Sc = \frac{\textbf{Tension } \mathbf{N_2} \textbf{ dans le compartiment considéré}}{\textbf{Pression absolue}}$$

Il représente l'état de sursaturation extrême d'un compartiment donné, avant que ne se produise un dégazage anarchique, cause de l'accident de décompression.

Il sert au calcul des tables de décompression.

Réponse n° 18

Période :

temps mis par un compartiment pour dissoudre (ou éliminer) la moitié de la quantité de gaz qu'il peut dissoudre (ou éliminer), en passant d'un état d'équilibre (saturation) à un autre état d'équilibre.

Compartiment :

groupe d'organes du corps qui se caractérisent par la même période.

Compartiment directeur :

compartiment qui, lors de la remontée, se rapproche le plus de la sursaturation critique ; il détermine l'arrêt au palier suivant et il peut changer au cours de la remontée, ainsi qu'après la sortie de l'eau.

Réponse n° 19

La table fédérale est établie sur la base de 12 compartiments.

Le compartiment de période 120 minutes est utilisé pour le calcul des plongées successives.

Réponse n° 20

Le compartiment de période 240 minutes.

L'inhalation d'oxygène a lieu lorsque le sujet est au repos.

L'oxygène possède un effet vaso-constricteur puissant qui réduit le calibre des vaisseaux et le débit sanguin dans les tissus.

Or, la période d'un tissu est fonction de son taux de perfusion par le flux sanguin.

Pour tenir compte de ces différents facteurs, on double la période du compartiment dans lequel on calcule les échanges pour le calcul des variations de l'azote résiduel, sous inhalation d'oxygène à la place de l'air.

Cette période passe donc de 120 à 240 minutes.

Réponse n° 21

La majoration est la durée fictive qu'il faut ajouter à la durée réelle de la seconde plongée, pour déterminer les paliers qui lui correspondent.

Dans le cas de plongées successives, au départ de la seconde plongée, le compartiment 120 minutes – considéré comme directeur – n'a pas été totalement débarrassé de l'excès d'azote résultant de la première plongée.

La majoration représente le temps qu'un plongeur à sa première plongée aurait dû passer à la profondeur de la seconde plongée pour que la tension d'azote dans le compartiment 120 minutes parvienne à la même valeur que celle que ce compartiment possède au départ de la seconde plongée.

Réponse n° 22

Lors d'une remontée en catastrophe, la diminution de la tension d'azote (TN_2) dans les compartiments n'est pas assez rapide et pour certains d'entre eux il y a un risque de dépassement de leur coefficient de sursaturation critique Sc.

Pour limiter ce risque, sachant que :

$$Sc = \frac{TN_2}{P_{abs.}}$$

il convient de redescendre à une profondeur minimale, telle que la pression absolue ($P_{abs.\ mini}$) y soit suffisamment élevée pour que le rapport $TN_2/P_{abs.}$ reste inférieur à Sc.

Si on se place dans le cas le plus défavorable qui soit :

- compartiment saturé ⇨ $TN_2 = P_{abs.\ plongée} \times 0{,}8$
- Sc minimal = 1,54 (compartiment 120' de la table fédérale)

on aura alors :

$$\frac{P_{abs.plongée} \times 0{,}8}{P_{abs.mini}} \leq 1{,}54$$

soit :

$$P_{abs.mini} \geq P_{abs.plongée} \times \frac{0{,}8}{1{,}54} \; \# \; P_{abs.plongée} \times 0{,}52$$

Il faut donc redescendre à une profondeur telle que la pression absolue y soit au moins égale à 0,52 fois la pression absolue subie au cours de la plongée.

Pour simplifier les calculs, il a été décidé d'appliquer cette règle à la profondeur en prenant 0,5 au lieu de 0,52, ce qui nous donne la demi-profondeur comme profondeur minimale de ce premier palier (cette simplification accroît la sécurité).

Remarque : cette procédure ne saurait en aucun cas constituer un moyen curatif destiné à traiter un accident de décompression, même à son début. Il ne s'agit que d'un moyen de prévention visant à l'éviter. Le plongeur qui utilise cette procédure devra toujours être accompagné.

Réponse n°23

Température absolue = Température (°Celsius) **+ 273**

Unité : le **kelvin** ⇨ symbole **K**

Réponse n°24

"A volume constant, la pression d'un gaz est proportionnelle à sa température absolue".

$$\textbf{Pression} = C \times T$$

avec :
- C = coefficient de proportionnalité
- T = température absolue

$$T_{(K)} = \text{Temp. abs.} = \text{Temp.}_{(°C)} + 273$$

$$\frac{P_1}{T_1} = \frac{P_2}{T_2} = \frac{P_3}{T_3} = \dots = \frac{P_n}{T_n}$$

Application à la plongée : variations de la pression dans les bouteilles en fonction de la température (échauffement lors d'une exposition au soleil, refroidissement après gonflage).

Réponse n°25

"A pression constante, le volume occupé par un gaz est proportionnel à sa température absolue".

$$\textbf{Volume} = C \times T$$

avec :
- C = coefficient de proportionnalité
- T = température absolue

$$T_{(K)} = \text{Temp. abs.} = \text{Temp.}_{(°C)} + 273$$

$$\frac{V_1}{T_1} = \frac{V_2}{T_2} = \frac{V_3}{T_3} = \dots = \frac{V_n}{T_n}$$

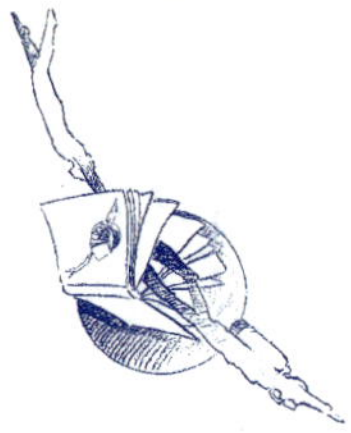

Remarque : la constante C est égale à $V_0 \times \alpha$, avec

V_0 = volume dans les conditions standard (P = 1 bar, t = 0°C)

$$\alpha = \frac{1}{273}$$

α ⇨ lettre grecque "alpha"

Réponse n°26

Le son est un phénomène vibratoire, qui a besoin d'un support matériel pour se propager. Il se transmet de proche en proche dans la matière (solide, liquide, gaz) par ondes de pression entre les particules qui la constituent (atomes, molécules).

Dans les solides, ces particules sont très proches les unes des autres, la matière est extrêmement peu compressible et le son s'y propage rapidement (~ 5 000 m/seconde dans l'acier).

Dans les liquides, les molécules sont moins proches, la matière est très légèrement compressible et le son s'y propage un peu moins vite (~ 1 500 m/seconde dans l'eau).

Dans les gaz, les molécules sont espacées, la matière est très compressible et le son s'y propage encore moins vite (~ 330 m/seconde dans l'air sous 1 bar et à 0°C).

Contrairement à une idée reçue, ce n'est pas parce que l'eau est plus dense que l'air que le son s'y propage plus vite. C'est seulement parce qu'elle est moins compressible. Il se trouve que les matériaux les moins compressibles sont en général les plus denses, d'où cette confusion. A compressibilité identique, le son se propage moins vite dans les matériaux à plus forte densité.

Remarque : le vide absolu peut être considéré comme étant infiniment compressible ; le son ne s'y propage pas, sa vitesse y est nulle.

Réponse n°27

Notre cerveau est capable de localiser une source sonore en analysant le retard de perception d'une oreille à l'autre.

Dans l'eau, du fait que le son s'y propage plus vite que dans l'air, il atteint les deux oreilles quasiment en même temps. Le retard est tellement faible que le cerveau ne perçoit plus ce retard et le son semble venir de toutes les directions à la fois. Nous devenons incapables de le localiser.

Lorsqu'il entend le bruit d'un moteur de bateau, par exemple, le plongeur ne sait pas d'où il vient. Il peut seulement détecter s'il se rapproche ou s'il s'éloigne. Au palier de 3 mètres ou au moment de rejoindre la surface, il doit donc écouter attentivement et descendre de un ou deux mètres à l'approche d'un bruit suspect qui pourrait ressembler à celui d'un moteur.

Physique
problèmes

L'ensemble des questions se répartit en six groupes :

Problème n° 1

Au-dessus d'un lac de montagne, la pression atmosphérique est égale à 532 mm de mercure.

A une profondeur réelle de 35 mètres, quelle est la profondeur lue sur un bathymètre à membrane ?

Pression atmosphérique au niveau de la mer = 760 mm Hg.

Problème n° 2

Au-dessus d'un lac de montagne, la pression atmosphérique est égale à 570 mm de mercure. La profondeur lue sur un bathymètre à tube de Bourdon est égale à 40 mètres.

Quelle est la profondeur réelle ?

Pression atmosphérique au niveau de la mer = 760 mm Hg.

Problème n° 3

Dans un lac de montagne, au-dessus duquel règne une pression atmosphérique égale à 646 mm de mercure, à quelle profondeur la pression absolue est-elle égale à 4,35 bars ?

Pression atmosphérique au niveau de la mer = 760 mm Hg.

Problème n° 4

Au-dessus d'un lac de montagne, quelle est la pression atmosphérique exprimée en millimètres de mercure, sachant qu'à 28 mètres la pression absolue est égale à 3,5 bars ?

Pression atmosphérique au niveau de la mer = 760 mm Hg.

Problème n° 5

Vous plongez dans un lac de moyenne altitude. Vous ne savez pas quelle est la pression atmosphérique, mais vous disposez d'une carte routière détaillée.

Quelle règle appliquez-vous pour connaître la pression atmosphérique ?

Illustrez votre réponse par un exemple, en indiquant la pression atmosphérique en bars et en millimètres de mercure.

Problème n° 6

Un plongeur stationne depuis plus de 24 heures dans une maison sous la mer du type “cloche à plongeur”, immergée à une profondeur de 10 mètres.

Équipé d'un profondimètre du type “loi de Mariotte”, il part en exploration.

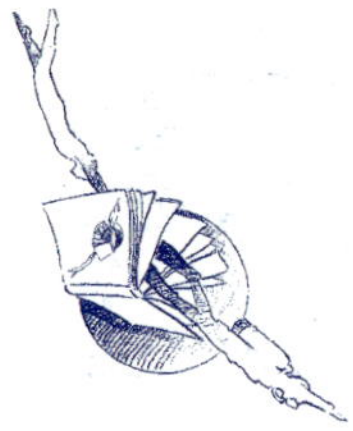

A quelle profondeur réelle se trouve-t-il, lorsqu'il lit sur son profondimètre :
- 10 mètres,
- 20 mètres,
- 30 mètres ?

Problème n°7

Les indications de trois profondimètres sont comparées au fond d'un lac de montagne. Le premier (électronique) indique 32 mètres. Le deuxième (à tube de Bourdon sans remise à zéro) indique 30 mètres. Le troisième (du type loi de Mariotte) indique 40 mètres.

Pourquoi ces différences ?

En utilisant deux méthodes différentes, calculez la pression atmosphérique au-dessus du lac.

Problème n°8

Un profondimètre à tube de Bourdon est étalonné dans une eau de densité 1,026 et une pression atmosphérique de 1 013 millibars.

Quelle profondeur indiquera-t-il à la profondeur réelle de 60 mètres, dans une eau de densité égale à 1, si la pression atmosphérique est égale à 853 millibars ?

Problème n°9

Le volume d'un objet indéformable est égal à 6,4 dm^3. Sa masse réelle est égale à 6 500 g.

Immergé dans de l'eau douce, quel est son poids apparent et que fait-il ?

Même question dans l'eau de mer.

Densité de l'eau douce = 1 ; densité de l'eau de mer = 1,03.

Problème n°10

Totalement équipé, un plongeur déplace un volume d'eau égal à 100 dm^3.

Ayant réglé son lest en lac, il décide d'aller plonger en mer avec le même équipement.

De quelle façon devra-t-il ajuster son lestage ?

Densité de l'eau douce = 1 ; densité de l'eau de mer = 1,03.

Problème n° 11

Un cube de 0,50 mètre de côté, de densité égale à 4, repose sur un fond de 30 mètres en eau douce.

Quel volume d'air faut-il mettre dans un parachute attaché à ce cube pour que l'ensemble soit en flottabilité nulle ?

Quel sera ce volume si le cube est plongé dans les eaux de la Mer Morte (densité égale à 1,2) ?

On négligera le poids et la flottabilité du parachute.

Problème n° 12

Quel est le poids apparent d'un kilogramme de plomb dans une eau de densité égale à 1 ?

Même question avec une eau de densité égale à 1,03.

Densité du plomb = 11,3.

Problème n° 13

La masse d'un boîtier de caméra est égale à 3 kg, son volume est égal à 5 dm^3. On dispose d'un lest de masse volumique égale à 11 kg/dm^3.

Quelle est la masse de lest à ajouter pour que le poids apparent du boîtier soit nul dans une eau de densité égale à 1 :

a) le lest étant placé à l'intérieur du boîtier,
b) le lest étant placé à l'extérieur du boîtier ?

Même question avec une eau de densité égale à 1,03.

Problème n° 14

Une amphore, dont la masse est 72 kg et dont le volume est 48 dm^3, repose sur un fond de 50 mètres dans de l'eau douce.

Un plongeur y attache un parachute dans lequel il introduit 20 litres d'air.

Que se passe-t-il ?

Quel volume d'air le plongeur doit-il introduire dans son gilet pour décoller l'amphore du fond avec son parachute ?

Si le plongeur ne possède pas de gilet, à partir de quelle profondeur l'ensemble remontera-t-il sans assistance ?

Mêmes questions dans une eau de mer de densité égale à 1,03.

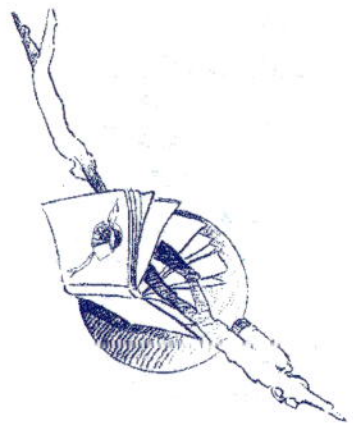

Problème n° 15

La masse d'un morceau de glace est égale à 100 grammes. Sa densité est égale à 0,917.

Placé dans de l'eau pure dont la température est égale à 0° C, que fait-il ?

S'il coule, quel est son poids apparent ?

S'il flotte, quel est le pourcentage de son volume qui émerge ?

Le récipient qui contient l'eau est rempli à ras bord. On laisse fondre le glaçon. Une fois celui-ci fondu, comment le niveau de l'eau a-t-il évolué ?

Problème n° 16

Un corps solide indéformable flotte en eau douce. Le volume de ce corps qui émerge est égal à 3,2 dm^3.

On accroche sous ce corps un lest de densité égale à 5 de telle sorte que, totalement immergé, la flottabilité de l'ensemble soit nulle.

Quelle est la masse de ce lest ?

Même question dans de l'eau de mer de densité égale à 1,025.

Problème n° 17

Un cylindre, dont la section est de 5 cm^2 et la longueur totale de 50 cm, se compose de deux parties. La première partie, qui correspond à 10 % de la longueur totale, est faite d'une matière dont la masse spécifique est égale à 3,2 kg/dm^3. La masse spécifique de la seconde partie est égale à 0,6 kg/dm^3.

Ce cylindre est placé dans l'eau pure. En justifiant votre réponse par le calcul, indiquez :
- s'il flotte,
- quelle position il prend dans cette éventualité,
- quelle est la hauteur qui émerge de l'eau.

Que devient la hauteur émergée dans un liquide de masse spécifique égale à 1,25 kg/dm^3 ?

Quelle devrait être la masse spécifique du liquide pour que le cylindre soit totalement immergé, en flottabilité nulle ?

Problème n° 18

Une bouteille de bouée neuve, d'une contenance de 0,4 litre, est gonflée sur un bloc de 12 litres chargé lui-même à 180 bars absolus.

A quelle pression absolue cette bouteille sera-t-elle gonflée ?

Quelle sera la pression lue au manomètre ?

Donnez la réponse avec une décimale après la virgule.

Problème n° 19

Un plongeur gonfle sa bouée de remontée à une profondeur de 40 mètres. La bouteille de la bouée, d'une contenance de 0,4 litre, était gonflée à 175 bars.

Quel est le volume d'air introduit dans la bouée ?

Sachant que la contenance maximale de la bouée est de 17 litres, à quelle profondeur sera-t-elle gonflée à bloc ?

Problème n° 20

La masse totale de votre bloc de 15 litres vide est égale à 20 kg. Le responsable du gonflage prétend l'avoir gonflé à 180 bars.

Ne disposant pas de manomètre pour contrôler la pression, vous pesez votre bloc, et vous trouvez une masse de 23 kg.

Quelle est d'après vous la pression absolue dans le bloc ?

La température est supposée rester constante ; considérer que 1 litre d'air pèse 1,3 g sous 1 bar.
Arrondir le résultat à l'entier le plus proche.

Problème n° 21

Un plongeur dispose d'un bloc de 12 litres gonflé à 175 bars, dont la réserve est tarée à 35 bars.

Il plonge à 25 mètres, sa consommation est de 24 litres par minute.

Quelle est la durée de sa plongée avant qu'il n'actionne sa réserve ?

Au bout de combien de temps demandera-t-il de l'air à son coéquipier s'il a plongé avec sa réserve baissée ?

On supposera que le plongeur utilise un détendeur à un étage.

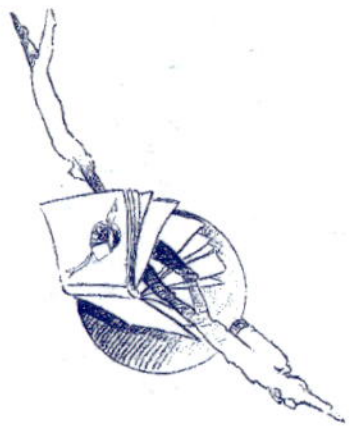

Problème n° 22

Successivement sur deux tampons, ayant chacun une contenance égale à 20 litres et gonflés tous les deux à 200 bars, on charge un bloc de 10 litres, dans lequel la pression résiduelle est de 20 bars.

A quelle pression ce bloc sera-t-il gonflé ?

Problème n° 23

Pour gonfler un bloc dont le volume interne est de 10 litres et dans lequel la pression résiduelle est égale à 20 bars, on dispose de deux bouteilles tampons de 20 litres, gonflées chacune à 200 bars.

Quelle méthode utiliseriez-vous pour gonfler le bloc à la pression maximale :
- gonflage sur les deux tampons reliés ensemble,
- gonflages successifs, sur un tampon, puis sur l'autre ?

Justifiez votre réponse par le calcul.

Problème n° 24

On dispose de deux tampons de 50 litres chacun. Le premier est gonflé à 150 bars, le second à 200 bars.

Sur le premier tampon, on charge jusqu'à équilibre des pressions un bloc de 10 litres dans lequel la pression résiduelle est de 30 bars.

Sur le second tampon, on finit de gonfler le bloc jusqu'à ce que la pression de gonflage de celui-ci atteigne 175 bars.

Quelle est la pression finale dans le second tampon ?

Problème n° 25

Un plongeur dispose de deux bouteilles tampons de 50 litres chacune, toutes deux gonflées à 200 bars.

Il gonfle successivement sur ces deux tampons un bloc de 10 litres, dont la pression résiduelle est de 20 bars.

Sur ce bloc, il recharge alors une bouteille de gilet de 0,4 litre, dans laquelle la pression résiduelle était de 65 bars.

Plongeant à une profondeur de 70 mètres, il ouvre cette bouteille de secours et commence de remonter. A quelle profondeur son gilet sera-t-il gonflé à bloc, sachant que la contenance maximale de celui-ci est égale à 14 litres ?

On considérera les deux possibilités :
- la bouteille de gilet est refermée avant de remonter,
- la bouteille de gilet est laissée ouverte.

Problème n°26

On possède dix bouteilles tampons de 52 litres chacune, toutes gonflées à 220 bars et connectées entre elles

On compte gonfler simultanément, à 180 bars, quatre blocs de 12 litres chacun.

En début d'opération, deux de ces blocs sont encore gonflés à 30 bars, les deux autres sont vides.

Quelle sera la pression finale dans les tampons à l'équilibre ?

Problème n°27

A quelle profondeur se trouve un plongeur qui respire de l'air dans lequel la pression partielle d'azote est égale à 3,6 bars ?

Problème n°28

On dispose du mélange gazeux ayant la composition suivante :
- gaz A : 25 %,
- gaz B : 15 %,
- gaz C : 60 %.

Quelles seront les pressions partielles respectives des gaz A, B et C, lorsque le mélange est respiré à une profondeur de 50 mètres ?

Problème n°29

A quelle profondeur un plongeur respirant de l'air dont la teneur en gaz carbonique est égale à 2 % entrera-t-il en syncope ?

P_pCO_2 conduisant à la syncope = 80 g/cm^2.

Problème n°30

A quelle profondeur maximale peut-on utiliser un mélange qui contient :
- 50 % d'oxygène,
- 50 % d'azote,

sans risque d'hyperoxie ?

Ayant plongé à cette profondeur, le plongeur ne dispose que de sa table de plongée à l'air.

Quelle sera la profondeur d'entrée dans cette table ?

On admet que l'hyperoxie se déclenche à partir d'une P_pO_2 = 1,6 bar.

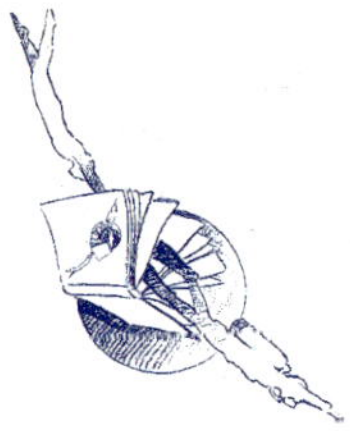

Problème n° 31

Un mélange O_2-N_2 autorise une plongée à 30 mètres sans risque d'hyperoxie.

Quelle est sa teneur en oxygène ?

Quelle est dans ce cas la profondeur d'entrée dans la table de plongée à l'air ?

On admet que l'hyperoxie se déclenche à partir d'une P_pO_2 = 1,6 bar.

Problème n° 32

Un plongeur respire un mélange O_2-N_2.

Ayant plongé à 40 mètres, il sait qu'il doit entrer dans sa table de plongée à l'air à la profondeur de 30 mètres.

Quelle est la composition de ce mélange ?

Problème n° 33

Un plongeur respire de l'air dans lequel la P_pO_2 est égale à 0,48 bar.

A quelle profondeur se trouve-t-il ?

A quelle profondeur la pression partielle d'oxygène dans l'air respiré sera-t-elle égale à 2 bars ?

Quels sont les risques d'une telle plongée ?

Considérer que la composition de l'air est : O_2 = 20 % et N_2 = 80 %.

Problème n° 34

On dispose d'une bouteille de 12 litres d'oxygène chargée à 60 bars et d'une bouteille de 60 litres d'azote chargée à 30 bars, que l'on met en communication jusqu'à équilibre complet de la pression et de la composition du mélange.

Calculez :
- la pression totale du mélange,
- la pression partielle de chacun des gaz,
- la concentration respective de chacun des gaz.

Problème n° 35

Un plongeur dispose d'un mélange O_2-N_2, avec lequel il ne veut pas plonger plus profond que ne le permet la limite de toxicité de chacun de ces deux gaz.

Calculez la composition du mélange et la profondeur limite de la plongée, sachant que :
- la P_pO_2 ne doit pas être supérieure à 1,6 bar,
- la P_pN_2 ne doit pas être supérieure à 4,8 bars.

Problème n° 36

Au-dessus d'un lac de montagne, la pression atmosphérique est égale à 608 mm de mercure.

Sachant qu'on respire de l'air, à quelle profondeur la pression partielle d'azote sera-t-elle égale à 3 bars ?

Quelle sera alors la pression partielle d'oxygène ?

Considérer que la composition de l'air est : O_2 = 20 % et N_2 = 80 %.

Problème n° 37

Dans un lac de montagne, au-dessus duquel la pression atmosphérique est égale à 532 mm de mercure, un plongeur respire un mélange contenant 35 % d'oxygène et 65 % d'azote, mélange dans lequel la pression partielle d'oxygène est égale à 1,4 bar.

A quelle profondeur réelle le plongeur se trouve-t-il ?

Quelle est alors la pression partielle d'azote ?

Problème n° 38

Au-dessus d'un lac de montagne, la pression atmosphérique est égale à 608 mm de mercure.

A quelle profondeur réelle est-il possible de plonger sans risque d'hyperoxie, si on respire un mélange composé de 50 % d'oxygène et de 50 % d'azote ?

On admet que l'hyperoxie se déclenche à partir d'une P_pO_2 = 1,6 bar.

Problème n° 39

Au-dessus d'un lac de montagne, la pression atmosphérique est égale à 532 mm de mercure.

Quelle est la proportion maximale d'oxygène qu'un mélange $O_2 - N_2$ peut contenir pour pouvoir plonger à 25 mètres sans risque d'hyperoxie ?

On admet que l'hyperoxie se déclenche à partir d'une P_pO_2 = 1,6 bar.

Problème n° 40

Dans un lac de montagne, un mélange composé de 50 % d'oxygène et de 50 % d'azote permet de plonger sans risque d'hyperoxie jusqu'à 24 mètres.

Quelle est la pression atmosphérique au-dessus de ce lac, exprimée en millimètres de mercure ?

On admet que l'hyperoxie se déclenche à partir d'une P_pO_2 = 1,6 bar.

Problème n° 41

Un compartiment de période 30 minutes, saturé à la pression atmosphérique, est immergé à 20 mètres de profondeur lors d'une plongée à l'air.

Quelle sera la tension d'azote dissous dans ce compartiment après deux heures d'immersion ?

Problème n° 42

Un compartiment de période 120 minutes, saturé à la pression atmosphérique, est immergé durant 4 heures à la profondeur de 10 mètres.

Calculez quelle sera la tension d'azote dans ce compartiment lors de son retour en surface.

Problème n° 43

Un compartiment de période 30 minutes (Sc = 1,82), saturé à l'air sous pression atmosphérique, est exposé en laboratoire pendant 1 heure 30 minutes à un mélange contenant 30 % d'oxygène et 70 % d'azote, sous une pression de 6 bars.

Quelle sera la tension d'azote finale de ce compartiment ?

A quelle pression ce compartiment peut-il être réexposé sans risque de dégazage anarchique ?

Considérer que la composition de l'air est : O_2 = 20 % et N_2 = 80 %.

Problème n° 44

Un plongeur termine sa plongée avec une tension d'azote égale à 1,51 bar dans le compartiment 120 minutes (groupe de plongée successive P de la table fédérale).

Quelle sera la valeur de cette tension après deux heures passées en surface ?

Quelle aurait été la valeur de cette tension s'il avait respiré de l'oxygène pur pendant ces deux heures ?

Problème n° 45

Un plongeur termine sa plongée avec une tension d'azote égale à 1,44 bar dans le compartiment 120 minutes.

Quelle sera la valeur de cette tension après deux heures passées en surface selon qu'il respire :

a) de l'oxygène pur ;
b) un nitrox contenant 60 % O_2 et 40 % N_2 ;
c) un nitrox contenant 40 % O_2 et 60 % N_2 ;
d) de l'air ?

Considérer que la composition de l'air est : O_2 = 20 % et N_2 = 80 %.

Problème n°46

Un compartiment de période 7 minutes (Sc = 2,54), saturé à la pression atmosphérique, est immergé pendant 14 minutes à 40 mètres de profondeur lors d'une plongée à l'air.

A quelle profondeur peut-on remonter rapidement ce compartiment sans risque de dégazage anarchique ?

Quelle est la profondeur effective du premier palier ?

Problème n°47

Un ensemble de deux compartiments, de périodes respectivement égales à 30 minutes (Sc = 1,82) et 60 minutes (Sc = 1,58) – préalablement saturés à l'air – est immergé pendant 1 heure à 40 mètres de profondeur lors d'une plongée à l'air.

On demande :
- la profondeur limite à laquelle chacun de ces compartiments pourra être remonté rapidement sans risque de dégazage anarchique,
- d'identifier lequel des deux est le compartiment directeur,
- la profondeur du premier palier dans la table fédérale.

Problème n°48

Un ensemble de trois compartiments, de périodes respectivement égales à 7 minutes (Sc = 2,54), 30 minutes (Sc = 1,82) et 60 minutes (Sc = 1,58) – préalablement saturés à l'air – est immergé pendant 1 heure à 40 mètres de profondeur lors d'une plongée à l'air.

On demande :
- la profondeur limite à laquelle chacun de ces compartiments pourra être remonté rapidement sans risque de dégazage anarchique,
- d'identifier lequel des trois est le compartiment directeur,
- la profondeur du premier palier dans la table fédérale.

Mêmes questions pour une durée de 4 heures.

Que remarquez-vous ?

Problème n°49

Un ensemble de quatre compartiments, de périodes respectivement égales à 7 minutes (Sc = 2,54), 30 minutes (Sc = 1,82), 60 minutes (Sc = 1,58) et 120 minutes (Sc = 1,54) – préalablement saturés à l'air – est immergé pendant 2 heures à 30 mètres de profondeur lors d'une plongée à l'air.

On demande :

- la profondeur limite à laquelle chacun de ces compartiments pourra être remonté rapidement sans risque de dégazage anarchique,
- d'identifier lequel des quatre est le compartiment directeur,
- la profondeur du premier palier dans la table fédérale.

Mêmes questions pour une profondeur de 60 mètres.

Que remarquez-vous ?

Problème n°50

Un plongeur effectue une plongée à l'air de 2 heures à une profondeur de 12 mètres, sans faire aucun palier.

Sachant que, 15 minutes après être sorti de l'eau, il doit prendre un hélicoptère, à quelle altitude maximale celui-ci pourra-t-il monter ?

On admettra que la pression atmosphérique diminue régulièrement de 0,1 bar tous les 1 000 m.

Problème n°51

Un plongeur photographe passe 2 heures à une certaine profondeur et ressort sans faire aucun palier.

Sachant qu'il doit prendre un hélicoptère 15 minutes après être sorti de l'eau et que l'altitude de vol sera de 2 500 mètres, quelle sera la profondeur maximale de sa plongée ?

On admettra que la pression atmosphérique diminue régulièrement de 0,1 bar tous les 1 000 m.

Problème n°52

Un plongeur sort de l'eau avec une TN_2 égale à 1,42 bar dans le compartiment 120 minutes (groupe de plongée successive N de la table fédérale).

Sachant qu'il doit prendre un hélicoptère et que l'altitude de vol atteindra 2 800 mètres, quel intervalle de temps minimal devra-t-il respecter entre sa sortie de l'eau et son envol ?

On admettra que la pression atmosphérique diminue régulièrement de 0,1 bar tous les 1 000 m.

Problème n°53

Un plongeur doit prendre un hélicoptère 2 heures après sa sortie de l'eau.

Sachant que l'altitude maximale de vol sera de 2 730 mètres et que la profondeur de sa plongée a été de 16 mètres, quelle sera la durée maximale de celle-ci ?

On admettra que la pression atmosphérique diminue régulièrement de 0,1 bar tous les 1 000 m.

Problème n° 54

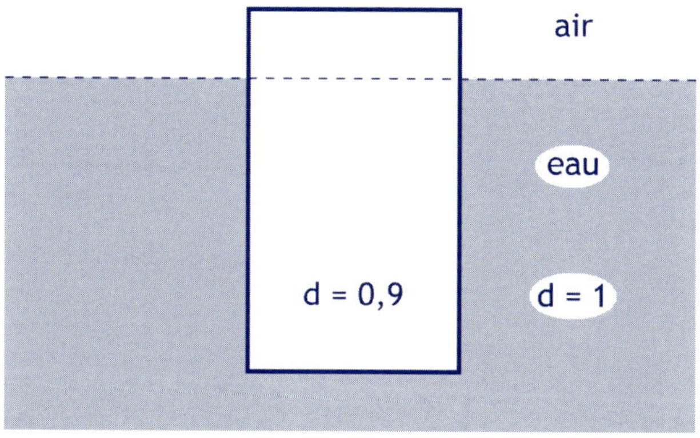

Un corps solide de densité 0,9 flotte à la surface d'une eau de densité égale à 1.

Quel est le pourcentage du volume du corps qui émerge ?

On verse à la surface de l'eau une couche d'huile de densité 0,8 suffisamment épaisse pour que le corps ne soit plus en contact avec l'air. Quel est alors le pourcentage du volume du corps qui baigne dans l'huile ?

On remplace l'eau par un liquide de densité égale à 1,2 et on choisit une huile de densité égale à 0,7. Quel est alors le pourcentage du volume du corps qui baigne dans l'huile ?

Problème n° 55

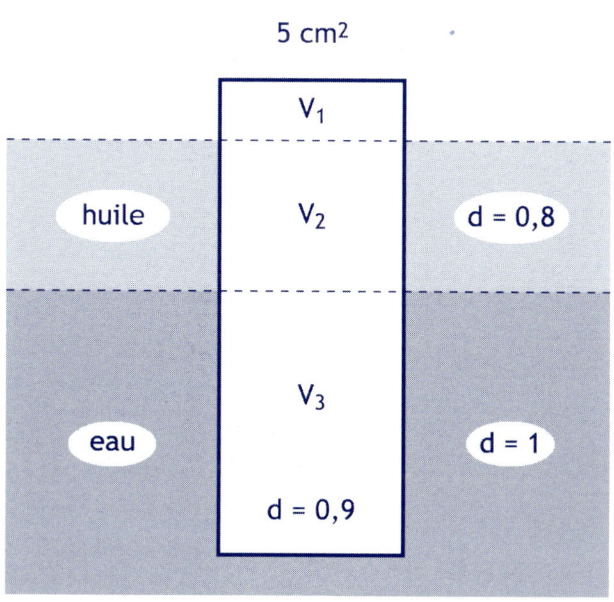

A la surface d'un récipient d'eau pure, on verse une couche d'huile de densité 0,8 et épaisse de 4 cm.

On y place un corps plein cylindrique de densité 0,9 dont la hauteur est égale à 20 cm et la surface de base égale à 5 cm^2. Il flotte en position verticale.

Calculer le pourcentage du volume du corps qui émerge de la couche d'huile.

Quelle doit être la densité du corps pour que sa partie supérieure affleure le haut de la couche d'huile ?

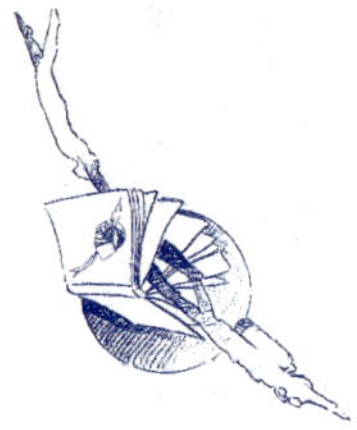

Problème n° 56

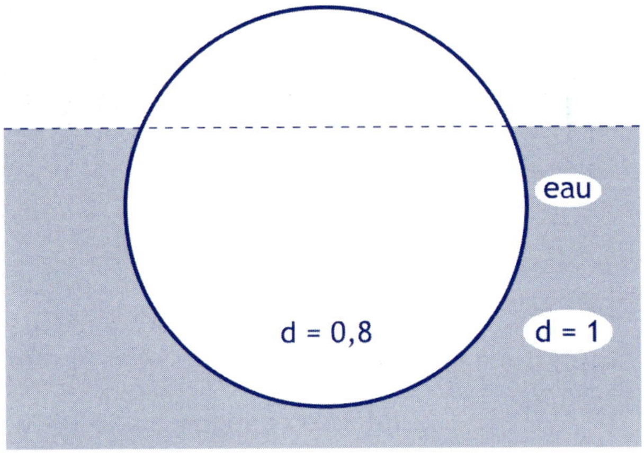

Un corps solide de forme sphérique flotte à la surface d'un récipient empli d'eau pure. Son diamètre est égal à 25 cm et sa densité par rapport à l'eau est de 0,8.

Calculez la fraction en pourcentage du volume de ce corps qui émerge.

Au moyen d'un diffuseur placé au fond du récipient, on injecte dans l'eau un nuage de fines bulles d'air, dont le volume total occupe 10 % de celui de la phase liquide. Quelle est la fraction en pourcentage du volume de ce corps qui émerge de l'eau ?

On augmente le débit d'air, de telle façon que les bulles occupent 20 %, puis 25 % du volume de la phase liquide.

Quelle est la fraction en pourcentage du volume de ce corps qui émerge de l'eau dans chacun des deux cas ?

Pour faciliter l'exercice de remontée du noyé à la palme, un plongeur pense préférable de se placer à l'intérieur de sa colonne de bulles pour profiter de leur “effet ascensionnel”. Que pensez-vous de sa démarche ?

Problème n° 57

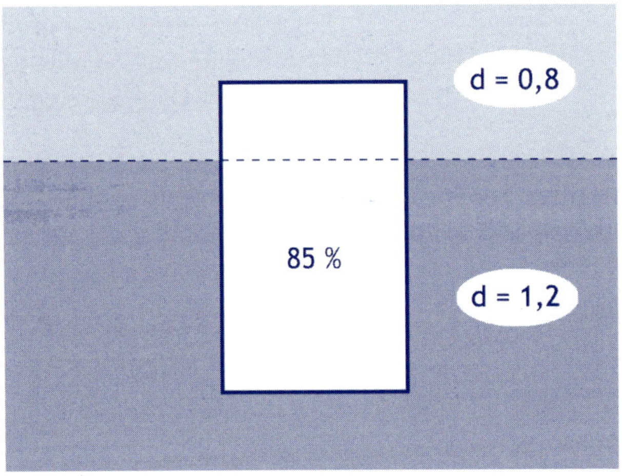

Un corps solide flotte à l'interface de deux liquides non miscibles, dont les densités sont égales respectivement à 0,8 et à 1,2.

Sachant que 85 % du volume de ce corps plongent complètement dans le liquide le plus dense, quelle est la densité du corps par rapport à l'eau ?

La partie inférieure du corps est lestée au moyen d'un morceau d'alliage de plomb de densité 11,2 et de telle sorte que l'ensemble soit en flottabilité nulle dans le liquide le plus dense. Quel doit être le volume du morceau de plomb, exprimé en pourcentage du volume du corps ?

Problème n° 58

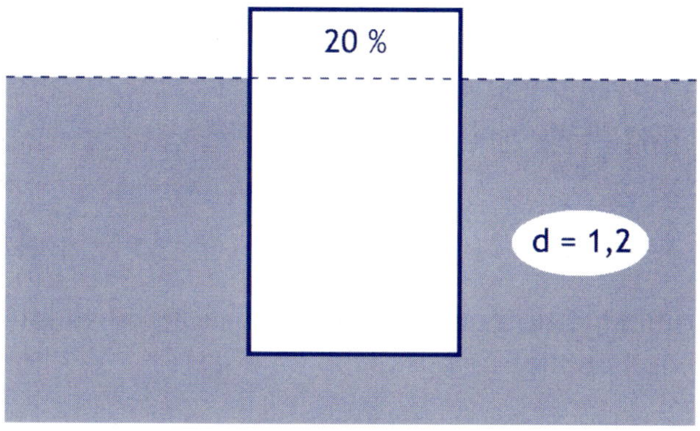

Un corps solide flotte à la surface d'un liquide de densité 1,2 par rapport à l'eau.

Sachant que 20 % de son volume émergent du liquide, quelle est la densité de ce corps par rapport au liquide ?

Quelle est la densité du corps par rapport à l'eau ?

Que fait le corps s'il est placé dans de l'eau ?

S'il flotte, quelle est la proportion de son volume qui émerge ?

Problème n° 59

Une entreprise de travaux sous-marins désire fournir à ses plongeurs un mélange hélium – oxygène respirable à une profondeur de 190 mètres, tel que la pression partielle d'oxygène y soit égale à 0,8 bar.

Calculez la composition volumétrique du mélange ainsi défini.

Pour réaliser ce mélange, on dispose de 3 enceintes :
- un réservoir d'oxygène **A** de 50 litres gonflé à 300 bars,
- un réservoir d'hélium **B** de 1 000 litres gonflé à 300 bars,
- un réservoir d'hélium **M** de 500 litres gonflé à 50 bars, dans lequel on fera le mélange.

Indiquez une des deux manières simples de réaliser le mélange désiré, sachant que sa pression finale dans le réservoir **M** doit être égale à 200 bars.

Calculez la pression dans chaque réservoir, à toutes les étapes de l'opération.

Pour éviter tout risque d'hypoxie, cette entreprise ne veut pas que la pression partielle d'oxygène soit inférieure à 0,2 bar.

Calculez jusqu'à quelle profondeur minimale les plongeurs pourraient remonter en respirant ce mélange.

On admettra que les gaz se comportent comme des gaz parfaits et que toutes les opérations s'effectuent à température constante.

Problème n° 60

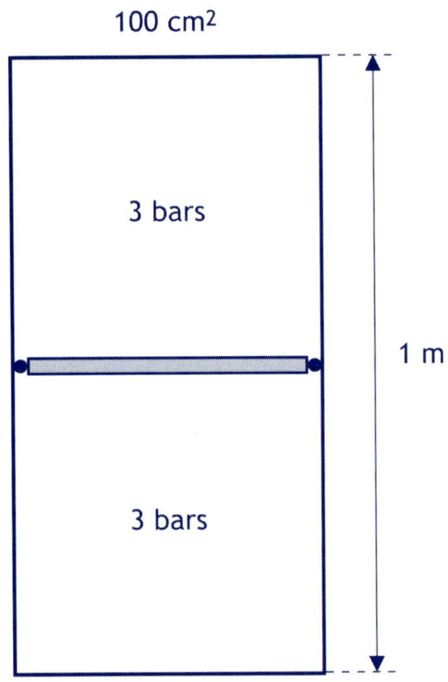

Un récipient cylindrique, totalement fermé et dont l'axe est vertical, présente dans sa partie interne une section de 100 cm² et une hauteur totale de 1 mètre.

Un piston, de masse et d'épaisseur négligeables et pouvant coulisser de manière étanche sans frottement, le partage en deux compartiments de même volume et dans lesquels la pression est égale à 3 bars.

A partir de sa position d'équilibre, quelle force faut-il appliquer sur le piston pour le déplacer de 125 millimètres ?

Problème n° 61

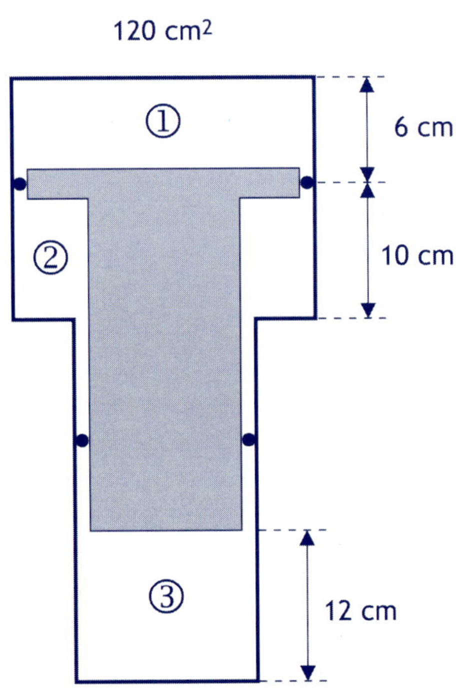

Un piston plein, de masse négligeable, coulisse de manière étanche et sans frottement dans un cylindre totalement fermé comportant deux parties de diamètres différents, conformément au croquis ci-contre.

La pression gazeuse qui règne dans les trois compartiments ainsi constitués est égale à 3 bars.

A partir de sa position d'équilibre, quelle force faut-il appliquer sur le piston pour le déplacer de 6 centimètres vers le bas ?

Problème n°62

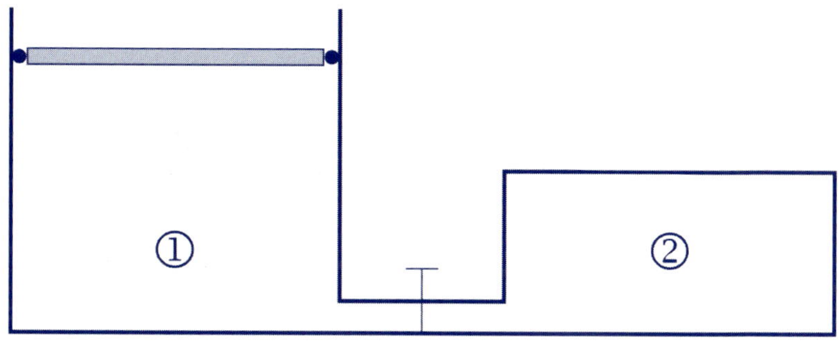

Un récipient cylindrique ① de section interne égale à 1 dm², dont l'axe est vertical, est fermé à sa partie supérieure par un piston de masse négligeable pouvant coulisser de manière étanche, sans frottement.

On applique sur le piston une force de 60 kilogrammes dirigée vers le bas. Sachant que le cylindre contenait initialement 10 litres d'air sous une pression de 1 bar, que devient la distance entre le piston et le fond du récipient ?

On connecte alors le cylindre ① avec un récipient ② contenant initialement 5 litres d'air sous une pression de 1,2 bar. Quelle est alors la distance entre le piston et le fond du récipient ① ?

Quelle devrait être la force exercée sur le piston pour que la position de celui-ci n'ait pas changé après avoir connecté les deux récipients ?

Les deux récipients étant toujours en communication, on maintient sur le piston la force de 60 kilogrammes et on laisse échapper de l'air jusqu'à ce que le piston soit à 20 centimètres du fond du récipient ① puis on colmate la fuite et on supprime la force. Quelle est la nouvelle position du piston ?

Quelle est la position du piston si la communication entre les deux récipients a été fermée avant de supprimer la force?

On admettra que 1 bar # 1 kg/cm².

Problème n°63

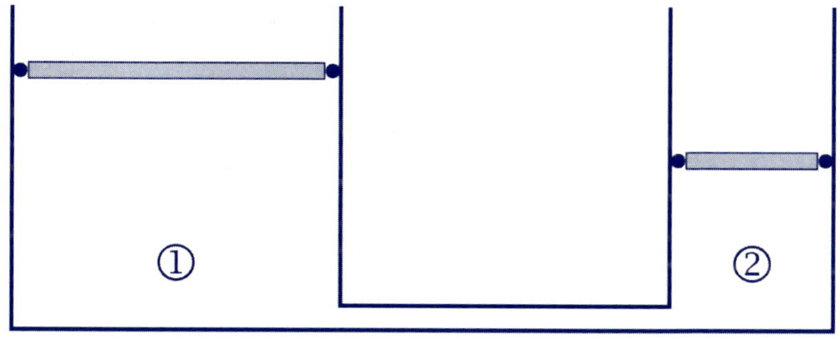

Deux récipients cylindriques ① et ②, de hauteur égale à 2 mètres et communicant à leur partie inférieure par un tuyau de volume négligeable, sont fermés chacun à leur partie supérieure par un piston de masse négligeable pouvant coulisser de manière étanche, sans frottement.

Le volume d'air enfermé dans ① est égal à 10 litres, la section de son piston est de 100 cm^2.

Le volume d'air enfermé dans ② est égal à 5 000 cm^3, la section de son piston est de 0,50 dm^2.

La pression interne est égale à la pression atmosphérique.

A quelle hauteur se trouve chaque piston par rapport au fond du cylindre correspondant ?

On exerce sur le piston ② une force de 30 kilogrammes dirigée vers le bas. Quelle est alors la position de chaque piston ?

Quelle force minimale faut-il exercer sur le piston ① pour commencer à relever le piston ② ?

En pressant sur le piston ① on amène les deux pistons à la même hauteur. Quelle est cette hauteur ?

On admettra que 1 bar # 1 kg/cm².

Problème n° 64

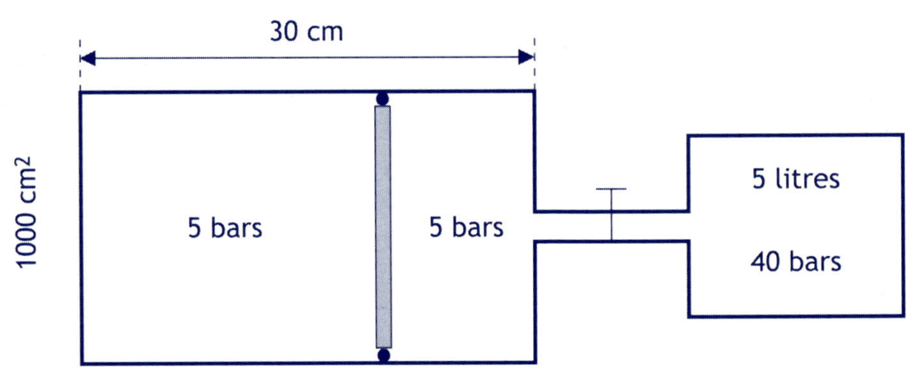

Un récipient cylindrique fermé présente une section intérieure égale à 1 000 cm^2 et une longueur de 30 centimètres.

Il est partagé en deux compartiments inégaux par un piston pouvant coulisser de manière étanche et sans frottement, dont l'épaisseur est négligeable.

Le volume du plus grand compartiment est égal au double du volume du plus petit. La pression du gaz dans chacun d'eux est égale à 5 bars.

On met en communication le plus petit compartiment à un récipient qui contient 5 litres de gaz sous une pression de 40 bars.

Dans quel sens le piston se déplace-t-il ?

Quelle est la valeur de la nouvelle pression à l'équilibre ?

De quelle distance le piston se déplace-t-il ?

Problème n°65

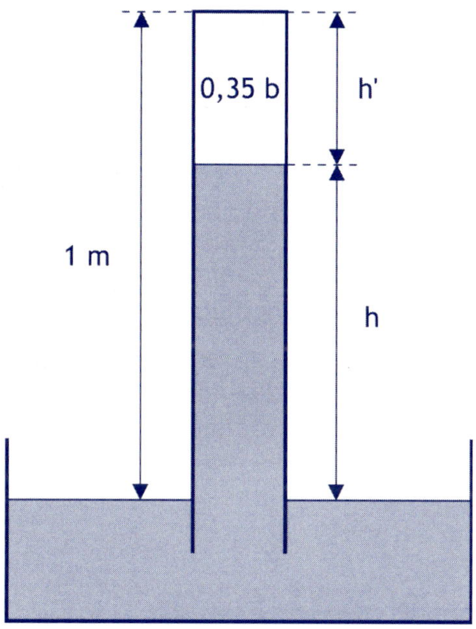

Un tube cylindrique, dont la section intérieure est égale à 10 cm^2 et fermé à son extrémité supérieure par un fond plat, plonge en position verticale dans une cuve à mercure profonde, de telle façon que la longueur du tube qui émerge soit égale à 1 mètre.

Dans la partie supérieure du tube, est emprisonné un certain volume d'air dont la pression est égale à 0,35 bar.

Quelle est la hauteur de la colonne de mercure dans le tube par rapport à la surface libre du mercure, sachant que la pression atmosphérique ambiante est égale à 1 bar, la température à 22°C et la densité du mercure à 13,6 ?

L'ensemble est immergé dans de l'eau douce à une certaine profondeur, la longueur du tube qui dépasse du mercure restant égale à 1 mètre.

Sachant que la température de l'eau est la même que celle de l'atmosphère et que la hauteur de la colonne de mercure dans le tube est égale à 89 centimètres, quelle est la profondeur d'immersion correspondant au niveau du mercure dans le tube ?

Problème n°66

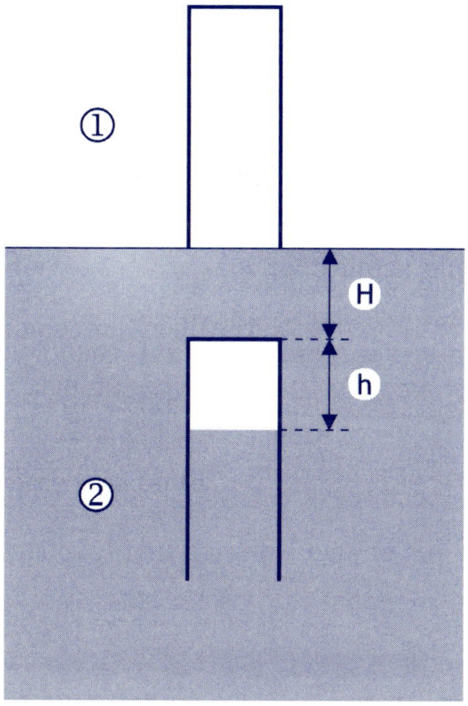

Un tube cylindrique à fond plat, fermé à son extrémité supérieure, présente les caractéristiques suivantes :

- poids : 100 g,
- section : 10 cm^2,
- longueur : 15 cm,
- épaisseur des parois négligeable.

On le place en position verticale, la partie ouverte affleurant la surface d'une eau de densité égale à 1.

On enfonce le tube dans l'eau, verticalement, jusqu'à ce que sa flottabilité soit nulle.

Quelle est alors la distance entre la partie supérieure du tube et la surface de l'eau ?

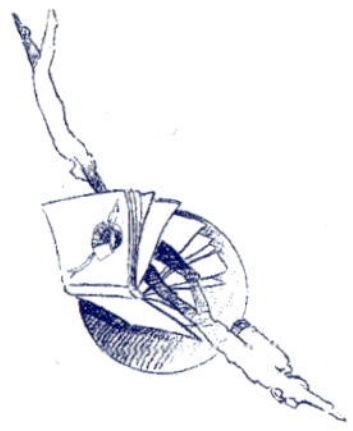

Problème n° 67

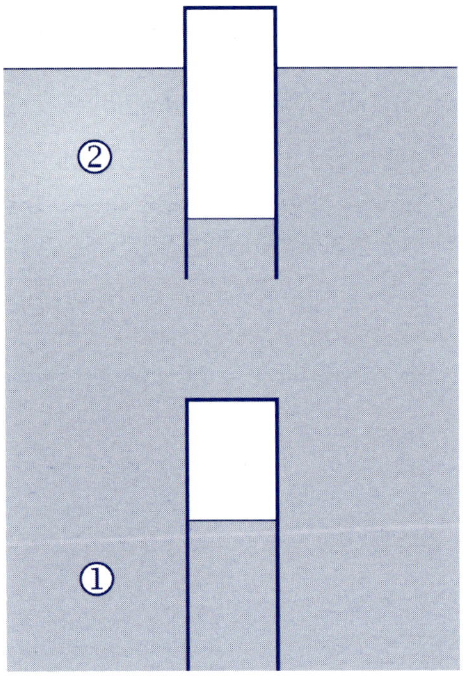

Un tube cylindrique, fermé par un fond plat à son extrémité supérieure, présente les caractéristiques suivantes :

- poids : 100 g,
- section : 10 cm^2,
- longueur : 30 cm,
- épaisseur des parois négligeable.

Complètement immergé, en position verticale et empli d'eau pure, on y introduit 100 cm^3 d'air à une profondeur de 10 mètres puis on le remonte à la surface où il flotte.

Dans cette position d'équilibre, quel est le volume de l'air enfermé dans le tube ?

Problème n° 68

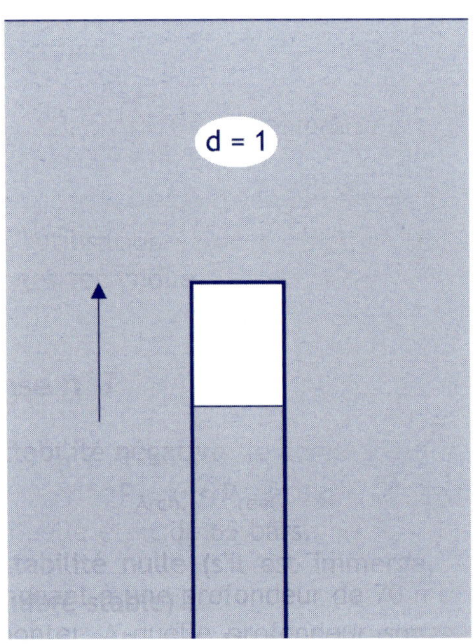

Un tube cylindrique, fermé à son extrémité supérieure par un fond plat, présente les caractéristiques suivantes :

- poids : 50 g,
- section : 5 cm^2,
- longueur totale : 20 cm,
- épaisseur des parois négligeable.

Plein d'eau, il est immergé complètement en position verticale, extrémité fermée dirigée vers le haut, au fond d'une cuve profonde de 5 mètres.

La densité de l'eau est égale à 1.

Quel volume d'air faut-il y introduire pour qu'il amorce sa remontée ? Quelle est la pression au sein de cet air ?

On laisse remonter le tube jusqu'à ce qu'il flotte en équilibre, toujours en position verticale. Quelles sont :

- la position de la partie supérieure du tube par rapport à la surface de l'eau,
- la distance qui les sépare ?

Quel volume d'air aurait-il fallu introduire dans le tube pour que cette distance soit égale à 8 centimètres, sachant qu'à la fin de cette opération le niveau de l'eau à l'intérieur du tube était situé à 4,4 mètres sous la surface ?

Problème n°69

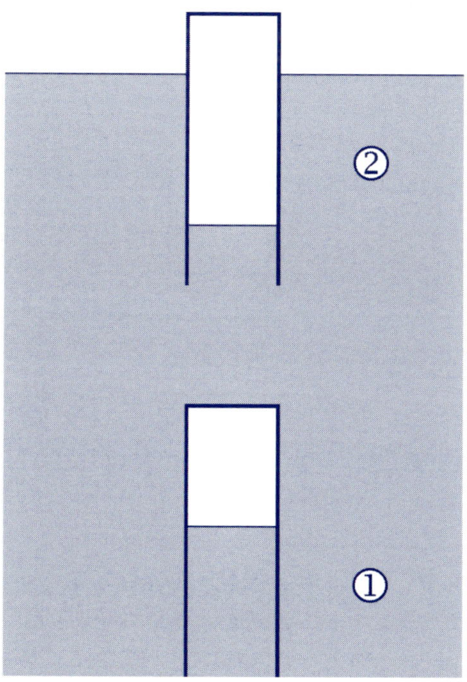

Un tube cylindrique fermé à son extrémité supérieure par un fond plat, possède les caractéristiques suivantes :

- poids : 140 g,
- section : 10 cm^2,
- longueur . : 40 cm,
- épaisseur des parois négligeable.

Immergé en position verticale à une profondeur de 12 mètres dans de l'eau douce, on y introduit 100 cm^3 d'air puis on le fait remonter jusqu'à la surface.

Sachant que la pression de l'air au-dessus de la surface est égale à 1 bar, quel est le volume de l'air enfermé dans le tube lorsqu'il flotte, à l'équilibre et en position verticale ? Quelle est alors la longueur du tube qui émerge de l'eau ?

La pression de l'air au-dessus de la surface passe à 1,45 bar. Comment évolue la longueur émergente du tube ?

Que se passe-t-il si la pression de l'air au-dessus de la surface passe à 3,5 bars ?

Quelle devrait être la valeur de cette pression pour que l'extrémité supérieure du tube affleure la surface lorsqu'il flotte ?

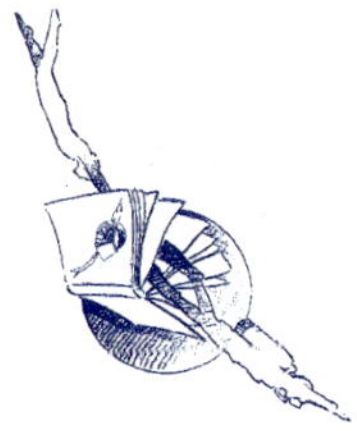

Problème n°70

On dispose du matériel suivant :

Récipient	Gaz contenu	Volume (litres)	Pression (bars)
Bloc à charger	air	10	20
Bouteille tampon	60 % O_2 + 40 % N_2	50	200

On charge le bloc sur le tampon jusqu'à l'équilibre des pressions et on referme immédiatement la communication.

Quelle est la composition finale du mélange contenu dans le bloc ?

Considérer que la composition de l'air est : O_2 = 20 % et N_2 = 80 %.

Problème n°71

On dispose du matériel suivant :

Récipient	Gaz contenu	Volume (litres)	Pression (bars)
Bloc à charger	air	12	30
Tampon n°1	oxygène	50	200
Tampon n°2	azote	100	200

On charge le bloc successivement sur les deux tampons en commençant par le tampon n°1, de telle sorte que la pression finale dans chacun de ceux-ci soit :
- tampon n°1 : 185 bars,
- tampon n°2 : 190 bars.

Quelles sont la composition finale et la pression du mélange contenu dans le bloc ?

Montrez que l'ordre des opérations peut être quelconque.

Après avoir introduit l'oxygène à partir du tampon n°1 dans les mêmes conditions que précédemment, on connecte le bloc sur le tampon n°2 jusqu'à équilibre des pressions.

Quelles sont la composition finale et la pression du mélange contenu dans le bloc ?

Considérer que la composition de l'air est : O_2 = 20 % et N_2 = 80 %.

Problème n°72

On dispose du matériel suivant :

Récipient	Gaz contenu	Volume (litres)	Pression (bars)
Bloc bi 2×12 (200 b)	air	24	100
Tampon n°1	oxygène	50	200
Tampon n°2	azote	100	200

On veut constituer dans le bloc un mélange O_2 = 40 % et N_2 = 60 % à la plus forte pression possible.

Quelle est la valeur de cette pression et quelle est la marche à suivre pour l'obtenir ?

On indiquera les pressions des différents récipients à chaque étape du processus.

Considérer que la composition de l'air est : O_2 = 20 % et N_2 = 80 %.

Problème n°73

On dispose du matériel suivant :

Récipient	Gaz contenu	Volume (litres)	Pression (bars)
Bloc à charger	air	12	20
Tampon n°1	oxygène	3	100
Tampon n°2	azote	10	100
Tampon n°3	hélium	100	200

On veut que la composition finale du mélange dans le bloc soit :

O_2 : 10 %
N_2 : 20 %
He : 70 %

Sachant que la pression finale dans le bloc est 180 bars, dans quel ordre les gaz doivent-ils être introduits ?

Y a-t-il plusieurs possibilités ?

On choisit d'introduire l'azote en deuxième et on veut remplir le bloc à la plus forte pression possible, avec ce même mélange.

Quelle est cette pression ?

Donnez la pression finale dans chaque tampon.

Considérer que la composition de l'air est : O_2 = 20 % et N_2 = 80 %.

Problème n°74

La pression dans un bloc est égale à 200 bars, à la température de 15°C. Laissé au soleil, sa température s'élève à 50°C.

Comment la pression évolue-t-elle dans le bloc ?

Arrondir le résultat à l'entier le plus proche.

Problème n°75

Avant une plongée dans un lac de montagne, au-dessus duquel la pression atmosphérique est égale à 608 millimètres de mercure et la température extérieure de 17°C, la pression dans les bouteilles est égale à 174 bars.

Les plongeurs s'immergent dans une eau dont la température est égale à 2°C. L'air dans les bouteilles prend cette température.

Comment la pression évolue-t-elle dans les bouteilles ?

Quelle est la pression lue au manomètre à la profondeur de 42 mètres ?

On ne tiendra pas compte de la diminution de la pression résultant de la consommation d'air pendant la descente.

Problème n°76

A quelle pression faut-il gonfler une bouteille, sachant que sa température atteint 45°C en fin de gonflage et que la pression sera égale à 175 bars après que la température soit redescendue à 20°C ?

Arrondir le résultat à l'entier le plus proche.

Problème n°77

Pour aider à remonter un corps mort à partir d'une profondeur de 40 mètres, on a introduit 120 litres d'air dans un parachute annexe, dont la capacité est supérieure à 300 litres. La température de l'eau est de 12°C.

Pour des raisons techniques, la remontée est stoppée à une profondeur de 15 mètres, où la température de l'eau est égale à 19°C. L'air dans le parachute prend cette température.

Que devient le volume de l'air dans le parachute ?

Arrondir le résultat à l'entier le plus proche.

Problème n°78

Équipé d'un profondimètre du type "loi de Mariotte", un plongeur s'immerge au niveau de la mer dans une eau dont la température est de 3°C, alors que la température extérieure est égale à 27°C.

A quelle profondeur se trouve-t-il lorsqu'il lit 20 mètres sur son instrument ?

Il descend jusqu'à 25 mètres. Quelle profondeur lit-il ?

Répondre aux mêmes questions en considérant que la pression atmosphérique est égale à 608 mm de mercure.

Donner le résultat avec une décimale après la virgule.

Problème n°79

A 20°C et sous une pression de 1 bar, la masse volumique de l'air est égale à 1,2 g/dm^3.

Quelle est sa masse volumique à 50°C, sous une pression de 200 bars ?

Donner le résultat avec une décimale après la virgule.

Problème n°80

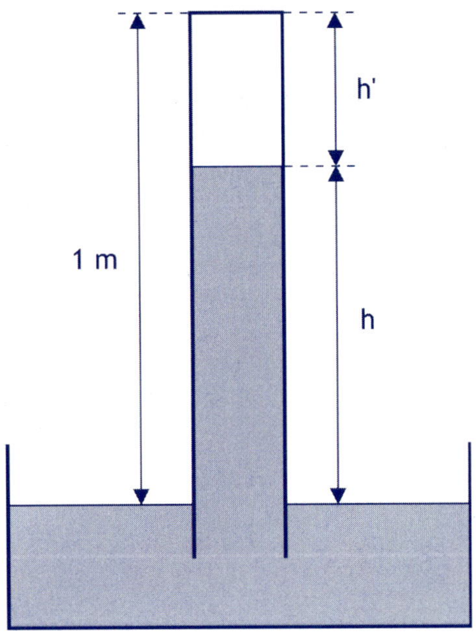

Un tube cylindrique, dont la section intérieure est égale à 10 cm^2 et fermé à son extrémité supérieure par un fond plat, plonge en position verticale dans une cuve à mercure profonde, de telle façon que la longueur du tube qui émerge soit égale à 1 mètre.

Dans la partie supérieure du tube, est emprisonné un certain volume d'air dont la pression est égale à 0,25 bar.

Sachant que la pression atmosphérique ambiante est égale à 1 bar, la température à 27°C et la densité du mercure à 13,6, quelle est la hauteur de la colonne de mercure dans le tube, par rapport à la surface libre du mercure ?

Une plus grande longueur émergente du tube aurait-elle modifié ce résultat ? Pourquoi ?

Quelle devrait-être la longueur émergente du tube pour que le haut de la colonne à l'intérieur du tube soit au niveau du mercure de la cuve, puis à 38 centimètres au-dessus de ce niveau ?

Après retour aux conditions de départ, la température ambiante et celle du tube augmentent de 30°C, toutes choses restant égales par ailleurs. Que devient la hauteur de la colonne de mercure dans le tube ?

Physique

solutions

Solution n° 1

$$35 - \left(1 - \frac{532}{760}\right) \times 10 = \mathbf{32\ m}$$

Solution n° 2

$$40 + \left(1 - \frac{570}{760}\right) \times 10 = \mathbf{42{,}5\ m}$$

Solution n° 3

$$4{,}35 - \frac{646}{760} = 3{,}5 \text{ bars} \quad \Rightarrow \quad \mathbf{35\ m}$$

Solution n° 4

3,5 - 2,8 = 0,7 bar ⇨ $P_{atm.}$ = 760 × 0,7 = **532 mm Hg**

Solution n° 5

- de 0 à 1 600 m : règle des 1/8 000e

  $$\text{soit } P_{atm.(bar)} = 1 - \frac{\text{altitude}_{\text{(mètres)}}}{8\ 000}$$

- jusqu'à 3 700 m : règle des 1/9 000e

  $$\text{soit } P_{atm.(bar)} = 1 - \frac{\text{altitude}_{\text{(mètres)}}}{9\ 000}$$

- au-delà de 3 700 m : règle des 1/10 000e

  $$\text{soit } P_{atm.(bar)} = 1 - \frac{\text{altitude}_{\text{(mètres)}}}{10\ 000}$$

exemple : si altitude = 1 200 m, $P_{atm.}$ **# 0,85 bar = 646 mm Hg**
si altitude = 1 800 m, $P_{atm.}$ **# 0,80 bar = 608 mm Hg**

Solution n°6

Le profondimètre a été étalonné au niveau de la mer, où la pression atmosphérique est égale à 1 bar.

La pression dans la cloche, et dans le profondimètre avant le départ, est égale à 2 bars.

Si le profondimètre indique 10 m, la pression a été doublée depuis le départ

$P = 2 \times 2 = 4$ bars ⇨ profondeur réelle = **30 m**

Si le profondimètre indique 20 m, la pression a été triplée depuis le départ

$P = 2 \times 3 = 6$ bars ⇨ profondeur réelle = **50 m**

Si le profondimètre indique 30 m, la pression a été quadruplée depuis le départ

$P = 2 \times 4 = 8$ bars ⇨ profondeur réelle = **70 m**

Solution n°7

Le profondimètre électronique comporte un correcteur de pression atmosphérique. Il indique la profondeur réelle.

La pression atmosphérique au-dessus du lac est inférieure à 1 bar. Sans remise à zéro, le profondimètre à tube de Bourdon (mécanique) indique une profondeur inférieure à la profondeur réelle. Le retard est ici de 2 mètres.

Le profondimètre type "loi de Mariotte" indique la profondeur fictive (ici 40 mètres), toujours supérieure à la profondeur réelle.

$$P_{atm.\,lac} = 1 - \frac{2}{10} = 1 - 0{,}2 = \mathbf{0{,}8\ bar}$$

$$P_{atm.\,lac} = \frac{\text{prof. réelle}}{\text{prof. fictive}} = \frac{32}{40} = \mathbf{0{,}8\ bar}$$

Solution n°8

$P_{abs.} = 6 + 0{,}853 = 6{,}853$ bars

$\frac{6{,}853 - 1{,}013}{1{,}026} = 5{,}69$ ⇨ profondeur = **56,9 m**

Solution n°9

$P_{app.(eau\ douce)} = 6{,}5 - (6{,}4 \times 1) = 0{,}1$ kg ⇨ **il coule**

$P_{app.(eau\ de\ mer)} = 6{,}5 - (6{,}4 \times 1{,}03) = -0{,}092$ kg ⇨ **il monte à la surface et il flotte**

Solution n° 10

$P_{Arch.(eau\ douce)} = 100 \times 1 = 100$ kg

$P_{Arch.(eau\ de\ mer)} = 100 \times 1{,}03 = 103$ kg ⇨ **il rajoute 3 kg**

Solution n° 11

$$\frac{[(5\times5\times5)\times4]-[(5\times5\times5)\times1]}{1} = 375 \text{ litres}$$

$$\frac{[(5\times5\times5)\times4]-[(5\times5\times5)\times1{,}2]}{1{,}2} = 291{,}7 \text{ litres}$$

Solution n° 12

$$\text{Volume plomb} = \frac{1}{11{,}3} \# 0{,}0885 \text{ dm}^3$$

$P_{app.(d=1)} = 1 - 0{,}0885 = 0{,}9115$ # **0,912 kg**

$P_{app.(d=1,03)} = 1 - (0{,}0885 \times 1{,}03) = 0{,}9088$ # **0,909 kg**

Solution n° 13

En eau douce

Lest intérieur ⇨ $5 - 3 =$ **2 kg**

Lest extérieur ⇨ $\frac{2}{1-(1+11)} = 2{,}2$ kg

En eau de mer

Lest intérieur ⇨ $(5 \times 1{,}03) - 3 =$ **2,15 kg**

Lest extérieur ⇨ $\frac{2{,}15}{1-(1{,}03+11)} \# 2{,}35$ kg

Solution n° 14

En eau douce

$P_{Arch.} = 48 + 20 = 68$ kg ⇨ **il ne se passe rien**

$72 - 68 = 4$ kg ⇨ **4 litres**

$6 \times 20 = P \times 24$ ⇨ P = 5 bars ⇨ profondeur = **40 m**

En eau de mer

$P_{Arch.}$ = (48 + 20) × 1,03 = 70,04 kg ⇨ **il ne se passe rien**

$\frac{72 - 70{,}04}{1{,}03}$ **# 1,90 litre**

$6 \times 20 = P \times \frac{72 - (48 \times 1{,}03)}{1{,}03}$ ⇨ P # 5,48 bars ⇨ profondeur # **44,8 m**

Solution n°15

Le glaçon est moins dense que l'eau ⇨ **il flotte**

Volume du glaçon $= V_{immergé} + V_{émergé} = \frac{100}{0{,}917}$ # 109,05 cm^3

$P_{Arch.}$ = $P_{réel}$ = 100 g ⇨ $V_{immergé} = \frac{100}{1} = 100\ cm^3$

⇨ $V_{émergé}$ = 109,05 - 100 = 9,05 cm^3

proportion de $V_{émergé} = \frac{9{,}05}{109{,}05} \times 100$ # **8,3 %**

$V_{glaçon\ fondu} = \frac{100}{1} = 100\ cm^3$

Puisque $V_{immergé}$ = 100 cm^3, **le niveau de l'eau reste constant**

Solution n°16

En eau douce

$P_{app.}$ = 3,2 × 1 = 3,2 kg

$P_{réel} = \frac{3{,}2}{1 - (1 \div 5)} = 4\ kg$

En eau de mer

$P_{app.}$ = 3,2 × 1,025 = 3,28 kg

$P_{réel} = \frac{3{,}28}{1 - (1{,}025 \div 5)} = 4{,}13\ kg$

Solution n° 17

Volume total = (5 × 5) + (5 × 45) = 250 cm^3
Poids total = (5 × 5 × 3,2) + (5 × 45 × 0,6) = 215 g

Dans l'eau pure (1 kg/dm^3 où 1 g/cm^3)
Si le cylindre était immergé complètement

$P_{Arch.} = 250 \times 1 = 250$ g > $P_{réel} = 215$ g

⇨ **le cylindre flotte, sa partie la plus dense en bas**

A l'équilibre la flottabilité est nulle

$P_{Arch.} = P_{réel} = 215$ g

⇨ volume immergé $= \dfrac{215}{1} = 215 \text{ cm}^3$

⇨ hauteur immergée $= \dfrac{215}{5} = 43$ cm

⇨ hauteur émergée = 50 - 43 = **7 cm**

Dans un liquide de masse spécifique = 1,25 kg/dm^3 = 1,25 g/cm^3
A l'équilibre la flottabilité est nulle

$P_{Arch.} = P_{réel} = 215$ g

⇨ volume immergé $= \dfrac{215}{1{,}25} = 172 \text{ cm}^3$

⇨ hauteur immergée $= \dfrac{172}{5} = 34{,}4$ cm

⇨ hauteur émergée = 50 - 34,4 = **15,6 cm**

Pour qu'il perde toute flottabilité : volume immergé = 250 cm^3
A l'équilibre la flottabilité est nulle

$P_{Arch.} = P_{réel} = 250 \times \mu = 215$ (*μ = masse spécifique du liquide*)

⇨ $\mu = \dfrac{215}{250} = \mathbf{0{,}86\ g/cm^3} = \mathbf{0{,}86\ kg/dm^3}$

Solution n° 18

$$P_{abs.} = \frac{(180 \times 12) + (1 \times 0{,}4)}{12{,}4} \# 174{,}2 \text{ bars}$$

$P_{lue} = 174{,}2 - 1 =$ **173,2 bars**

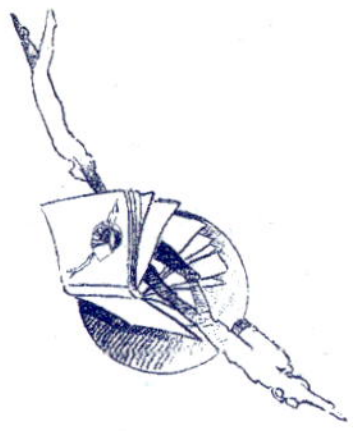

Solution n°19

$175 \times 0{,}4 = 5 \times (V + 0{,}4)$ ⇨ $V =$ **13,6 litres**

$5 \times 13{,}6 = P \times 17$ ⇨ $P = 4$ bars ⇨ profondeur = **30 m**

Solution n°20

Poids d'air introduit = 23 - 20 = 3 kg

$$P = \frac{3000 \div 1{,}3}{15} + 1 \,\#\, \textbf{155 bars absolus}$$

Solution n°21

$$\frac{(175 - 35) \times 12}{3{,}5 \times 24} = 20 \text{ minutes}$$

$$\frac{(175 \times 12) - (3{,}5 \times 12)}{3{,}5 \times 24} = 24{,}5 \text{ minutes}$$

Solution n°22

$$\frac{(200 \times 20) + (20 \times 10)}{30} = 140 \text{ bars}$$

$$\frac{(200 \times 20) + (140 \times 10)}{30} = 180 \text{ bars}$$

Solution n°23

Simultané ⇨ $\dfrac{(10 \times 20) + (40 \times 200)}{50} = 164 \text{ bars}$

Successif ⇨ $\dfrac{(10 \times 20) + (20 \times 200)}{30} = 140 \text{ bars}$ puis

$\dfrac{(10 \times 140) + (20 \times 200)}{30} = 180 \text{ bars}$ ⇨ **préférable**

Solution n°24

$(50 \times 150) + (10 \times 30) = (50 + 10) \times P_{bloc}$ ⇨ $P_{bloc} = 130$ bars

$(50 \times 200) - (50 \times P_{tampon}) = (10 \times 175) - (10 \times 130)$ ⇨ $P_{tampon} =$ **191 bars**

Solution n° 25

$$P_{bloc} \text{ après } 1^{er} \text{ gonflage} = \frac{(50 \times 200) + (10 \times 20)}{50 + 10} = 170 \text{ bars}$$

$$P_{bloc} \text{ après } 2^{e} \text{ gonflage} = \frac{(50 \times 200) + (10 \times 170)}{50 + 10} = 195 \text{ bars}$$

$$P_{bouteille} \text{ après recharge} = \frac{(10 \times 195) + (0{,}4 \times 65)}{10 + 0{,}4} = 190 \text{ bars}$$

⇨ Volume introduit dans gilet $= \frac{190 \times 0{,}4}{8} - 0{,}4 = 9{,}1 \text{ litres}$

1er cas : bouteille de gilet refermée avant de remonter

$9{,}1 \times 8 = 14 \times P$ ⇨ $P = 5{,}2$ bars ⇨ profondeur = **42 m**

2e cas : bouteille de gilet laissée ouverte

$\frac{190 \times 0{,}4}{14 + 0{,}4} = P \# 5{,}28 \text{ bars}$ ⇨ profondeur = **42,8 m**

Solution n° 26

Quantité d'air transférée = 12 × [2 × (180 - 30) + 2 × (180 - 1)] = 7 896 litres.bars

baisse de pression dans le tampon $= \frac{7\,896}{10 \times 52} \# 15{,}18 \text{ bars}$

Pression finale tampon = 220 - 15,18 # **204,8 bars**

Solution n° 27

$P_{abs.} = \frac{3{,}6}{80} \times 100 = 4{,}5 \text{ bars}$ ⇨ profondeur = **35 m**

Solution n° 28

P_p gaz A = 6 × 0,25 = **1,5 bar**
P_p gaz B = 6 × 0,15 = **0,9 bar**
P_p gaz C = 6 × 0,60 = **3,6 bars**

Solution n°29

$P = 0{,}08 \times \dfrac{100}{2} = 4 \text{ bars}$ ⇨ profondeur = **30 m**

Solution n°30

$P = \dfrac{1{,}6}{0{,}5} = 3{,}2 \text{ bars}$ ⇨ profondeur = **22 m**

$P_{éq.} = 3{,}2 \times \dfrac{0{,}5}{0{,}8} = 2 \text{ bars}$ ⇨ profondeur = **10 m**

Solution n°31

$\text{Conc. } O_2 = \dfrac{1{,}6}{4} \times 100 = \mathbf{40\ \%}$

$P_{éq.} = \dfrac{4}{0{,}8} \times 0{,}60 = 3 \text{ bars}$ ⇨ profondeur = **20 m**

Solution n°32

$P_pN_2 = 4 \times 0{,}8 = 3{,}2 \text{ bars}$

$3{,}2 = 5 \times \dfrac{C}{100}$ ⇨ Conc. N_2 = **64 %** ⇨ Conc. O_2 = **36 %**

Solution n°33

$P = 0{,}48 \times \dfrac{100}{20} = 2{,}4 \text{ bars}$ ⇨ profondeur = **14 m**

$P = 2 \times \dfrac{100}{20} = 10 \text{ bars}$ ⇨ profondeur = **90 m**

⇨ **risque élevé de narcose et d'hyperoxie**

Solution n° 34

$(60 \times 12) + (30 \times 60) = P \times 72$ ⇨ P = **35 bars**

$$P_pO_2 = \frac{60 \times 12}{72} = \mathbf{10\ bars} \Rightarrow \text{Conc. } O_2 = \frac{60 \times 12}{(60 \times 12) + (30 \times 60)} \# \mathbf{28{,}6\ \%}$$

$$P_pN_2 = \frac{30 \times 60}{72} = \mathbf{25\ bars} \Rightarrow \text{Conc. } N_2 = \frac{30 \times 60}{(60 \times 12) + (30 \times 60)} \# \mathbf{71{,}4\ \%}$$

Solution n° 35

Toxicité O_2 ⇨ $1{,}6 = P_{abs.} \times \frac{C_1}{100}$ avec C_1 = concentration O_2

Toxicité O_2 ⇨ $4{,}8 = P_{abs.} \times \frac{C_2}{100}$ avec C_2 = concentration N_2

en divisant ces deux relations membre à membre, on obtient :

$$\frac{4{,}8}{1{,}6} = \frac{P_{abs.} \times (C_2 \div 100)}{P_{abs.} \times (C_1 \div 100)} \Rightarrow \frac{C_2}{C_1} = 3$$

d'autre part $C_1 + C_2 = 100$

d'où C_1 = **25 %** et C_2 = **75 %**

$$1{,}6 = P_{abs.} \times \frac{25}{100} \Rightarrow P_{abs.} = 6{,}4 \text{ bars}$$

ou

$$4{,}8 = P_{abs.} \times \frac{75}{100} \Rightarrow P_{abs.} = 6{,}4 \text{ bars}$$

Profondeur limite de la plongée = **54 m**

Solution n° 36

$$P_{atm.} = \frac{608}{760} = 0{,}8 \text{ bar}$$

$$P_{abs.} = \frac{3}{0{,}8} = 3{,}75 \text{ bars}$$

P_{hydro} = 3,75 - 0,8 = 2,95 bars ⇨ profondeur = **29,5 m**

$P_p\ O_2$ = 3,75 × 0,2 = **0,75 bar**

Solution n°37

$$P_{atm.} = \frac{532}{760} = 0{,}7 \text{ bar}$$

$$P_{abs.} = \frac{1{,}4}{0{,}35} = 4 \text{ bars}$$

P_{hydro} = 4 - 0,7 = 3,3 bars ⇨ profondeur = **33 m**

$P_p\ N_2$ = 4 × 0,65 = **2,6 bars**

Solution n°38

$$P_{atm.} = \frac{608}{760} = 0{,}8 \text{ bar}$$

$$P_{abs.} = \frac{1{,}6}{0{,}5} = 3{,}2 \text{ bars}$$

P_{hydro} = 3,2 - 0,8 = 2,4 bars ⇨ profondeur = **24 m**

Solution n°39

$$P_{atm.} = \frac{532}{760} = 0{,}7 \text{ bar}$$

$P_{abs.}$ = 2,5 + 0,7 = 3,2 bars

$$\text{Conc. } O_2 = \frac{1{,}6 \times 100}{3{,}2} = \mathbf{50\ \%}$$

Solution n°40

$$P_{abs.} = \frac{1{,}6}{0{,}5} = 3{,}2 \text{ bars}$$

$$P_{hydro} = \frac{24}{10} = 2{,}4 \text{ bars}$$

$P_{atm.}$ = 3,2 - 2,4 = 0,8 bar soit 760 × 0,8 = **608 mm Hg**

Solution n°41

TN_2 = 0,8 + (2,4 - 0,8) × 0,9375 = **2,3 bars**

Solution n°42

$TN_2 = 0,8 + (1,6 - 0,8) \times 0,75 =$ **1,4 bar**

Solution n°43

$TN_2 = 0,8 + (4,2 - 0,8) \times 0,875 =$ **3,775 bars**

$P_{abs.} = \frac{TN_2}{Sc} = \frac{3,775}{1,82}$ # **2,07 bars**

Solution n°44

$T_1\ N_2 = 1,51 - (1,51 - 0,8) \times 0,5 =$ **1,16 bar**

$T_2\ N_2 = 1,51 - (1,51 - 0) \times 0,5 =$ **0,76 bar**

Solution n°45

a) $TN_2 = 1,44 - (1,44 - 0) \times 0,5 =$ **0,72 bar**

b) $TN_2 = 1,44 - (1,44 - 0,4) \times 0,5 =$ **0,92 bar**

c) $TN_2 = 1,44 - (1,44 - 0,6) \times 0,5 =$ **1,02 bar**

d) $TN_2 = 1,44 - (1,44 - 0,8) \times 0,5 =$ **1,12 bar**

Solution n°46

$TN_2 = 0,8 + (4 - 0,8) \times 0,75 = 3,2$ bars

$P_{abs.} = \frac{TN_2}{Sc} = \frac{3,2}{2,54}$ # 1,26 bar ⇨ profondeur = **2,6 m**

1er palier à **3 m**

Solution n°47

Compartiment 30'

$TN_2 = 0,8 + (4 - 0,8) \times 0,75 = 3,2$ bars

$P_{abs.} = \frac{TN_2}{Sc} = \frac{3,2}{1,82}$ # 1,76 bar ⇨ profondeur = **7,6 m**

Compartiment 60'

$TN_2 = 0{,}8 + (4 - 0{,}8) \times 0{,}5 = 2{,}4$ bars

$$P_{abs.} = \frac{TN_2}{Sc} = \frac{2{,}4}{1{,}58} \# 1{,}52 \text{ bar} \quad \Rightarrow \quad \text{profondeur} = \mathbf{5{,}2\ m}$$

Le compartiment 30' est directeur

1er palier à **9 m**

Solution n°48

1er cas : durée d'immersion 1 heure

Compartiment 7'

$TN_2 = 4$ bars (considéré comme saturé après 8,6 périodes)

$$P_{abs.} = \frac{TN_2}{Sc} = \frac{4}{2{,}54} \# 1{,}57 \text{ bar} \quad \Rightarrow \quad \text{profondeur} = \mathbf{5{,}7\ m}$$

Compartiment 30'

$TN_2 = 0{,}8 + (4 - 0{,}8) \times 0{,}75 = 3{,}2$ bars

$$P_{abs.} = \frac{TN_2}{Sc} = \frac{3{,}2}{1{,}82} \# 1{,}76 \text{ bar} \quad \Rightarrow \quad \text{profondeur} = \mathbf{7{,}6\ m}$$

Compartiment 60'

$TN_2 = 0{,}8 + (4 - 0{,}8) \times 0{,}5 = 2{,}4$ bars

$$P_{abs.} = \frac{TN_2}{Sc} = \frac{2{,}4}{1{,}58} \# 1{,}52 \text{ bar} \quad \Rightarrow \quad \text{profondeur} = \mathbf{5{,}2\ m}$$

Le compartiment 30' est directeur

1er palier à **9 m**

2e cas : durée d'immersion 4 heures

Compartiment 7'

$TN_2 = 4$ bars (saturé après 34,3 périodes)

$$P_{abs.} = \frac{TN_2}{Sc} = \frac{4}{2{,}54} \# 1{,}57 \text{ bar} \quad \Rightarrow \quad \text{profondeur} = \mathbf{5{,}7\ m}$$

Compartiment 30'

$TN_2 = 4$ bars (considéré comme saturé après 8 périodes)

$$P_{abs.} = \frac{TN_2}{Sc} = \frac{4}{1{,}82} \# 2{,}2 \text{ bars} \quad \Rightarrow \quad \text{profondeur} = \mathbf{12\ m}$$

Compartiment 60'

$TN_2 = 0,8 + (4 - 0,8) \times 0,9375 = 3,8$ bars

$P_{abs.} = \frac{TN_2}{Sc} = \frac{3,8}{1,58}$ # 2,41 bars ⇨ profondeur = **14,1 m**

Le compartiment 60' est directeur

1er palier à **15 m**

Dans ce cas, selon que la durée d'immersion est de 1 ou 4 heures, **le compartiment directeur n'est pas le même.**

Solution n°49

1er cas : profondeur d'immersion 30 mètres

Compartiment 7'

$TN_2 = 3,2$ bars (saturé après 17 périodes)

$P_{abs.} = \frac{TN_2}{Sc} = \frac{3,2}{2,54}$ # 1,26 bar ⇨ profondeur = **2,6 m**

Compartiment 30'

$TN_2 = 0,8 + (3,2 - 0,8) \times 0,9375 = 3,05$ bars

$P_{abs.} = \frac{TN_2}{Sc} = \frac{3,05}{1,82}$ # 1,68 bar ⇨ profondeur = **6,8 m**

Compartiment 60'

$TN_2 = 0,8 + (3,2 - 0,8) \times 0,75 = 2,6$ bars

$P_{abs.} = \frac{TN_2}{Sc} = \frac{2,6}{1,58}$ # 1,65 bar ⇨ profondeur = **6,5 m**

Compartiment 120'

$TN_2 = 0,8 + (3,2 - 0,8) \times 0,5 = 2$ bars

$P_{abs.} = \frac{TN_2}{Sc} = \frac{2}{1,54}$ # 1,3 bar ⇨ profondeur = **3,0 m**

Le compartiment 30' est directeur

1er palier à **9 m**

2e cas : profondeur d'immersion 60 mètres

Compartiment 7'

TN_2 = 5,6 bars (saturé après 17 périodes)

$$P_{abs.} = \frac{TN_2}{Sc} = \frac{5,6}{2,54} \# 2,20 \text{ bars} \quad \Rightarrow \quad \text{profondeur} = \mathbf{12,0\ m}$$

Compartiment 30'

TN_2 = 0,8 + (5,6 - 0,8) × 0,9375 = 5,3 bars

$$P_{abs.} = \frac{TN_2}{Sc} = \frac{5,3}{1,82} \# 2,91 \text{ bars} \quad \Rightarrow \quad \text{profondeur} = \mathbf{19,1\ m}$$

Compartiment 60'

TN_2 = 0,8 + (5,6 - 0,8) × 0,75 = 4,4 bars

$$P_{abs.} = \frac{TN_2}{Sc} = \frac{4,4}{1,58} \# 2,78 \text{ bars} \quad \Rightarrow \quad \text{profondeur} = \mathbf{17,8\ m}$$

Compartiment 120'

TN_2 = 0,8 + (5,6 - 0,8) × 0,5 = 3,2 bars

$$P_{abs.} = \frac{TN_2}{Sc} = \frac{3,2}{1,54} \# 2,08 \text{ bars} \quad \Rightarrow \quad \text{profondeur} = \mathbf{10,8\ m}$$

Le compartiment 30' est directeur

1er palier à **21 m** (cas fictif car hors table fédérale)

Dans ce cas, selon que la profondeur d'immersion est de 30 ou 60 mètres, **le compartiment directeur reste le même.**

Solution n°50

Le compartiment 120' est directeur dès 15' après la sortie de l'eau

TN_2 = 0,8 + (1,76 - 0,8) × 0,5 = 1,28 bar

$$P_{atm.} = \frac{TN_2}{Sc} = \frac{1,28}{1,54} \# 0,83 \text{ bar} \quad \Rightarrow \quad \text{altitude} = \mathbf{1\ 700\ m}$$

(1,54 correspond au Sc du compartiment 120' de la table fédérale)

Solution n°51

Le compartiment 120' est directeur dès 15' après la sortie de l'eau
Altitude = 2 500 m ⇨ Patm. = 0,75 bar
TN_2 admissible en altitude = 1,54 × 0,75 # 1,16 bar
(1,54 correspond au Sc du compartiment 120' de la table fédérale)

$$1{,}16 = 0{,}8 + (TN_{2\ cherchée} - 0{,}8) \times 0{,}5$$

$$TN_{2\ cherchée} = \frac{1{,}16 - 0{,}8}{0{,}5} + 0{,}8 = 1{,}52 \text{ bar}$$

$$P_{abs.} = \frac{TN_{2\ cherchée}}{0{,}8} = \frac{1{,}52}{0{,}8} = 1{,}90 \text{ bar}$$

⇨ profondeur maximale = **9,0 m**

Solution n°52

Altitude = 2 800 m ⇨ Patm. = 0,72 bar
TN_2 admissible en altitude = 1,54 × 0,72 # 1,11 bar
(1,54 correspond au Sc du compartiment 120' de la table fédérale)
TN_2 sortie de l'eau = 1,42 bar

1,11 = 0,8 + (1,42 - 0,8) × F ⇨ F = 0,5 ⇨ 1 période 120'

Intervalle minimal = **2 heures**

Solution n°53

Altitude = 2 730 m ⇨ Patm. = 0,727 bar
TN_2 admissible en altitude = 1,54 × 0,727 # 1,12 bar
(1,54 correspond au Sc du compartiment 120' de la table fédérale)

1,12 = 0,8 + (TN_2 sortie de l'eau - 0,8) × 0,5

$$TN_2 \text{ sortie de l'eau} = \frac{1{,}12 - 0{,}8}{0{,}5} + 0{,}8 = 1{,}44 \text{ bar}$$

Prof. = 16 m ⇨ Pabs. = 2,6 bars soit une P_pN_2 = 2,6 × 0,8 = 2,08 bars

1,44 bar = 0,8 + (2,08 - 0,8) × F ⇨ F = 0,5 ⇨ 1 période 120'

Durée maxi de la plongée = **2 heures**

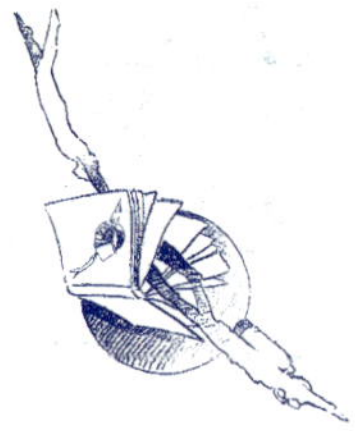

Solution n°54

Soient P le poids du corps et V_t son volume total ⇨ $V_t = \frac{P}{0{,}9}$

A l'équilibre :

$P = P_{Arch.}$ = poids du volume d'eau déplacé (V_e)

$$V_e = \frac{P}{1} = P$$

Le pourcentage du volume immergé est :

$$\frac{V_e}{V_t} \times 100 = \frac{P}{P \div 0{,}9} \times 100 = 90\ \%$$

Le pourcentage du volume qui émerge est égal à **10 %**

Soient V_t le volume total du corps
V_1 le volume qui baigne dans l'huile
V_2 le volume qui baigne dans l'eau

$$V_t = V_1 \times V_2 = \frac{P}{0{,}9}$$

A l'équilibre, la poussée d'Archimède totale est égale au poids du corps, soit :

$P_{Arch.} = (0{,}8 \times V_1) + (1 \times V_2) = P$

$(0{,}8 \times V_1) + V_2 = (0{,}9 \times V_1) + (0{,}9 \times V_2)$

$0{,}1 \times V_1 = 0{,}1 \times V_2$ ⇨ $V_1 = V_2$

Le pourcentage du volume qui baigne dans l'huile est égal à **50 %**

$$V_t = V_1 \times V_2 = \frac{P}{0{,}9}$$

A l'équilibre, la poussée d'Archimède totale est égale au poids du corps, soit :

$P_{Arch.} = (0{,}7 \times V_1) + (1{,}2 \times V_2) = P = (0{,}9 \times V_1) + (0{,}9 \times V_2)$

$0{,}2 \times V_1 = 0{,}3 \times V_2$ ⇨ $2 \times V_1 = 3 \times V_2$

$V_1 + V_2 = 100\ \%$ ⇨ $V_1 =$ **60 %**

Solution n°55

$V_1 + V_2 + V_3 = 5 \times 20 = 100\ cm^3$

$V_2 = 4 \times 5 = 20\ cm^3$

A l'équilibre, la poussée d'Archimède totale est égale au poids du corps, soit :

$(V_2 \times 0{,}8) + (V_3 \times 1) = 100 \times 0{,}9$

$(V_2 \times 0{,}8) + V_3 = 90$ ⇨ $16 + V_3 = 90$ ⇨ $V_3 = 74\ cm^3$

$V_1 = 100 - 74 - 20 = 6\ cm^3$

Le pourcentage du volume qui émerge est égal à **6 %**

$V_1 = 0$

$V_2 = 20\ cm^3$

$V_3 = 100 - 20 = 80\ cm^3$

A l'équilibre, la poussée d'Archimède totale est égale au poids du corps, soit :

$(0,8 \times V_2) + (1 \times V_3) = 100 \times d$ avec d = densité du corps

$16 + 80 = 100 \times d$ ⇨ d = **0,96**

Solution n°56

Soit V le volume de la sphère.

poids de la sphère = 0,8 × V

poussée d'Archimède = 0,8 × V

$$\text{Volume d'eau déplacé} = \frac{0,8 \times V}{1}$$

Pourcentage du volume immergé dans l'eau

$$\frac{0,8 \times V}{V} \times 100 = 80\ \%$$

Le pourcentage du volume qui émerge est égal à **20 %**

Si l'eau contient 10 % en volume de bulles d'air, sa densité moyenne est égale à 0,9.

$$\text{Volume d'eau déplacé} = \frac{0,8 \times V}{0,9}$$

$$\text{Pourcentage du volume immergé} = \frac{0,8 \times V}{0,9 \times V} \times 100\ \#\ 88,9\ \%$$

Le pourcentage du volume qui émerge est égal à : 100 - 88,9 = **11,1 %**

Si l'eau contient 20 % en volume de bulles d'air, sa densité moyenne est égale à 0,8, c'est-à-dire celle de la sphère. **Celle-ci est alors totalement immergée, en flottabilité nulle.**

Si l'eau contient 25 % en volume de bulles d'air, sa densité moyenne est égale à 0,75 et est inférieure à celle de la sphère. **Cette dernière coule.**

Dans sa colonne de bulles, le poids apparent du plongeur augmente, du fait de la diminution de la poussée d'Archimède. De ce point de vue, **il se trompe**, ce qui ne doit pas l'empêcher de remonter aussi verticalement que possible.

Solution n°57

Soient V le volume total du corps et d sa densité.
A l'équilibre, la poussée d'Archimède totale est égale au poids du corps, soit :

$(0,85 \times V \times 1,2) + (0,15 \times V \times 0,8) = V \times d$

$(1,02 \times V) + (0,12 \times V) = V \times d$ ⇨ $d = 1,02 + 0,12 =$ **1,14**

Soit v le volume du lest
A l'équilibre :

$P_{Arch.}$ corps + $P_{Arch.}$ lest = Poids du corps + Poids du lest

$(V \times 1,2) + (v \times 1,2) = (V \times 1,14) + (v \times 11,2)$

$0,06\ V = 10\ v$ ⇨ $v = \frac{0,06}{10} \times V$ soit **0,6 %** de V

Solution n°58

Soient : V le volume total du corps,
D sa densité par rapport au liquide,
d sa densité par rapport à l'eau.
A l'équilibre, la poussée d'Archimède est égale au poids du corps, soit :

$0,8 \times V \times 1,2 = V \times d$ ⇨ d = **0,96**

Par rapport à l'eau, la densité du corps est :

$$D = \frac{0,96}{1,2} = 0,8$$

Moins dense que l'eau, **le corps flotte**.

Soit **x** la fraction de V qui émerge. La fraction de V immergée est égale à 1 - x.
A l'équilibre, la poussée d'Archimède est égale au poids du corps, soit :

$(1 - x) \times V \times 1 = 0,96 \times V$

$1 - x = 0,96$ ⇨ $x = 0,04$ soit **4 %** de V

Solution n°59

pression à 190 m = 20 bars
$P_pO_2 = 0,8$ bar

$0,8 = (20 \times \text{Conc. } O_2) \div 100$ ⇨ $\text{Conc. } O_2 = \frac{0,8 \times 100}{20} =$ **4 %**

⇨ Conc. He = 100 - 4 = **96 %**

Quantités de gaz à transférer dans le réservoir M

O_2 ⇨ $\left(500 \times 200 \times \frac{4}{100}\right) - 0 = 4\,000$ litres.bars

He ⇨ $\left(500 \times 200 \times \frac{96}{100}\right) - (500 \times 50) = 71\,000$ litres.bars

1re possibilité : introduction de O_2 en premier dans M

P_M après transfert $O_2 = 50 + \frac{4\,000}{500} = \mathbf{58\ bars}$

P_A après transfert $O_2 = 300 - \frac{4\,000}{50} = \mathbf{220\ bars}$

P_M après transfert He $= 58 + \frac{71\,000}{500} = \mathbf{200\ bars}$

P_B après transfert He $= 300 - \frac{71\,000}{1\,000} = \mathbf{229\ bars}$

2e possibilité : introduction de He en premier dans M

P_M après transfert He $= 50 + \frac{71\,000}{500} = \mathbf{192\ bars}$

P_B après transfert He $= 300 - \frac{71\,000}{1\,000} = \mathbf{229\ bars}$

P_M après transfert $O_2 = 192 + \frac{4\,000}{500} = \mathbf{200\ bars}$

P_A après transfert $O_2 = 300 - \frac{4\,000}{50} = \mathbf{220\ bars}$

Pp O_2 > 0,2 bar ⇨ $0{,}2 < P_{abs.} \times \frac{4}{100}$ ⇨ $Pabs. > 0{,}2 \times \frac{100}{4} = 5$ bars

⇨ Profondeur > **40 m**

Solution n°60

On désignera par ① le compartiment dont le volume augmente et par ② celui dont le volume diminue.

Variation de volume dans le compartiment ① :

$100 \times 12,5 = + 1\,250$ cm^3

si V_1 est la nouvelle valeur du volume du compartiment ①

$V_1 = 5\,000 + 1\,250 = 6\,250$ cm^3

Variation de volume dans le compartiment ② :

$- 100 \times 12,5 = - 1\,250$ cm^3

si V_2 est la nouvelle valeur du volume du compartiment ②

$V_2 = 5\,000 - 1\,250 = 3\,750$ cm^3

Soient respectivement Q_1 et Q_2 les quantités de gaz contenues dans les compartiments ① et ②

$Q_1 = 3 \times 5\,000 = P_1 \times 6\,250$ ⇨ $P_1 = 2,4$ bars

$Q_2 = 3 \times 5\,000 = P_2 \times 3\,750$ ⇨ $P_2 = 4$ bars

L'équilibre des forces s'écrit :

$(P_1 \times 100) + F = P_2 \times 100$

F étant la valeur de la force recherchée,

$F = 100 \times (P_2 - P_1) = 100 \times 1,6$ ⇨ F = **160 kgf**

Solution n°61

Dans le compartiment ①

Calcul de la nouvelle pression P_1

$P_1 \times (6 + 6) \times 120 = 3 \times 6 \times 120$ ⇨ $P_1 = 1,5$ bar

La force F_1 exercée sur le piston par le gaz est :

$F_1 = 1,5 \times 120 = 180$ kgf

Dans le compartiment ②

Calcul de la nouvelle pression P_2

$P_2 \times (10 - 6) \times (120 - 50) = 3 \times 10 \times (120 - 50)$ ⇨ $P_2 = 7,5$ bars

La force F_2 exercée sur le piston par le gaz est :

$F_2 = 7,5 \times (120 - 50) = 525$ kgf

Dans le compartiment ③

Calcul de la nouvelle pression P_3

$P_3 \times (12 - 6) \times 50 = 3 \times 12 \times 50$ ⇨ $P_3 = 6$ bars

La force F_3 exercée sur le piston par le gaz est :

$F_3 = 6 \times 50 = 300$ kgf

La force F recherchée et F_1 sont de même sens, contraire à celui des forces F_2 et F_3.

A l'équilibre :

$F + F_1 = F_2 + F_3$

$F + 180 = 525 + 300 \Rightarrow F =$ **645 kgf**

Solution n°62

Soient respectivement P et V les nouvelles valeurs de la pression dans le récipient et du volume d'air qu'il contient.

La force de 60 kg s'exerce sur une surface de 1 dm^2 soit 0,6 kgf/cm^2, accroissant la pression de 0,6 bar, d'où :

$P = 1 + 0,6 = 1,6$ bar

$P \times V = 1,6 \times V = 1 \times 10 \Rightarrow V = 6,25\ dm^3$

La distance entre le piston et le fond du récipient devient :

$$\frac{6,25}{1} = 6,25 \text{ dm}$$ ou **62,5 cm**

La quantité totale d'air contenue dans les deux récipients est :

$(1 \times 10) + (1,2 \times 5) = 16$ litres.bars

Les forces extérieures qui s'exercent sur le piston n'ayant pas changé, la pression interne reste égale à 1,6 bar et le volume total est :

$$\frac{16}{1,6} = 10 \text{ litres}$$

Le volume du récipient ① est devenu :

$10 - 5 = 5$ litres

et la hauteur du piston par rapport au fond :

$$\frac{5}{1} = 5 \text{ dm}$$ ou **50 cm**

Si la position du piston ne varie pas, le volume total des deux récipients est égal à :

$6,25 + 5 = 11,25\ dm^3$

et la pression prend la valeur :

$$P = \frac{16}{11,25} \# 1,422 \text{ bar}$$

La force exercée sur le piston accroît la pression de 0,422 bar par rapport aux conditions initiales et elle vaut :

$0,422 \times 100 =$ **42,2 kgf**

Le volume du récipient ① devient égal à 2 dm^3 et le volume total est alors :

$2 + 5 = 7\ dm^3$

pour une pression qui reste égale à 1,6 bar.

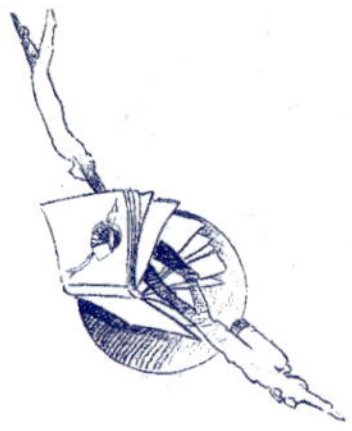

Une fois la masse ôtée, la pression interne redevient égale à 1 bar et le volume total est :

$$\frac{7 \times 1{,}6}{1} = 11{,}2 \text{ litres}$$

Le volume du récipient ① étant égal à :

11,2 - 5 = 6,2 litres

la distance entre le piston et le fond est :

$$\frac{6{,}2}{1} = 6{,}2 \text{ dm} \quad \text{ou} \quad \mathbf{62\ cm}$$

Avant de supprimer la force, le volume de l'air dans le récipient ① est égal à 2 litres, sa pression valant 1,6 bar.

Une fois la force supprimée après avoir fermé la communication, la pression interne redevient égale à 1 bar et le volume dans le récipient ① devient

$$\frac{1{,}6 \times 2}{1} = 3{,}2 \text{ dm}^3$$

La distance entre le piston et le fond est alors :

$$\frac{3{,}2}{1} = 3{,}2 \text{ dm} \quad \text{ou} \quad \mathbf{32\ cm}$$

Solution n°63

Hauteur du piston dans le récipient ①

$$\frac{10 \text{ dm}^3}{1 \text{ dm}^2} = 10 \text{ dm} = \mathbf{1\ m}$$

Hauteur du piston dans le récipient ②

$$\frac{5\,000 \text{ cm}^3}{50 \text{ cm}^2} = 100 \text{ cm} = \mathbf{1\ m}$$

Dans le récipient ② , le piston repose sur le fond.

La pression interne reste égale à 1 bar et le volume total est égal à :

$10 + 5 = 15 \text{ dm}^3$

Dans le récipient ① ,la position du piston par rapport au fond est :

$$\frac{15 \text{ dm}^3}{1 \text{ dm}^2} = 15 \text{ dm} = \mathbf{1{,}5\ m}$$

Pour relever le piston ②, il faut exercer une force de 30 kgf sur une surface de 50 cm^2, ce qui correspond à une élévation de pression de :

$$\frac{30}{50} = 0,6 \text{ kgf/cm}^2$$

La force à exercer sur le piston ① est :

$0,6 \times 100 =$ **60 kg**

La pression interne dans les deux récipients est égale à :

$1 + 0,6 = 1,6$ bar

Sous une pression interne de 1 bar, le volume total était égal à 15 dm^3. Il devient :

$$\frac{1 \times 15}{1,6} = 9,375 \text{ dm}^3$$

La surface totale des deux pistons vaut :

$1 + 0,5 = 1,5$ dm^2

et leur hauteur par rapport au fond est :

$$\frac{9,375}{1,5} = 6,25 \text{ dm} \quad \text{ou} \quad \mathbf{62,5\ cm}$$

Solution n°64

Le piston se déplace en direction du plus grand compartiment.

Soient :

V_1 le volume initial du grand compartiment et V'_1 son volume final

V_2 le volume initial du petit compartiment et V'_2 son volume final

V_3 le volume du récipient annexe

Dans le grand compartiment :

$V_1 = 2 \times 10 = 20$ dm^3 = 20 litres

$Q_1 = 5 \times 20 = 100$ litres.bars

Dans le petit compartiment :

$V_2 = 1 \times 10 = 10$ dm^3 = 10 litres

$Q_2 = 5 \times 10 = 50$ litres.bars

Dans le récipient annexe :

$Q_3 = 40 \times 5 = 200$ litres.bars

Q_1, Q_2 et Q_3 expriment les quantités d'air contenues respectivement dans les deux compartiments et le récipient annexe.

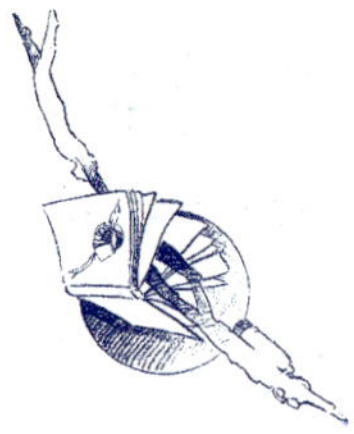

Soit P la pression d'équilibre recherchée, qui est la même partout. On a :

$Q_1 = P \times V'_1 = 100$ litres.bars

$Q_2 = P \times V'_2 = 50$ litres.bars

$Q_3 = 200$ litres.bars

$Q_2 + Q_3 = 250$ litres.bars ⇨ ne change pas

$(P \times V'_2) + (5 \times P) = P\,(V'_2 + 5) = 250$ litres.bars

$V'_1 + V'_2 = V_1 + V_2 = 30\ dm^3 = 30$ litres

$V'_2 = 30 - V'_1$

$P\,(30 - V'1 + 5) = P\,(35 - V'_1) = 250$

$$V'_1 = \frac{100}{P}$$

$$P \times \left(35 - \frac{100}{P}\right) = 250 \quad ⇨ \quad P = \mathbf{10\ bars}$$

La pression a doublé dans le grand compartiment, donc son volume a diminué de moitié ainsi que sa longueur. Celle-ci passe de 2 dm à 1 dm.
Le déplacement du piston est égal à **1 dm** ou **10 cm**.

Solution n°65

La hauteur de la colonne de mercure correspond à une pression de :

$1 - 0,35 = 0,65$ bar

et sa hauteur est égale à :

$$h = \frac{76 \times 0,65}{1} = \mathbf{49,4\ cm}$$

Soient P la pression à la profondeur d'immersion
p la pression de l'air dans le tube

A la profondeur d'immersion on a :

$h = 89$ cm et $h' = 100 - 89 = 11$ cm

$p \times h' \times 10 = 0,35 \times (100 - 49,4) \times 10$ ⇨ $p = 1,61$ bar

d'où l'on obtient :

$$P = \frac{1 \times 89}{76} + 1,61 \,\#\, 2,78 \text{ bars}$$

Profondeur d'immersion = **17,8 m**

Solution n°66

Soient H la profondeur recherchée et h la hauteur du tube occupée par l'air.

Pour que le tube soit en flottabilité nulle, il faut que :
$P_{Arch.}$ = Poids réel = 100 g

Le volume d'eau déplacé est 100 cm^3, donc :

$$h = \frac{100}{10} = 10 \text{ cm}$$

La pression de l'air enfermé dans le tube immergé est donnée par :
$1 \times 10 \times 15 = P \times 100$ ⇨ $P = 1{,}5$ bar

Le niveau de l'eau dans le tube est à 5 mètres au-dessous de la surface, donc :
H = 5 - h = 5 - 0,1 = **4,9 m**

Solution n°67

Situation au fond :

P_1 = 2 bars

V_1 = 100 cm^3

Situation en surface :

A l'équilibre, la poussée d'Archimède est égale au poids du tube, soit 100g.
Le volume d'eau déplacé, qui est compris entre la surface et le niveau de l'eau dans le tube, est égal à 100 cm^3. Ce niveau est situé à :

$$\frac{100}{10} = 10 \text{ cm sous la surface}$$

La pression de l'air dans le tube est :

$$1 + \frac{10}{1\ 000} = 1{,}01 \text{ bar}$$

Le volume d'air emprisonné dans le tube est donné par :
$P_1 \times V_1 = P_2 \times V_2$
$2 \times 100 = 1{,}01 \times V_2$ ⇨ **V_2 # 198 cm^3**

Volume du tube qui émerge :
V = 198 - 100 = 98 cm^3

Hauteur émergente :

$$\frac{98}{10} = \mathbf{9{,}8\ cm}$$

Solution n° 68

Il faut que :

$P_{Arch.}$ = Poids réel tube = 50 g

Volume de l'air dans le tube = **50 cm³**

La hauteur de l'eau dans le tube est située à :

$$\frac{50}{5} = 10 \text{ cm}$$

au-dessous du haut du tube et à 10 cm au-dessus du fond de la cuve, c'est-à-dire à 4,90 m au-dessous de la surface.
Pression de l'air dans le tube = **1,49 bar**

Situation au fond :

P_1 = 1,49 bar

V_1 = 50 cm³

tube en flottabilité nulle.

Situation en surface :

Une fois le tube remonté en surface et en équilibre, le volume de l'air qu'il contient a augmenté, ainsi que la flottabilité de l'ensemble.
L'extrémité supérieure du tube va donc **émerger** de la surface de l'eau.

Le volume d'eau déplacé, compris entre la surface de la cuve et le niveau dans le tube, est à l'équilibre égal à 50 cm³.

Le niveau dans le tube est à 10 cm sous la surface, donc :

$$P_2 = 1 + \frac{10}{1\,000} = 1{,}01 \text{ bar}$$

$P_1 \times V_1 = P_2 \times V_2$

$1{,}49 \times 50 = 1{,}01 \times V_2$ ⇨ V_2 # 73,76 cm³

Volume émergent = 73,76 - 50 = 23,76 cm³

Haureur émergente $= \frac{23{,}76}{5}$ # **4,8 cm**

Situation au fond :

P_1 = 1,49 bar

V_1 = 50 cm³

$Q_1 = P_1 \times V_1 = 1{,}49 \times 50 = 74{,}5$ cm³.bars

Situation en surface :

P_2 = 1,01 bar

Volume d'eau déplacé = 50 cm^3

Volume émergent = 5 × 8 = 40 cm^3

V_2 = 50 + 40 = 90 cm3

$Q_2 = P_2 \times V_2$ = 1,01 × 90 = 90,9 cm^3.bars

Quantité d'air introduite = $Q_2 - Q_1$ = 90,9 - 74,5 = 16,4 cm^3.bars

Cet air est introduit au fond, sous la pression de 1,49 bar. Son volume est donc :

$$\frac{16,4}{1,49} = \mathbf{11\,cm^3}$$

Solution n°69

A l'équilibre en surface :

$P_{Arch.}$ = Poids du tube = 140 g

Volume d'eau déplacé = 140 cm^3

Niveau de l'eau dans le tube $= \frac{140}{10}$ = 14 cm sous la surface

Pression de l'air dans le tube $= 1 + \frac{14}{1000} = 1,014$ bar

Le volume d'air emprisonné dans le tube est donné par :

(1 + 1,2) × 100 = 1,014 × V ⇨ V # **217 cm³**

Volume du tube qui émerge :

217 - 140 = 77 cm^3

Hauteur du tube émergente :

$$\frac{77}{10} = \mathbf{7,7\ cm}$$

Pression absolue au fond :

1,2 + 1,45 = 2,65 bars

Pression de l'air enfermé dans le tube, à l'équilibre en surface :

$$1,45 + \frac{14}{1000} = 1,014 \text{ bar}$$

Le volume de l'air emprisonné dans le tube est donné par :

2,65 × 100 = 1,464 × V ⇨ V # 181 cm^3

Volume émergent :

181 - 140 = 41 cm^3

Hauteur émergente :

$$\frac{41}{10} = \mathbf{4,1\,cm}$$

Pression absolue au fond :

1,2 + 3,5 = 4,7 bars

Si on remonte le tube à la surface, la pression de l'air qu'il contient est égale à :

$$3{,}5 + \frac{14}{1000} = 3{,}514 \text{ bars}$$

et le volume de celui-ci est donné par :

4,7 × 100 = 3,514 × V ⇨ V # 133,8 cm^3

Or, pour que le tube flotte, il faut que ce volume soit au moins égal à 140 cm^3, donc **le tube coule**.

Soit P la pression de l'air au-dessus de la surface. La pression à 12 m est :

P + 1,2

La pression de l'air enfermé dans le tube en surface est égale à :

P + 0,014

pour un volume égal à 140 cm^3.

On peut donc écrire :

(P + 1,2) × 100 = (P + 0,014) × 140 ⇨ P # **2,95 bars**

Solution n°70

Quantité d'air dans le bloc :

Q_1 = 20 × 10 = 200 litres.bars

Quantité de mélange dans le tampon :

Q_2 = 200 × 50 = 10 000 litres.bars

Quantité totale de gaz :

Q_3 = Q_1 + Q_2 = (10 + 50) × P = 10 200 litres.bars ⇨ P = 170 bars

Quantité de mélange transférée :

(200 - 170) × 50 = 1 500 litres.bars, ou encore

(170 - 20) × 10 = 1 500 litres.bars

Quantité O_2 transférée :

$$1500 \times \frac{60}{100} = 900 \text{ litres.bars}$$

Quantité N_2 transférée :

$$1500 \times \frac{40}{100} = 600 \text{ litres.bars}$$

Quantité O_2 contenue dans le bloc en final :

$$\left(20 \times 10 \times \frac{20}{100}\right) + 900 = 940 \text{ litres.bars}$$

Quantité N_2 contenue dans le bloc en final :

$$\left(20 \times 10 \times \frac{80}{100}\right) + 600 = 760 \text{ litres.bars}$$

Quantité totale de mélange dans le bloc en final :
940 + 760 = 1 700 litres.bars

$$\text{Pourcentage } O_2 \text{ dans le bloc} = \frac{940}{1\,700} \times 100 \;\#\; \mathbf{55,3\ \%}$$

$$\text{Pourcentage } N_2 \text{ dans le bloc} = \frac{760}{1\,700} \times 100 \;\#\; \mathbf{44,7\ \%}$$

Solution n°71

Quantité O_2 transférée de T_1 vers le bloc :
(200 - 185) × 50 = 750 litres.bars
Quantité N_2 transférée de T_2 vers le bloc :
(200 - 190) × 100 = 1 000 litres.bars
Quantité O_2 contenue dans le bloc en final :

$$\left(30 \times 12 \times \frac{20}{100}\right) + 750 = 822 \text{ litres.bars}$$

Quantité N_2 contenue dans le bloc en final :

$$\left(30 \times 12 \times \frac{80}{100}\right) + 1\,000 = 1\,288 \text{ litres.bars}$$

Quantité totale de mélange dans le bloc en final :
822 + 1 288 = 2 110 litres.bars

$$\text{Pourcentage } O_2 \text{ dans le bloc} = \frac{822}{2\,110} \times 100 \;\#\; \mathbf{39,0\ \%}$$

$$\text{Pourcentage } N_2 \text{ dans le bloc} = \frac{1288}{2\,110} \times 100 \;\#\; \mathbf{61,0\ \%}$$

$$\text{Pression finale dans le bloc} = \frac{2\,110}{12} \;\#\; \mathbf{175,8\ bars}$$

La pression finale dans le bloc, et a fortiori la pression intermédiaire, est inférieure aux pressions finales respectives de T_1 et de T_2.
Le transfert peut donc s'effectuer dans n'importe quel ordre.

Quantité O_2 transférée de T_1 vers le bloc = 750 litres.bars
Quantité d'air contenue initialement dans le bloc = 30 × 12 = 360 litres.bars
Quantité de mélange contenue dans le bloc en final :
750 + 360 = 1 110 litres.bars

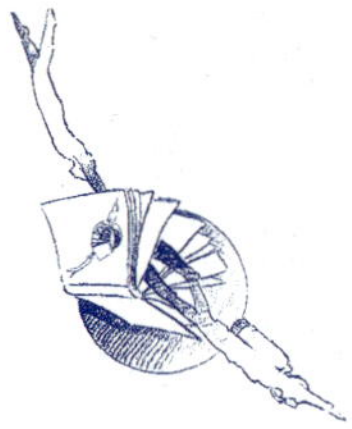

Pression finale à l'équilibre dans le bloc et dans T_2

$$\frac{1\,110 + (200 \times 100)}{12 + 100} \# \mathbf{188{,}5\ bars}$$

Quantité N_2 transférée de T_2 vers le bloc :

(200 - 188,5) × 100 = 1 150 litres.bars

Quantité O_2 contenue dans le bloc en final :

$$\left(30 \times 12 \times \frac{20}{100}\right) + 750 = 822 \text{ litres.bars}$$

Quantité N_2 contenue dans le bloc en final :

$$\left(30 \times 12 \times \frac{80}{100}\right) + 1\,150 = 1\,438 \text{ litres.bars}$$

Quantité totale de mélange dans le bloc en final :

822 + 1 438 = 2 260 litres.bars

$$\text{Pression finale dans le bloc} = \frac{2\,260}{12} \# \mathbf{188{,}3\ bars}$$

Solution n°72

Soient :

- Q_{O2} la quantité O_2 transférée dans le bloc
- Q_{N2} la quantité N_2 transférée dans le bloc

En fin d'opération, le bloc contient :

$$O_2 \Rightarrow \left(100 \times 2 \times 12 \times \frac{20}{100}\right) + Q_{O2} = 480 + Q_{O2}$$

$$N_2 \Rightarrow \left(100 \times 2 \times 12 \times \frac{80}{100}\right) + Q_{N2} = 1920 + Q_{N2}$$

et on a le rapport :

$$\frac{480 + Q_{O2}}{1920 + Q_{N2}} = \frac{40}{60} = \frac{2}{3} \quad (1)$$

Cas de figure n°1 : O_2 est introduit en premier

pression finale bloc = pression finale tampon N_2

$$\frac{480 + 1\,920 + Q_{O2} + Q_{N2}}{2 \times 12} = \frac{(200 \times 100) - Q_{N2}}{100} \quad (2)$$

A partir des relations (1) et (2) on obtient :

Q_{O2} = 1 359,44 litres.bars

Q_{N2} = 839,16 litres.bars

total transféré = 2 198,60 litres.bars

$$P_{bloc} = \frac{2\,198,6}{24} + 100 \# \mathbf{191,6\ bars}$$

$$P_{tampon\ O_2} = 200 - \frac{1\,359,44}{50} \# \mathbf{172,8\ bars}$$

$$P_{tampon\ N_2} = 200 - \frac{839,16}{100} \# \mathbf{191,6\ bars} \quad \text{(vérification)}$$

Cas de figure n°2 : N_2 est introduit en premier

pression finale bloc = pression finale tampon O_2

$$\frac{480 + 1\,920 + Q_{O2} + Q_{N2}}{2 \times 12} = \frac{(200 \times 50) - Q_{N2}}{50} \quad (3)$$

A partir des relations (1) et (3) on obtient :

Q_{O2} = 1 208,05 litres.bars

Q_{N2} = 612,08 litres.bars

total transféré = 1 820,13 litres.bars

$$P_{bloc} = \frac{1\,820,13}{24} + 100 \# \mathbf{175,8\ bars}$$

$$P_{tampon\ N_2} = 200 - \frac{612,08}{100} \# \mathbf{193,9\ bars}$$

$$P_{tampon\ O_2} = 200 - \frac{1\,208,05}{50} \# \mathbf{175,8\ bars} \quad \text{(vérification)}$$

Pour charger le bloc à la plus forte pression possible, on introduira **O_2 en premier**.

Solution n°73

Quantité de chaque gaz transférée dans le bloc :

O_2 ⇨ $\left(180 \times 12 \times \frac{10}{100}\right) - \left(20 \times 12 \times \frac{20}{100}\right) = 168$ litres.bars

N_2 ⇨ $\left(180 \times 12 \times \frac{20}{100}\right) - \left(20 \times 12 \times \frac{80}{100}\right) = 240$ litres.bars

N_2 ⇨ $180 \times 12 \times \frac{70}{100} = 1512$ litres.bars

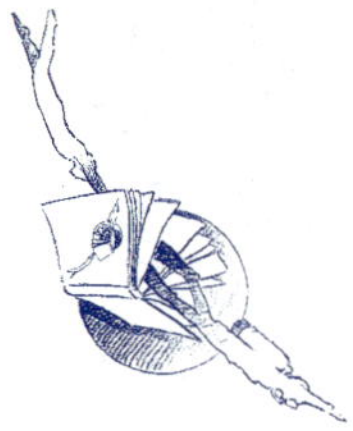

Pression finale dans chaque tampon :

$P_{tampon\ O_2}$ ⇨ $\dfrac{(100 \times 3) - 168}{3} = 44 \text{ bars}$

$P_{tampon\ N_2}$ ⇨ $\dfrac{(100 \times 10) - 240}{10} = 76 \text{ bars}$

$P_{tampon\ He}$ ⇨ $\dfrac{(200 \times 100) - 1512}{100} = 184{,}88 \text{ bars}$

A la fin du transfert de chaque gaz, la pression dans le tampon correspondant doit être supérieure à la pression dans le bloc.

Cas de figure n°1 : O_2 est introduit en premier

$P_{bloc} = 20 + \dfrac{168}{12} = 34 \text{ bars}$ ⇨ possible car $34 < 44$

Si N_2 est introduit en deuxième :

$P_{bloc} = 34 + \dfrac{240}{12} = 54 \text{ bars}$ ⇨ possible car $54 < 76$

He peut être introduit en troisième car $184{,}88 > 180$
Si He est introduit en deuxième :

$P_{bloc} = 34 + \dfrac{1512}{12} = 160 \text{ bars}$

mais N_2 ne peut plus être introduit car $160 > 76$

Ordre possible : O_2, puis N_2, puis He.

Cas de figure n°2 : N_2 est introduit en premier

$P_{bloc} = 20 + \dfrac{240}{12} = 40 \text{ bars}$ ⇨ possible car $40 < 76$

Si O_2 est introduit en deuxième :

$P_{bloc} = 40 + \dfrac{168}{12} = 54 \text{ bars}$ ⇨ pas possible car $54 > 44$

A fortiori, O_2 ne peut être introduit en troisième.

Cas de figure n°3 : He est introduit en premier

$P_{bloc} = 20 + \dfrac{1512}{12} = 146 \text{ bars}$

O_2 et N_2 ne peuvent plus être introduits car $146 > 44$ et 76

Une seule possibilité : O_2 puis N_2 puis He

Soit P la pression finale dans le bloc.

Gaz ⇨ Quantité finale   Quantité initiale = Quantité transférée

O_2 ⇨ $\left(P \times 12 \times \frac{10}{100}\right) - \left(20 \times 12 \times \frac{20}{100}\right) = 1{,}2.P - 48$

N_2 ⇨ $\left(P \times 12 \times \frac{20}{100}\right) - \left(20 \times 12 \times \frac{80}{100}\right) = 2{,}4.P - 192$

He ⇨ $\left(P \times 12 \times \frac{70}{100}\right) - 0 = 8{,}4.P$

La pression finale dans le tampon He est égale à P, donc :

$$\frac{(200 \times 100) - 8{,}4\,P}{100} = P \;\#\; \mathbf{184{,}5\ bars}$$

Pression finale dans le tampon O_2 :

$$\frac{(100 \times 3) - (1{,}2\,P - 48)}{3} = \mathbf{42{,}2\ bars}$$

Pression finale dans le tampon N_2 :

$$\frac{(100 \times 10) - (2{,}4\,P - 192)}{10} \;\#\; \mathbf{74{,}9\ bars}$$

Solution n°74

15°C ⇨ température absolue = 15 + 273 = 288 K

50°C ⇨ température absolue = 50 + 273 = 323 K

$$\frac{P}{323} = \frac{200}{288} \quad ⇨ \quad P = \frac{200}{288} \times 323 \;\#\; \mathbf{224{,}3\ bars}$$

Solution n°75

17°C ⇨ température absolue = 17 + 273 = 290 K

2°C ⇨ température absolue = 2 + 273 = 275 K

$$\frac{P}{275} = \frac{174}{290} \quad ⇨ \quad P = \frac{174}{290} \times 275 = \mathbf{165\ bars}$$

$$P_{lue} = 165 - \frac{42}{10} + \frac{608}{760} = 165 - (4{,}2 + 0{,}8) = \mathbf{160\ bars}$$

Solution n°76

45 °C ⇨ température absolue = 45 + 273 = 318 K

20 °C ⇨ température absolue = 20 + 273 = 293 K

$$\frac{P}{318} = \frac{175}{293} \quad ⇨ \quad P = \frac{175}{293} \times 318 \; \# \; \mathbf{189{,}9\ bars}$$

Solution n°77

12 °C ⇨ température absolue = 12 + 273 = 285 K

19 °C ⇨ température absolue = 19 + 273 = 292 K

40 m ⇨ P = 5 bars

15 m ⇨ P = 2,5 bars

$$\frac{V}{292} = \frac{120}{285} \times \frac{5}{2{,}5} \quad ⇨ \quad V = \frac{120}{285} \times 292 \times 2 \; \# \; \mathbf{245{,}9\ bars}$$

Solution n°78

La section du tube étant constante, on peut raisonner sur la longueur de la colonne d'air qui y est emprisonnée comme on le ferait sur son volume.

Soit L_0 la longueur totale du tube. Juste en-dessous de la surface, la longueur de la colonne d'air est donnée par :

$$\frac{L_0}{273 + 27} = \frac{L_1}{273 + 3} \quad ⇨ \quad L_1 = \frac{276}{300} L_0 = 0{,}92\, L_0$$

Si le plongeur lit 20 m, la longueur de la colonne d'air est $\frac{L_0}{3}$ et donc :

$$P_{abs.} \times \frac{L_0}{3} = P_{surface} \times 0{,}92\, L_0 = 1 \times 0{,}92\, L_0$$

$P_{abs.}$ = 3 × 0,92 = 2,76 b ⇨ profondeur réelle = **17,6 m**

Soit L_2 la longueur de la colonne d'air emprisonnée dans le tube à 25 m, on a :

$$3{,}5\, L_2 = 1 \times 0{,}92\, L_0 \quad ⇨ \quad L_2 = \frac{0{,}92}{3{,}5} L_0 \; \# \; 0{,}263\, L_0$$

Tout se passe comme si la profondeur lue correspondait à une pression P telle que :

$$P = 0{,}263\, L_0 = 1\, L_0 \quad ⇨ \quad P = \frac{1}{0{,}263} \; \# \; 3{,}8 \text{ bars} \quad ⇨ \quad \text{profondeur lue} = \mathbf{28\ m}$$

Lorsque la pression atmosphérique est égale à 0,8 bar, on a encore :

$L_1 = 0{,}92\, L_0$

et $P_{abs.} \times \frac{L_0}{3} = P_{surface} \times 0{,}92\ L_0$ ⇨ $P_{abs.} = 0{,}8 \times 0{,}92 \times 3 = 2{,}208$ bars

⇨ profondeur réelle = (2,208 - 0,8) × 10 # **14,1 m**

A 25 m, on a :

$3{,}3\ L_2 = 0{,}8 \times 0{,}92\ L_0$

$L_2 = \frac{0{,}8 \times 0{,}92}{3{,}3} L_0 \ \#\ 0{,}223\ L_0$

En appliquant le même raisonnement que précédemment :

$P \times 0{,}223\ L_0 = 1\ L_0$ ⇨ $P = \frac{1}{0{,}223}\ \#\ 4{,}48$ bars

⇨ profondeur lue = **34,8 m**

Solution n°79

20°C ⇨ température absolue = 20 + 273 = 293 K
50°C ⇨ température absolue = 50 + 273 = 323 K

$\frac{\mu}{293} = \frac{1{,}2}{323} \times 200$ ⇨ $\mu = \frac{1{,}2}{323} \times 293 \times 200\ \#\ \mathbf{217{,}7\ g/dm^3}$

(μ ⇨ masse spécifique de l'air)

Solution n°80

La hauteur de la colonne de mercure correspond à une pression de :

1 - 0,25 = 0,75 bar

et sa hauteur est égale à :

$h = \frac{76 \times 0{,}75}{1} = \mathbf{57\ cm}$

Une plus grande longueur de tube émergeant de la cuve à mercure n'aurait pas modifié ce résultat, car ce dernier ne dépend que de la pression de l'air à l'intérieur du tube.

Si le mercure dans le tube est au niveau du mercure dans la cuve, la pression de l'air dans le tube est égale à 1 bar.
Au-dessus de la colonne de mercure dans le tube, la hauteur libre est donnée par :

0,25 × (100 - 57) × 10 = 1 × h' × 10 ⇨ h' = 10,75 cm

Longueur de tube émergeant du mercure : **10,75 cm**

La pression correspondant à 38 cm de mercure est égale à :

$\frac{1 \times 38}{76} = 0{,}5$ bar

et la pression de l'air dans le tube est :

$p = 1 - 0{,}5 = 0{,}5$ bar

Au-dessus de la colonne de mercure dans le tube, la hauteur libre est donnée par :

$0{,}25 \times (100 - 57) \times 10 = 0{,}5 \times h' \times 10 \Rightarrow h' = 21{,}5$ cm

Longueur de tube émergeant du mercure : 38 + 21,5 = **59,5 cm**

Température absolue initiale = 27 + 273 = 300 K
Température absolue finale = 30 + 300 = 330 K

Dans le tube, le volume libre au-dessus de la colonne de mercure augmente dans le rapport :

$$\frac{330}{300} = 1{,}1$$

ainsi que sa hauteur, qui devient :

$(100 - 57) \times 1{,}1 = 47{,}3$ cm

La hauteur de la colonne de mercure est alors : 100 - 47,3 = **52,7 cm**

Réglementation
questions

L'ensemble des questions se répartit en huit groupes :

Question n°1

Qu'est-ce qu'une association régie par la loi de 1901 ?

Question n°2

Les associations à but non lucratif.

Que signifie cette appellation ?
Quelle est la loi qui régit ce type d'association ?
Énumérez les différentes sortes d'associations qui sont régies par cette loi.
Qu'est-ce qui les caractérise essentiellement ?

Question n°3

Quel est l'organisme qui est habilité à délivrer une délégation à une fédération sportive et quelles sont les conditions requises pour l'obtenir ?

Quelles sont les prérogatives des fédérations sportives qui bénéficient de cette délégation ?

Question n°4

Quelles sont les différentes démarches nécessaires à la création d'un club et à son affiliation à une fédération sportive ?

Question n°5

Que doivent prévoir les statuts d'une association pour être conformes à la législation ?

Question n°6

Quelles sont les différentes ressources dont peuvent bénéficier les clubs ?

Question n°7

L'assemblée générale :

- qui la compose,
- quelles sont ses attributions,
- quelle est la différence entre une assemblée générale ordinaire et une assemblée générale extraordinaire ?

Question n°8

Quelles sont les différentes sanctions qui peuvent être prises à l'encontre d'un licencié ?
Par qui ?

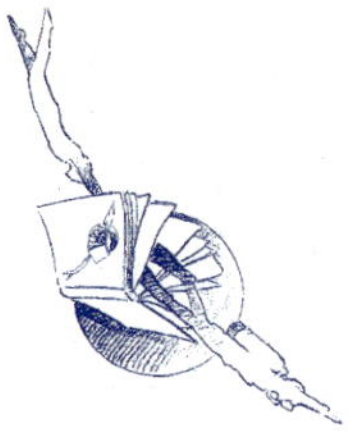

Question n°9

Quelles sont les décentralisations géographiques de la FFESSM ?

Par quels clubs ces décentralisations sont-elles constituées ?

Question n°10

Quelles sont les décentralisations par spécialité (les commissions) de la FFESSM ?

Question n°11

Par quelle procédure le président de la FFESSM et les présidents des comités régionaux ou interrégionaux sont-ils élus ?

Question n°12

Par quelle procédure les présidents des commissions régionales et nationales sont-ils élus ?

Question n°13

Le certificat médical :
- les modalités de sa délivrance,
- son exigibilité dans le cadre de la plongée loisir et du passage des brevets fédéraux,
- la durée de sa validité.

Question n°14

La licence fédérale :
- quels droits ouvre-t-elle à son détenteur,
- quelles sont les conditions de sa délivrance ?

Question n°15

Quels sont les avantages procurés par la licence fédérale ?

Question n°16

Quels sont les risques couverts par l'assurance "responsabilité civile aux tiers", dont la prime est incluse dans le montant de la licence ?

Question n° 17

Quels sont les risques couverts par l'assurance "individuelle complémentaire", qui peut être souscrite auprès de l'assureur fédéral par tout licencié à la FFESSM ?

Question n° 18

Qu'est ce qu'un TIV et quelle est sa fonction au sein des clubs ?

Comment est-il formé ?

Question n° 19

Quelles sont les consignes à respecter pour le gonflage d'une bouteille de plongée ?

A quel endroit doivent-elles être affichées ?

Question n° 20

Quelle est la réglementation concernant la requalification périodique des réservoirs haute pression :
- bouteilles de plongée métalliques,
- bouteilles tampons ?

Quelle est la réglementation concernant les stations de gonflage ?

Question n° 21

A quels brevets fédéraux les différents niveaux de plongeur et les différents niveaux d'encadrement correspondent-ils ?

Question n° 22

Quelles sont les conditions de candidature au brevet de plongeur niveau II ?

Quelles sont ses prérogatives en exploration ?

Question n° 23

Quelles sont les conditions de candidature au brevet de plongeur niveau III ?

Quelles sont ses prérogatives en exploration ?

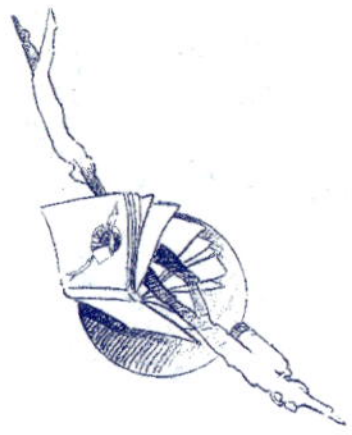

Question n°24

Quelles sont les conditions de candidature au brevet de plongeur niveau IV ?

Quelles sont ses prérogatives :
- en exploration,
- en tant que guide de palanquée ?

Question n°25

Vous êtes plongeur capacitaire et votre directeur de plongée vous a confié la responsabilité d'une palanquée de plongeurs niveau II pour effectuer une plongée “exploration”.

Combien de plongeurs au maximum avez-vous le droit d'encadrer ?

A quelle profondeur maximale pouvez-vous les emmener ?

Question n°26

Quelles sont les conditions de candidature à la qualification de plongeur niveau V ?

Quelles sont ses prérogatives ?

Question n°27

Quel est le niveau requis pour devenir directeur de plongée ?

Quel est son rôle ?

En quoi sa responsabilité consiste-t-elle ?

Question n°28

Quel est le rôle d'un guide de palanquée ?

Quel doit-être son niveau ?

En quoi sa responsabilité consiste-t-elle ?

Question n°29

Quelles sont les conditions de candidature au brevet d'initiateur de club ?

Quelles sont ses prérogatives ?

Question n°30

Quelles sont les conditions de candidature au monitorat fédéral 1er degré :
- dans son comité régional d'appartenance,
- dans un autre comité régional ?

Question n°31

Quelles sont les prérogatives d'un moniteur fédéral 1er degré ?

Question n°32

Quelle est la différence essentielle entre un moniteur breveté d'état et un moniteur fédéral ?

Question n°33

Quelle est la signification de l'abréviation "CMAS" ?

Quelle est la procédure permettant d'obtenir les brevets internationaux délivrés par la CMAS ?

Question n°34

Quel est le matériel de sécurité indispensable à bord d'un bateau de plongée, dans le cadre de la pratique de ce sport ?

A quelle distance minimale toute embarcation doit-elle se tenir éloignée d'un bateau de plongée en opération ?

Question n°35

Vous avez découvert un gisement d'amphores qui présente, à vos yeux, un intérêt archéologique certain.

Que devez-vous faire ?

Quels sont vos droits ?

Question n°36

Quelles sont les obligations et les interdictions qui sont attachées à la pratique de la pêche sous-marine :
- en mer,
- en eau douce (rivière et lac) ?

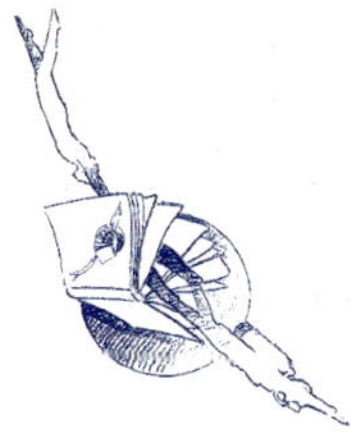

Question n° 37

A l'aide d'exemples pris dans le cadre de la plongée sous-marine, expliquez les notions de responsabilité civile et de responsabilité pénale.

Question n° 38

En prenant pour exemple le rôle du directeur de plongée, expliquez la notion "d'obligation de moyens".

Question n° 39

Vous désirez organiser une formation au diplôme d'encadrant de niveau I.

Pour qu'ils puissent aborder par la suite leurs prérogatives en accord avec la réglementation en vigueur, quels points du programme allez-vous développer en matière de réglementation fédérale ?

Question n° 40

Indiquez, sous la forme d'un tableau et en fonction des espaces d'évolution :
- la compétence minimale du guide de palanquée,
- l'effectif maximal de la palanquée,

pour des plongeurs débutants, de niveau I, de niveau II, de niveau III et de niveau IV.

Question n° 41

Expliquez ce qu'est une fédération déléguée, une fédération agréée.

A quelle catégorie la FFESSM appartient-elle ?

Question n° 42

Quelles sont les conditions de candidature au monitorat fédéral 2e degré ?

Question n° 43

Quelles sont les prérogatives d'un moniteur fédéral 2e degré ?

Question n° 44

Vous voulez organiser un examen pratique de capacitaire.

Quelles démarches devez-vous entreprendre ?

Quelle sera la composition du jury ?

Question n° 45

Citez les différentes catégories de charges sociales et de prélèvements fiscaux auxquels une association sportive peut-être soumise.

Question n° 46

Vous êtes président d'un club et vous souhaitez voir intégrer dans le programme du brevet capacitaire une épreuve sur la faune et la flore.

Quelle procédure allez-vous suivre pour que votre proposition aboutisse ?

Question n° 47

Un groupe de quinze plongeurs désire effectuer un voyage en Méditerranée au mois d'août.

Le groupe se compose de :
- 2 MF1,
- 2 capacitaires dont un titulaire de l'initiateur,
- 8 plongeurs niveau I,
- 2 plongeurs niveau II,
- 1 plongeur autonome niveau III.

Ils décident de se constituer en club fédéral à l'occasion de cette sortie. Quelles sont les démarches administratives qu'ils vont devoir effectuer ?

Quelles sont les assurances individuelles et collectives dont ils auront besoin ? Comment les contracter ? Les moniteurs doivent-ils s'assurer ?

A la fin de leur séjour, les moniteurs décident de faire passer le brevet de capacitaire aux plongeurs titulaires du niveau II et au plongeur autonome niveau III, ainsi que le brevet de plongeur autonome niveau II aux plongeurs titulaires du niveau I.

Précisez :
- les démarches à effectuer pour organiser ces examens,
- les conditions de candidature pour les candidats,
- la composition du jury de chacun des examens.

Qui signera les brevets ?

Pendant le séjour, avant le passage des examens, comment les moniteurs vont-ils devoir composer les palanquées pour :
- une plongée d'exploration à 23 mètres,
- une plongée d'enseignement à 20 mètres ?

Dans les deux cas, tous les participants doivent plonger.

Après les examens, tous les candidats ayant été reçus, comment les moniteurs vont-ils composer les palanquées pour organiser une plongée sur une épave à 43 mètres ?

Quel équipement, spécifique à la pratique de la plongée, le bateau que le groupe utilise pendant son séjour doit-il posséder ?

De retour dans leur région, le secrétaire de ce nouveau club se rend à l'assemblée générale de leur comité régional d'appartenance. Indiquer :

- de combien de voix il disposera,
- à quelles conditions il pourra les utiliser,
- s'il pourra-t-il se faire élire président de ce comité et, si oui, sous quelles conditions,
- ce que seront les modalités de cette élection.

Afin de s'équiper pour fonctionner durablement, le club décide d'établir un dossier de demande de subvention au FNDS. Quel sera le cheminement du dossier et des fonds alloués ?

Réglementation
réponses

LA DELEGATION.

Le Ministère de la Jeunesse et des sports délègue une partie de ses pouvoirs aux fédération si leurs statuts est conforme aux statuts types imposé par l'État

Cette délégation est délivrée ts les 4 ans

La Fédération sportive délégataire peut

- organiser des compétitions.
- délivrer des titres nationaux - internationaux - Regional
- Sélectionner des athlètes.
- délivrer des brevets
- Participer aux jury d'examens BEES.

ar laquelle deux ou plusieurs
onnaissances ou leur activité,

ne doivent en aucun cas être

.

que l'on appelle la "petite

s'ils sont de faible valeur).

outre recevoir des dons et

Re

e partie de ses pouvoirs aux fédérations sportives, lesquelles peuvent obtenir cette délégation si leurs statuts sont conformes aux statuts types imposés par l'État.

Pour chaque discipline, la délégation n'est délivrée qu'à une seule fédération et elle est accordée pour la durée d'une olympiade (4 ans).

Les fédérations sportives qui bénéficient de cette délégation peuvent :
- organiser des compétitions,
- délivrer des titres internationaux, nationaux, régionaux,
- sélectionner des athlètes,
- délivrer des brevets,
- participer aux jurys des examens BEES.

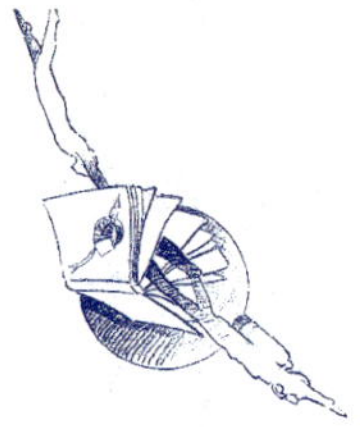

Réponse n°4

Démarches administratives pour la création

La création d'une association implique :
- l'établissement des statuts, lesquels peuvent comporter des clauses obligatoires,
- la convocation d'une assemblée générale constitutive, qui va adopter les statuts et élire un comité de direction,
- la déclaration à la sous-préfecture,
- l'insertion au Journal Officiel.

Démarches fédérales pour l'affiliation à la FFESSM

Une fois l'association déclarée, il faut :
- déclarer connaître et s'engager à respecter les statuts de la Fédération,
- acquitter les droits d'affiliation,
- envoyer à la Fédération les statuts, le règlement intérieur de l'association (s'il existe) et la composition du comité de direction (ou comité directeur).

En retour, la Fédération envoie à l'association un numéro d'affiliation, qui sera le numéro d'identité du club pour la Fédération.

Réponse n°5

La structure de l'association

- sa dénomination,
- son objet (les buts),
- son siège social,
- sa durée.

La composition et l'administration

- les types de membres,
- l'entrée et la sortie des membres,
- le nombre des membres au conseil d'administration,
- la durée du mandat,
- la composition du bureau,
- les conditions d'éligibilité,
- l'assemblée, son rôle et les différents types.

Réponse n°6

Les différentes ressources d'un club sont :
- les droits d'entrée,
- le produit des cotisations,
- le produit des fêtes et autres manifestations,
- les subventions,
- les dons et legs, s'ils sont de faible valeur.

Réponse n°7

L'assemblée générale se compose de tous les membres de l'association. C'est elle qui est investie des pouvoirs les plus étendus.

Elle est le pouvoir législatif de l'association. C'est elle qui en définit la marche et élit le comité de direction, ainsi que le président.

L'assemblée générale ordinaire est convoquée au moins une fois par an et à chaque fois que l'intérêt de l'association est en jeu.

L'assemblée générale extraordinaire est convoquée spécifiquement pour :
- modifier les statuts, soit par exemple changer le nom ou le siège social de l'association,
- dissoudre l'association.

Réponse n°8

Des sanctions peuvent être prononcées à l'encontre d'un licencié, soit par le comité directeur de la Fédération, soit par un de ses organismes décentralisés : comité régional, ligue ou comité départemental, ayant reçu délégation du comité directeur.

Dans ce cas, les sanctions sont, par ordre croissant de sévérité :
- l'avertissement ;
- le blâme ;
- la suspension de l'exercice de toute fonction fédérale d'enseignement et d'encadrement pour une durée limitée, assortie ou non du sursis ;
- les pénalités sportives (déclassement, retrait temporaire ou définitif de la licence compétition) ;
- les pénalités pécuniaires ;
- la suspension ;
- la radiation.

Toute personne morale ou physique qui a fait l'objet d'une procédure disciplinaire doit être en mesure de préparer sa défense. Elle doit être convoquée devant le comité directeur et peut se faire assister par le défenseur de son choix.

Réponse n°9

Les structures décentralisées de la Fédération sont :
- les **comités interrégionaux**, qui regroupent les clubs ressortissant de plusieurs académies,
- les **comités régionaux**, qui regroupent les clubs ressortissant d'une seule académie,
- les **ligues**, qui regroupent les clubs d'une académie au sein d'un Comité Interrégional,
- les **comités départementaux**, qui regroupent les clubs ressortissant d'un département.

Ces différents organes décentralisés sont déclarés sous forme d'associations, régies par la loi de 1901.

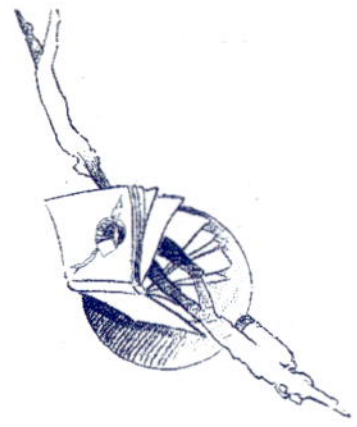

Réponse n° 10

Les commissions de la Fédération sont au nombre de 15 (nombre qui peut évoluer) et que l'on peut classer en trois catégories :

Les commissions sportives

- pêche sous-marine et plongée en apnée,
- hockey subaquatique,
- nage avec palmes,
- nage en eau vive,
- orientation subaquatique,
- tir sur cible subaquatique,
- sports corporatifs.
- représentation des jeunes et organisation de leurs compétitions.

Les commissions culturelles

- archéologie subaquatique,
- audiovisuelle,
- biologie subaquatique,
- plongée souterraine,

Les commissions administratives

- juridique,
- médicale et de prévention,
- technique.

Réponse n° 11

L'assemblée générale des présidents de clubs élit à bulletins secrets le comité directeur, puis son président, sur proposition de ce même comité directeur.

Le nombre de voix qui est attribué à chaque président de club est fonction du nombre des licenciés de son club.

Réponse n° 12

Par l'intermédiaire de leur président, ou du délégué de celui-ci, les clubs élisent les présidents des commissions régionales.

Le nombre de voix qui leur est attribué est fonction du nombre de leur licenciés respectifs.

Après leur élection, les présidents des commissions régionales se réunissent pour élire les présidents des commissions nationales.

Le nombre de voix dont ils disposent est fonction du nombre de licenciés de leur comité d'appartenance.

Réponse n° 13

Le certificat médical n'est pas obligatoire pour la délivrance de la licence, mais il le devient en revanche dès que le licencié désire pratiquer l'activité.

Pour la pratique de la plongée loisir en scaphandre, un certificat médical de non-contre-indication délivré par le médecin de famille est obligatoire.

Seule exception : le baptême de plongée en scaphandre (sur un fond n'excédant pas 6 mètres), pour lequel ce certificat n'est pas exigé.

Pour le passage des brevets fédéraux, hormis le niveau I (ou "brevet élémentaire") pour lequel le médecin de famille est habilité, un certificat médical de non-contre-indication, établi et délivré par un médecin fédéral ou un médecin titulaire d'un CES de médecine du sport, est exigé.

Dans ces deux cas, la durée de validité du certificat médical est égale au maximum à une année. A noter que la validité du certificat médical expire en même temps que la licence du plongeur ou à la date de l'accident, si ce dernier a été victime d'un accident de plongée.

Réponse n° 14

La licence atteste l'appartenance d'une personne à une association affiliée à une fédération sportive.

Elle est obligatoire pour participer aux activités organisées par ladite fédération.

Les licences délivrées par la FFESSM sont valables du 1er octobre de l'année en cours, au 31 décembre de l'année suivante.

Seuls les clubs sont habilités à délivrer des licences à leurs membres.

Bien qu'il puisse faire partie de plusieurs clubs, un licencié ne peut obtenir qu'une seule licence de la Fédération.

Réponse n° 15

La licence fédérale donne la possibilité :

- de pratiquer la pêche sous-marine, sauf pour les mineurs âgés de moins de 16 ans,
- de bénéficier d'une couverture en assurance responsabilité civile au tiers,
- de souscrire une assurance individuelle complémentaire à des tarifs préférentiels,
- d'obtenir un abonnement à la revue fédérale "SUBAQUA",
- de passer les brevets fédéraux,
- de participer aux compétitions officielles organisées sous le patronage de la Fédération.

Réponse n° 16

L'assurance "responsabilité civile au tiers" couvre tout licencié pour les dommages qu'il peut causer à autrui, dans la limite des risques couverts par le contrat, tant au cours de séances d'entraînement, que de compétitions ou de réunions diverses organisées sous la surveillance et le contrôle des clubs, des comités ou de la Fédération.

Cette garantie est étendue :

- aux conséquences pécuniaires encourues par les clubs, les comités ou la Fédération, du fait d'accidents causés à des tiers par des embarcations à rames, à voile ou à moteur n'excédant pas 50 CV, à l'occasion de manifestations,
- aux conséquences pécuniaires encourues par les clubs à l'occasion de baptêmes de plongée,
- à l'usage des compresseurs destinés au gonflage des bouteilles,
- aux accidents survenus pendant l'itinéraire considéré comme “normal” entre la résidence principale et le lieu d'hébergement occasionnel où est pratiquée l'activité sous-marine,
- aux accidents dus aux faits des moniteurs licenciés à la FFESSM pour toute forme d'activité subaquatique, à l'exclusion de celles exercées à titre personnel au cours de séances d'enseignement rémunérées.

Une extension de cette assurance permet à tout moniteur breveté d'état, et licencié à la Fédération, d'être couvert dans le cadre de ses activités rémunérées.

Réponse n° 17

L'assurance “individuelle complémentaire” est facultative, sauf pour les participants à des compétitions. Elle couvre les risques que chaque contractant peut s'occasionner à lui-même, dans la limite des risques couverts par le contrat.

Elle couvre entre autres :

- les accidents corporels dont les contractants pourraient être victimes au cours de manifestations sportives ou d'entraînement,
- les accidents survenus au cours de déplacements effectués en utilisant l'itinéraire “normal” pour se rendre sur les lieux des manifestations.

Cette assurance comporte aussi une garantie d'assistance, valable dans le monde entier.

Réponse n° 18

Sigle TIV

Technicien en **I**nspection **V**isuelle

C'est un licencié du club qui a été formé pour examiner visuellement les bouteilles de plongée appartenant au club ou à ses adhérents.

Fonction du TIV

- entretien et contrôle visuel extérieur et intérieur des bouteilles, afin de décider de leur passage éventuel en réépreuve,
- repérage de chaque bouteille contrôlée avec inscription de la prochaine visite, par apposition d'un autocollant,
- délivrance au propriétaire d'une attestation, qui pourra lui être demandée lors du gonflage,
- inscription de chaque inspection sur le registre du club.

Formation du TIV

La qualification de TIV est obtenue à l'issue d'un stage organisé au niveau régional par des formateurs TIV.

L'obtention de cette qualification est subordonnée à un contrôle des connaissances et des aptitudes portant sur un programme pratique et théorique défini par la CTN.

Réponse n°19

Les consignes à respecter pour le gonflage des bouteilles de plongée sont les suivantes :

Avant le raccordement au dispositif de remplissage

- vérifier le bon état extérieur de la bouteille,
- s'assurer de la validité de la date d'épreuve de la bouteille et qu'elle a subi une inspection TIV depuis moins de 12 mois,
- vérifier que la bouteille porte bien l'estampille du Service des Mines (la tête de cheval),
- vérifier la pression de service (176, 200 ou 230 bars),
- faire fuser l'air de la bouteille (pour chasser l'humidité restant dans la robinetterie),
- s'assurer que la réserve est en position basse.

Au moment du raccordement

- vérifier que la bouteille est raccordée à la bonne rampe de chargement : 176, 200 ou 230 bars.

Pendant le chargement

- purger périodiquement les décanteurs et les filtres du compresseur (la fréquence d'ouverture des purges doit être indiquée sur les consignes de gonflage).

Ces consignes doivent être affichées de manière lisible à proximité de la rampe de chargement.

Réponse n°20

Bouteilles de plongée et bouteilles tampons

Type de réservoir	Intervalle entre visites TIV	Intervalle entre réépreuves	Remarques ou conditions
Bouteilles de plongée en acier ou alliage d'aluminium	1 an	5 ans	- affiliation à un club FFESSM - inscription sur registre de visite TIV
	1 an	2 ans	Arrêté du 15 mars 2000
Bouteilles de bouée en acier ou alliage d'aluminium	Même réglementation que les blocs de plongée depuis le 17/12/97		Si volume > 1 litre Pas de contrôle pour volume < 1 litre
Tampons fixes ou mobiles	40 mois	10 ans	Arrêté du 15 mars 2000

Le tableau ci-dessus fait référence aux textes suivants :
- arrêté du 23 juillet 1943
- arrêté du 20 février 1985
- arrêté du 18 novembre 1986
- arrêté du 17 décembre 1997
- arrêté du 15 mars 2000.

Stations de gonflage

Elles doivent comporter des soupapes de sécurité tarées à :
- 176 bars pour les bouteilles dont la pression de service est de 176 bars,
- 200 bars pour les bouteilles dont la pression de service est de 200 bars,
- 230 bars pour les bouteilles dont la pression de service est de 230 bars.

Réponse n° 21

Niveau de plongeur	***Brevet FFESSM***
niveau I	brevet élémentaire
niveau II	1er échelon
niveau III	autonome
niveau IV	capacitaire (ancien 2e échelon)
niveau V	capacitaire + qualification de directeur de plongée

Niveau d'encadrement	***Brevet FFESSM***
niveau I	initiateur
niveau II	initiateur + capacitaire ou capacitaire en stage pédagogique
niveau III	moniteur fédéral 1er degré
niveau IV	moniteur fédéral 2e degré
niveau V	(pas d'équivalence FFESSM)

Réponse n° 22

Conditions de candidature

- être titulaire d'une licence FFESSM en cours de validité,
- être âgé de 16 ans au moins le jour de l'examen (pour les moins de 18 ans, une autorisation du responsable légal est demandée),
- être titulaire du brevet élémentaire de la FFESSM (niveau I), ou d'un brevet ou attestation admis en équivalence,
- être en possession d'un certificat médical de non-contre-indication à la pratique de la plongée subaquatique, délivré depuis moins de un an par un médecin fédéral ou titulaire du CES de médecine du sport.

Prérogatives

- les plongeurs de niveau II sont, sur décision du directeur de plongée, autorisés à plonger entre eux dans l'espace médian à condition que chacun des plongeurs soit âgé de 18 ans au moins,
- l'effectif de la palanquée est de 3 plongeurs au maximum,
- chaque plongeur doit être équipé d'une bouée de sécurité gonflable au moyen de gaz comprimé, ainsi que des moyens lui permettant de contrôler personnellement la profondeur, la durée de la plongée, et de déterminer la durée et la profondeur d'éventuels paliers de décompression,
- chaque plongeur doit être équipé d'un 2e détendeur permettant d'alimenter en gaz respirable un équipier sans partage d'embout,
- possibilité de plonger dans l'espace lointain avec un guide de palanquée plongeur niveau IV minimum.

Réponse n° 23

Conditions de candidature

- être titulaire d'une licence FFESSM en cours de validité,
- être âgé de 18 ans au moins,
- être titulaire du brevet de plongeur autonome niveau II de la FFESSM, ou d'un brevet ou attestation admis en équivalence
- être en possession d'un certificat médical de non-contre-indication à la pratique de la plongée subaquatique, délivré depuis moins de un an par un médecin fédéral ou titulaire du CES de médecine du sport,
- être titulaire du RIFAP (**R**éaction et **I**ntervention **F**ace à un **A**ccident de **P**longée) ou d'un diplôme admis en équivalence.

Prérogatives

- chaque plongeur doit être équipé d'une bouée de sécurité gonflable au moyen de gaz comprimé, ainsi que des moyens lui permettant de contrôler personnellement la profondeur, la durée de la plongée, et de déterminer la durée et la profondeur d'éventuels paliers de décompression.
- chaque plongeur doit être équipé d'un 2e détendeur permettant d'alimenter en gaz respirable un équipier sans partage d'embout,
- possibilité de plonger entre eux (effectif maximal de la palanquée = 3) dans la zone de 40 à 60 mètres.

Réponse n° 24

Conditions de candidature

- être titulaire d'une licence FFESSM en cours de validité,
- être âgé de 18 ans au moins le jour de l'examen,
- être titulaire du brevet de plongeur autonome niveau II de la FFESSM, ou d'un brevet ou attestation admis en équivalence,
- présenter les aptitudes correspondant aux cinq premières compétences du référentiel niveau IV, à savoir :
  - ☞ démonstration technique,
  - ☞ immersion et retour en surface,
  - ☞ maîtrise de la ventilation,
  - ☞ réactions et interventions de guide de palanquée,
  - ☞ comportement général de guide de palanquée.

  La durée de validité de ces attestations est de 9 mois,
- présenter un certificat médical de non-contre-indication à la pratique de la plongée subaquatique, délivré depuis moins de un an par un médecin fédéral, ou un médecin titulaire du CES de médecine du sport (sauf pour les candidats ne présentant que le groupe “théorique et connaissances générales”),
- être titulaire du RIFAP (**R**éaction et **I**ntervention **F**ace à un **A**ccident de **P**longée) ou de diplômes admis en équivalence.

Prérogatives en autonomie

- chaque plongeur doit être équipé d'une bouée de sécurité gonflable au moyen de gaz comprimé, ainsi que des moyens lui permettant de contrôler personnellement la profondeur, la durée de la plongée, et de déterminer la durée et la profondeur d'éventuels paliers de décompression.
- chaque plongeur doit être équipé d'un 2e détendeur permettant d'alimenter en gaz respirable un équipier sans partage d'embout,
- possibilité de plonger entre eux (effectif maximum de la palanquée = 3) dans la zone de 40 à 60 mètres, en choisissant eux-mêmes les paramètres et le lieu de la plongée,

Prérogatives en tant que guide de palanquée

Possibilité d'encadrer en plongée d'exploration :
- 4 débutants dans l'espace médian,
- 4 plongeurs de niveau I dans l'espace médian,
- 4 plongeurs de niveau II dans l'espace lointain.

Autre prérogative

Sur autorisation du directeur de plongée, le plongeur niveau IV peut effectuer des baptêmes en piscine ou en fosse de plongée dont la profondeur n'excède pas 6 mètres.

Réponse n°25

Constitution de la palanquée

- 4 plongeurs niveau II en plus du guide de palanquée.

Profondeur maximale

- 40 mètres.

Réponse n°26

Conditions de candidature

- être licencié à la FFESSM,
- être titulaire du brevet de plongeur autonome niveau IV.

Prérogatives

Le plongeur niveau V peut exercer ses prérogatives en tant que :
- directeur de plongée (voir réponse n°27),
- guide de palanquée ; dans ce cas, ses prérogatives sont celles du plongeur niveau IV (voir réponse n°24).

Réponse n°27

Sur les lieux de plongée, le directeur de plongée est au minimum titulaire :
- du niveau III d'encadrement dans un cadre d'enseignement de la plongée subaquatique,
- du niveau V de plongeur en cas d'exploration.

C'est lui qui fixe les caractéristiques de la plongée et organise l'activité.

Il s'assure que les garanties de sécurité et de technicité correspondent au dernier arrêté ministériel en vigueur, relatif à la pratique de l'activité subaquatique.

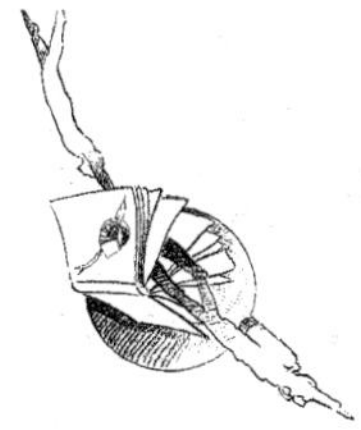

Réponse n°28

Le guide de palanquée dirige la palanquée.

Son niveau de technicité correspond au dernier arrêté ministériel en vigueur, relatif à la pratique de l'activité subaquatique.

Il est responsable du déroulement de la plongée et s'assure que les caractéristiques de celle-ci sont adaptées aux circonstances et aux compétences des participants.

Il est équipé :

- d'un système de sécurité gonflable au moyen d'une réserve de gaz comprimé,
- des moyens lui permettant de contrôler les caractéristiques de la plongée et de la remontée,
- d'un scaphandre comportant deux sorties indépendantes, munies de deux détendeurs complets.

Réponse n°29

Conditions de candidature

- être titulaire d'une licence FFESSM en cours de validité,
- être âgé de 18 ans révolus à la date de l'examen,
- être titulaire du brevet de plongeur autonome niveau II minimum de la FFESSM ou d'un titre ou diplôme équivalent,
- avoir effectué un minimum de 15 plongées en milieu naturel (à l'exclusion des plongées de réadaptation) après l'obtention du brevet de plongeur autonome niveau II,
- être présenté par le président du club d'appartenance,
- être en possession d'un certificat médical de non-contre-indication à la pratique de la plongée subaquatique, délivré depuis moins de un an par un médecin fédéral ou titulaire du CES de médecine du sport,
- être titulaire du RIFAP (**R**éaction et **I**ntervention **F**ace à un **A**ccident de **P**longée) ou d'un diplôme admis en équivalence.

Prérogatives

- surveillance et organisation de séances d'entraînement et éventuellement responsabilité d'enseignement, en piscine ou en bassin naturel sur des fonds n'excédant pas 5 mètres, sans courant et équipés de points d'appui éloignés l'un de l'autre de moins de 20 mètres,
- directeur de bassin en milieu artificiel,
- entraînement aux exercices des plongeurs aux niveaux I et II dans les limites d'une profondeur de 6 mètres,
- participation aux jurys de plongeur niveau I.
- pour les initiateurs possédant le brevet de capacitaire, et avec l'accord du président du club, formation dans la zone des 20 mètres des plongeurs préparant le niveau II.

Réponse n° 30

Dans son Comité Régional d'appartenance

- être titulaire de la licence FFESSM en cours de validité,
- être âgé de 18 ans au moins à la date de l'examen,
- être titulaire du brevet de plongeur autonome niveau IV,
- être titulaire du RIFAP (**R**éaction et **I**ntervention **F**ace à un **A**ccident de **P**longée),
- être titulaire du permis de conduire les bateaux de plaisance à moteur (carte mer au minimum),
- présenter un certificat médical de non-contre-indication à la pratique de la plongée subaquatique, délivré depuis moins de un an (à la date de l'examen) par un médecin fédéral ou titulaire d'un CES de médecine du sport,
- avoir effectué après obtention du brevet capacitaire les stages pédagogiques suivants :
  - ☞ un stage initial (UC 1, 2 et 3) de six jours organisé par une CTR ; cette formation peut se dérouler sur une période bloquée ou fragmentée sur trois week-ends (trois fois deux jours dans un espace temps de un mois et demi maximum),
  - ☞ un stage en situation de :
    - 12 heures de pédagogie pratique en surface (UC 4),
    - 43 séances pratiques (UC 5),
    - 17 séances théoriques (UC 6 et 7),

    le respect de l'ordre chronologique des UC n'est pas obligatoire,
  - ☞ un stage final (UC 9) de cinq jours bloqués, organisé par une CTR,
- présenter une attestation d'aptitude à l'épreuve d'assistance sauvetage de -25 m (UC 8) (cette attestation est valable neuf mois).

Ces stages doivent être effectués dans un délai maximal de trois ans à partir de la fin du stage initial ; le candidat doit se présenter à l'examen avant la fin des trois ans.
Un candidat ayant échoué à l'examen ne peut se représenter avant un délai de un mois à une autre session.
Au delà de trois ans, le candidat doit refaire un stage final pour présenter un nouvel examen ; ce stage final et ce nouvel examen devront avoir été réalisés dans la période des douze mois qui suivent la fin du cursus des trois ans.

Dans un autre Comité Régional

Le candidat devra produire une attestation sur l'honneur précisant qu'il ne s'est pas présenté à une session de monitorat fédéral 1er degré dans un délai d'un mois avant la date de la session pour laquelle il a déposé sa candidature.

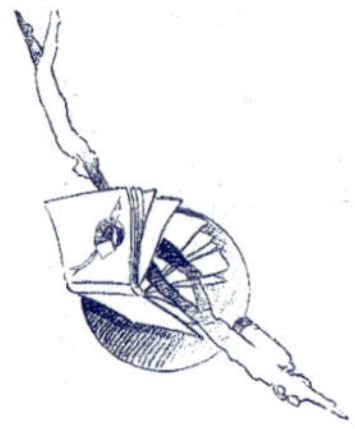

Réponse n° 31

Un moniteur fédéral 1er degré peut :

- signer les groupes d'exercices prévus dans le cadre de la formation continue des plongeurs autonomes niveau II,
- participer aux jurys "capacitaire" avec un moniteur fédéral 2e degré ou BEES 2e degré,
- participer aux jurys d'initiateur (dans les mêmes conditions que pour le capacitaire),
- signer les carnets de plongée,
- valider les exercices du plongeur autonome niveau III,
- évaluer l'aptitude d'un plongeur niveau IV à acquérir la qualification correspondant au plongeur niveau V,
- faire passer l'épreuve de secourisme à l'examen initiateur, s'il est titulaire de l'AFPS (**A**ttestation de **F**ormation au **P**remier **S**ecours) et du CFAPSE. (**C**ertificat de **F**ormation et d'**A**ptitude au **P**remier **S**ecours en **É**quipe).

Réponse n° 32

Un moniteur breveté d'état a le droit d'être rémunéré pour une prestation d'enseignement de la plongée, ce qui est formellement interdit à un moniteur fédéral.

Dans le cadre de notre fédération, le bénévolat est en effet de règle.

Réponse n° 33

Sigle CMAS

Confédération **M**ondiale des **A**ctivités **S**ubaquatiques.

Adresse : Viale Tiziano 74
00196 ROMA
ITALIE

Les demandes de brevets internationaux doivent toutefois être adressées à la CMAS 47, rue du Commerce 75015 PARIS :

- par les soins du président du club pour les titulaires des niveaux I et II de plongeur,
- par les soins du président de la CTR (**C**ommission **T**echnique **R**égionale) pour les titulaires du niveau IV de plongeur, du brevet d'initiateur et des brevets de moniteur fédéral 1er degré et 2e degré.

Les demandes doivent être formulées sur des bordereaux mis à la disposition par la CMAS, accompagnées d'une photocopie de la licence de l'année en cours et d'un chèque couvrant les frais de délivrance du brevet.

Réponse n° 34

Le matériel de sécurité indispensable à bord d'un bateau de plongée comprend :
- un matériel d'oxygénothérapie (inhalateur et insufflateur d'oxygène avec une réserve de ce gaz),
- un moyen de communication pour prévenir les secours,
- une trousse de secours dont le contenu est défini en annexe 4 de l'arrêté du 22 juin 1998,
- de l'eau douce potable, non gazeuse,
- un ballon auto-remplisseur à valve unidirectionnelle (BAVU) avec une réserve d'oxygène,
- une bouteille d'oxygène d'une capacité suffisante pour permettre, en cas d'accident, un traitement adapté,
- une bouteille d'air de secours équipée de son détendeur,
- une couverture isothermique,
- un moyen de rappel des plongeurs au départ d'une embarcation,
- un jeu de tables de plongée,
- de quoi écrire.

Les matériels et équipements des plongeurs sont conformes à la réglementation et correctement entretenus.

Distance minimale : 100 mètres.

Réponse n° 35

Obligations légales

- effectuer un relevé d'amers et de points de relèvement avec un maximum de précision et d'attention,
- dans les 48 heures, faire une déclaration à l'administration des affaires maritimes en précisant que l'épave – ou bien culturel – possède, à vos yeux, un intérêt historique et archéologique,
- le cas échéant, remplir une deuxième déclaration (fournie par les Affaires Maritimes) destinée au DRASM (**D**épartement des **R**echerches **A**rchéologiques **S**ous-**M**arines) afin d'obtenir la qualité d'inventeur de l'épave, laquelle peut donner droit à rémunération.

Droits de l'inventeur

Après avoir satisfait aux différentes obligations légales, la qualité d'inventeur est attribuée au plongeur qui a découvert l'épave.

Si l'intérêt le justifie, l'inventeur a droit à une indemnité en nature ou en espèces. Dans ce dernier cas, le montant est fixé à l'amiable ou à dire d'expert.

Si l'État décide de procéder à la récupération, l'inventeur est prioritaire pour effectuer cette récupération, dans la mesure où il est techniquement compétent. La rémunération est fixée à l'amiable ou à dire d'expert.

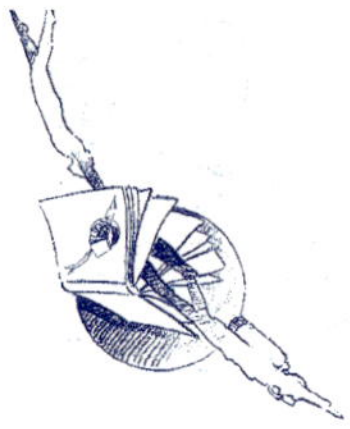

Réponse n° 36

Pêche sous-marine en mer

- elle est interdite aux mineurs de moins de 16 ans,
- il faut posséder la licence fédérale de l'année en cours, qui vaut permis de pêche, ou à défaut demander une autorisation à l'administrateur de l'Inscription Maritime,
- il faut connaître la réglementation en vigueur et s'engager à la respecter, ce qui est attesté par la signature portée sur la licence,
- il faut connaître les réglementations locales,
- les seuls fusils à gaz comprimé autorisés, sont ceux pour lesquels la compression du gaz a été obtenue par la seule force musculaire du pêcheur (par conséquent l'usage des fusils à cartouche de CO_2 est interdit),
- il est interdit d'utiliser un scaphandre pour respirer,
- il est interdit, sauf dérogation, de détenir simultanément à bord d'un navire un scaphandre autonome et un équipement de pêche sous-marine,
- il est également interdit :
  - ☞ de chasser entre le coucher et le lever du soleil,
  - ☞ d'utiliser un foyer lumineux pour chasser,
  - ☞ de s'approcher à moins de 150 mètres des navires de pêche et des filets signalés par un balisage,
  - ☞ de capturer des animaux marins déjà pris dans un filet ou dans un casier,
  - ☞ d'utiliser un appareil spécial pour la capture des crustacés (ils doivent être capturés à la main),
  - ☞ de tenir chargé hors de l'eau un appareil spécial (fusil ou arbalète) destiné à la pêche sous-marine,
  - ☞ de vendre les animaux capturés.

Pêche sous-marine en eau douce (rivière et lac)

Elle est totalement prohibée.

Réponse n° 37

1. Dans le cadre d'un entraînement, un moniteur fait tomber par inadvertance une bouteille de plongée sur le pied d'un de ses élèves. Résultat : un orteil cassé.

Il y a une faute : imprudence ou négligence du moniteur.
Il y a un préjudice : fracture d'un orteil de l'élève.
Il y a un lien de causalité entre la faute et le préjudice.

Le moniteur est responsable de son acte, et dans ce cas, sa responsabilité sera dite “responsabilité civile”.

Ce type de dommage est couvert par une assurance “responsabilité civile au tiers” du seul fait que le moniteur est titulaire de la licence fédérale de la saison en cours.

C'est l'assurance qui prendra en charge les frais d'hospitalisation du plongeur.

2. Un moniteur, guide de palanquée dans laquelle se trouve un plongeur de niveau I, emmène sa palanquée dans la zone des 40 mètres.

Le plongeur de niveau I est pris de panique et se noie.

Le moniteur a commis une faute en ne respectant pas les règles de sécurité définies par l'arrêté du 20 septembre 1991.

Ce moniteur doit être puni pour la non-observation de l'arrêté cité ci-dessus. Il sera jugé par un tribunal pénal. Sa responsabilité sera qualifiée de “responsabilité pénale”.

Aucune assurance ne couvre ce genre de délit. S'il y a condamnation ou amende, le moniteur en assumera seul la responsabilité.

Réponse n° 38

Un directeur de plongée a pour rôle d'organiser la plongée d'une ou de plusieurs palanquées.

Pour que la plongée se déroule dans les meilleures conditions de sécurité, il a pour obligation de respecter un certain nombre de règles telles que :
- la constitution réglementaire des palanquées,
- le choix judicieux du site de plongée,
- la détermination des profondeurs maximales admises pour chaque palanquée,
- la détermination des temps de plongée pour chaque palanquée,
- la vérification de l'existence et du bon fonctionnement du matériel de sécurité obligatoire (trousse médicale, matériel d'oxygénothérapie, etc.)

L'ensemble de toutes ces règles, qui doit théoriquement permettre aux plongeurs d'effectuer une plongée intéressante en toute sécurité sans qu'il y ait une véritable garantie d'une belle plongée sans accident, constitue ce que l'on appelle “l'obligation de moyens”.

Réponse n° 39

Programme proposé :
- les normes de sécurité
  - ☞ organisation de l'activité en milieu naturel et milieu artificiel,
  - ☞ rôles du directeur de plongée et du guide de palanquée,
  - ☞ conditions d'encadrement,
  - ☞ notion d'espace d'évolution,
  - ☞ différentes qualifications,
  - ☞ étude du matériel de sécurité et des moyens de sécurité,
- les prérogatives de l'encadrant de niveau I,
- la FFESSM et son fonctionnement,
- la notion de responsabilité, la licence, l'assurance, le certificat médical.

Réponse n° 40

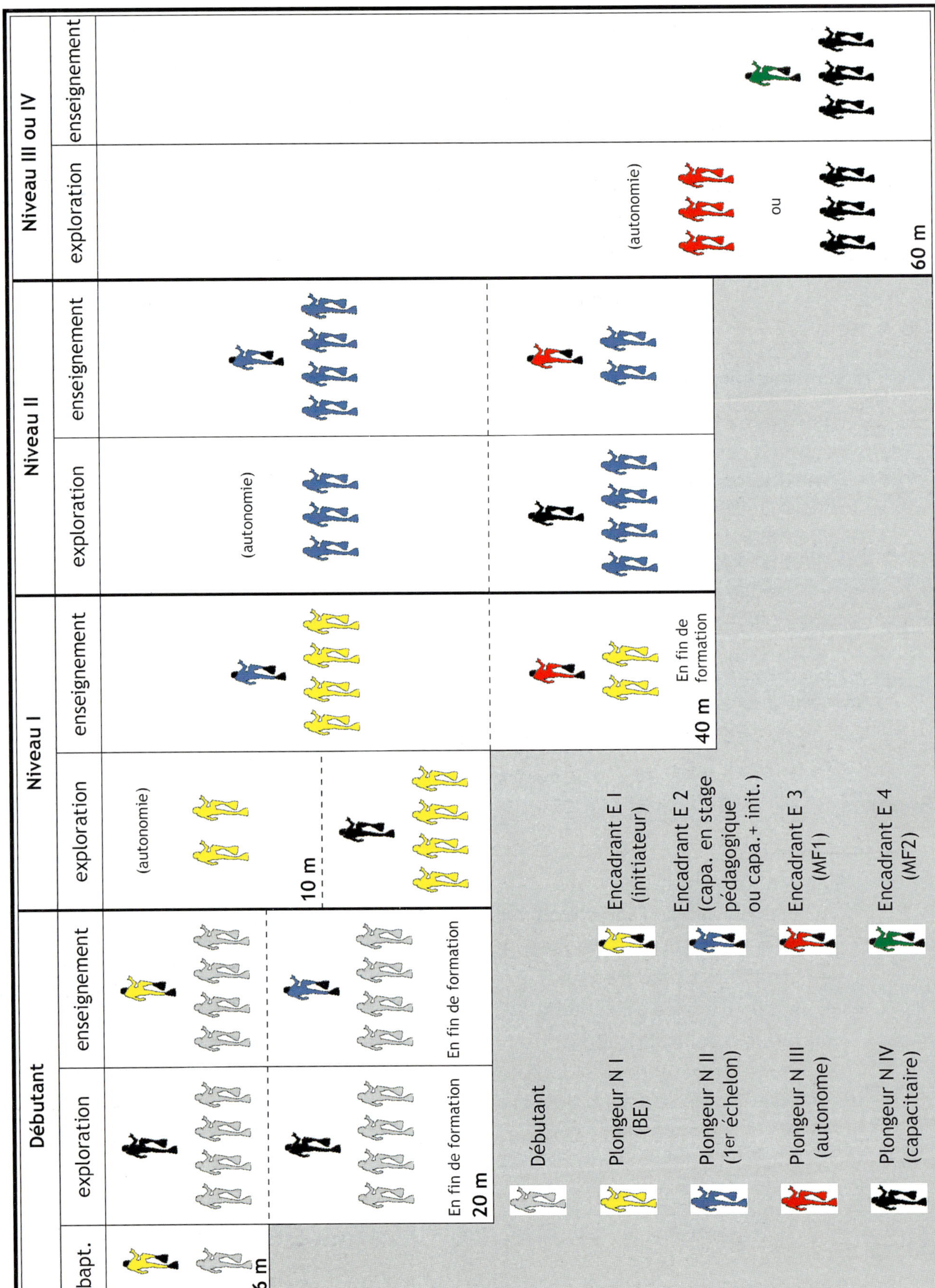
Débutant
Niveau I
Niveau II
Niveau III ou IV
bapt.
exploration
enseignement
exploration
enseignement
exploration
enseignement
exploration
enseignement
(autonomie)
(autonomie)
(autonomie)
6 m
En fin de formation
20 m
En fin de formation
10 m
En fin de formation
40 m
ou
60 m
Débutant
Plongeur N I (BE)
Plongeur N II (1er échelon)
Plongeur N III (autonome)
Plongeur N IV (capacitaire)
Encadrant E I (initiateur)
Encadrant E 2 (capa. en stage pédagogique ou capa.+ init.)
Encadrant E 3 (MF1)
Encadrant E 4 (MF2)

Réponse n°41

A condition d'avoir adopté des statuts conformes à des statuts types définis par les pouvoirs publics, les fédérations sportives peuvent être agréées par ces mêmes pouvoirs publics.

A ce titre, elles sont chargées de promouvoir l'éducation par les activités physiques et sportives et d'organiser la pratique de ces activités sportives. Elles assurent la formation de leurs cadres bénévoles et délivrent des licences et des titres fédéraux. Elles participent à l'exécution d'une mission de service public en accord avec les règles déontologiques du sport, définies par le CNOSF (**C**omité **N**ational **O**lympique et **S**portif **F**rançais)

Elles peuvent prétendre à un concours financier de la part de l'État.

Il peut y avoir plusieurs fédérations agréées pour représenter une même discipline sportive.

Pour chaque discipline sportive, et pour une période de 4 ans (olympiade), une seule fédération agréée reçoit délégation du ministère de tutelle pour organiser les compétitions et délivrer des titres à l'échelon international, national, régional ou départemental et sélectionner les athlètes pour les rencontres internationales.

Cette fédération est dite déléguée. Elle seule a le droit d'utiliser l'appellation "Fédération Française..." ou "Fédération Nationale..." .

La FFESSM est une fédération déléguée.

Réponse n°42

- être licencié à la FFESSM,
- être âgé de 20 ans au 1er janvier de l'année de l'examen,
- être titulaire du brevet de moniteur fédéral 1er degré de la FFESSM ou du BEES 1er degré depuis au moins 12 mois, ou du brevet 4e degré Sécurité Civile,
- être titulaire du BFPS (**B**revet **F**édéral de **P**remier **S**ecours) de la FFESSM ou d'un diplôme admis en équivalence,
- être présenté par le président du club d'appartenance et fournir une demande d'inscription signée par le président du club, contresignée par le président de la CTR avec avis favorable, attestant que le candidat exerce bien une activité bénévole d'enseignement au sein du club,
- présenter un certificat médical de non-contre-indication à la pratique de la plongée subaquatique datant de moins d'un an et délivré par un médecin fédéral ou titulaire d'un CES de médecine du sport.

Réponse n°43

Outre les prérogatives accordées au MF1, un moniteur fédéral 2e degré peut :

- délivrer les brevets fédéraux et participer aux jurys des examens du capacitaire et du monitorat fédéral 1er degré,
- signer les attestations de stages pédagogiques d'encadrement en vue de la préparation au monitorat fédéral 1er degré,
- prendre la direction technique des clubs et écoles de plongée fédéraux.

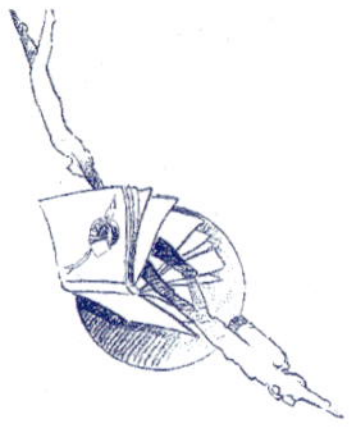

Réponse n° 44

Démarches à effectuer

- prévenir la CTR au moins deux mois avant la date de l'examen,
- se procurer auprès de cette même CTR les bordereaux d'examen et les feuilles de notes,
- demander la participation d'un instructeur régional.

Composition du jury

- au moins deux MF2 ou BEES2 (licenciés FFESSM), dont l'un au moins est instructeur régional délégué par la CTR.

Ils peuvent s'adjoindre un ou plusieurs MF1 ou BEES1 (licenciés FFESSM), à condition qu'ils représentent moins de la moitié du jury.

Règles d'organisation

- un des membres du jury, au moins MF2 ou BEES2, assure la présidence,
- le jury de chaque atelier doit comporter au moins un MF2 ou un BEES2.

Réponse n° 45

L'impôt sur les sociétés

Cet impôt est dû par toute association qui se livre à des opérations lucratives ; son taux actuel est de 33,3 % (ce taux est modifiable par les différentes lois de finances votées par le Parlement).

Le législateur a prévu des exonérations qui permettent aux associations de ne pas payer cet impôt, lorsqu'elles se livrent à des opérations lucratives dans leur seul intérêt.

Ces exonérations n'incluent pas une activité permanente, telle que la gestion d'une buvette permanente. Le club sera dans ce cas imposé à hauteur de 33,3 % des bénéfices.

La TVA (Taxe sur la Valeur Ajoutée)

Elle s'applique aussi aux associations.
Là encore, le législateur a prévu des clauses d'exonération pour les associations sportives.
Ces exonérations sont soumises à déclaration au moins 24 heures à l'avance ; un compte rendu financier de la manifestation doit parvenir dans les mêmes services dans un délai n'excédant pas 30 jours après la manifestation.

Les charges salariales

Si l'association rémunère du personnel, elle est soumise aux mêmes charges salariales que tout employeur, à savoir :

- charges sociales ⇨ URSSAF et ASSEDIC,
- charges fiscales ⇨ taxes sur les salaires.

Autre impôts ou taxes

La taxe additionnelle sur les droits d'entrée des manifestations sportives.
Les droits d'auteur payés à la SACEM.

Réponse n° 46

La proposition émanant d'un club sera transmise à la commission régionale compétente. Dans notre cas, c'est la CTR (**C**ommission **T**echnique **R**égionale).

Après avis des autres clubs du comité, la CTR transmet la proposition à la CTN (**C**ommission **T**echnique **N**ationale), laquelle va prendre l'avis des autres CTR, et éventuellement des autres commissions nationales concernées par la proposition.

Après accord et mise en forme par la CTN, la proposition sera présentée au Comité Directeur de la FFESSM pour être entérinée.

Réponse n° 47

Constitution du club

Démarches administratives :
- établissement des statuts,
- convocation d'une assemblée générale constitutive qui adoptera les statuts et procédera à l'élection du comité directeur,
- déclaration à déposer à la sous-préfecture,
- insertion au Journal Officiel.

Démarches fédérales permettant l'affiliation à la FFESSM :
- déclarer à la fédération connaître ses statuts, et s'engager à les respecter,
- acquitter les droits d'affiliation,
- envoyer à la fédération les statuts du club, son règlement intérieur (s'il existe) et la composition du comité directeur.

En retour, la fédération renvoie au club un numéro d'affiliation composé de 7 chiffres. Les deux premiers identifient le comité régional d'appartenance du club, les deux suivants correspondent au département où siège le club, les trois derniers sont un numéro d'ordre attribué au club.

Assurances

Le club, en tant que personne morale, et chacun de ses membres, en tant que personne physique, doivent posséder une assurance “responsabilité civile au tiers” permettant de couvrir les risques causés à autrui.

Cette assurance est contractée automatiquement pour le club, s'il est affilié à la FFESSM, et pour ses adhérents, s'ils possèdent la licence fédérale de l'année en cours.

Pour les dommages causés à eux-mêmes, les licenciés devront contracter une assurance complémentaire dite en “responsabilité civile individuelle”.

Les moniteurs fédéraux n'ont pas besoin d'assurance particulière.

Depuis 1992, il existe une assurance pour les moniteurs professionnels, dont la garantie est étendue aux activités rémunérées, cela sous certaines conditions et en fonction des options choisies.

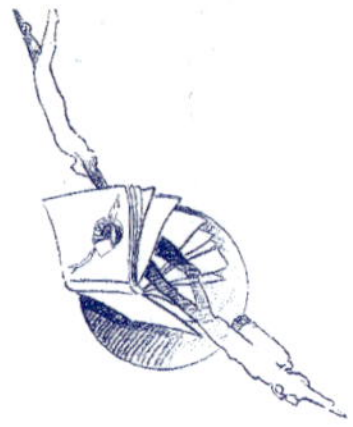

Brevets

1. Plongeur autonome niveau IV capacitaire :

- le président de la CTR d'appartenance aura dû être prévenu 2 mois avant la date de l'examen et aura été en mesure de faire parvenir aux organisateurs les bordereaux d'examen, ainsi que les feuilles de notes.
- chaque candidat devra remplir les conditions de candidature suivantes : voir réponse n°24.
- le jury devra comporter au moins 2 moniteurs MF2 ou BEES2, dont l'un au moins sera instructeur régional délégué par la CTR ; n'appartenant pas au club, ces deux moniteurs devront rejoindre le groupe pour l'examen et c'est l'un de ceux-ci qui assurera la présidence du jury.
- les brevets seront délivrés par la CTR et signés par le président de cette CTR.

2. Plongeur autonome niveau II :

- chaque candidat devra remplir les conditions de candidature suivantes :
  - ☞ être licencié à la FFESSM,
  - ☞ être âgé d'au moins 16 ans,
  - ☞ être titulaire du brevet élémentaire de la FFESSM,
  - ☞ présenter son carnet de plongée,
  - ☞ être en possession d'un certificat médical de non-contre-indication à la pratique de la plongée subaquatique, délivré depuis moins de un an par un médecin fédéral ou par un médecin titulaire du CES de médecine du sport ;
- organisé sous une forme ponctuelle, l'examen se déroulera sous la responsabilité de l'un des deux MF1 du club ;
- les brevets seront signés par le président du club.

Plongées

1. Plongée d'exploration à 23 m :

- 1 MF1 avec 2 plongeurs niveau I,
- 1 MF1 avec 2 plongeurs niveau I,
- 1 capacitaire avec 2 plongeurs niveau I,
- 1 capacitaire avec 2 plongeurs niveau I,
- 1 plongeur autonome niveau III avec 2 plongeurs niveau II,

ou

- 1 capacitaire avec 4 plongeurs niveau I,
- 1 capacitaire avec 4 plongeurs niveau I,
- 1 MF1 avec 2 plongeurs niveau II + 1 plongeur autonome niveau III,
- 1 MF1 en sécurité à la surface.

2. Plongée d'enseignement à 20 m :

- 1 MF1 avec 4 plongeurs niveau I,
- 1 MF1 avec 4 plongeurs niveau I,
- 1 capacitaire initiateur avec 2 plongeurs niveau II + 1 plongeur autonome niveau III +1 plongeur autonome niveau IV.

3. Plongée épave :

- 1 MF1 avec 2 plongeurs niveau II,
- 1 MF1 avec 2 plongeurs niveau II,
- 1 capacitaire avec 2 plongeurs niveau II,
- 1 capacitaire avec 2 plongeurs niveau II,
- 3 capacitaires.

Équipement du bateau

Le matériel de sécurité indispensable à bord d'un bateau de plongée comprend :

- un matériel d'oxygénothérapie (inhalateur et insufflateur d'oxygène avec une réserve de ce gaz),
- une trousse et le matériel de premier secours, adaptés aux risques de l'activité,
- un pavillon alpha (blanc et bleu) ou croix de Saint-André (rouge et blanc),
- une source d'air de secours,
- un jeu de tables de plongée,
- de quoi écrire,
- un moyen de radio-télécommunication, qui est vivement recommandé mais n'est pas obligatoire.

Élections au Comité Régional

Il disposera d'une voix qu'il pourra utiliser, à condition de disposer d'un pouvoir de son président.
Il pourra être candidat à cette élection, à condition d'être majeur, d'être licencié à la FFESSM et de jouir de ses droits civiques.
En premier lieu, il devra être élu au sein du comité directeur, puis désigné par ce même comité directeur pour être élu président par l'assemblée générale.

FNDS

La demande sera établie en tenant compte des priorités qui auront été retenues pour l'année à venir et qui sont fonction de la politique sportive choisie, tant départementale que régionale ou nationale.
Cette demande sera transmise au comité départemental, puis au comité régional ou à la Ligue pour que ces instances donnent leur avis.
Elle doit parvenir en fin de parcours à la DDJS (**D**irection **D**épartementale de la **J**eunesse et des **S**ports).

Toutes les demandes seront examinées par la commission régionale du FNDS, que préside le préfet de région et où siègent les représentants du ministère de la jeunesse et des sports, ainsi que par les représentants du mouvement sportif.
Les subventions allouées sont distribuées du niveau national jusqu'aux clubs.
Il est recommandé de conserver les justificatifs des dépenses effectuées dans le cadre des subventions FNDS.

Conduite de palanquée
questions

L'ensemble des questions se répartit en quatre groupes :

- en préalable à la plongée .... n° 1 à 5
- avant la plongée .... n° 6 à 10
- pendant la plongée
  - s'immerger .... n° 11
  - descendre .... n° 12 à 15
  - séjourner au fond .... n° 16 à 36
  - remonter .... n° 37 & 38
  - respecter la décompression .... n° 39 à 41
  - revenir au bateau .... n° 42 & 43
- après la plongée .... n° 44 à 46

Question n° 1

A quelles obligations le directeur de plongée en milieu naturel doit-il se soumettre ?
Quelles sont ses responsabilités et ses prérogatives ?
Quel doit être son niveau ?

Question n° 2

Quel est le rôle du guide de palanquée ?
Quelles sont ses responsabilités ?
Quel doit être son niveau ?

Question n° 3

De quels éléments l'équipement obligatoire du guide de palanquée se compose-t-il ?

Question n° 4

Quelles informations concernant la sécurité et la marche à suivre en cas d'accident doivent-elles être connues du guide de palanquée ?

Question n° 5

Quelles informations le guide de palanquée doit-il collecter en vue d'organiser sa plongée ?

Question n° 6

Une fois monté sur le bateau, comment le guide de palanquée choisit-il sa place ?

Question n° 7

Quelles consignes de sécurité doivent-elles être rappelées par le guide de palanquée, préalablement à la mise à l'eau ?

Question n° 8

Quelles consignes doivent-elles être rappelées par le guide de palanquée, en ce qui concerne le respect de l'environnement ?

Question n° 9

Quelles sont les diverses vérifications à effectuer par le guide de palanquée, pendant le trajet vers le lieu de plongée ?

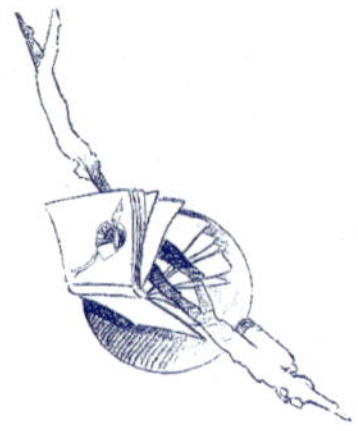

Question n°10

Quelles explications le guide de palanquée donne-t-il aux plongeurs de sa palanquée, préalablement à la plongée ?
Comment organise-t-il son exposé ?

Question n°11

Qui doit se mettre à l'eau en premier ? Pourquoi ?

Question n°12

A quel moment le guide de palanquée décide-t-il d'amorcer la descente ?

Question n°13

A quelle vitesse le guide de palanquée doit-il descendre ?

Question n°14

Quelle surveillance particulière le guide de palanquée doit-il exercer pendant la descente ?

Question n°15

Quelles précautions le guide de palanquée prend-il en arrivant au fond ?

Question n°16

De quelles différentes façons le guide de palanquée peut-il disposer les plongeurs, au sein de sa palanquée ?

Question n°17

Que surveille le guide dans sa palanquée, pendant la plongée ?

Question n°18

Pourquoi un guide palanquée doit-il posséder de sérieuses notions d'orientation subaquatique ?

Question n°19

De quelles techniques de base le guide de palanquée dispose-t-il pour s'orienter ?

Question n°20

Quels sont les instruments utilisés en orientation subaquatique ?

Question n°21

Qu'est-ce qu'un cap ?

Question n°22

Comment utilise-t-on une boussole ?

Question n°23

Comment utilise-t-on un compas ?

Question n°24

De quelle façon peut-on s'orienter en plongée sans instrument ?

Question n°25

Quels sont les moyens naturels que le guide de palanquée peut utiliser pour s'orienter ?

Question n°26

Comment se repère-t-on lors d'une plongée le long d'un tombant ?

Question n°27

Quelles sont les principales difficultés et les précautions à prendre, lorsque l'on plonge dans le courant ?

Question n°28

Quelles sont les principales difficultés et les précautions à prendre, lorsque l'on plonge autour d'un sec ?

Question n°29

Quelles sont les principaux risques et les précautions à prendre, lorsque l'on plonge sur une épave ?

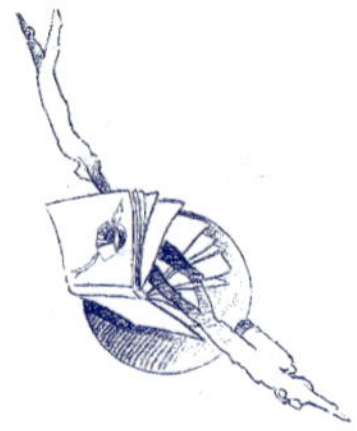

Question n° 30

Quelles sont les principaux risques et les précautions à prendre, lorsque l'on plonge dans une grotte ?

Question n° 31

Quelles sont les principales difficultés et précautions à prendre, lorsque l'on plonge en eau trouble ?

Question n° 32

Quelles sont les principales difficultés et précautions à prendre, lorsque l'on plonge sous glace ?

Question n° 33

Quelles précautions le guide de palanquée prend-il en croisant une autre palanquée ?

Question n° 34

Quelle surveillance spécifique le guide de palanquée doit-il exercer lors d'une plongée profonde ?

Question n° 35

En quoi est-il important pour un guide de palanquée de posséder de bonnes connaissances en matière de faune et de flore sous-marine ?

Question n° 36

Quelle doit être l'attitude du guide de palanquée, en présence d'un plongeur indiscipliné ?

Question n° 37

La plongée est terminée, à quelles vérifications le guide de palanquée se livre-t-il avant de procéder à la remontée ?

Question n° 38

Que surveille le guide de palanquée pendant la remontée ?

Question n°39

Quelles consignes de sécurité liées à la procédure de décompression le guide palanquée aura-t-il données avant la plongée ?

Question n°40

Que surveille le guide de palanquée pendant les paliers ?

Question n°41

Quel est le meilleur endroit pour effectuer les paliers ?
A défaut, quelles précautions doivent-elles être prises ?

Question n°42

Dans le cas ou la palanquée est remontée à distance du bateau, comment le guide de palanquée organise-t-il le retour en surface ?

Question n°43

Quelles précautions le guide de palanquée prend-il au moment de remonter à l'échelle ?

Question n°44

Que fait le guide de palanquée après avoir pris pied sur le bateau ?

Question n°45

Une fois le matériel rangé, quels commentaires le guide doit-il faire aux plongeurs de sa palanquée ?

Question n°46

Quelle surveillance le guide de palanquée doit-il exercer après la plongée ?

Conduite de palanquée

réponses

Réponse n°1

Voir réponse "Réglementation n°27", page 321.

Réponse n°2

Voir réponse "Réglementation n°28", page 322.

Réponse n°3

Voir réponse "Réglementation n°28", page 322.

Réponse n°4

Ces informations sont obtenues auprès du directeur de plongée, à savoir :

- sécurité de surface, qui l'assure et comment,
- composition et emplacement du matériel de sécurité à bord du bateau,
- dispositifs de rappel des plongeurs,
- procédure de sortie de l'eau d'un accidenté éventuel,
- rôle de chacun en cas d'accident,
- coordonnées du centre de traitement hyperbare le plus proche.

Réponse n°5

1- Informations à recueillir auprès du directeur de plongée :

- lieu de plongée,
- conditions de plongée (durée et profondeur préconisées),
- description du site (curiosités, risques spécifiques, limitations réglementaires),
- composition de la palanquée.

2- Informations à recueillir auprès des membres de la palanquée :

- noms et prénoms,
- niveau technique et expérience en plongée (nombre de plongées, dernières plongées effectuées),
- forme physique, voire état de fatigue,
- contenu du carnet de plongée.

Réponse n°6

A un endroit commode pour à la fois ranger le matériel, arrimer les blocs et regrouper les autres membres de la palanquée en prévision de ses commentaires.

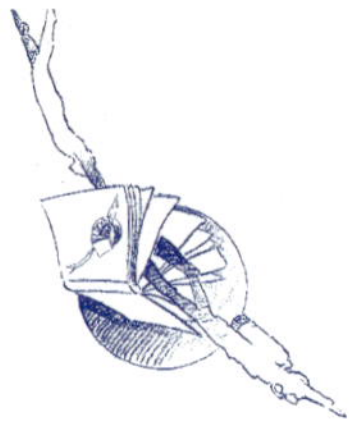

Réponse n°7

1- **Avant la mise à l'eau** : le guide de palanquée s'assure que les signes conventionnels de communication sont connus des plongeurs et il rappelle les signes non conventionnels qu'il serait le cas échéant amené à utiliser.
Il rappelle aussi les consignes en cas de perte de la palanquée : après 30 secondes de recherche, tout le monde remonte (palanquée et plongeur isolé) à la vitesse normale (15 à 17 m/mn) pour se regrouper en surface.

2- **A la mise à l'eau** : le guide de palanquée rappelle qu'il se met à l'eau en premier ; les plongeurs attendent son signal pour faire de même.

3- **A la descente** : les plongeurs doivent rester au-dessus du guide de palanquée et lui signaler toute difficulté à équilibrer leurs oreilles.

4- **Au fond** : les plongeurs doivent rester au niveau du guide de palanquée – surtout pas en dessous – et autant que faire se peut dans son champ visuel.
Tous les plongeurs restent à la vue les uns des autres ; chacun contrôle régulièrement la pression dans son bloc et avertit le guide lorsque le manomètre indique 100 bars (mi-pression), puis 50 bars (réserve).

5- **A la remontée** : la vitesse à respecter est de 15 à 17 m/mn, chaque plongeur accompagne le guide de palanquée sans jamais le dépasser. Celui-ci s'assurera que les plongeurs se ventilent correctement, sans bloquer leur expiration (particulièrement avec des débutants).

6- **Aux paliers** : les plongeurs respectent la profondeur et la durée indiquées par le guide.

7- **Lors du retour en surface** : la palanquée reste groupée pour rejoindre le bateau, chacun restant prêt à aider un équipier en difficulté.

8- **A la sortie de l'eau** : les plongeurs se tiennent éloignés de l'échelle pendant que l'un d'eux remonte sur le bateau.

Réponse n°8

Regarder sans toucher les différentes espèces animales et végétales.
Ne pas “agacer” les poissons avec le tuba ou le couteau.
Se tenir à distance des espèces dangereuses, piquantes ou urticantes (oursins, anémones).
Ne pas déplacer les pierres.
Éviter les coups de palme au fond ou sur les rochers, ne pas s'accrocher à ceux-ci.
Ne rien remonter de vivant, animal ou végétal.

Réponse n°9

Le guide vérifie en premier lieu son propre matériel : bloc, double détendeur, table et/ou ordinateur, gilet stabilisateur, parachute de palier, couteau, lampe, 1 à 2 kg de plomb supplémentaires pour corriger éventuellement le lestage d'un plongeur.
Il demande à chaque plongeur de la palanquée de vérifier son propre matériel : pression du bloc, bon fonctionnement du détendeur, estimation du lestage.

Particulièrement avec les débutants, il supervise ce contrôle.
Il mémorise les particularités de l'équipement de chaque plongeur (couleur de la combinaison ou du gilet, accessoire particulier, etc.) pour mieux les reconnaître sous l'eau.

Réponse n° 10

Sur la base des indications du directeur de plongée, le guide décrit sommairement le site et ses particularités : curiosités, espèces à voir, risques particuliers.
Il résume la façon dont la plongée va s'effectuer – direction, profondeur, durée – et il indique la place de chacun dans la palanquée.
Il rappelle les consignes de sécurité et il explicite d'éventuels signes de communication non conventionnels.
Il indique dans quel ordre se fera la mise à l'eau.
Il rappelle les consignes en matière de respect de l'environnement.
Il donne ses indications en respectant un ordre chronologique :

- description du site et intérêt de la plongée,
- mise à l'eau,
- descente,
- séjour au fond,
- remontée,
- retour au bateau.

En dernier, il résume les éléments les plus important en matière de sécurité.
Il répond à d'éventuelles questions.

Réponse n° 11

Le guide de palanquée.
Le cas échéant, il sera le mieux placé pour aider à un des plongeurs de sa palanquée qui se trouverait en difficulté après avoir sauté à l'eau.

Réponse n° 12

Lorsque toute la palanquée est regroupée en surface et qu'il s'est assuré que les plongeurs sont prêts au moyen de l'échange de signes OK.

Réponse n° 13

A une vitesse telle que tous les plongeurs soient capables de le suivre et aient en particulier le temps d'équilibrer leurs oreilles.

Réponse n° 14

Le guide doit s'assurer que la palanquée reste groupée et que personne ne descend plus vite que lui.
S'il voit un plongeur qui prend du retard, il l'attend et remonte le cas échéant à son niveau pour l'assister (plongeur anxieux, oreilles qui ne passent pas) ; dans ce cas, il reste à ses côtés.

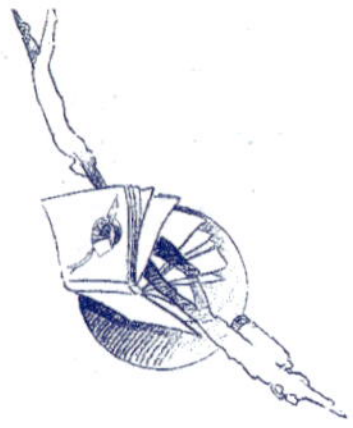

Réponse n° 15

Le guide s'assure que la palanquée est au complet et que tous les plongeurs sont en mesure de poursuivre la plongée : contrôle de la flottabilité au moyen du gilet, oreilles équilibrées, ventilation calme.

Réponse n° 16

Le guide est en tête, les autres plongeurs le suivent en file indienne.

Avantage : le guide est maître du trajet à suivre et voit en premier les espèces à découvrir.

Inconvénient : il est obligé de se retourner constamment pour surveiller la palanquée ;
les risques de se séparer sont accrus, surtout si la palanquée est nombreuse, si la visibilité est faible ou en plongée de nuit ;
une intervention est plus tardive, si elle concerne le plongeur placé en dernier ;
cette disposition est peu commode pour montrer à tous ce qui est intéressant à voir.

Les autres plongeurs se placent de part et d'autre du guide, à côté de lui.

Avantage : le guide est maître du trajet à suivre et voit en premier les espèces à découvrir ;
il garde tous les plongeurs à proximité de son champ visuel ;
il peut montrer à tous et en même temps ce qu'il y a à voir ;
il peut intervenir sur chacun d'entre eux dans le même délai ;
le regroupement de la palanquée est plus rapide en cas de mauvaise visibilité ;
cette disposition est sécurisante en plongée de nuit.

Inconvénient : exige des plongeurs une grande discipline pour conserver leur place respective.

Les autres plongeurs se placent tous à la gauche ou à la droite du guide, à côté de lui.

Avantage : cette disposition est sécurisante en cas de plongée sur un tombant, les plongeurs étant placés entre le guide et le tombant ;
la surveillance de la palanquée est aisée et l'intervention rapide.

Inconvénient : le guide est moins proche du rocher pour indiquer les espèces à observer.

Le guide désigne un serre-file, qui sera le plongeur le plus expérimenté et qui se place en queue de palanquée.

Avantage : le guide peut mieux se consacrer au suivi de son itinéraire et à la recherche des espèces à observer ;
la surveillance de la palanquée est facilitée car le nombre de plongeurs à surveiller est restreint ;
le délai d'intervention sur les plongeurs est réduit au minimum ; le guide est aidé si une intervention sur un second plongeur est nécessaire.

Inconvénient : le guide doit être sûr de son choix en désignant le serre-file.

Le guide désigne un serre-file, qui sera le plongeur le plus expérimenté, qui se place en tête de la palanquée et qui la conduit sous la supervision du guide.

Avantage : le guide a toute la palanquée dans son champ visuel ;
il est immédiatement averti de tout incident ;
le guide est aidé si une intervention sur un second plongeur est nécessaire ;
le serre-file acquiert une expérience de la conduite de palanquée.
Inconvénient : le guide doit corriger les éventuelles erreurs d'orientation du serre-file.

Le guide se place en queue de palanquée, sans serre-file.

Avantage : le guide a constamment la palanquée dans son champ visuel ;
il est immédiatement averti de tout incident et peut intervenir très rapidement.
Inconvénient : cette disposition est limitée à des plongées difficiles, telles que la plongée sous glace ou la plongée en faible visibilité, avec un seul plongeur ;
le plongeur ne voit pas le guide de palanquée, ce qui peut l'inquiéter ;
une disposition côte à côte peut être préférable.

Réponse n° 17

Il s'assure que chaque plongeur reste à sa place et ne s'écarte pas de la palanquée ; le cas échéant il rappelle à l'ordre les “fuyards” ou les retardataires.
De temps à autre, il jette un coup d'œil sur les manomètres et il se rapproche du plongeur qui lui paraît être le plus fort consommateur d'air.
Il surveille le débit des bulles qui s'échappent des détendeurs, afin de détecter à temps les prémices d'un essoufflement.
Par des échanges fréquents de signes, il s'assure que tout va bien pour chacun.
Il s'inquiète du confort de chacun si l'eau est froide.
Il est attentif à tout indice d'un comportement anormal.
Il reste prêt à intervenir rapidement dès le début de tout incident.

Réponse n° 18

Savoir s'orienter sous l'eau constitue un facteur de sécurité et d'agrément, en permettant à la palanquée de suivre le parcours prévu, de trouver le site indiqué par le directeur de plongée et de retourner au bateau pour effectuer les paliers dans les meilleures conditions de confort et de sécurité.

Réponse n° 19

L'orientation avec instrument.
L'orientation sans instrument.

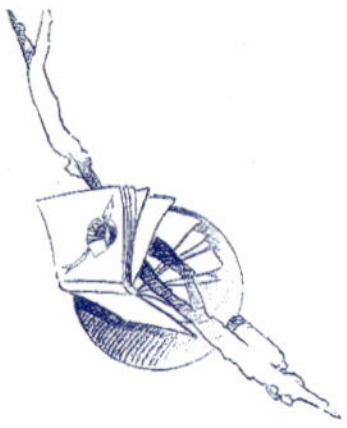

Réponse n°20

La boussole et le compas.
Tous deux indiquent la direction du nord magnétique et permettent de suivre un cap donné.

Réponse n°21

Un cap est l'angle – allant de 0° à 360° – compris entre la direction du Nord magnétique et la direction à suivre.
Cet angle est compté par valeurs positives en tournant dans le sens des aiguilles d'une montre, à savoir :

Nord ⇨ 0°/360°
Est ⇨ 90°
Sud ⇨ 180°
Ouest ⇨ 270°

avec toutes les valeurs intermédiaires (ex. sud-ouest ⇨ 225°)

Réponse n°22

Pour suivre un cap donné – 300° par exemple – placer l'index de la couronne mobile sur la graduation 300 puis tourner lentement la boussole de façon à amener l'aiguille aimantée entre les deux repères de lecture.
A partir de cette position, la ligne de foi de la boussole est orientée en direction du cap 300.
Le plongeur nage alors en suivant le cap indiqué par la boussole.

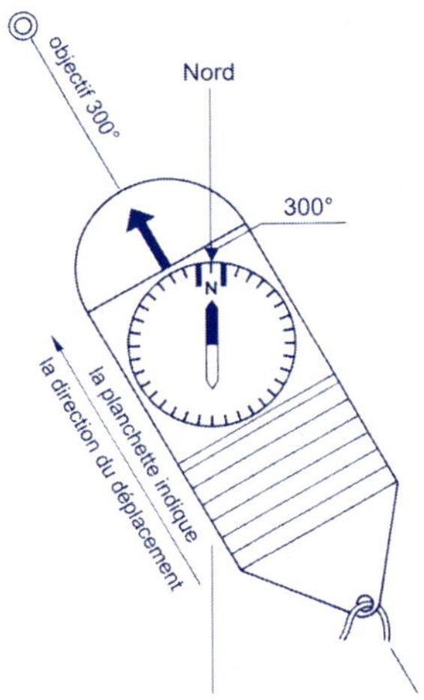

Réponse n°23

La fenêtre du boîtier offre l'avantage d'une lecture précise des graduations de la rose des vents, avec une visée simultanée de l'objectif au moyen des crans de visée de la couronne mobile.
On place la ligne de direction gravée sur le compas entre les deux repères de la couronne mobile et on lit par la fenêtre, sur la rose des vents, le cap de la direction à suivre. Le compas peut aussi être utilisé de la même façon qu'une boussole.

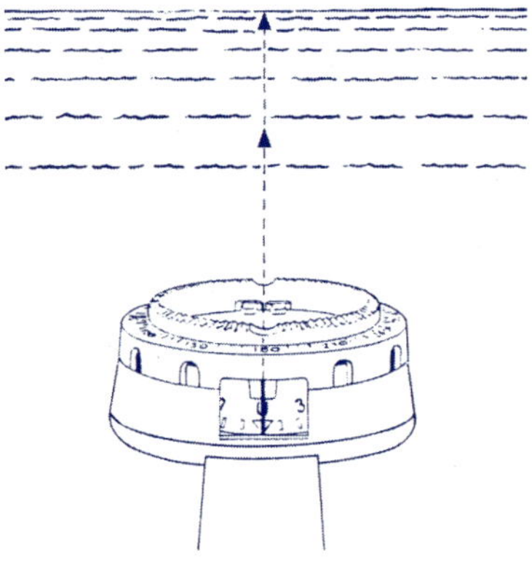

Réponse n° 24

En premier lieu, il faut avoir en tête la configuration générale du site avec ses points particuliers, sur la base des explications du directeur de plongée et d'un croquis éventuel.
En arrivant au mouillage, prendre des repères visuels au fond, mémoriser la profondeur du mouillage, ainsi que la configuration du lieu qui sera vue au retour ; pour cela, se retourner pour mémoriser l'image après avoir parcouru une dizaine de mètres.
L'évaluation des distances peut se faire en étalonnant son palmage (nombre de coups de palme pour une distance donnée).
Pour suivre une direction donnée, on utilise des repères fixes caractéristiques bien alignés et on se retourne de temps à autre pour savoir comment ils seront vus au retour.
Les changements de direction seront mémorisés, sachant qu'ils seront inversés droite-gauche lors du retour.

Réponse n° 25

En premier lieu son sens de l'orientation (qui n'est pas donné à tout le monde), ainsi que sa capacité d'observation et sa mémoire.
Le soleil, lorsqu'il est présent et visible depuis le fond.
Le courant, s'il y en a.
Le relief du fond : forme particulière et taille des roches, alignement de certains rochers, ligne de pente, limite des champs d'algues ou de posidonies, objets abandonnés au fond (casier, morceau de filet, débris d'épave,...), vaguelettes à la surface d'un fond sableux.

Réponse n° 26

Si la plongée se déroule entièrement à proximité du tombant, la palanquée revient au bateau avec le tombant à main gauche si celui-ci était à main droite à l'aller, et inversement.
Le guide palanquée se souciera de la distance parcourue avant de faire demi-tour, ainsi que de la profondeur d'immersion. Celle-ci sera plus faible au retour.
En particulier, et surtout en présence de plongeurs peu expérimentés, il veillera à ce que toute la palanquée reste bien à son niveau d'immersion.

Réponse n° 27

La difficulté est liée à la force du courant, qui peut s'opposer à l'avance de la palanquée si elle comporte des plongeurs dont la forme physique laisse à désirer. Les risques d'essoufflement sont alors élevés.
La palanquée partira contre le courant pour revenir avec, le guide sera particulièrement attentif à la ventilation des plongeurs. Au besoin, il réduira la longueur prévue du trajet à l'aller.
Il s'efforcera de ramener la palanquée au pied du mouillage, afin de lui éviter un retour pénible en surface.

Réponse n° 28

La difficulté est de savoir combien de fois la palanquée a fait le tour du sec, principalement lorsqu'elle remonte en le contournant.
Outre les repères visuels, l'usage de la boussole est utile pour retrouver la verticale du point de départ, là ou se trouve en général le mouillage.

Réponse n° 29

Indépendamment de la profondeur à laquelle elle se trouve, la plongée sur une épave peut devenir dangereuse si l'on y pénètre sans précaution particulière.
En effet, sans lampe et sans fil d'Ariane, il est possible de s'y perdre. De plus, des tôles coupantes peuvent entraîner des blessures sérieuses. Des risques d'effondrement existent sur des épaves en mauvais état.
Le guide de palanquée doit donc s'informer de la configuration de l'épave : profondeur, taille, état de délabrement, visibilité à l'intérieur.
Selon ces données, il évitera d'y pénétrer et il n'y emmènera que des plongeurs expérimentés.
L'usage de la lampe est dans ce cas fortement recommandé.

Réponse n° 30

Le danger que présentent les grottes est la possibilité de se perdre et ne pouvoir retrouver la sortie, surtout si l'eau est troublée par la vase remuée par les plongeurs.
A moins qu'elle ne soit d'un accès très facile (faible profondeur, large et débouchant au deux extrémités, de faible longueur, eau claire), le guide de palanquée ne l'abordera qu'en étant équipé d'un fil d'Ariane et d'un phare. Chaque plongeur disposera aussi d'une lampe.
Après être ressorti, il vérifiera soigneusement que sa palanquée est complète.
Au moindre doute, il renoncera à y faire pénétrer sa palanquée.

Réponse n° 31

Le manque de visibilité est souvent générateur d'anxiété, particulièrement chez des plongeurs débutants.
En eau trouble, la palanquée se rapproche du guide de palanquée et les plongeurs se tiennent éventuellement par la main ou par le gilet stabilisateur.
A cause de la diffusion de la lumière par les particules, la lampe peut n'être d'aucun secours.
Ce type de plongée est réservé à des plongeurs expérimentés.

Réponse n° 32

Le froid constitue le premier risque, car c'est justement sous la glace que l'eau est la plus froide (température proche de zéro degré).
Si les plongeurs s'immergent depuis un trou pratiqué dans la couche de glace, le risque principal est de ne pas retrouver la sortie.

C'est pourquoi le directeur de plongée prendra les précautions spécifiques qui s'imposent :
- préparation de plusieurs trous,
- présence d'un fil d'Ariane reliant un trou à un autre,
- plongées de courte durée et à faible profondeur,
- surveillance de surface très vigilante,
- boissons chaudes disponibles à la sortie de l'eau.

Le guide de palanquée n'emmènera qu'un plongeur à la fois, suffisamment expérimenté pour ne pas être victime de l'anxiété qui accompagne fréquemment ce type de plongée.
Il fera preuve de la plus grande vigilance, en raison des risques de givrage des détendeurs.
Il veillera en outre à ce que les plongeurs soient convenablement équipés contre le froid et possèdent un matériel adapté au froid (détendeur antigivre).

Réponse n° 33

Avant : il regroupe les plongeurs de sa palanquée.

Pendant : il veille à ce qu'aucun plongeur – de sa palanquée et de l'autre – ne se trompe de palanquée.

Après : il recompte sa palanquée et il s'assure qu'elle se compose bien des mêmes plongeurs.

Réponse n° 34

Les risques principaux en plongée profonde étant la narcose et l'essoufflement, il surveille plus particulièrement le comportement des autres plongeurs afin de détecter à temps toute réaction anormale, voire une absence de réaction telle qu'une non-réponse aux signes.
Il s'assure que les plongeurs se ventilent correctement et il reste attentif à tout début d'essoufflement, qui se manifesterait par un débit de bulles excessif.
Il reste proche du plongeur le moins expérimenté en plongée profonde et, le cas échéant, il réduit la profondeur s'il estime que celui-ci manque d'aisance au fond.

Réponse n° 35

C'est d'abord pour son propre intérêt et celui des autres plongeurs qu'il doit être capable d'identifier les principales espèces rencontrées et de connaître leur mode de vie.
En évitant de les déranger, il contribue à leur protection.
Enfin, cette connaissance constitue aussi un facteur de sécurité pour les autres plongeurs, auxquels il pourra signaler les espèces urticantes, piquantes, voire dangereuses.

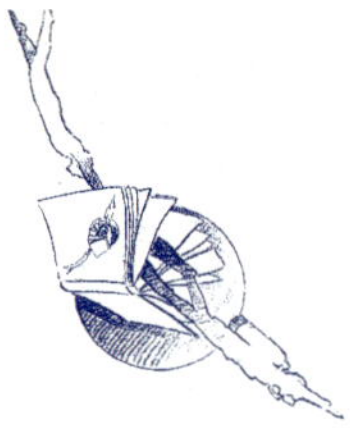

Réponse n° 36

Il commence par le rappeler courtoisement à l'ordre au moyen de signes conventionnels appropriés.
Si ce comportement persiste, il renouvelle son rappel à l'ordre et il maintient le plongeur fautif à ses côtés pour mieux le surveiller.
En cas de récidive, il sera contraint de faire remonter prématurément la palanquée.
Une fois remonté sur le bateau, il ne manquera pas d'admonester le plongeur en question et de lui faire remarquer le danger qu'il représente, pour lui-même et pour le reste de la palanquée.
Sauf récidive ou cas très grave, il n'est pas nécessaire de procéder à ces remontrances en présence du reste de la planquée.

Réponse n° 37

Il vérifie que sa palanquée est au complet et que chacun possède suffisamment d'air pour la remontée et les paliers.
Le cas échéant, il garde proche de lui le plongeur dont la consommation d'air lui paraît avoir été excessive afin de pouvoir l'assister sans délai si cela est nécessaire.
Il donne le signal de la remontée et il s'assure que tout le monde l'a bien perçu.
Il regarde si un plongeur retardataire ne reste pas à la traîne.

Réponse n° 38

Il s'assure que chaque plongeur remonte à la même vitesse que lui et avec régularité, qu'aucun ne se trouve plus haut que lui ou reste trop en dessous.
Par des échanges fréquents de signes, il s'assure que tout va bien pour chacun.
Particulièrement avec des plongeurs débutants, il vérifie que ceux-ci se ventilent correctement , qu'ils ne bloquent pas leur expiration pendant la remontée et qu'ils ne cherchent pas à effectuer de manœuvre de Valsalva.
Il surveille avec davantage d'attention celui ou ceux qui seraient passés sur réserve.

Réponse n° 39

En fonction du type de plongée qu'il prévoit d'effectuer, le guide de palanquée a fixé une profondeur limite et une durée maximale.
Il a fixé la pression minimale dans le bloc, qui définit le début du trajet retour.
Il a en outre fixé une limite quant à l'autonomie, c'est-à-dire la pression minimale dans le bloc avant de le passage sur réserve.
En accord avec les autres plongeurs de la palanquée, il a fixé la procédure de décompression qui sera utilisée : tables fédérales, ordinateur du guide, ordinateur de l'un des participants...

Réponse n° 40

Il s'assure que la profondeur et la durée préconisées pour chaque palier sont respectées et qu'aucun plongeur ne se trouve à une profondeur moindre.
Surtout avec des plongeurs débutants, il vérifie que ceux-ci se ventilent correctement.
Il est attentif à tout mouvement ou bruit suspect en surface, particulièrement avant de quitter le dernier palier.
Il ne donne l'ordre du retour en surface qu'après s'être assuré qu'aucun danger ne menace la sécurité (voilier, bateau à moteur, ressac à proximité des rochers).
Il s'assure que chaque plongeur exécute comme lui-même le tour d'horizon complet avant de faire surface.

Réponse n° 41

C'est au pendeur, sous le bateau, que les paliers sont effectués dans les meilleures conditions de confort et de sécurité.
Si les paliers doivent être faits en pleine eau, le guide palanquée installe son parachute de palier pour à la fois mieux respecter la profondeur préconisée et signaler sa position au responsable du bateau.
Il peut être agréable de faire les paliers sur un fond rocheux, ce qui permet de prolonger l'exploration par l'observation de la faune et de la flore, mais à condition de s'en écarter avant de faire surface si la palanquée se trouve dans une zone de ressac.

Réponse n° 42

Il regroupe la palanquée après avoir vérifié que tous les plongeurs ont fait surface et sont en mesure de rentrer en palmant.
Il passe en tête pour indiquer la direction à suivre.
Suivant l'état de la mer, il définit le moyen de respiration : tuba ou détendeur.
Il nage à une vitesse telle que tous les membres de la palanquée puissent le suivre.
Il aide celui qui serait fatigué ou éprouverait des difficultés à nager contre le courant.
Si la palanquée n'est pas capable de rejoindre le bateau par ses propres moyens, il alerte le directeur de plongée ou le responsable du bateau pour que celui-ci vienne les chercher.

Réponse n° 43

Il s'assure que personne ne se trouve au-dessous de l'échelle pendant qu'un plongeur remonte.
Il fait remonter en premier les plongeurs les moins expérimentés, voire celui qui serait anormalement fatigué, victime du mal de mer ou stressé.
Il aide à se déséquiper dans l'eau celui d'entre eux qui éprouverait des difficultés à emprunter l'échelle à cause du poids du bloc.
Il demande de l'aide sur le bateau, si nécessaire.
Il ne remonte que lorsqu'il est certain que tous les plongeurs de sa palanquée ont pris pied sur le bateau.

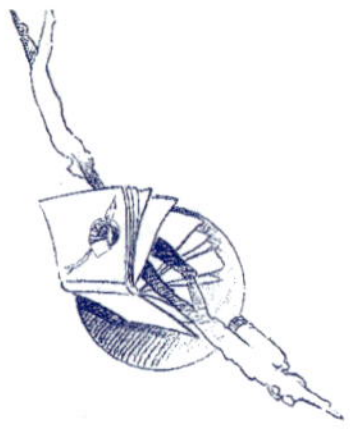

Réponse n° 44

Il se déséquipe rapidement et il aide au besoin ses équipiers.
Il veille au rangement en bon ordre du matériel et à l'arrimage correct des blocs.
Il fait son rapport au directeur de plongée et il lui communique les paramètres de sa plongée (profondeur, durée, paliers effectués).
Il lui signale tout incident, même mineur, intervenu au cours de la plongée.
Il se tient prêt à aider les palanquées suivantes à reprendre pied sur le bateau.

Réponse n° 45

Il s'assure en premier lieu que tout le monde va bien, avant de commenter les phases importantes de la plongée : comportement des plongeurs, espèces rencontrées, curiosités observées, etc.
Il répond aux questions concernant la faune et la flore en précisant quelles espèces sont particulièrement menacées.
Il ne manquera pas de faire les remarques générales qui s'imposent si le comportement de la palanquée n'a pas été conforme à ses recommandations.
Toutefois, s'il a une remarque importante, voire des reproches, à adresser à l'un des plongeurs, il le fera à part et non en présence de ses coéquipiers.

Réponse n° 46

Il s'enquiert de la bonne forme physique des plongeurs de sa palanquée et il reste attentif au comportement de chacun, ainsi qu'à d'éventuels symptômes anormaux : fatigue, froid, mal de mer, prostration, tout élément qui pourrait évoquer les prémices d'un accident de décompression.
Même dans les douze heures qui suivent la plongée, il s'inquiétera de tout symptôme qui pourrait être annonciateur d'un accident de plongée.

Matelotage
questions

L'ensemble des questions se répartit en sept groupes :

- le bateau .... n° 1 à 7
- l'amarrage du bateau .... n° 8 à 15
- le mouillage .... n° 16 à 21
- la navigation et les manœuvres de port .... n° 22 à 24
- la lecture de la carte .... n° 25 & 26
- les cordages et les nœuds .... n° 27 à 36
- la sécurité en mer et les appels d'urgence .... n° 37 à 39

Ce chapitre a été rédigé en étroite collaboration avec **Gilles FOUBERT**, capitaine au long cours et Instructeur Régional au Comité **RABA**, qui nous a fait l'amitié d'en corriger attentivement les épreuves. Nous lui adressons nos plus vifs remerciements.

Question n°1

Comment désigne-t-on les différentes parties d'un bateau : côté droit, côté gauche, avant, arrière ?

Question n°2

Qu'est-ce que la gîte d'un bateau ?

Question n°3

Comment s'appelle la partie immergée de la coque d'un bateau ?

Comment appelle-t-on la partie immergée du gouvernail ?

Qu'est-ce que le tirant d'eau ? Le pied de pilote ?

Question n°4

Quel est l'instrument qui permet de connaître la profondeur à un endroit donné ?

La valeur lue sur l'appareil indique-t-elle la profondeur réelle ?

Question n°5

Quel nom donne-t-on aux bouées de protection disposées à l'extérieur de la coque du bateau ou le long d'un quai ?

Question n°6

Quel est le nom de la "perche", se terminant par un crochet, servant à déborder un obstacle ou à récupérer un objet ou un cordage tombés à l'eau ?

Question n°7

Quelles précautions doit-on prendre pour capeler une amarre sur le bollard d'un quai (bitte en fer sur laquelle on capelle les amarres) si un autre navire y est déjà amarré ?

Question n°8

A-t-on le droit d'amarrer le bateau sur une bouée de balisage ?

Question n°9

Quelles sont les principales parties d'une ligne de mouillage ?

Quelle longueur doit avoir la ligne de mouillage dans l'eau ?
Lorsqu'elle est mixte (orin + chaîne), à quoi la partie chaîne sert-elle ?

Question n°10

Comment s'assurer de la bonne tenue du mouillage ?

Question n°11

Quelle marque réglementaire doit être montrée lorsque le bateau est au mouillage ?

Question n°12

Quelles précautions doit-on prendre avant de relever le mouillage ?

Question n°13

Qu'appelle-t-on le cercle d'évitage ?

Quelle précaution doit-on prendre en choisissant le point de mouillage ?

Question n°14

Quelle précaution particulière prend-on lorsque le bateau de plongée est mouillé sur un site parcouru par un fort courant ?

Question n°15

Quelle précaution est-il utile de prendre lorsque l'on craint que l'ancre n'enrague ?

Question n°16

Quel pavillon un bateau de plongée doit-il obligatoirement montrer en opération, ainsi qu'à son mouillage ?

A quelle distance minimale les autres embarcations doivent-elles passer ?

Question n° 17

De quel titre de navigation au minimum tout candidat à l'examen de MF1 doit-il être titulaire ?

De quel autre titre de navigation le conducteur d'un bateau de plongée doit-il être titulaire pour toute navigation non autorisée par le précédent ?

Quel est l'âge requis pour leur obtention ?

Question n° 18

En termes de marine, quelles sont les unités de mesure :
- des distances,
- de la vitesse d'un bateau ?

Question n° 19

Quel est l'instrument qui indique le cap du navire ?

Question n° 20

De quelle façon peut-on mesurer la distance entre deux points sur une carte marine ?

Question n° 21

Lorsque le site de plongée est affecté par des marées, quelle est la période la plus favorable pour plonger ?

Question n° 22

Quelles précautions doit-on prendre avant de quitter le port ?

Question n° 23

Quelle est la vitesse maximale à respecter :
- dans un port,
- dans la bande côtière des 300 mètres ?

Question n° 24

Sur une carte marine, qu'indiquent les nombres notés sur l'eau ?

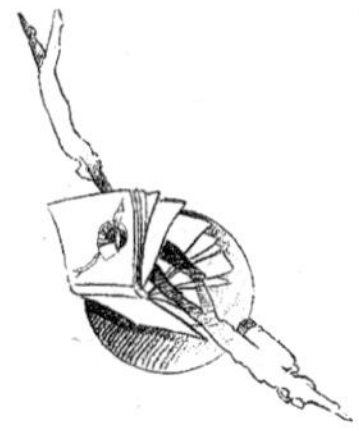

Question n° 25

Sur une carte marine, comment s'appellent les lignes reliant des profondeurs identiques ?

Comment peut-on repérer la présence d'un tombant ?

Question n° 26

Quels sont les différents types de cordage que l'on peut rencontrer sur un bateau ?

Question n° 27

Comment s'appelle la partie libre d'un cordage ? L'autre partie ?

Question n° 28

Qu'entend-on par “frapper”, “tourner”, “capeler” un cordage ?

Question n° 29

Par quelle série de nœuds termine-t-on généralement un nœud quelconque ?

Question n° 30

Quelle est l'utilité d'un nœud d'arrêt ? Citez un exemple.

Question n° 31

Quelles sont les principales manières de ranger un cordage ou une chaîne ?

Question n° 32

Indiquez un moyen commode de protéger un cordage contre l'usure.

Question n° 33

Quels sont les nœuds les plus courants qui servent à réparer un cordage ?
Pour chacun d'eux, indiquer :

- ses caractéristiques,
- ses avantages,
- ses inconvénients.

Question n° 34

Quels sont les nœuds les plus courants qui servent à réunir deux cordages ?
Pour chacun d'eux, indiquer :
- ses caractéristiques,
- ses avantages,
- ses inconvénients.

Question n° 35

Quels sont les nœuds d'amarrage les plus courants ?
Pour chacun d'eux, indiquer :
- ses caractéristiques,
- ses avantages,
- ses inconvénients.

Question n° 36

Quels nœuds servent à raccourcir un cordage ?
Pour chacun d'eux, indiquer :
- ses caractéristiques,
- ses avantages,
- ses inconvénients.

Question n° 37

Qu'est-ce qu'un CROSS ? A quoi sert-il ?

Question n° 38

Qui peut utiliser la VHF à bord d'un navire ?

Question n° 39

Quels sont les trois messages à diffuser par VHF :
- en cas d'urgence,
- en cas de détresse,
- pour diffuser une information concernant la sécurité de la navigation ?

Matelotage
réponses

Réponse n° 1

- côté gauche ⇨ bâbord (avec un "a" comme dans gauche),
- côté droit ⇨ tribord (avec un "i" comme dans droit),
- avant ⇨ l'étrave (le terme proue est tombée en désuétude),
- arrière ⇨ la poupe.

L'autre moyen mnémotechnique permettant de retrouver bâbord et tribord consiste à se souvenir du terme "batterie" : bâbord à gauche et tribord à droite.

Réponse n° 2

C'est l'inclinaison permanente du bateau sur bâbord ou sur tribord. Un bateau de plongée correctement équilibré ne doit pas en présenter.

Réponse n° 3

La partie immergée de la coque d'un bateau s'appelle la carène ou "œuvres vives" en opposition aux "œuvres mortes" qui désignent la partie émergée de la coque.

La partie immergée du gouvernail est le safran.

Le tirant d'eau est la différence de hauteur entre la ligne de flottaison et le point le plus bas de la quille. Le pied de pilote est la marge de sécurité (0,30 à 0,50 m) que l'on ajoute au tirant d'eau pour tenir compte des erreurs possibles dans l'évaluation de la profondeur, ainsi que d'autres facteurs d'incertitude (vent, variations de la pression atmosphérique, etc.).

Réponse n° 4

Le sondeur.

Non, il faut corriger la valeur lue de la profondeur de la base du sondeur, laquelle est fixée sous la carène (la valeur réelle est supérieure à la valeur lue).

Réponse n° 5

A l'extérieur de la coque du bateau, ce sont les pare-battage ; le long d'un quai, ce sont les défenses.

Réponse n° 6

Une gaffe.

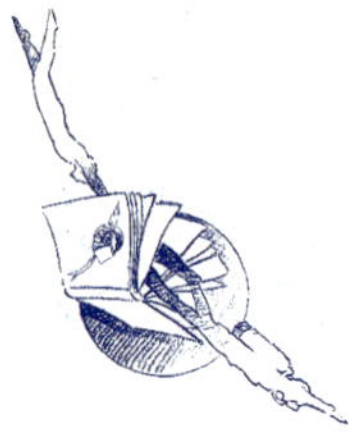

Réponse n°7

On doit passer la seconde amarre (B) par dessous et à l'intérieur de l'œil de l'amarre (A) du premier navire pour permettre à celui-ci de se libérer sans difficulté.

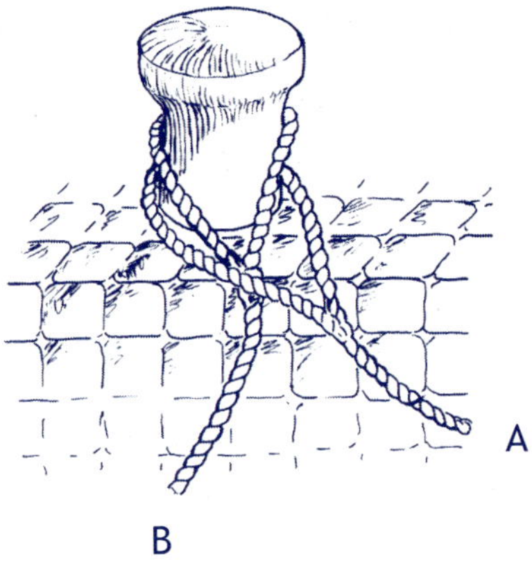

Réponse n°8

Non, c'est strictement interdit.

Réponse n°9

Une ligne de mouillage se compose d'une ancre (ou grappin) prolongé par un filin, celui-ci étant éventuellement prolongé par une chaîne près de l'ancre. La ligne de mouillage est reliée au bateau par l'étalingure.

La longueur de la ligne de mouillage doit être égale à 2, voire 3 fois, la profondeur (tenir compte de la marée si celle-ci doit monter).

Lorsque la ligne de mouillage est mixte, la chaîne sert à alourdir la partie près de l'ancre de façon à la faire travailler le plus horizontalement possible.

Réponse n°10

Prendre le relèvement d'un ou de deux amers et suivre leur évolution.
Si ces relèvements restent fixes, le navire ne chasse pas.

Réponse n°11

Une boule de mouillage.

Réponse n°12

Avant de relever le mouillage, il convient de s'assurer :
- que tout le monde est à bord,
- que l'échelle est relevée,
- que le pendeur et les bouteilles de sécurité ont été relevés,
- que le moteur est en marche.

Réponse n° 13

C'est le nom de la zone que le navire balaye en tournant autour de son ancre.

Il faut tenir compte de la dimension du cercle d'évitage, pour que le bateau ne vienne pas heurter un obstacle ou la côte en cas de renverse du vent ou du courant.

Réponse n° 14

On installe à l'arrière du bateau une "ligne de vie" (ou traînard), composée d'un long cordage (25 à 50 mètres) au bout duquel on frappe une bouée ; les plongeurs pourront saisir ce cordage en surface afin de faciliter leur retour au bateau.

Réponse n° 15

Sur le diamant de l'ancre, on frappe un orin qui reste mou tant qu'on n'a pas besoin de lui. En cas de nécessité, il suffit de le virer pour décrocher l'ancre.

Réponse n° 16

Le pavillon alpha

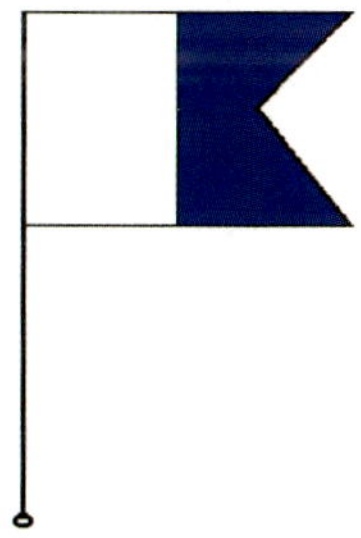

Le pavillon à croix de Saint-André

où

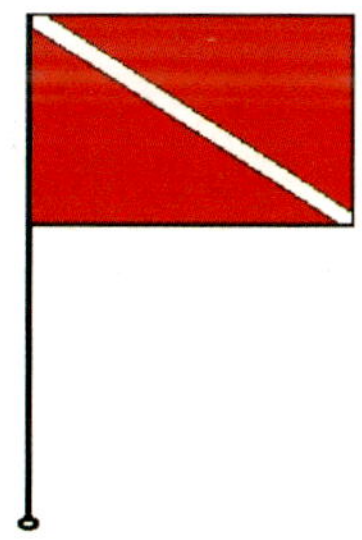

La distance minimale de sécurité est égale à 100 mètres.

Réponse n° 17

Le permis mer côtier, ex "carte mer" qui avait remplacé l'ancien permis A.
Elle permet de conduire un navire dont la jauge brute est inférieure ou égale à 2 tonneaux, dont la puissance motrice est supérieure à 4,5 kW (6,1 CV) et inférieure à 37 kW (50,3 CV), pour une navigation accomplie de jour à moins de 5 milles d'un abri.

Le permis mer hauturier, qui a remplacé l'ancien permis B.

Pour ces deux titres, l'âge minimum requis est de 16 ans.

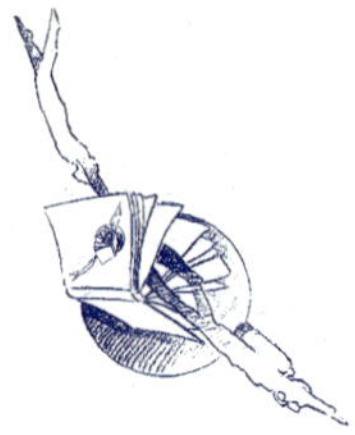

Réponse n°18

Le mille marin (ou “nautique”), qui vaut 1 852 mètres.

Le nœud, sachant que un nœud = un mille par heure.

Attention, ne jamais parler de nœuds par heure !

Réponse n°19

Le compas de route.

Le terme “boussole” est réservé à l'instrument d'orientation subaquatique.

Réponse n°20

Avec un compas à pointes sèches, reporter la distance entre les deux points sur l'échelle verticale de la carte (échelle des latitudes) ; la distance ainsi mesurée est donnée en milles marins.

Réponse n°21

Il est préférable de plonger pendant la période dite de “l'étale” (de basse mer ou de pleine mer), au cours de laquelle les courants s'affaiblissent puis s'annulent avant de s'inverser.

Réponse n°22

- Prendre la météo à la capitainerie ou aux affaires maritimes,
- prévenir la capitainerie de son départ et de la durée probable du séjour en mer,
- contrôler les niveaux et le plein de carburant,
- contrôler l'armement réglementaire du bateau,
- contrôler l'arrimage des bouteilles et du matériel,
- s'assurer que l'on possède un système de gonflage s'il s'agit d'un bateau pneumatique.

Réponse n°23

- 3 nœuds dans un port,
- 5 nœuds dans la bande côtière des 300 mètres.

Réponse n°24

Ce sont les profondeurs d'eau déterminées par rapport au zéro des cartes.

Ce zéro correspond au niveau des basses mers de plus fort coefficient. On est sûr ainsi d'avoir toujours au moins la hauteur d'eau indiquée sur la carte (sauf conditions particulières comme un fort coup de vent ou une valeur très élevée de la pression atmosphérique).

Réponse n° 25

Ce sont les lignes isobathes, ou courbes d'égale profondeur d'eau.

A l'endroit où les lignes isobathes deviennent plus serrées. Plus elles le sont, plus la pente est abrupte (on dit aussi accore).

Réponse n° 26

Amarre	⇨	cordage pour amarrer un navire,
Aussière	⇨	très fort cordage utilisé pour l'amarrage, le halage ou le remorquage des gros navires,
Bout	⇨	terme générique qui désigne des cordages de longueurs et de diamètres variés (prononcer boute),
Corde	⇨	n'existe pas sur un bateau, excepté celle de la cloche,
Drisse	⇨	cordage de faible diamètre qui sert à hisser une voile, un pavillon ou une marque de mouillage,
Ficelle	⇨	mot qui n'a pas cours sur un bateau,
Fil à voile	⇨	fil très solide pour les travaux de voilerie, les surliures notamment,
Filin	⇨	variante d'un cordage.

Réponse n° 27

Le courant. L'autre partie est le dormant.

Réponse n° 28

Le fixer solidement sur une bitte, un taquet, un anneau, un bollard, au moyen d'un nœud approprié.

Réponse n° 29

Des demi-clés.

Réponse n° 30

Un nœud d'arrêt sert à bloquer (arrêter) l'extrémité d'un cordage pour éviter qu'il ne sorte d'un réa de poulie, entre autres.

Le nœud en huit.

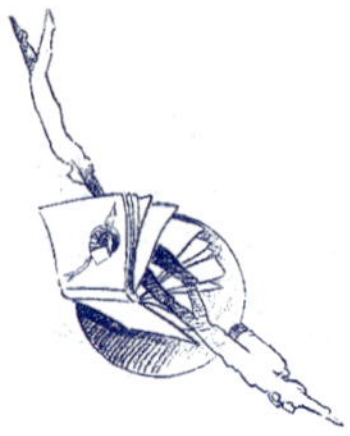

Réponse n° 31

Enroulé et suspendu	Lové en spirale sur le pont du bateau	Disposition en “biture” (pour une chaîne)
	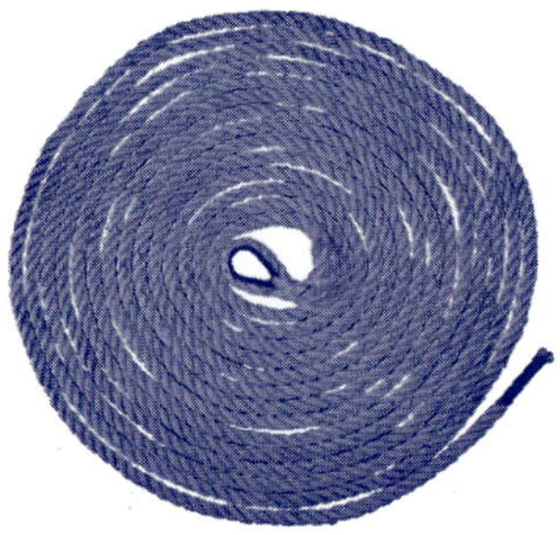	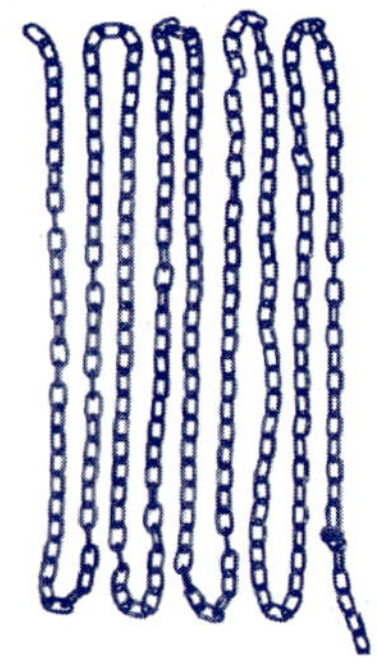

Réponse n° 32

Au moyen d'un “fourrage”, ou en utilisant un morceau de tuyau d'arrosage en plastique dans lequel on glisse le cordage.

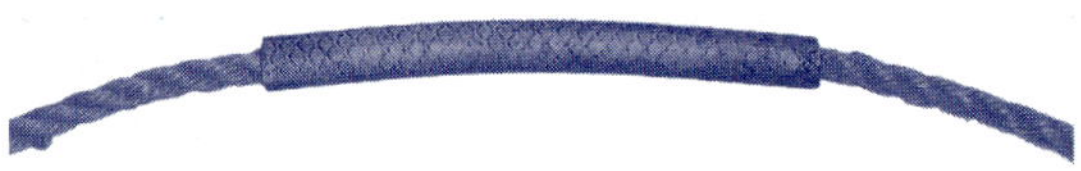

Réponse n° 33

TYPE DE NŒUD	AVANTAGES	INCONVÉNIENTS	REMARQUES
Nœud en huit 	Simple et vite fait. Plus facile à défaire que le demi-nœud.	Néant.	Réparation rapide d'un cordage effiloché à son extrémité. Utilisé par exemple pour stopper l'extrémité d'un cordage dans une poulie (nœud d'arrêt).
Surliure 	Réparation durable et de bel aspect esthétique lorsqu'elle est effectuée dans les règles de l'art. Constitue un moyen commode pour confectionner un œil permanent et esthétique à l'extrémité d'un cordage.	Nécessite de disposer de “fil à voile” ou de cordelette de faible diamètre.	Faute de “fil à voile”, on peut surlier à titre provisoire avec du ruban adhésif ou de la gaine thermorétractable. Avec un cordage de nylon, on peut se contenter de brûler le bout ou de le recouper avec une lame chauffée au rouge.

TYPE DE NŒUD	AVANTAGES	INCONVÉNIENTS	REMARQUES
Nœud de plein-poing 	Exécution simple et très rapide.	Difficile à défaire, surtout s'il a été forcé et si le cordage est mouillé.	Réparation provisoire en cas d'urgence, à n'importe quel endroit du cordage.

Réponse n° 34

TYPE DE NŒUD	AVANTAGES	INCONVÉNIENTS	REMARQUES
Nœud plat 	Solide. Exécution simple et rapide.	Difficile à défaire quand il a été forcé, surtout sur un cordage de chanvre mouillé.	Peut avantageusement être gansé (nœud de ris) pour être largué plus facilement.
Nœud de vache 	Aucun.	Peu sûr, glisse facilement.	C'est un nœud plat raté. A proscrire.
Nœud d'écoute simple double  	Solide quand il est sous tension. Exécution rapide. Se largue très facilement. Passe facilement dans un chaumard.	Doit rester sous tension pour bien tenir.	Très utilisé pour réunir deux cordages de diamètres différents et notamment pour amarrer un pavillon à une drisse. Ajut temporaire. Former l'œil avec le cordage le plus gros.
Nœud d'agui 	Très sûr. Convient à tous cordages, mêmes de diamètres très différents.	Passe très facilement dans un chaumard.	Deux nœuds de chaise passés l'un dans l'autre. Ajut provisoire.

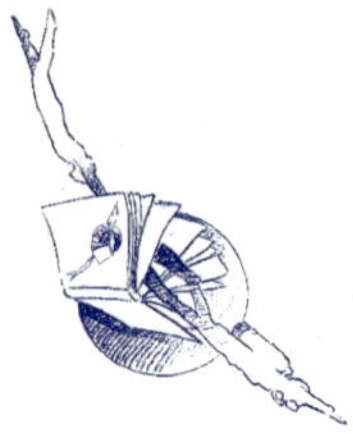

TYPE DE NŒUD	AVANTAGES	INCONVÉNIENTS	REMARQUES
Nœud de pêcheur 	Extrêmement solide, ne glisse jamais quel que soit le type de cordage.	Très difficile à défaire, surtout s'il a forcé.	Utilisé sur de petits cordages pour un aboutage permanent.
Épissure 	Extrêmement solide. Aspect esthétique. Passe très facilement dans un chaumard ou dans une poulie. Permet de confectionner un œil permanent à l'extrémité d'un cordage.	Exécution longue et difficile. Nécessite un outil spécial (épissoir).	Faisable uniquement avec des cordages toronnés, c'est à dire non tressés.

Réponse n° 35

TYPE DE NŒUD	AVANTAGES	INCONVÉNIENTS	REMARQUES
Deux tours morts + deux demi-clés 	Exécution rapide. Sûr à court terme. Facile à larguer.	Provisoire. Ne doit pas constituer un amarrage définitif.	Bien approprié lorsque la mer est agitée, mais à surveiller car il ne constitue qu'un amarrage provisoire.
Nœud de chaise 	Convient à tous cordages, très sûr ; facile à défaire. Amarrage rapide sur une bitte ou un bollard, lorsque le nœud est préparé à l'avance. La taille de l'œil peut être ajustée à volonté.	Néant.	Nœud universel ; si on doit n'en connaître qu'un, c'est celui-là. Usages multiples : amarrer, faire ajut, former un œil au bout d'un cordage, etc.. Se transforme facilement en nœud coulant (nœud de laguis).
Nœud de cabestan 	Très sûr, ne glisse pas. Convient à tous cordages. Amarrage rapide sur une bitte ou un bollard, lorsque le nœud est préparé à l'avance (deux boucles sont superposées et inversées).	Difficile à défaire, surtout avec un cordage de chanvre mouillé.	Très utilisé. Il est aussi appelé "deux demi-clés à capeler".

TYPE DE NŒUD	AVANTAGES	INCONVÉNIENTS	REMARQUES
Nœud de grappin 	Evite l'usure du cordage par frottement.	Difficile à défaire, surtout s'il est mouillé.	Utilisé principalement sur un anneau, mais peu en plongée.
Nœud de tête d'alouette 	Exécution aisée, peut être préparé à l'avance. Facile à défaire.	Peu commode à faire si les deux brins sont très longs.	Frapper un cordage en double. Utilisé lorsque les deux brins du nœud (le courant et le dormant) doivent se trouver en tension.

Réponse n°36

TYPE DE NŒUD	AVANTAGES	INCONVÉNIENTS	REMARQUES
Nœud de jambe de chien 	Utile pour les gros cordages.	Ne tient qu'en tension. Peu commode à confectionner.	Nécessite de placer un cabillot de bois dans chaque boucle pour l'assurer. Peut aussi soulager une partie de cordage usagée. Peu utilisé en plongée.
Nœud de chaînette 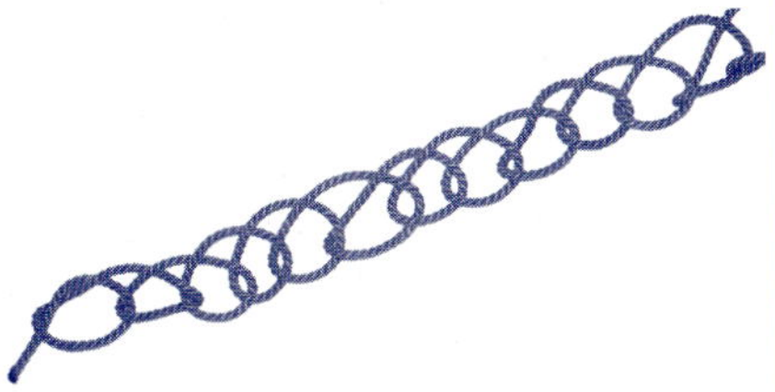	Agréable et rapide à faire. Se déroule très rapidement.	Ne convient qu'à des cordages de faible diamètre.	De peu d'utilité en plongée.
Nœud de plein-poing 	Exécution simple et très rapide.	Difficile à défaire, surtout s'il a été forcé et si le cordage est mouillé.	Dépannage provisoire en cas d'urgence. Sert aussi à former une boucle le long d'un cordage, servant de point d'attache (fixation d'un bloc de sécurité au pendeur).

Réponse n° 37

Les **CROSS** (**C**entre **R**égional **O**pérationnel de **S**urveillance et de **S**auvetage) sont des centres de coordination du sauvetage maritime. Ils mettent en œuvre les moyens nécessaires en cas d'accident ou de naufrage. Ils assurent une permanence 24 h/24.

Réponse n° 38

Pour utiliser une VHF, il faut obligatoirement :
- détenir la licence d'utilisation,
- être titulaire du certificat restreint de radiotéléphoniste, qui a valeur internationale.

Ces deux documents sont délivrés par France Télécom, le second après passage d'un examen spécifique.

Réponse n° 39

En cas d'urgence, le message à diffuser est **PAN-PAN** (prononcer "panne-panne") émis à trois reprises.

L'appel de détresse **MAYDAY** (prononcer "m'aider"), émis aussi à trois reprises, doit être réservé aux seuls accidents graves mettant en péril le navire et la vie des personnes se trouvant à bord (voie d'eau importante, naufrage imminent, incendie non maîtrisable...).

Le message **SÉCURITÉ** (prononcer "sécurité"), émis aussi à trois reprises, concerne tout ce qui se rapporte à la sécurité de la navigation, afin de signaler des dangers particuliers pour la navigation :
- troncs d'arbres, containers, épaves à la dérive, etc.,
- conditions météo exceptionnelles (vents violents, bancs de brume, ...) non signalés par les services.

Le moniteur fédéral 2e degré
sujets

L'ensemble du chapitre est composé de dix sujets :

Le moniteur fédéral 2e degré

1er sujet

Un moniteur MF2, accompagné de deux plongeurs niveau III, décide d'aller plonger dans un lac dont ils ne connaît, ni l'altitude, ni la profondeur.

Le moniteur possède un profondimètre type "loi de Mariotte" qui indique 37,3 mètres sur le fond uniforme du lac. La plongée dure 22 minutes.
Lors du palier à 3 mètres, le moniteur s'aperçoit qu'il se trouve à une profondeur réelle de 2,5 mètres. Il connaît maintenant la profondeur réelle du lac ainsi que la pression atmosphérique.

La palanquée sort de l'eau à 15 h 10 et souhaite replonger une heure plus tard à la même profondeur et pendant la même durée. Deux solutions s'offrent au moniteur :

- inhaler de l'oxygène pur pendant une heure,
- utiliser un nitrox 32/68 pour cette deuxième plongée.

Quelle solution va-t-il adopter pour sortir de l'eau au plus tôt ?

Le lendemain, ils redescendent au niveau de la mer pour s'entraîner à l'épreuve du sauvetage palme telle que décrite à l'examen niveau IV.

L'un des deux plongeurs niveau III, qui n'est pas au point physiquement pour cette épreuve, pense qu'en se plaçant à l'intérieur de sa colonne de bulles il va profiter d'un effet ascensionnel.
Que pensez-vous de sa démarche ?

Ce plongeur échoue à cette épreuve lors d'une première tentative ; il recommence l'épreuve et tombe en syncope en arrivant à la surface.
Comment le moniteur se rend-il compte qu'il est en présence d'une syncope et comment va-t-il réagir ?

Quelques jours plus tard le moniteur, qui a décidé de poursuivre la formation de son élève, veut vérifier son adaptation à l'effort.
Quels sont les tests qu'il va définir pour son élève, en collaboration avec le médecin qui sera consulté ?

2e sujet

Un moniteur MF2 organise pour son club une sortie plongée en Mer Rouge (densité de l'eau = 1,03).
Les trois plongeurs qui l'accompagnent connaissent précisément leur poids réel équipé, ainsi que leur lestage déterminé en lac (densité de l'eau = 1).
Comment le moniteur va-t-il modifier leur lestage pour tenir compte de la densité de l'eau de mer, sachant qu'il dispose d'un lest de masse volumique = 11 kg/dm^3 ?

Une fois le lestage corrigé, le moniteur s'immerge avec sa palanquée à 10 h 00 sur un fond de 34 mètres ; ils font surface à 10 h 38.
Ils décident de replonger à 12 h 00 sur le même fond en utilisant celui des trois nitrox référencés dans les tables, qui respecte la profondeur limite autorisée et qui est le plus efficace pour la limitation des paliers.
Quelle sera leur heure de sortie si la plongée a duré 20 minutes ?

Après s'être restaurés, ils font le tour du bateau et ils s'aperçoivent que la plupart des cordages est en mauvais état ; quels conseils le moniteur pourra-t-il donner au responsable du bateau, concernant la réparation de ces cordages ?

L'après-midi, ne pouvant plus plonger en scaphandre, deux des plongeurs décident, avec l'accord de leur moniteur, de plonger en apnée.
Constatant qu'ils pratiquent une hyperventilation forcée avant leur immersion, le moniteur leur demande de remonter sur le bateau pour leur expliquer les dangers de cette pratique et les risques concernant l'un des accidents graves en plongée libre : le "rendez-vous syncopal des 7 mètres".
Donnez ces explications et profitez de ce discours pour leur faire découvrir la profondeur limite théorique de l'apnée en relation avec l'anatomie et la physiologie du corps humain.

3e sujet

Deux scientifiques ont pour mission d'effectuer des prélèvements dans deux plans d'eau A et B situés au niveau de la mer et distants de 400 km ; la densité de l'eau du plan d'eau A est égale à 1,03, celle du plan d'eau B est égale à 1,04.

Les premiers prélèvements s'effectuent dans le plan d'eau A lors d'une plongée de 10 minutes à 25 mètres puis de 20 minutes à 33 mètres.

Pour effectuer leur décompression, le premier plongeur est équipé d'un ordinateur et le second utilise la table fédérale.

A la fin de la plongée, l'ordinateur indique un palier de 14 minutes à 3 mètres alors que la table fédérale préconise 1 minute à 6 mètres et 20 minutes à 3 mètres.
Expliquez cette différence et justifiez votre réponse en prenant comme exemple l'évolution de la tension d'azote du compartiment 10'.
En fin de compte, ils décident d'utiliser la table pour effectuer leur décompression.

Trente minutes après leur sortie de l'eau, ils sont pris en charge par un hélicoptère pour rejoindre le plan d'eau B ; le trajet dure deux heures ; c'est l'un des deux plongeurs qui va indiquer au pilote l'altitude à ne pas dépasser.
Quelle consigne va-t-il lui donner si on applique pour la détermination de l'altitude la règle des 1/8 000e (voir remarque page 59) ?

Pendant le trajet qui s'effectue à cette altitude maximale, les deux plongeurs vont recalculer leur lestage.
Sachant que l'un et l'autre ont un poids total de 104 kg tout équipés, que doivent-ils faire pour ajuster leur lestage (arrondir au ½ kg près).

Ils plongent dans le plan d'eau B une heure après l'atterrissage de l'hélicoptère. Ils ont à leur disposition un bloc de 15 litres, gonflé à 220 bars avec un nitrox 40/60.

Leurs prélèvements devant se faire à une profondeur de 33 mètres (comme en A), de combien de temps disposeront-ils si leur consommation moyenne est estimée à 20 l/min. et s'ils veulent conserver une pression de 20 bars dans leur bloc à la sortie de l'eau (on considérera que la descente a duré 1 minute) ?

Ce sujet sera traité à l'aide de la table fédérale et de ses tableaux.

4e sujet

Deux plongeurs confirmés sont basés depuis plusieurs jours au bord d'un lac de montagne, situé à 2 000 mètres d'altitude et au-dessus duquel règne une pression atmosphérique de 0,8 bar.

Ils effectuent une plongée à une profondeur réelle de 35 mètres ; au bout de 21 minutes de plongée, le détendeur de l'un des deux plongeurs givre et se met en débit continu, ce qui l'oblige à remonter rapidement (en moins de une minute) ; son compagnon le suit et effectue également une remontée rapide.
Arrivé en surface, le premier plongeur change de scaphandre et, dans les deux minutes qui suivent, ils se retrouvent tous les deux à leur premier palier.

1- pourquoi le détendeur qui a givré s'est-il mis en débit continu ?
2- quelle est la profondeur réelle du premier palier et pourquoi les deux plongeurs ont-ils choisi cette profondeur ?
3- quelle a été la procédure de décompression complète relative à cette plongée ?

Ces deux mêmes plongeurs, qui ont la possibilité de confectionner leur mélange nitrox, désirent plonger le lendemain à la même profondeur que la veille.

Quel nitrox devront-ils utiliser s'ils veulent plonger en sécurité, en évitant l'hyperoxie qui risque de se déclarer pour une pression partielle d'oxygène $\geq$ 1,6 bar (arrondir la concentration d'oxygène au pourcentage inférieur) ?

Quelle sera leur heure de sortie s'ils plongent à 10 h 00 et que la plongée dure 26 minutes ?

Ces deux plongeurs, qui sont très respectueux des règles de sécurité, ont avec eux le matériel prévu pour ce type de plongée.
Établissez la liste de ce matériel.

5e sujet

Un moniteur MF2 fait de l'enseignement à une profondeur n'excédant pas 8 mètres, entre 8 h 00 et 10 h 00 ; la table dont il dispose ne prévoit que des profondeurs allant de 15 mètres à 65 mètres.
Dans l'après-midi, il se propose d'entraîner un plongeur préparant le niveau IV à l'épreuve de remontée contrôlée ; pour cela, il désire effectuer une plongée de 15 minutes à 25 mètres sans devoir effectuer de palier.
A quelle heure au plus tôt pourra-t-il se réimmerger ?

Lors de cette seconde plongée, après 12 minutes d'immersion, l'élève rate son exercice de remontée contrôlée et ils se retrouvent tous les deux rapidement en surface.
Quelle va être la procédure de décompression : pour l'élève, pour le moniteur ?

Le lendemain, le moniteur et son élève décident d'aller plonger en lac d'altitude avec un troisième équipier titulaire du niveau IV.
Ce lac étant très froid, le moniteur décide d'expliquer à ces deux compagnons les effets physiologiques du froid sur l'organisme ainsi que le mécanisme et la prévention de cet accident.

Ces précautions étant prises, ils décident de se mettre à l'eau ; le moniteur ne connaît pas la pression atmosphérique qui règne au-dessus du lac, mais il se rend compte que la palanquée dispose de trois profondimètres de types différents, qui vont lui permettre de déterminer cette pression atmosphérique.

La plongée va durer 25 minutes à la profondeur de 28 mètres, indiquée par le profondimètre électronique du moniteur ; les deux autres profondimètres indiquent respectivement 26 mètres pour l'appareil à "tube de Bourdon" sans remise à zéro et 35 mètres pour celui type "loi de Mariotte" ; le moniteur peut alors déterminer la pression atmosphérique du lieu par deux méthodes différentes.
Indiquez ces deux méthodes.

L'après midi, ils décident de refaire la même plongée en utilisant un nitrox 32/68 ; quel sera l'intervalle minimal pour que la durée des paliers de cette dernière plongée ne soit pas plus longue que celle du matin ?
Le moniteur fera son calcul de deux façons différentes :
- en utilisant la table à l'air,
- en utilisant la table nitrox.

6e sujet

Vous êtes MF2, responsable technique d'un club de la région Auvergne et votre président vous demande d'organiser pour cinq candidats un examen niveau IV au lac Pavin, lac situé à 1 100 mètres d'altitude (la variation de la pression atmosphérique en fonction de l'altitude, qui est linéaire, est estimée à 0,1 bar pour 1 000 mètres).
Décrivez cette organisation : procédures administratives, composition de l'encadrement, composition du jury, etc.

Au jour de l'examen, l'un des cinq candidats est en possession d'un certificat médical qui précise qu'il présente un "foramen ovale perméable" (FOP).
Expliquez à votre président ce qu'est un FOP, en lui suggérant les décisions à prendre envers ce candidat.

Pour plonger dans ce lac à une profondeur réelle de 40 mètres, vous souhaitez que les moniteurs qui encadrent l'examen niveau IV utilisent, pour leur décompression, les tables fédérales à l'air avec une profondeur équivalente égale à la profondeur réelle.
Pour cela, quel devra être la concentration en azote du nitrox que vous allez confectionner pour ces plongées ?
Quelle sera la profondeur maximale à ne pas dépasser pour éviter l'hyperoxie ($P_pO_2 \leq 1,6$ b) ?
Quel matériel nécessaire demandez-vous à votre président pour confectionner votre nitrox ?

Le premier jour de l'examen est consacré à une reprise de contact avec la plongée en altitude. Vous autorisez deux candidats à plonger en autonomie et vous plongez vous-même pendant deux heures dans une zone n'excédant pas 10 mètres de profondeur réelle (plongées réalisées à l'air).
L'après-midi, vous désirez plonger 10 minutes à 40 mètres en utilisant le nitrox que vous avez préparé et en limitant vos paliers à dix minutes.

Si la sortie de la plongée du matin a eu lieu à 11 h 40, à quelle heure au plus tôt pourrez-vous replonger ?
A quelle heure ferez-vous surface ?

A votre sortie de l'eau, l'après midi, on vous signale que l'un des deux plongeurs qui avaient l'autorisation de plonger en autonomie se trouve dans un état de fatigue extrême ; il est pâle et répond difficilement aux questions qui lui sont posées.
La discussion avec son collègue vous permet de faire le point :

- plongée du matin ⇨ profondeur 35 mètres – temps total d'immersion 30 minutes – heure de sortie 11 h 00 paliers ordinateur – RAS ;
- plongée de l'après-midi ⇨ mise à l'eau à 13 h 15 - descente à 30 mètres – au cours de la plongée, ils aperçoivent un mouillage sur un fond de 42 mètres ; ils tentent de le remonter à l'aide de leur gilet et de leurs palmes ;
- au cours de la remontée, arrivé à 25 mètres, l'un des deux plongeurs (la victime du malaise) lâche le mouillage et remonte rapidement gilet gonflé jusqu'à 5 mètres, profondeur à laquelle il purge son gilet ; Il redescend alors à 20 mètres, retrouve son équipier et ils effectuent les paliers indiqués par l'ordinateur de ce dernier.

Compte tenu de ces informations, que pouvez-vous redouter et pourquoi ?
Quelles sont les mesures à prendre ?
Quelles erreurs ont-elles été commises ?

7e sujet

Vous êtes responsable technique lors de la sortie de votre club en mer.
Pendant cette sortie, de nombreux baptêmes sont prévus, ce qui vous oblige à "barboter" de 8 h 00 à 12 h 00 à l'intérieur des limites de l'espace proche.
Plusieurs élèves ont été désorientés par l'évaluation des distances sous l'eau ; vous leur donnez des informations sur le comportement des sens tels que la vue et l'ouïe en plongée subaquatique.

L'après-midi, à 14 h 30, vous devez repartir en exploration, sur un fond de 22 mètres, avec une palanquée de niveau II.
Estimant que votre GPS à la sortie de la plongée à 12 h 00 est important, vous décidez de respirer, de la manière la plus efficace possible, de l'oxygène pur pendant 30 minutes.
Quelle sera votre majoration à 14 h 30 ?

Dans la réalité, la seconde plongée a été mal planifiée et, pour montrer des choses intéressantes à vos plongeurs, vous êtes descendus à 25 mètres ; la plongée a duré 22 minutes.
Quelle sera votre procédure de décompression ?

Une heure après la sortie de l'eau, l'un des plongeurs niveau II montre les symptômes d'un accident de décompression, alors qu'il a effectué ses paliers dans les règles.
Faites l'inventaire des facteurs qui peuvent permettre d'établir les raisons possibles pour lesquelles un accident a pu survenir bien que le plongeur n'ait commis aucune faute de procédure.

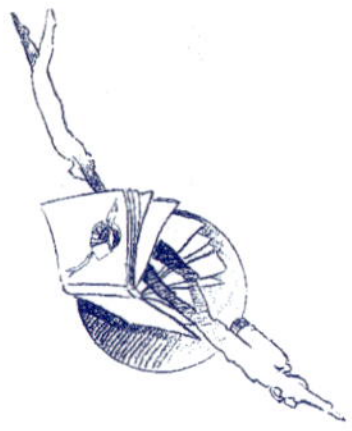

8e sujet

Votre club prévoit d'installer une base de plongée au bord d'un lac situé à 2 000 mètres d'altitude.
La station de gonflage qui est prévue va se composer de 6 tampons de 50 litres chacun, utilisables à 250 bars.
La pression de service des blocs destinés à la plongée sera de 230 bars.
Le compresseur aura un débit de 30 m^3/heure.
Les indications de pressions sont des pressions absolues lues sur des manomètres à tube de Bourdon.

Combien de temps le compresseur va-t-il fonctionner lors du premier remplissage des tampons, qui ont été livrés vides ?

Le compresseur, qui est installé dans un local dont la température ambiante moyenne est de 20°C, possède deux rampes distinctes : une pour l'alimentation des tampons et l'autre destinée aux bouteilles de plongée. La soupape de sécurité installée sur cette dernière rampe est tarée à 230 bars ; à la sortie du compresseur, la température de l'air est de 40°C.

Quand on gonfle un bloc directement à partir du compresseur, quelle est la pression obtenue, une fois le bloc revenu à la température ambiante ?
Pour obtenir dans les tampons une pression absolue de 250 bars à la température ambiante, quelle sera la valeur de tarage de la soupape de sécurité installée sur la rampe des tampons ?

La mise en place du local technique étant terminée, vous décidez d'effectuer votre première plongée avec deux stagiaires qui préparent le niveau III. La mise à l'eau se fait à 9 h 15 à une profondeur réelle de 38 mètres.
Après quelques minutes d'immersion, vous constatez que l'un des plongeurs éprouve des difficultés à suivre la palanquée : il est très lesté, son palmage est rapide et peu efficace et des chapelets importants de bulles s'échappent de son détendeur.
Que se passe-t-il, quel est l'accident qui se profile si vous ne résolvez pas rapidement ce problème ?
Quelles mesures préventives en terme de formation auriez-vous dû prendre pour qu'une telle situation ne se produise pas ?

Après avoir calmé votre plongeur en difficulté, vous commencez votre remontée à 9 h 28 et vous arrivez au premier palier à 9 h 34.
Dans l'après-midi, vous souhaitez replonger à une profondeur de 20 mètres (lue sur votre profondimètre à membrane sans remise à zéro) pendant 32 minutes avec une majoration maximale de 7 minutes. La température de l'eau à cette profondeur est de 5°C.
Quelles seront l'heure de départ et l'heure de sortie de cette seconde plongée ?
Quelle sera la profondeur des paliers, lue et réelle ?

A la sortie de cette seconde plongée, l'un de vos stagiaires qui plonge en combinaison humide a les extrémités (pieds et mains) glacées et le visage pâle ; il avoue ne pas avoir pu résister à l'envie d'uriner.
Détaillez les raisons qui ont conduit ce plongeur à cette situation et qui peuvent constituer un facteur favorisant pour un véritable accident.

Dans la semaine qui suit, les deux candidats au niveau III que vous avez entraînés échouent à cet examen ; ils vont se plaindre auprès du président de club qui vous demande si, compte tenu des efforts physiques, intellectuels et financiers consentis par les stagiaires, il ne serait pas "justifié" qu'ils obtiennent malgré tout leur diplôme ?
Il ouvre le débat sur l'obligation de moyens et l'obligation de résultats. Quelle réponse pouvez-vous lui donner en illustrant vos propos par des exemples concrets ?

9e sujet

Votre club décide de s'investir dans la plongée aux mélanges et vous demande, en tant que moniteur "nitrox", de vous occuper de la logistique et de la formation spécifiques à ce type de plongée.

Dans un premier temps, vous décidez de confectionner un mélange que vous pourrez utiliser dans le cadre de la formation que vous allez mettre en œuvre.
Vous disposez : d'une bouteille de 10 dm^3 de volume intérieur qui contient de l'oxygène pur à la pression de 220 bars et à la température de 27°C, puis d'une seconde bouteille de volume intérieur de 30 dm^3 qui contient de l'azote pur à une pression de 155 bars et à la température de 27°C.
Vous raccordez les deux bouteilles ; si on néglige le volume des raccords, quel sera la composition du mélange que vous allez obtenir après homogénéisation ? Quelle sera sa profondeur limite d'utilisation (hyperoxie pour $P_pO_2 > 1,6$ bar) ?
Quelle serait la pression partielle d'oxygène à une profondeur de 40 mètres et à une température de 15°C ?
Tous les résultats seront exprimés avec des valeurs entières.

Le mélange étant confectionné, vous l'utilisez pour plonger à la profondeur maximale permise. Si votre palier est de 15 minutes maxi et que l'immersion a eu lieu à 9 h 00, quelle sera votre heure de sortie ?
Avec le même mélange, vous désirez replonger le plus rapidement possible à la profondeur de 30 mètres, pendant 40 minutes ; si vous limitez votre majoration à 11 minutes en ayant à votre disposition une réserve d'oxygène permettant une inhalation de une heure en surface, quelle sera l'heure de sortie de la seconde plongée ?

Votre compagnon de palanquée, non informé encore quant à l'utilisation du nitrox, se demande pour quelles raisons vous limitez la profondeur des plongées avec ce mélange ; vous lui expliquez alors les dangers de l'hyperoxie.
Vous pouvez également lui suggérer l'utilisation du trimix (mélange ternaire O_2 - N_2 - He) pour plonger plus profond tout en évitant le risque d'hyperoxie.
Vous prenez comme exemple une plongée à 120 mètres en utilisant ce type de mélange et en se fixant les deux contraintes suivantes :

- $P_pO_2 \leq 1,4$ bar
- P_pN_2 équivalent à une plongée à l'air à 50 mètres

Quel sera la composition de ce mélange et quelle contrainte va-t-il imposer ?

Pour habituer vos plongeurs à la plongée profonde et à l'utilisation de l'oxygène comme moyen de décompression, vous organisez une journée épaves.

Le matin, vous plongez avec deux équipiers titulaires du niveau IV sur l'épave du Togo à une profondeur de 58 mètres pour une durée de 15 minutes ; la remontée s'effectue en respectant la table et les paliers sont faits à l'oxygène comme prévu.
Quelle sera votre procédure de décompression ?
Après deux heures passées en surface, dont 30 minutes d'inhalation d'oxygène pratiquée de la manière la plus efficace, vous replongez sur l'épave du Rubis à 42 mètres pendant 15 minutes. Après une remontée sans incident et au terme de 12 minutes de palier, votre réserve d'oxygène est épuisée et les paliers se terminent à l'air.
Quelle procédure de décompression allez-vous appliquer ?

10e sujet

Votre club organise une journée plongée au bord d'un lac de montagne au-dessus duquel règne une pression atmosphérique de 810 hectopascals.
Dès le début de la matinée, des parents se présentent à vous pour obtenir des renseignements sur la "plongée enfant". Vous leur indiquez :

- ce qu'est la plongée enfant,
- les particularités du certificat médical,
- les qualifications et les niveaux de plongée pouvant être attribués aux enfants.

Dans la matinée, un stagiaire paraissant fatigué et mal entraîné vous demande de le préparer à l'exercice d'assistance à la remontée demandé au niveau IV.
Bien que peu enclin à répondre à sa demande, vous effectuez malgré tout trois remontées de 20 mètres dont deux à des vitesses comprises entre 20 et 25 m/min.. Les paliers sont effectués à partir de la table fédérale.
Dès sa sortie de l'eau, le stagiaire est sujet à un léger vertige, il a du mal a regagner son emplacement et il ressent des nausées.
De quel accident s'agit-il ?
Quelle est la conduite à tenir ?
Quels sont les facteurs favorisants et déclenchants de cet accident ?

L'après-midi, vous autorisez deux plongeurs titulaires du niveau IV à plonger entre eux. Ils s'immergent à une profondeur réelle de 28 mètres. L'un d'eux utilise un ordinateur pour sa décompression, alors que l'autre reste fidèle à sa table fédérale.
Après 18 minutes de plongée, ils se retrouvent à une profondeur réelle de 21 mètres et ils décident de remonter.
L'ordinateur, qui est programmé pour une vitesse de remontée de 10 m/min., indique un palier de 1 minute à 6 mètres et une durée totale de remontée de 7 minutes.
Quelle sera la procédure de décompression commune aux deux plongeurs ?
Ils ont programmé une seconde plongée, à une profondeur réelle de 20 mètres et trois heures après la sortie de la première.
Combien de temps pourront-ils rester au fond pour que la durée de leurs paliers n'excède pas celle des paliers de la première plongée ?

Pendant cette journée très festive, votre président, plongeur niveau III et ayant largement dépassé la soixantaine, a entendu parler du "conseil des anciens" et du "comité consultatif de la plongée". Il se verrait bien faire partie de l'une ou de l'autre de ces deux instances. Quels renseignements pouvez-vous lui donner à leur sujet ?

Le moniteur fédéral 2e degré

résolutions

1re résolution

$P_{atm.}$ = 2,5/3 = 0,83 bar

Profondeur fictive = 37,3 m ⇨ Profondeur réelle = 37,3 × 0,83 = 31,0 m

1re plongée : 22' à 37,3 m ⇨ 1' à 6 m et 16' à 3 m GPS = J

2e plongée :

- majoration si inhalation O_2 pendant 1h00 : 16'
  soit 38' à 37,3 m ⇨ 10' à 6 m et 38' à 3 m GPS = M
  heure de sortie : 16h10 + 22 + 52 = 17h24
- majoration si 2e plongée nitrox : 19'
  soit 41' à profondeur équivalente de 30,2 m ⇨ 4' à 6 m et 34' à 3 m GPS = L
  heure de sortie : 16h10 + 22 + 4 + 34 + 4 = 17h14

donc choix de la **solution nitrox**

Positionnement dans la colonne de bulles : le poids apparent du plongeur augmente du fait de la diminution de la poussée d'Archimède ⇨ **le plongeur se trompe** (voir solution de physique n°56, page 279).

Le moniteur pense à une syncope car **il constate un arrêt brusque et de courte durée des fonctions circulatoire et ventilatoire, accompagnée d'une perte de connaissance brève.**
Le moniteur va se faire aider du 2e plongeur ; il lui demande de prévenir les secours pendant que lui s'occupe de l'accidenté (voir réponse accident n°37 page 175).

Tests mis en place par le moniteur et le médecin pour faire le bilan de l'adaptation à l'effort du plongeur accidenté (voir réponse physiologie n°28, page 208).

2e résolution

Si M est la masse du plongeur équipé, le poids réel du lest placé à le ceinture sera :

$$\frac{P_{app}\text{ du lest}}{1-(1{,}03 \div 11)} = \frac{0{,}03\text{ M}}{1-(1{,}03 \div 11)} \# 0{,}033\text{M} \# \frac{\text{M}}{30}$$

Chaque plongeur va devoir rajouter un lest égal à 0,033 fois sa masse.

1re plongée à 10 h 00 à 34 m
surface à 10 h 38 ⇨ 24' de plongée ⇨ 11' de palier à 3 m GPS = I

2e plongée :
profondeur limite autorisée telle que $P_pO_2 \leq 1{,}6$ bar ⇨ Conc. O_2 =(1,6 ÷ 4,4)100 = 36,4 %
Les nitrox possibles sont : 32/68 et 36/64.
Le choix sera : nitrox 36/64 ⇨ Profondeur équivalente = 25,2 m

Calcul majoration : GPS = I Int. = 1 h 22 ⇨ Maj. = 26'
Seconde plongée : 46' à 25,2 m ⇨ palier de 32' à 3 m

Heure de sortie : 12 h 00 + 20 + 32 + 3 = **12 h 55**

Réparation des cordages :
- **nœud en huit** pour réparation simple et rapide d'un cordage effiloché ;
- **surliure** pour une réparation durable (il faut disposer de fil à voile ou d'une cordelette de faible diamètre) ;
- **nœud de plein poing** pour une réparation très rapide (cette réparation reste provisoire).

Dangers de l'hyperventilation : voir réponse physiologie n°9, page 196.
Rendez-vous syncopal des 7 mètres : voir réponse accidents n°27 page 171.
Limites théoriques de l'apnée : voir réponse physiologie n°25, page 205.

3e résolution

1re plongée en A : 10' à 25 m + 20' à 33 m
- paliers ordinateur : 14' à 3 m
- paliers table : 1' à 6 m + 20' à 3 m

Les paliers donnés par l'ordinateur sont moins importants que ceux de la table, car la tension d'azote des différents compartiments, qui détermine la profondeur et la durée des paliers, est définie à partir du profil exact de la plongée pour l'ordinateur, alors que les paliers de la table sont établis pour une plongée de 30 minutes à 35 mètres (voir la différence entre table et ordinateur, pages 64 et 65).

Evolution de TN_2 du compartiment 10' :

$TN_2 = T_0 + (T_f - T_0)(1 - 0,5\ t/T)$

1. ordinateur

   après 10' à 25 m $TN_2 = 0,8 + (2,8 - 0,8)(1 - 0,5^{10/10}) = 1,80$ bar

   après 20' à 33 m $TN_2 = 1,80 + (3,44 - 1,80)(1 - 0,5^{20/10}) = 3,03$ bars

2. table

   après 30' à 35 m $TN_2 = 0,8 + (3,6 - 0,8)(1 - 0,5^{30/10}) = 3,25$ bars

   La tension d'azote du compartiment 10' qui sert à établir les paliers table est nettement supérieure à celle utilisée par l'ordinateur.

Consignes au pilote :
Tension d'azote du compartiment 120' qui est compartiment directeur dès 15' après la sortie de l'eau :

TN_2 à la sortie de l'eau : GPS = J soit $TN_2 = 1,24$ b

TN_2 après 30' le tableau 1 de la table fédérale donne $TN_2 = 1,17$ b

Pour éviter tout accident, il faut constamment $P_{atm.} \leq TN_2/Sc$

soit Patm. $\leq$ 1,17/1,54 ⇨ Patm. $\leq$ 0,76 b

Si on applique la règle des 1/8 000e, on a $P_{atm.}$ en bars $\leq$ 1 -(altitude en m ÷ 8 000)

soit altitude = 1 920 m

Les plongeurs vont demander au pilote de ne pas dépasser l'altitude de 1 920 mètres.

Correction du lestage :
Poussée Archimède en A = 104 × 1,03 = 107 kg
Poussée Archimède en B = 104 × 1,04 = 108 kg
Chaque plongeur devra rajouter 1 kg à sa ceinture de lest pour être bien équilibré.

2e plongée en B
Calcul de la majoration
Détermination TN_2 compartiment 120' à la fin du trajet de deux heures :

$TN_2 = 1,17 + (0,608 - 1,17)(1 - 0,5)$ # 0,89 b

Plongée à 33 m avec nitrox 40/60 $P_{abs.}$ équivalente = 4,3 (0,6/0,8) # 3,23 b
soit profondeur équivalente = 22,3 m
majoration à 25 m = 5'

Stock d'air à disposition : 15 × 200 = 3 000 litres.bars (l/b)
Descente : 1' à profondeur moyenne de 16,5 m
Consommation = 20 × 2,65 × 1 = 53 l/b
Calcul estimatif pour 35' à 25 m soit paliers de 5' à 3 m
Palier : consommation = 20 × 1,3 × 5 = 130 l/b
Remontée : 2' à profondeur moyenne de 18 m + 0,5' à profondeur moyenne de 1,5 m
consommation = (20 × 2,8 × 2) + (20 × 1,15 × 0,5) # 124 l/b

Disponible au fond : 3 000 - 53 - 130 - 124 = 2 693 l/b soit 31' à 33 m
Compte tenu de la majoration, **le temps de plongée sera égal à : 35 - 5 = 30'**

Stock d'air disponible en fin de plongée : 3 000 - 53 - 2 580 - 124 - 130 = 113 l/b pas suffisant pour une minute de plongée supplémentaire qui entraînerait cinq minutes de palier supplémentaires.

4e résolution

1re plongée

Le givrage se situe le plus probablement au niveau du 1er étage et plus précisément entre le clapet et le siège.
Il est dû à la détente de l'air, qui crée un abaissement de la température et qui refroidit les parties métalliques du clapet et du siège.
En eau froide, le phénomène s'accentue et, pour peu que l'air du bloc soit humide, il y a formation de cristaux de glace qui vont nuire à l'étanchéité du système.
Si la mise en débit continu n'est pas rapidement stoppée, il existe en outre un risque de givrage du 1er étage.

La profondeur réelle du 1er palier est égale à 17,5 m (35÷2).
Les deux plongeurs ont effectué une remontée rapide qui pourrait être une cause d'accident.
La procédure de rattrapage indiquée par la table prévoit de redescendre à la moitié de profondeur maximale atteinte pendant la plongée, puis d'y séjourner 5 minutes.
Cette procédure trouve sa justification dans le fait qu'une remontée rapide ne permet pas une diminution suffisante de la TN_2 de certains compartiments (voir réponse de physique n° 22 page 230) ; il y a donc risque de dépassement de certains coefficients de sursaturation critique.

Il convient de redescendre à une profondeur telle que la pression absolue y soit suffisamment élevée pour que le rapport $TN_2/P_{abs.}$ reste inférieur à Sc.

Si on se place dans le cas le plus défavorable : compartiment saturé pour Sc minimal = 1,54 (compartiment 120' de la table fédérale) on aura alors

$$(P_{abs.}\ \text{plongée} \times 0{,}8) \div P_{abs.}\ \text{mini} = 1{,}54 \quad \text{soit } P_{abs.}\ \text{mini} = P_{abs.}\ \text{plongée} \times 0{,}52$$

Pour une simplification des calculs, on utilise la relation

$$\text{Prof. mini} = \text{Prof. plongée} \div 2$$

Décompression :

plongée de 21 + 3 + 5 = 29' à 43,8 m (prof. fictive) ⇨ **9' à 4,8 m + 35' à 2,4 m.**

2e plongée

Concentration O_2 = 1,6 / (3,5+0,8) = 37 % ⇨ **nitrox 37/63**

Prof. équivalente = 32,4 m ⇨ paliers : 1' à 4,8 m et 20' à 2,4 m

Temps total de remontée : 2,52' + 1' + 0,5' + 20' + 0,5' = 24,52 arrondi à 25'

Heure de sortie : 10 h 00 + 26' + 25' = **10 h 51**

Liste du matériel de sécurité :

- un moyen de communication permettant de prévenir les secours ;
- une trousse de secours dont le contenu minimal est fixé par l'arrêté du 22 juin 1998 ;
- de l'eau douce potable non gazeuse ;
- un ballon autoremplisseur à valve unidirectionnelle (BAVU) avec sac de réserve d'oxygène,
- une bouteille d'oxygène gonflée d'une capacité suffisante pour permettre, en cas d'accident, un traitement adapté à la plongée, avec manodétendeur et tuyau de raccordement au BAVU ;
- une bouteille d'air de secours équipée de son détendeur ;
- une couverture isothermique ;
- un moyen de rappeler un plongeur en immersion depuis la surface, lorsque la plongée se déroule en milieu naturel au départ d'une embarcation, ainsi qu'éventuellement un aspirateur de mucosités ;
- une tablette de notation ;
- un jeu de tables permettant de vérifier ou de recalculer les procédures de remontée des plongées effectuées au-delà de l'espace proche.

Les matériels et équipements nautiques des plongeurs sont conformes à la réglementation en vigueur et correctement entretenus.

5e résolution

1re plongée moniteur

2 h 00 à 8 m ⇨ pas de palier

détermination GPS : $TN_{2(comp.120')} = 0{,}8 + (1{,}44 - 0{,}8)0{,}5 = 1{,}12$ bar ⇨ H

Plongée à 25 m sans palier : durée maxi = 20' ⇨ majoration ≤ 5'

⇨ TN2 résiduelle ≤ 0,86 b ⇨ intervalle mini = 5 h 00 ⇨ **2e plongée à 15 h 00**

2e plongée moniteur (1re plongée élève)

élève : 12 + 3 + 5 = 20' à 25 m ⇨ palier de 5' à 12,5 m

moniteur : (5) + 12 + 3 + 5 = 25' à 25 m ⇨ paliers de 5' à 12,5 m et de 1' à 3 m

Effets du froid

Voir les réponses physiologie n°19, page 202 et accidents n°30, page 172.

Détermination $P_{atm.}$

1- profondimètre électronique = 28 m

profondimètre "tube de Bourdon" = 26 m ⇨ retard = 2 m

⇨ **$P_{atm.}$ = 1 - (2/10) = 0,8 b**

2- profondeur réelle = 28 m

profondeur fictive (profondimètre type "loi de Mariotte") = 35 m

⇨ **$P_{atm.}$ = Prof. réelle/Prof. fictive = 28/35 = 0,8 b**

1re plongée (J+1)

25' à 35 m (fictif) ⇨ palier = 11' à 3 m GPS = I

2e plongée (J+1)

Profondeur équivalente = [4,5(0,68/0,80) - 1]10 # 28,3 m

Paliers ≤ 11' pour une plongée à 28,3 m ⇨ durée maxi = 30' ⇨ majoration ≤ 5'

Tableaux nitrox ⇨ intervalle mini = 6 h 00

Tableaux air ⇨ intervalle mini = 5 h 30

6e résolution

Organisation de l'examen niveau IV

Le président du club devra informer la CTR deux mois au minimum avant la date de l'examen.
Il devra se procurer les bordereaux d'examen et les feuilles de notes en trois exemplaires.
Le jury sera composé au minimum de deux MF2 (ou BEES2), dont l'un au moins est Instructeur Régional délégué par la CTR ; ils pourront se faire aider par des MF1 (ou BESS1) qui ne pourront représenter plus de la moitié du jury.
L'un des deux MF2 sera président du jury.
Dans le cas présent, et compte tenu du nombre de candidats, le jury (ainsi que l'encadrement de l'examen) pourrait être composé de :

- 1 Instructeur Régional représentant la CTR,
- 1 MF2 Président du jury,
- 2 MF1.

L'examen terminé, les organisateurs établissent en trois exemplaires les feuilles de notes et les bordereaux et envoient à la CTR le bordereau complet de l'examen (les trois exemplaires), ainsi que deux exemplaires de la feuille de notes.
Après retour de la CTR, le président du club devra distribuer les brevets numérotés et nominatifs et conserver un exemplaire du bordereau avec la feuille de notes.

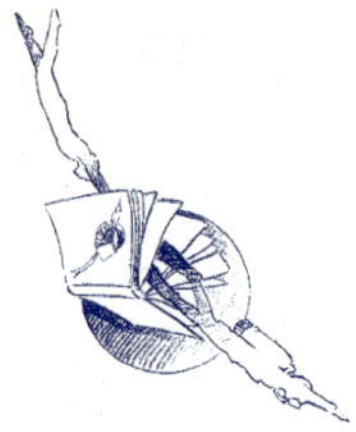

Foramen Ovale Perméable (FOP)
Il s'agit de la persistance d'une communication interauriculaire, ou shunt, entre les deux oreillettes cardiaques.
A la naissance, la nouvelle fonctionnalité respiratoire aboutit à la fermeture de ce clapet qui se fibrose et se referme dans un deuxième temps (voir la réponse physiologie n°31, page 210).
On estime que plus de 25 % de la population en bonne santé présente une persistance plus ou moins marquée de cette perméabilité. Celle-ci facilite le passage des bulles circulantes du circuit veineux dans le circuit artériel, sans passer par le filtre pulmonaire, et donc être à l'origine d'un ADD de type neurologique.
La mise en évidence de ce shunt pose un problème de contre-indication à la plongée ; en cas de shunt intermittent suite à une forte élévation des pressions intrathoraciques, des précautions sont à envisager pour les plongées futures, en évitant notamment les "Valsalva" forcés et les efforts en fin de plongée.

Dans le cas présent, il est conseillé au président du club organisateur de ne pas permettre à ce candidat de passer son examen compte tenu des risques d'ADD auxquels il est exposé.

Confection du nitrox
$P_{atm.}$ du lieu : 1 - [0,1 × (1 100/1 000)] = 0,89 bar
Profondeur fictive = 40 ÷ 0,89 = 44,9 m arrondie à 45 m
P_pN_2 table = (4 + 1) × 0,8 = 4,0 bars
P_pN_2 à 45 m = 5,39 × Conc.N_2
Égalisation des pressions partielles ⇨ **Conc.N_2 = 4,0 ÷ 5,39 = 0,74 soit 74 %**

Profondeur maximale à ne pas dépasser : $P_{abs.} \leq 1{,}6 \div 0{,}26 = 6{,}15$ bars
⇨ P_{hydro} = 6,15 - 0,89 = 5,26 bars soit **52,6 m**

Matériel nécessaire pour un mélange fabriqué suivant la méthode des pressions partielles :
- stock d'O_2 pur ;
- compresseur avec filtres spéciaux compatibles O_2 ;
- vannes ¼ de tour, manomètres, clapets antiretour ;
- analyseur d'O_2 ;
- blocs spécifiques nitrox.

Plongée 1er jour
Détermination TN_2 des compartiments 120'
$TN_{2\ 120'}$ = 0,71 + (1,89 - 0,71) × 0,5 = 1,30 bar ⇨ GPS = L
Paliers ≤ 10' pour plongée à profondeur équivalente 40 m ⇨ durée de plongée = 20'
⇨ majoration ≤ 10' ⇨ intervalle = 4 h 00 ⇨ **mise à l'eau à 15 h 40**
Surface à : 15 h 40 + 10' + 14' = 16 h 04

Accident palanquée niveau IV
1- symptômes caractéristiques d'un ADD de type neurologique ; à redouter une aggravation.
2- O_2, aspirine (500 mg maxi), faire boire, allonger et couvrir, prévenir les secours.

3- profil de la seconde plongée inversé : ils évoluaient à 30 m et ils descendent à 42 m,

ils font des efforts pour remonter le mouillage,
le plongeur accidenté est remonté rapidement (mauvaise gestion du gilet),
ils effectuent les paliers donnés par l'ordinateur du coéquipier qui ne gère pas convenablement ce type de plongée,
la solution raisonnable consistait à baliser le mouillage sans essayer de le remonter.

7e résolution

Détermination du GPS après la 1re plongée

$TN_{2\ 120'} = T_0 + (T_f - T_0)\ (1 - 0,5^{\ t/T})$ ⇨ $TN_{2\ 120'} = 0,8 + (1,28 - 0,8)\ (1 - 0,25\ ) = 1,16$ bar
soit GPS = "H"

Modification des sens

La vue : la vitre du masque induit une déviation des rayons lumineux ; l'image qui se forme sur la rétine est en dimensions les 4/3 de la même image perçue dans l'air ; l'évaluation de la distance est perturbée dans le rapport de 3/4 de l'évaluation aérienne.
Sous l'eau, un objet paraît plus gros et plus près qu'il ne l'est en réalité.
L'ouïe : dans l'air, à cause de la faible vitesse du son (340 m/s) il est possible d'évaluer la provenance d'un son grâce à la discrimination entre les deux oreilles, qui perçoivent le même son avec un léger décalage.
Dans l'eau, compte tenu de l'augmentation importante de cette vitesse (1 500 m/s) cette discrimination devient beaucoup plus difficile.
Sous l'eau, il est donc impossible d'évaluer d'où provient un son, ce qui implique une prudence accrue aux paliers.

Détermination de la majoration

Deux possibilités de respirer l'oxygène :

1- O_2 pur de 12 h 00 à 12 h 30 ⇨ $TN_{2\ 120'}$ passe de 1,16 à 1,06 bar
air de 12 h 30 à 14 h 30 ⇨ $TN_{2\ 120'}$ passe de 1,06 à 0,94 bar

2- air de 12 h 00 à 14 h 00 ⇨ $TN_{2\ 120'}$ passe de 1,16 à 0,98 bar
O_2 pur de 14 h 00 à 14 h 30 ⇨ $TN_{2\ 120'}$ passe de 0,98 à 0,90 bar (efficacité maximale)

⇨ **majoration = 12' à 22 m**

Procédure de décompression 2e plongée

Détermination des paliers pour une plongée de 22' + 12' soit 34' à 25 m

⇨ **palier = 5' à 3 m**

Accident de décompression

Facteurs favorisants :

1- facteurs physiologiques
- shunt pulmonaire,
- foramen ovale perméable,
- sujet prédisposé à la formation de bulles circulantes pathogènes.

2- facteurs physiques
- âge,
- surcharge pondérale,
- état de fatigue,
- mauvaise condition physique,
- degré d'anxiété,
- absorption d'alcool.

3- facteurs techniques : utilisation inadéquate d'un ordinateur.

4- causes non identifiables : les modèles mathématiques qui sont à la base de l'élaboration des procédures de décompression peuvent, à un moment donné, ne pas correspondre à un cas particulier.

8e résolution

Altitude = 2 000m ⇨ $P_{atm.}$ = 0,8 bar

Installation du compresseur

Volume d'air total pour remplir les 6 tampons : 50 × 6 × 250 = 75 000 litres.bars

Débit du compresseur : 30 m^3/h à 0,8 b ⇨ 24 m^3/h à 1 b

Durée du gonflage : 75 000 ÷ 24 000 = 3,13 h # **3 h 08'**

Gonflage d'un bloc : la soupape de sécurité s'ouvre à 230,8 b à 40°C

$$\Rightarrow \quad P_{bloc} \text{ à } 20°C = 230{,}8 \times \frac{20+273}{40+273} \; \# \; \mathbf{216\ bars}$$

Tarage de la soupape : on veut obtenir 250 b lus sur le mano à 20°C soit $P_{abs.}$ = 250,8 b à 20°C

$$\Rightarrow \quad \text{tarage à } 40°C = 250{,}8 \times \frac{40+273}{20+273} \; \# \; 267{,}9 \text{ bars soit } 267{,}1 \text{ bars lus au manomètre}$$

Accident

Le surlestage est générateur de surconsommation ⇨ augmentation de la TN_2 dans les différents tissus ⇨ **risque d'ADD et surtout risque d'essoufflement.**

Dans le cas présent, l'essoufflement va se déclencher de façon certaine (boucle infernale du CO_2) à moins de calmer et d'aider le plongeur en difficulté.

La prévention en terme d'enseignement consiste à **faire travailler la flottabilité à lestage minimum et à enseigner la ventilation subaquatique.**

1re plongée

Profondeur fictive = 38 ÷ 0,8 = 47,5 m soit plongée de 19' à 48 m

Heure de sortie : 9 h 15 + 19 + 4 + 19 + 0,5 + 0,5 = 9 h 58 GPS = J

2e plongée

Profondeur réelle = 20 + retard (2 m) = 22 m ⇨ Profondeur fictive = 22 ÷ 0,8 = 27,5 m

TN_2 = 0,89 pour une majoration de 7' à 28 m ⇨ Intervalle = 4 h 30

Heure de départ = 9 h 58 + 4 h 30 = 14 h 28

Heure de sortie = 14 h 28 + 32 + 19 + 3 = 15 h 22

Profondeurs du palier : réelle = 2,4 m - lue = 0,4 m

Froid

La plongée en eau froide a souvent les conséquences suivantes :

- bradycardie,
- vasoconstriction périphérique,
- ralentissement de la circulation sanguine,
- hypercapnie résultant de l'accroissement de la thermogenèse,
- hémoconcentration,
- diurèse,
- déshydratation.

Ces facteurs conjugués entraînent une perturbation de la désaturation ⇨ risque d'ADD.

Obligation de moyens et de résultats

L'obligation de moyens est le fait de mettre en œuvre tous les moyens permettant d'assurer l'organisation et la pratique de l'activité en toute sécurité.

C'est ce qui a été fait pour la préparation de ces deux plongeurs :

- équipement complet fourni par le club,
- mise à disposition d'un encadrement qualifié,
- pratique assurée en toute sécurité.

L'obligation de résultats consiste à atteindre l'objectif mentionné dans le contrat établi entre les deux parties.

Dans le cas présent, le contrat moral entre les deux parties n'implique pas la délivrance obligatoire du brevet de plongeur niveau III, mais seulement la mise en place d'une formation permettant la pratique de l'activité dans les conditions fixées par les épreuves de cet examen, ce qui a bien été le cas.

9e résolution

Confection du nitrox

Quantité O_2 : 10 × 220 = 2 200 litres.bars

Quantité N_2 : 30 × 155 = 4 650 litres.bars

% O_2 dans mélange : (2 200 ÷ 6 850) × 100 # **32 %**

Profondeur limite d'utilisation : 1,6 ÷ 0,32 = 5 ⇨ **40 m**

Pression du mélange à 27°C : 6 850 ÷ 40 # 171 bars

Pression du mélange à 15°C : 171 × [(15 + 273) ÷ (27 + 273)] # 164 bars

P_pO_2 = 164 × 0,32 # 52 bars

1re plongée

Profondeur équivalente = 5 × (0,68 ÷ 0,80) = 4,25 ⇨ 32,5 m

Heure de sortie : 9 h 00 + 25 + 11 + 3 = **9 h 39**

GPS = I

2e plongée

Profondeur équivalente = 4 × (0,68 ÷ 0,80) = 3,4 ⇨ 24 m

TN_2 pour majoration de 11' à 25 m = 0,92 bar

TN_2 avant inhalation O_2 (1 heure) = 1,07 ou "F"

Intervalle pour passer de "I" à "F" = 1 h 30

Heure de départ : 9 h 39 + 1 h 30 + 1 h 00 = 12 h 09

Plongée : 51' à 24 m ⇨ palier de 27' à 3 m
Heure de sortie : 12 h 09 + 40 + 27 + 3 = **13 h 19**

Hyperoxie
- **Effet Paul Bert** : voir chapitre accidents réponse n°33, page 174
- **Effet Lorrain-Smith** : voir chapitre accidents réponse n°33, page 174

Plongée trimix

P_pO_2 = 1,4 b à 120 m ⇨ **Conc. O_2** = (1,4 ÷ 13)× 100 = **10,8 %**

P_pN_2 équivalente à 50 m à l'air ⇨ P_pN_2 = 6 × 0,8 = 4,8 b

⇨ **Conc. N_2** = (4,8 ÷ 13)× 100 = **36,9 %**

⇨ **Conc. He** = 100 - 10,8 - 36,9 = **52,3 %**

Ce mélange est hypoxique, il faudra emporter un mélange relais respirable en surface.
S'il y a risque d'hypoxie pour $P_pO_2 \leq 0{,}12$ b on aura $P_{abs.\ mélange} = 0{,}12 \div 0{,}108 = 1{,}11$ bar

⇨ profondeur limite du trimix ≥ 1,1 m arrondi à 2 m

⇨ **respiration sur bouteille relais de la surface jusqu'à 2 m**

Plongée épave

1re plongée : 15' à 58 m ⇨ **1' à 9 m + 4' à 6 m (soit 4' à l'O_2) + 16' à 3 m (soit 11' à l'O_2)**
GPS = J

Respiration 1 h 30 à l'air J ⇨ TN_2 =1,06 - inhalation O_2 pendant 30' ⇨ TN_2 =0,98

⇨ majoration = 10' à 42 m

2e plongée : 25' à 42 m ⇨ **3' à 6 m + 22' à 3 m**
pour le palier de 3 m, il a été fait 12' à l'O_2 équivalent à 18' à l'air

⇨ **il reste 4' de palier à l'air à effectuer**

10e résolution

Plongée enfant
- spécifique pour les enfants de 8 à 14 ans ;
- le certificat médical doit être établi par un médecin titulaire d'un diplôme de médecine subaquatique ou hyperbare (visite annuelle) ;
- qualifications : palanquée, bateau 1, bateau 2, gilet ;
  niveaux de plongée : bronze, argent, or.

Accident

Il s'agit d'un accident de décompression de type neurologique lié probablement à une perméabilité du foramen ovale ; on peut exclure un accident barotraumatique en l'absence de douleur au niveau de l'oreille.

Conduite à tenir :
- inhalation d'O_2 ;
- rassurer et réchauffer l'accidenté ;
- alerter les secours : pompiers ou SAMU ;
- eau plate + 500 mg d'aspirine si pas d'allergie à ce médicament ;
- position la plus confortable possible pour le sujet.

Facteurs favorisants :
- foramen ovale perméable (25 à 30 % de la population sont concernés) ;
- causes qui peuvent entraîner une hyperpression intrapulmonaire (valsalva, toux, efforts de vomissement, efforts violents en fin de plongée) ;
- fatigue physique ou nerveuse ;
- stress, émotivité, froid, travail musculaire ;
- adiposité, âge ;
- manque d'entraînement ;
- effort, essoufflement ;
- antécédents d'accidents de décompression ;
- prise de médicaments.

Facteurs déclenchants :
- remontée trop rapide, absence ou raccourcissement des paliers ;
- manœuvre de Valsalva à la remontée ;
- trois remontées, c'est au moins une de trop.

1re plongée

Profondeur réelle = 28 m ⇨ profondeur fictive = 35 m

soit 18' de plongée à 35 m avec début de la remontée à partir de (21 ÷ 0,8) = 26,3 m

L'ordinateur affiche 1' à 6 m et 7' de remontée totale soit 2' de remontée à la vitesse de 10 m/ min. et 4' à 3 m.

Comme les deux plongeurs restent ensemble, la remontée à 10 m/min. et le palier à 6 m sont à inclure dans le temps de plongée pour l'utilisateur de la table ;

soit une plongée de 21' à 35 m ⇨ **palier de 11' à 3 m et GPS = I**

2e plongée

Majoration pour une profondeur fictive de 25 m = 13'

Si palier ≤ 11' ⇨ plongée : 40' à 25 m ⇨ palier de 10' à 3 m

Temps de plongée : 40 - 13 = 27'

Si on inclut le temps de remontée à 10 m/min. prévu par l'ordinateur (3'), la **durée totale au fond** sera : 27 - 3 = **24'**

Réglementation

1- **Conseil des anciens**
   - c'est un poste honorifique pour les personnes qui ont contribué au développement de la plongée,
   - rôle de consultation principalement sur le plan technique, administratif et juridique,
   - rôle d'administration dans certains cas graves.

   Les membres sont nommés par cooptation, après acceptation par vote lors d'une assemblée générale élective.

2- **Comité consultatif de la plongée**
   - dix membres de droit issus de : FFESSM, FSGT, UCPA, ANMP, SNMP, Sécurité Civile, Défense, Gens de Mer, INPP, Directeur des Sports (MJS),
   - deux membres désignés : directeur du CREPS d'Antibes et un professeur de sport.

   Le comité est consulté pour émettre un avis sur l'enseignement, la réglementation, l'élaboration d'une doctrine d'enseignement de la plongée en France.

   Il assure le lien entre tous les secteurs de la plongée de loisir et propose une harmonisation des niveaux de plongeur.

Lexique

Le lecteur trouvera ci-après la signification des abréviations, signes et symboles utilisés dans cet ouvrage, ainsi que les termes et sigles qui ont cours sur un bateau de plongée.
Certains termes à caractère médical y sont définis de manière succincte.

Symboles et abréviations

ADD : **A**ccident **D**e **D**écompression.

ANMP : **A**ssociation **N**ationale des **M**oniteurs de **P**longée.

ASSEDIC : **ASS**ociation pour l'**E**mploi **D**ans l'**I**ndustrie et le **C**ommerce.

b : bar.

BEES : **B**revet d'**É**tat d'**É**ducateur **S**portif.

BTV : **B**éance **T**ubaire **V**olontaire.

CES : **C**ertificat d'**É**tudes **S**pécialisées.

cm : centimètre.

cm^2 : centimètre carré.

cm^3 : centimètre cube.

cm^3.bar : centimètre cube.bar (quantité de gaz).

cm Hg : centimètre de mercure (unité de pression).

CNOSF : **C**omité **N**ational **O**lympique et **S**portif **F**rançais.

CO_2 : formule chimique du gaz carbonique.

coef. : coefficient

Conc. : concentration.

CORSEN : centre de secours en mer situé à la Pointe Corsen, face à l'Ile d'Ouessant (Finistère).

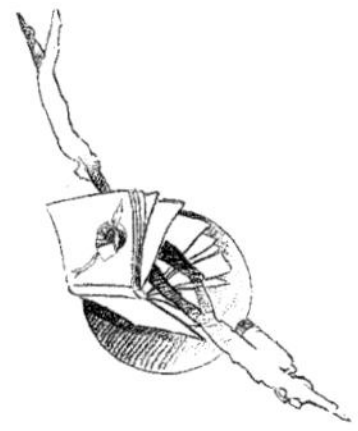

CROSS : Centre Régional Opérationnel de Secours et de Sauvetage.

CROSSA : Centre Régional Opérationnel de Secours et de Sauvetage pour l'Atlantique.

CROSSMA : Centre Régional Opérationnel de Secours et de Sauvetage pour la Manche et la Mer du Nord.

CROSSMED : Centre Régional Opérationnel de Secours et de Sauvetage pour la Méditerranée.

CTN : Commission Technique Nationale.

CTR : Commission Technique Régionale.

CV : cheval-vapeur (unité de puissance d'un moteur, hors système légal d'unités, correspondant à 736 W environ).

°C : degré Celsius (mesure de température).

d : densité.

dens. : densité.

dm : décimètre.

dm^2 : décimètre carré.

dm^3 : décimètre cube.

DRASM : Département des Recherches Archéologiques Sous-Marines.

daN : décanewton.

DTR : Durée Totale de la Remontée.

Δ : lettre grecque “delta”, exprime une différence ou un gradient.

FFESSM : Fédération Française d'Études et de Sports Sous-Marins.

FNDS : Fond National de Développement du Sport.

FSGT : Fédération Sportive et Gymnique du Travail.

g : gramme.

GPS : Groupe de Plongée Successive.

H_2 : symbole chimique de la molécule d'hydrogène.

He : symbole chimique de l'hélium.

Hg : symbole chimique du mercure.

int. : intervalle.

Lexique

K : kelvin (unité de température absolue).

kg : kilogramme (unité de masse).

kg-force : unité de force (hors système légal d'unités).

kgf : idem kg-force.

km : kilomètre.

km^2 : kilomètre carré.

km^3 : kilomètre cube.

l : litre.

litre.bar : litre.bar (mesure une quantité de gaz).

m : mètre.

m^2 : mètre carré.

m^3 : mètre cube.

mb : millibar

mg : milligramme.

M : masse.

Maj. : majoration.

MCE : Massage Cardiaque Externe.

MF1, MF2 : Moniteur Fédéral 1er degré, Moniteur Fédéral 2e degré.

micron : (ou micromètre) un millionième de mètre (10^{-6} m)

min. : minute.

' : minute (par commodité).

mm Hg : millimètre de mercure (unité de pression).

μ : masse spécifique (lettre grecque "mu").

N : newton (unité légale de force).

N_2 : symbole chimique de la molécule d'azote.

O_2 : symbole chimique de la molécule d'oxygène.

P : pression.

Pa : pascal (unité légale de pression).

PA : parachute ascensionnel ; désigne aussi le gilet de sécurité.

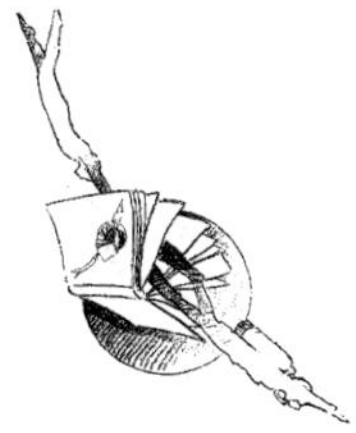

$P_{abs.}$: pression absolue.

$P_{app.}$: poids apparent.

$P_{Arch.}$: poussée d'Archimède.

$P_{atm.}$: pression atmosphérique.

P_{bloc} : pression absolue dans le bloc.

$P_{bouteille}$: pression absolue dans la bouteille.

$P_{éq.}$: pression équivalente.

pH : grandeur qui caractérise l'acidité ou l'alcalinité d'un liquide (par exemple le plasma sanguin).

- $pH < 7$ ⇨ caractère acide,
- $pH = 7$ ⇨ neutralité,
- $pH > 7$ ⇨ caractère basique (on dit aussi alcalin).

P_{hydro} : pression hydrostatique.

P_{lue} : pression lue au manomètre.

PN_2 : pression d'azote.

P_p : pression partielle.

P_pCO_2 : pression partielle de gaz carbonique.

P_pN_2 : pression partielle d'azote.

P_pO_2 : pression partielle d'oxygène.

$P_{réel}$: poids réel.

prof. : profondeur.

P_{tampon} : pression absolue dans le tampon.

Qté : quantité.

RSE : **R**emontée **S**ans **E**mbout.

SACEM : **S**ociété des **A**uteurs, **C**ompositeurs et **É**diteurs de **M**usique.

SAMU : **S**ervice d'**A**ide **M**édicale **U**rgente.

Sc : coefficient de sursaturation critique.

SI : **S**ystème **I**nternational d'unités.

SNMP : **S**yndicat **N**ational des **M**oniteurs de **P**longée.

SSG : Système de Sécurité Gonflable.

Σ : lettre grecque “sigma majuscule”, exprime une somme.

t : tonne.

Table MN 90 : table de décompression établie par la Marine Nationale en 1990.

TIV : Technicien en Inspection Visuelle.

TN_2 : tension d'azote (dans un compartiment).

TN_2 120' : tension d'azote dans le compartiment de période 120 minutes.

TVA : Taxe sur la Valeur Ajoutée.

UCPA : Union des Centres de Plein Air.

URSSAF : Union de Recouvrement des cotisations de Sécurité Sociale et d'Allocations Familiales.

V : volume.

VHF : Very High Frequency ; fréquence radio correspondant à une longueur d'onde très courte (ondes centimétriques).

VO_2 max : consommation maximale d'oxygène à l'effort.

W : watt (unité de puissance).

Symboles mathématiques

× : multiplié par...

/ : divisé par...

÷ : divisé par...

= : égal à...

< : inférieur à...

> : supérieur à...

≤ : inférieur ou égal à...

≥ : supérieur ou égal à...

: très peu différent de...

~ : environ

± : plus ou moins

∞ : infini

Termes médicaux

Acidose : pH du plasma du sang artériel inférieur à 7,40.

Alcalose : pH du plasma du sang artériel supérieur à 7,40.

Anoxémie : littéralement, absence d'oxygène dans le sang.

Anoxie : interruption de l'apport d'oxygène aux tissus, conséquence de l'anoxémie ou d'un arrêt circulatoire ; on parle d'anoxie si $P_pO_2 < 0,1$ bar).

Apnée : interruption du cycle ventilatoire, de durée variable, volontaire ou réflexe, temporaire ou définitive.

Artère : vaisseau qui conduit le sang des ventricules du cœur vers toutes les parties de l'organisme.

Arythmie : irrégularité du rythme cardiaque.

Auriculaire : qui se rapporte à une oreillette du cœur.

Barorécepteur : organe sensible à des variations de pression.

Bradycardie : ralentissement de la fréquence cardiaque au-dessous de 50-60 pulsations par minute.

Bradypnée : ralentissement du rythme ventilatoire, essentiellement par allongement du temps expiratoire.

Carbohémoglobine : (ou carbaminohémoglobine) combinaison réversible du gaz carbonique avec l'hémoglobine.

Carboxyhémoglobine : combinaison très stable – donc peu réversible – de l'oxyde de carbone avec l'hémoglobine.

Cardiopathie : maladie du cœur.

Chémorécepteur : organe sensible à certaines substances chimiques.

Collapsus : affaissement d'un organe creux, consécutif à la diminution de la pression interne.

Coma : altération partielle ou totale de l'état de conscience intéressant les fonctions de relation et respectant plus ou moins complètement les fonctions végétatives.

Coronaire : qui concerne les structures anatomiques ayant la forme d'une couronne (vaisseaux coronaires).

Coronarien : qui concerne les vaisseaux coronaires.

Cyanose : coloration bleutée de la peau sur certaines parties du corps, résultant d'une hypercapnie.

Diastole : phase de remplissage des cavités cardiaques succédant à la systole.

Dyspnée : ventilation rapide et difficile.

Embole : corps étranger entraîné par la circulation sanguine et obstruant brusquement un vaisseau.

Embolie : oblitération d'un vaisseau, habituellement artériel, par un embole.

Emphysème : infiltration diffuse d'un gaz dans les tissus.

FOP : **F**oramen **O**vale **P**erméable.

Hématocrite : pourcentage du volume sanguin occupé par les globules rouges (valeurs normales ⇨ 42-45 % chez l'homme, 38-42 % chez la femme).

Hématose : processus par lequel le sang s'enrichit en oxygène par échange gazeux au niveau des poumons.

Hémoconcentration : diminution du volume plasmatique, se traduisant par une augmentation relative du nombre des globules rouges (l'hématocrite augmente).

Hémodilution : augmentation du volume plasmatique, se traduisant par une baisse relative du nombre des globules rouges (l'hématocrite diminue).

Hémoglobine : substance protéinique de couleur rouge qui transporte l'oxygène et le gaz carbonique, gaz avec lesquels elle forme respectivement des combinaisons réversibles.

Hémolyse : destruction des globules rouges.

Hémoptoïque : se dit d'un crachat teinté de sang.

Hyperbare : se dit d'un gaz ou d'un milieu au sein duquel la pression est supérieure à la pression ambiante.

Hypercapnie : augmentation de la teneur du sang artériel en gaz carbonique (P_pCO_2 > 46 mm Hg ; normale ~ 35-40 mm Hg).

Hyperoxie : (hyperoxémie) augmentation de la teneur du sang artériel en oxygène (P_pO_2 > 110 mm Hg ; normale ~ 90-100 mm Hg).

Hyperpnée : ventilation plus rapide et plus profonde que la normale.

Hypertension : élévation de la pression artérielle systolique au-dessus de 17 cm de mercure.

Hyperthermie : élévation de la température centrale du corps au-dessus de 37°C.

Hyperventilation : augmentation du débit ventilatoire alvéolaire se traduisant par une hypocapnie.

Hypervolémie : augmentation du volume total du sang circulant.

Hypocapnie : abaissement de la teneur du sang artériel en CO_2 (P_pCO_2 < 30 mm Hg ; normale ~ 35-40 mm Hg).

Hypotension : diminution de la pression artérielle systolique au-dessous de 10 cm de mercure.

Hypothermie : abaissement de la température centrale du corps au-dessous de 35 °C.

Hypovolémie : abaissement du volume total du sang circulant.

Hypoxémie : abaissement de la teneur du sang artériel en O_2 (P_pO_2 < 70 mm Hg ; normale ~ 90-100 mm Hg).

Hypoxie : diminution de l'apport d'oxygène aux tissus, conséquence de l'hypoxémie.

Ischémie : diminution ou arrêt de la circulation artérielle dans un territoire localisé.

Laryngocèle : hernie du larynx formant une petite poche gazeuse, en saillie à l'intérieur ou à l'extérieur du larynx.

Médullaire : qui se rapporte à la moelle osseuse ou épinière.

Nécrose : mortification cellulaire ou tissulaire.

Normobare : se dit d'un gaz ou d'un milieu au sein duquel règne une pression égale à la pression ambiante.

Normocapnie : état au cours duquel la pression partielle de gaz carbonique dans le sang artériel est normale, c'est à dire comprise entre 35 et 40 mm Hg.

Normoxie : correspond à une pression partielle d'oxygène capable d'assurer la saturation de l'hémoglobine à 98 % du maximum possible, soit 0,21 bar.

OAP : **Œ**dème **A**igu du **P**oumon.

Œdème : infiltration séreuse d'un tissu.

Œdème pulmonaire : accumulation anormale de liquide séreux d'origine vasculaire dans les espaces interstitiels pulmonaires et/ou dans les alvéoles.

Oxyhémoglobine : combinaison réversible de l'oxygène avec l'hémoglobine.

Pariétal : qui concerne une paroi.

Pathogène : qui peut causer une maladie.

Pneumothorax : épanchement gazeux, spontané ou provoqué, occupant tout ou partie de l'espace normalement virtuel compris entre la plèvre viscérale et la plèvre pariétale.

Polypnée : augmentation de la fréquence respiratoire par diminution de la durée du cycle respiratoire.

Rétrosternal : qui se situe en arrière du sternum.

Rhinopharynx : partie haute du pharynx, située à l'arrière des fosses nasales.

Séreux : dont l'aspect rappelle celui du sérum sanguin.

Sinus : partie dilatée de certains vaisseaux.

Spasme : contraction musculaire involontaire, subite, intense ou passagère ; par extension, diminution brutale et transitoire du calibre d'un conduit anatomique.

Spume : liquide organique qui a l'aspect de l'écume.

Surfactant : substance liquidienne tensioactive, constituée par un mélange complexe de phospholipides, qui tapisse l'intérieur de la paroi des alvéoles pulmonaires et dont le rôle essentiel est de diminuer l'effort musculaire inspiratoire en abaissant la force de rétraction élastique du poumon (collapsus).

Syncope : diminution ou arrêt brusque et réversible, de courte durée, des fonctions circulatoire et ventilatoire accompagnée d'une perte de connaissance de courte durée.

Systole : phase de contraction des oreillettes et des ventricules, et d'éjection du sang.

Tachycardie : accélération de la fréquence cardiaque au-delà de 100 pulsations par minute.

Tachypnée : cycle ventilatoire anormalement rapide.

Thermogenèse : production de chaleur par l'organisme.

Trendelenburg : (position de) position à plat dos – ou décubitus dorsal – tête en bas, corps incliné à ~ 30° sur l'horizontale.

Valsalva : (manoeuvre de) effort d'expiration à glotte fermée visant à insuffler de l'air dans la trompe d'Eustache ; il en résulte par ailleurs une augmentation de la pression intra-thoracique, d'où une brusque diminution du retour du sang veineux au cœur.

Vasoconstriction : réduction du calibre d'un vaisseau par contraction de ses fibres musculaires.

Vasodilatation : augmentation du calibre d'un vaisseau.

Veine : conduit membraneux qui ramène le sang depuis les capillaires jusqu'aux oreillettes.

Viscéral : qui a rapport aux viscères.

Matelotage

Ajut (faire ajut) : relier ensemble deux cordages pour obtenir un ensemble de plus grande longueur.

Alignement : ligne droite formée par deux amers ; l'intersection de deux alignements détermine un point précis sur la carte, qui sera d'autant plus précis que l'angle entre ces deux droites sera proche de 90°.

Amarre : cordage servant à retenir un navire à quai.

Ame : partie centrale d'un cordage, autour de laquelle sont disposés les torons ou bien est confectionnée la tresse.

Amer : point de repère précis de la côte, identifiable de manière non ambiguë (phare, clocher, pylône, etc.), sur lequel on peut prendre des relèvements de jour.

Ancre : pièce métallique qui sert à accrocher le bateau sur le fond, dont la forme est adaptée à la nature de ce dernier.

Annexe : petite embarcation à rames ou motorisée tractée par le bateau, généralement gonflable, utilisée notamment pour assurer la sécurité des plongeurs.

Anticyclone : région atmosphérique de haute pression.

Appareiller : pour un navire, quitter le quai ou le mouillage pour prendre la mer.

Armement d'un navire : matériel et équipage d'un navire nécessaires pour la navigation.

Assiette : différence de tirant d'eau entre l'avant et l'arrière du bateau.

Aussière : gros cordage utilisé pour l'amarrage, le halage ou le remorquage.

Bâbord : côté gauche du bateau.

Balise : marque très apparente, placée sur un obstacle à la navigation, pour indiquer aux navires les passes, les chenaux, ou pour signaler un danger particulier.

Barre : organe de commande du gouvernail.

Bastingage : terme impropre désignant la rambarde placée sur les bords d'un navire ; on devrait parler de la lisse.

Bitte d'amarrage : pièce massive en bois (“bonhomme de bois”) ou métallique fixée sur le bateau et servant à frapper une amarre.

Bollard : sorte de bitte, généralement en fer, fixée au bord d'un quai ou d'un ponton, sur laquelle on capelle les amarres.

Bout : voir cordage (se prononce *boute*).

Brin : élément constitutif d'un toron, obtenu par torsion d'un assemblage de fils.

Brisants : rochers ou écueils à fleur d'eau, sur lesquels la mer se brise et qui constituent un danger particulièrement élevé en cas de tempête.

Cabestan : treuil mécanique servant à virer une amarre.

Cabillot : cheville ou taquet servant à amarrer les manœuvres courantes.

Câble : à l'origine, cordage textile ou métallique constitué par l'assemblage torsadé de plusieurs torons, comportant chacun plusieurs brins ; à l'heure actuelle, il n'existe plus que des câbles métalliques.

Cap : angle que fait l'axe du navire avec la direction du nord, indiqué par le compas de route.

Carène : partie immergée de la coque ; on utilise parfois le terme "œuvres vives", par opposition aux "œuvres mortes" situées au-dessus de la ligne de flottaison.

Catégorie d'un navire : classification, allant de 1 à 5, qui caractérise l'armement de sécurité du navire.

Cercle d'évitage : (ou d'évitement) espace circulaire suffisant pour que le bateau au mouillage puisse tourner (on dit "éviter") librement autour de son ancre.

Chaîne : lien métallique composé d'anneaux engagés les uns dans les autres, servant à alourdir la partie basse de la ligne de mouillage, voire toute la ligne, pour permettre à l'ancre de travailler le plus horizontalement possible à proximité du fond.

Chasser : un bateau qui "chasse" est un bateau qui tient mal sur son ancre, laquelle ne "croche" pas sur le fond.

Chaumard : ouverture dans le pavois du bateau, ou pièce métallique fixée sur le plat-bord servant à guider les amarres vers la bitte ou le taquet.

Chenal : passage navigable à l'entrée d'un port, dans une rivière, entre des écueils.

Choquer : donner du mou à un cordage, contraire de virer.

Coefficient de marée : nombre qui traduit l'amplitude de la marée
- cœfficient 120 ⇨ marées de vive-eau les plus fortes,
- cœfficient 70 ⇨ marées moyennes,
- cœfficient 20 ⇨ marées de morte-eau les plus faibles.

Compas de relèvement : compas magnétique muni d'une alidade de visée, qui permet de relever la direction d'un amer par rapport au nord.

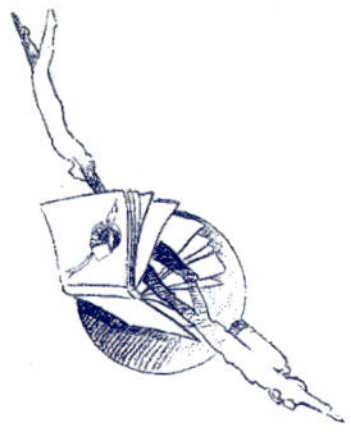

Compas de route : compas magnétique, ou “boussole” qui indique la direction dans laquelle se déplace le navire.

Coordonnées d'un lieu : indication de sa latitude et de sa longitude.

Cordage : terme générique qui désigne les amarres, aussières, bouts, filins, orins, etc., de différentes grosseurs.

Corde : ce mot n'a pas cours sur un bateau ; la seule corde qui existe est celle de la cloche.

Corps-mort : masse très lourde, généralement en ciment, posée au fond et signalée en surface par une bouée et qui sert à amarrer un bateau.

CROSS : **C**entre **R**égional **O**pérationnel de **S**urveillance et de **S**auvetage.

Davier : pièce métallique à rouleau située à l'étrave du bateau, servant au passage de la ligne de mouillage.

Déborder : écarter le bateau du quai ou d'un autre bateau pour éviter de le heurter, à la main ou au moyen d'une gaffe.

Déclinaison (magnétique) : angle que fait la direction du nord magnétique et celle du nord géographique (ou nord vrai), dont la valeur et le sens varient d'un point du globe terrestre à l'autre ; en France elle vaut environ 6° ouest (le nord magnétique est “vu” à l'ouest du nord vrai) et elle fluctue au cours du temps de manière lente et erratique.

Défense : protection similaire au pare-battage, mais fixée sur le quai et généralement faite d'un pneu ou d'un boudin de caoutchouc.

Dépression : région atmosphérique de basse pression.

Déraper : décrocher (volontairement) l'ancre du fond lorsque l'on vire la ligne de mouillage ou (involontairement) lorsque celle-ci s'est décrochée toute seule.

Diamant : partie d'une ancre située à la jonction entre la verge (branche principale) et les pattes (ou bras) qui sont au nombre de deux à quatre.

Écueil : rocher à fleur d'eau.

Enraguer l'ancre : coincer (involontairement en général) l'ancre dans une faille rocheuse.

Enseignure : terme typiquement méditerranéen désignant un alignement.

Envoyer une amarre : lancer une amarre ; en pratique, on la lance “au visage” de la personne qui la reçoit.

Épissure : jonction permanente entre deux cordages toronnés identiques par entrelacement de leurs torons respectifs (impossible avec les cordages tressés) ; termine encore la boucle autour d'une cosse.

Erre : vitesse d'un navire ; on dit qu'il court sur son erre lorsqu'il avance uniquement sur la vitesse acquise.

Estran : zone de recouvrement de marées sur le rivage.

Étale : se dit de la mer lorsque son niveau est stationnaire entre les marées montante et descendante ; étale de basse mer, étale de pleine mer.

Étalingure : extrémité de la ligne de mouillage, reliée au bateau par une attache solide, mais néanmoins facile à larguer.

Étrave : partie avant d'un navire.

Évitage : voir cercle d'évitage.

Éviter : pour un bateau, tourner sur place.

Filin : voir cordage.

Fourrage : protection placée autour d'un cordage pour le protéger de l'usure en cas de frottement sur une arête dure.

Frapper : fixer un cordage sur un point fixe (anneau, bitte d'amarrage) ; on dit aussi capeler ou “faire dormant” (terme rarement utilisé).

Gaffe : longue perche terminée par un croc métallique, permettant de déborder le bateau, crocher un anneau, récupérer un objet dans l'eau (bout, bouée), etc.

Ganser un nœud : repasser le bout libre par où on l'avait fait passer en dernier en formant une boucle (ou ganse), ce qui permet de libérer aisément le nœud en tirant sur le brin libre.

Gîte : inclinaison permanente d'un bateau sur bâbord ou sur tribord.

Gouvernail : organe de direction du bateau, commandé par la barre.

GPS : **G**lobal **P**ositioning **S**ystem ; système de localisation et de navigation par liaison radio avec un réseau de satellites.

Grain : coup de vent momentané, averse soudaine et brève.

Grappin : petite ancre à plusieurs branches (4 ou 5) recourbées et parfois repliables, sans jas.

Guindeau : sorte de petit treuil, mécanique ou électrique, servant à relever la chaîne d'ancre, celle-ci tournant sur le barbotin.

Hélice “claire” : hélice dégagée de tout objet (cordage, chaîne) pouvant se prendre dedans.

Hertz (Hz) : unité utilisée pour caractériser la fréquence d'une onde radio, valant un cycle par seconde.

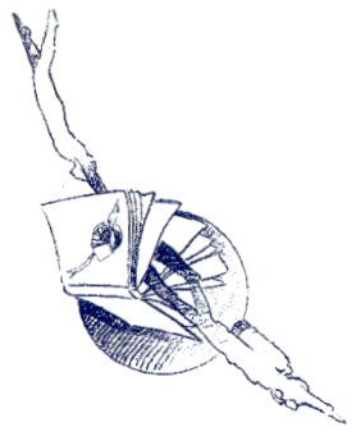

Isobare (ligne) : ligne réunissant les points où la pression atmosphérique est la même à un moment donné

Isobathe : ou ligne bathymétrique, désigne sur une carte tous les points d'égale profondeur.

Jas : barre croisant la verge de l'ancre près de son extrémité libre, afin que l'une des pattes (ou bras) repose forcément sur le fond et s'y engage.

Jauge d'un navire : (ou tonnage) unité de volume, exprimée en tonneaux ; la jauge brute représente le volume intérieur de la coque, la jauge nette correspond au volume des espaces utilisables commercialement.

Larguer une amarre : en défaire le nœud à une extrémité pour libérer le bateau.

Latitude : échelle verticale d'une carte comptée de 0° à 90° – nord ou sud – à partir de l'équateur.

Ligne de mouillage : ensemble formé par un cordage et/ou une chaîne, une ancre, éventuellement un orin et sa bouée.

Ligne de vie : cordage attaché à la ligne de mouillage, au bout duquel on fixe une bouée ; on le laisse traîner à l'arrière du bateau en cas de fort courant pour aider les plongeurs à s'y tenir et faciliter leur retour en surface.

Lisse : voir plat-bord.

Loch : appareil servant à mesurer la vitesse d'un navire par rapport à l'eau ; le loch “Doppler” permet de mesurer la vitesse par rapport au fond (vitesse vraie).

Longitude : échelle horizontale d'une carte comptée de 0° à 180°, ouest ou est, à partir du méridien de Greenwich.

Lover un cordage : l'enrouler proprement en superposant les spires, de façon à pouvoir l'utiliser ultérieurement sans faire un “sac de nœuds”.

Mille marin : distance entre deux points d'un méridien terrestre, séparés par une minute d'arc ; il vaut 1 852 m.

Mouillage : voir ligne de mouillage ; désigne aussi le lieu où l'on jette l'ancre.

Mouiller : jeter l'ancre sur le fond pour immobiliser un navire, ancrer.

Naviguer “bout au vent” : faire route face au vent.

Nœud : vitesse correspondant à un mille par heure (ne jamais dire un “nœud par heure”).

Œil : petite boucle fermée à l'extrémité d'un cordage ; il peut être renforcé par une cosse métallique (au pluriel en marine des œils).

Orin : cordage reliant un objet immergé (ancre ou corps-mort) à une bouée flottante ; désigne aussi le cordage frappé sur le diamant de l'ancre.

Pare-battage : sorte de bouée, cylindrique ou sphérique, servant à protéger la coque du bateau contre les chocs lorsqu'il est amarré.

Pavois : protection prolongeant verticalement le bordé, située juste au- dessus du pont.

Pendeur : cordage lesté jeté par-dessus bord ; on peut y attacher un bloc de sécurité ou une gueuse pour faciliter les paliers de décompression.

Plat-bord : partie supérieure du bordé qui entoure le pont d'un navire ; on dit aussi la lisse.

Poupe : l'arrière d'un navire ; avoir le vent en poupe signifie naviguer vent arrière.

Proue : partie extrême de l'avant d'un navire ; terme tombé en désuétude, on dit plutôt “étrave”.

Réa : roulette folle dans une poulie, creusée ou non d'une gorge, et sur laquelle passe un cordage.

Relèvement : vu du bateau, angle formé par un amer ou un alignement et la direction du nord.

Roulis : balancement alternatif du bateau d'un bord sur l'autre.

Sabord : ouverture dans le bordé d'un bateau ; sur un bateau de plongée de type chalutier, peut se dire aussi de la partie du pavois que l'on ôte pour sauter à l'eau.

Safran : partie immergée du gouvernail.

Sec (ou sèche) : haut fond rocheux, dont le sommet peut être proche ou éloigné de la surface (terme méditerranéen).

Sonde : profondeur du fond à partir d'un niveau de référence, à savoir le zéro des cartes ; les sondes sont indiquées en mètres sur les cartes françaises, en brasses (environ 1,80 m) sur certaines cartes étrangères.

Sondeur : instrument, le plus souvent électronique à ultra-sons, permettant de connaître la profondeur à un instant donné.

Souquer : raidir fortement un cordage, serrer un nœud.

Tangage : balancement alternatif du bateau d'avant en arrière.

Taquet : petite pièce d'amarrage en bois, en plastique ou en aluminium, sur laquelle on amarre par exemple la drisse de pavillon, ou plus grosse pièce fixée sur le pavois et qui accueille les amarres.

Tirant d'eau : distance entre la ligne de flottaison d'un bateau et le point le plus bas de la quille.

Tombant : fond dont la pente est abrupte, le plus souvent rocheuse.

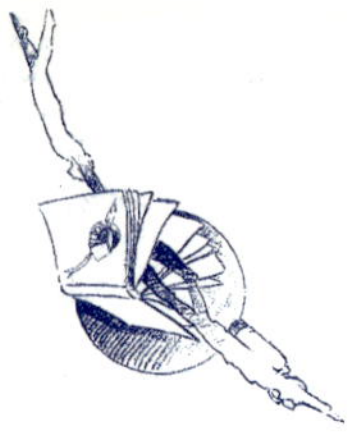

Tonneau : unité utilisée pour évaluer le jaugeage des navires, valant 2,83 m^3, soit 100 pieds cubes (on dit aussi tonneau de jauge).

Toron : élément constitutif d'un cordage toronné, obtenu par torsion de plusieurs brins.

Tribord : côté droit du bateau.

VHF : **V**ery **H**igh **F**requency, gamme de fréquence radio de l'ordre de 160 MHz (ondes métriques), se propageant en ligne droite et dont la portée n'excède pas 50 km.

Zéro des cartes : niveau de référence des sondes qui, sur les cartes françaises, est celui des basses mer de coefficient 120 ; sauf fort coup de vent ou par forte pression atmosphérique, il y a toujours au minimum la profondeur indiquée sur la carte.

244, rue de l'Oradou
63000 CLERMONT FERRAND
☎ 04 73 26 28 10 🖷 04 73 26 28 10
Email : roger.aubert@wanadoo.fr

IMPRIMERIE "LA SOURCE D'OR"
Chemin des Batignolles
MARSAT 63202 RIOM

Dépôt légal - 1er trimestre 2004
ISBN 2-9506685-6-9
Imprimé en France.

Achevé d'imprimer le 9 janvier 2004 sur les presses de l'imprimerie «La Source d'Or» - 63200 Marsat - Imprimeur n° 12035